POLITEXT 80

Teoria de màquines

POLITEXT

Salvador Cardona Foix
Daniel Clos Costa

Teoria de màquines

EDICIONS UPC

Primera edició: febrer de 2000
Segona edició: setembre de 2008
Reimpressió: juliol de 2009

Aquesta publicació s'acull a la política de normalització lingüística
i ha comptat amb la col·laboració del Departament de Cultura i
de la Direcció General d'Universitats, de la Generalitat de Catalunya.

En col·laboració amb el Servei de Llengües i Terminologia de la UPC

Disseny de la coberta: Manuel Andreu

Edicions de la Universitat Politècnica de Catalunya, SL
Jordi Girona Salgado 1-3, 08034 Barcelona
Tel.: 934 137 540 Fax: 934 137 541
Edicions Virtuals: www.edicionsupc.es
E-mail: edicions-upc@upc.edu

Producció: LIGHTNING SOURCE

Dipòsit legal: B-32239-2008
ISBN: 978-84-8301-963-4

Presentació

Aquest text, escrit inicialment per ser utilitzat en l'assignatura Teoria de Màquines de l'Escola Tècnica Superior d'Enginyeria Industrial de Barcelona (ETSEIB) de la Universitat Politècnica de Catalunya, fa de pont entre la mecànica vectorial i el càlcul i disseny de màquines. Aquest espai no el cobreixen els textos clàssics, que parteixen d'uns coneixements de mecànica molt elementals i no introdueixen les eines analítiques adequades per a l'estudi dels sistemes multisòlid. Altres textos, dirigits cap a la simulació de sistemes mecànics, no són adequats com a llibres de text per a assignatures introductòries a la teoria de màquines i mecanismes.

En el desenvolupament que s'ha fet dels diferents temes es pressuposen coneixements previs de la cinemàtica del sòlid rígid i dels teoremes vectorials i del teorema de l'energia aplicats al sòlid rígid. Els temes es tracten de manera que el llibre pugui ser utilitzat com a llibre de consulta més enllà de l'àmbit d'una assignatura de teoria de màquines. Si se seleccionen els exemples de treball i s'alleugereix el contingut conceptual d'alguns punts, sobretot dels que es presenten als annexos, aquest llibre pot ser utilitzat també en una escola d'enginyeria tècnica.

El contingut del text s'inicia amb un capítol, *Màquina i mecanisme,* en el qual s'introdueixen els elements i conceptes propis de la teoria de màquines i mecanismes. Als capítols 2, *Mobilitat*, i 3, *Cinemàtica de mecanismes*, es presenta l'estudi general de la cinemàtica de sistemes mecànics i es fa èmfasi en el moviment pla. Aquest estudi es presenta tant des d'un enfocament vectorial, destinat principalment cap a l'estudi del moviment pla, com des d'un punt de vista analític, a partir de les coordenades generalitzades que descriuen la configuració del sistema. El capítol 4, *Mecanismes lleva-palpador*, es destina a l'anàlisi dels parells superiors. També s'estudia el disseny de funcions de desplaçament mitjançant corbes de Bézier no paramètriques per tal d'obtenir perfils de lleves. La cinemàtica dels *engranatges* es tracta de manera monogràfica al capítol 5.

Els quatre capítols següents se centren en l'estudi de la dinàmica des de diferents punts de vista. Al capítol 6, *Anàlisi dinàmica,* s'introdueix la utilització dels teoremes vectorials en l'estudi dinàmic dels sistemes mecànics multisòlid i es fa una introducció a l'equilibratge de mecanismes. La importància que tenen les resistències passives en el funcionament de les màquines fa que es dediqui el capítol 7, *Resistències passives i mecanismes basats en el frec*, al seu estudi. Aquest capítol inclou una introducció als principals mecanismes que basen el seu funcionament en el frec. El capítol 8 es destina al *mètode de les potències virtuals*, atesa la seva utilitat en l'obtenció selectiva de forces i equacions del moviment en els sistemes mecànics. L'energia, que apareix en tots els àmbits de la física, és objecte d'estudi al capítol 9, *Treball i potència en màquines,* per tal d'analitzar la transformació d'energia en les màquines i l'intercanvi amb el seu entorn.

En l'elaboració d'aquest text s'ha utilitzat material preparat amb la col·laboració de professorat amb experiència docent i investigadora en els temes que s'hi tracten. Aquesta experiència és el resultat de la impartició de les assignatures Mecànica i Teoria de Màquines, la direcció de projectes de fi de carrera i desenvolupament d'activitats de tercer cicle, com ara assignatures de simulació de sistemes mecànics i d'introducció al disseny geomètric assistit per ordinador.

La primera versió d'uns apunts per a l'assignatura Teoria de Màquines va ser escrita per al curs 1996-1997 i coordinada per Salvador Cardona. Hi van intervenir, a part dels autors, els professors Jordi Martínez als capítols 6 i 8, Javier Sánchez-Reyes als capítols 4 i 5, i la professora M. Antonia de los Santos als capítols 1, 3 i 7.

A l'inici del curs 1997-1998, es realitzà una segona versió dels apunts ampliada i revisada pels autors, que hi van incorporar canvis que, sense afectar-ne els continguts bàsics, els poliren. Així, en el cos es van introduir algunes modificacions i alguns exemples nous i, pel que fa als exercicis proposats, es van introduir enunciats nous i la majoria de les solucions.

Durant els cursos 1997-1998 i 1998-1999 s'ha utilitzat aquesta nova versió, al mateix temps que s'ha fet una anàlisi crítica del contingut i de l'ordenació dels temes i s'han resolt tots els exemples proposats. En aquesta tasca, hi han col·laborat els professors Joan Puig i Eduard Fernàndez-Díaz.

Prenent com a material de base aquesta versió dels apunts i tota la informació recollida, a principi del curs 1999-2000 s'inicia l'estructuració del llibre que ara presentem. En aquesta última etapa, hi col·labora la professora Lluïsa Jordi, que en revisa el format final.

Volem manifestar el nostre agraïment a tots aquells, familiars i companys, que d'una manera o altra ens han ajudat durant la realització d'aquest llibre, en particular, a totes les persones esmentades.

Segona edició. Des de l'any 2000 aquest llibre ha passat per mans de molts professors i alumnes, entre tots l'hem analitzat a fons i estem convençuts de la seva vigència. El fet de ser eina diària durant tant temps ha permès detectar i corregir petits detalls.

En el marc de la nova ordenació d'estudis en el territori espanyol continua essent un llibre vàlid; ja sigui alleugerint-ne el contingut conceptual per a estudis de grau propers a l'Enginyeria Mecànica, aprofundint en els detalls en un màster o tal qual per a graus d'Enginyeria Mecànica o Industrial.

Barcelona, maig de 2008

Salvador Cardona

Daniel Clos

Índex

1 Màquina i mecanisme

2 Mobilitat

3 Cinemàtica de mecanismes

1 Màquina i mecanisme

La teoria de màquines i mecanismes (TMM) és una ciència aplicada que tracta de les relacions entre la geometria i el moviment dels elements d'una màquina o un mecanisme, de les forces que intervenen en aquests moviments i de l'energia associada al seu funcionament.

Els coneixements de mecànica constitueixen la base per a l'estudi dels mecanismes i les màquines.

En l'àmbit de la teoria de màquines i mecanismes es diferencien l'anàlisi i la síntesi de mecanismes. L'anàlisi consisteix a estudiar la cinemàtica i la dinàmica d'un mecanisme segons les característiques dels elements que el constitueixen. Així, l'anàlisi d'un mecanisme permetrà, per exemple, determinar la trajectòria d'un punt d'una barra o una relació de velocitats entre dos membres. Inversament, la síntesi consisteix a escollir i dimensionar un mecanisme que compleixi o que tendeixi a complir, amb un cert grau d'aproximació, unes exigències de disseny donades. Així, per exemple, en un disseny s'haurà d'emprendre la determinació d'un mecanisme –síntesi– que permeti guiar un sòlid per passar d'una configuració a una altra.

Aquest curs estarà dedicat fonamentalment a l'anàlisi de mecanismes.

1.1 Màquines i mecanismes. Definicions

En aquest apartat es presenten algunes definicions de conceptes que apareixen en la TMM.

Màquina. Sistema concebut per realitzar una tasca determinada, que comporta la presència de forces i moviments i, en principi, la realització de treball.

Mecanisme. Conjunt d'elements mecànics que fan una funció determinada en una màquina. El conjunt de les funcions dels mecanismes d'una màquina ha de ser el necessari perquè aquesta realitzi la tasca encomanada. Així, per exemple, en una màquina rentadora hi ha, entre altres, els mecanismes encarregats d'obrir les vàlvules d'admissió de l'aigua i el mecanisme que fa girar el tambor. Cadascun d'ells té una funció concreta i el conjunt de les funcions de tots els mecanismes de la rentadora permet que la màquina realitzi la tasca de rentar roba.

Grup o unitat. Conjunt diferenciat d'elements d'una màquina. Així, el conjunt d'elements implicats en la tracció d'un automòbil és el grup tractor. De vegades, *grup* s'utilitza com a sinònim de màquina; per exemple, un grup electrogen és una màquina de fer electricitat.

Element. Tota entitat constitutiva d'una màquina o mecanisme que es considera una unitat. Són exemples d'elements un pistó, una biela, un rodament, una ròtula, una molla, l'oli d'un circuit hidràulic, etc.

Membre. Element material d'una màquina o mecanisme que pot ser sòlid rígid, sòlid flexible o fluid. En la comptabilització dels membres d'un mecanisme cal no oblidar, si hi és present, el membre fix a la referència d'estudi, que rep diferents noms segons el context: base, suport, bancada, bastidor, etc.

Cadena cinemàtica (Fig. 1.1). Conjunt o subconjunt de membres d'un mecanisme enllaçats entre si. Per exemple, la cadena de transmissió d'un vehicle, el mecanisme pistó-biela-manovella, etc. Els membres d'una cadena cinemàtica s'anomenen *baules*.
- *Cadena tancada o anell.* Cadena cinemàtica tal que cadascun dels seus membres és enllaçat només amb dos membres de la mateixa cadena.
- *Cadena oberta.* Cadena cinemàtica que no conté cap anell.

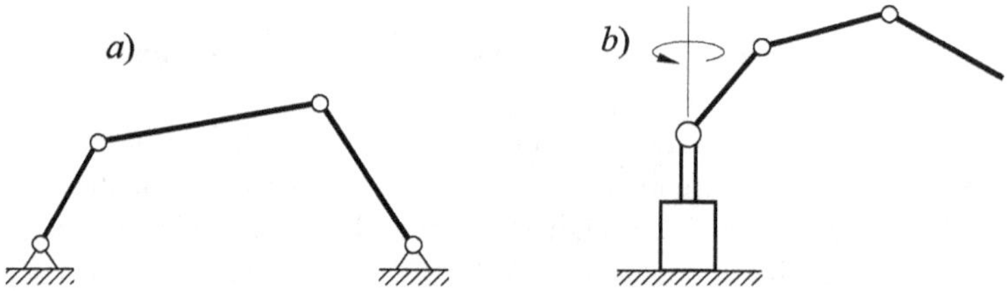

Fig. 1.1 Cadena cinemàtica tancada a) i oberta b)

Inversió d'una cadena cinemàtica (Fig. 1.2). Transformació d'un mecanisme en un altre per mitjà de l'elecció de diferents membres de la cadena com a element fix a la referència. En tots els mecanismes obtinguts per inversió d'una mateixa cadena cinemàtica els moviments relatius són evidentment els mateixos, fet que en facilita l'estudi.

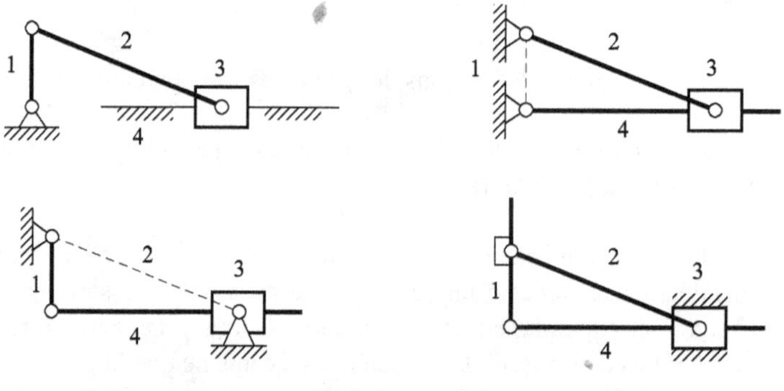

Fig. 1.2 Les quatre inversions del mecanisme pistó-biela-manovella

Restricció o enllaç. Condició imposada a la configuració –condició d'enllaç geomètrica– o al moviment del mecanisme –condició d'enllaç cinemàtica. En aquestes condicions pot aparèixer el temps explícitament o no.

Parell cinemàtic. Enllaç entre dos membres d'un mecanisme causat pel contacte directe entre ells i que pot ser puntual, segons una recta o segons una superfície. En la materialització de l'enllaç poden haver-hi sòlids auxiliars d'enllaç (SAE); per exemple, les boles en una articulació amb rodament.

Junta. Lligam entre dos membres d'un mecanisme que es realitza mitjançant elements intermedis, com pot ser una junta elàstica, una junta universal, etc.

Càrrega. Conjunt de forces conegudes, funció de l'estat mecànic i/o explícitament del temps, que actuen sobre els membres del mecanisme. Les càrregues poden ser molt diverses: el pes, la sustentació d'una ala d'avió, la força de tall d'una màquina eina, etc.

1.2 Classificació de parells cinemàtics

Els parells cinemàtics se subdivideixen segons si el contacte entre membres és puntual, lineal o superficial. Tradicionalment els parells cinemàtics amb contacte superficial s'anomenen *parells inferiors* i els altres *parells superiors.*

Parells superficials o parells inferiors. La materialització d'aquests parells implica el lliscament entre les superfícies d'ambdós membres. Si no hi ha lliscament, mantenir tres punts o més no alineats en contacte equival a una unió rígida.

Parell cilíndric (C). Les superfícies en contacte són cilíndriques de revolució, de manera que permeten dos moviments independents entre els membres, un de translació al llarg d'un eix comú a ambdós membres i un de rotació al voltant del mateix eix. Així doncs, permet dos graus de llibertat d'un membre respecte de l'altre. Si predomina el moviment de rotació, l'element interior del parell s'anomena *pivot* i l'exterior *coixinet.* En cas que el moviment predominant sigui la translació, l'element més llarg s'anomena *guia* i el més curt *corredora.*

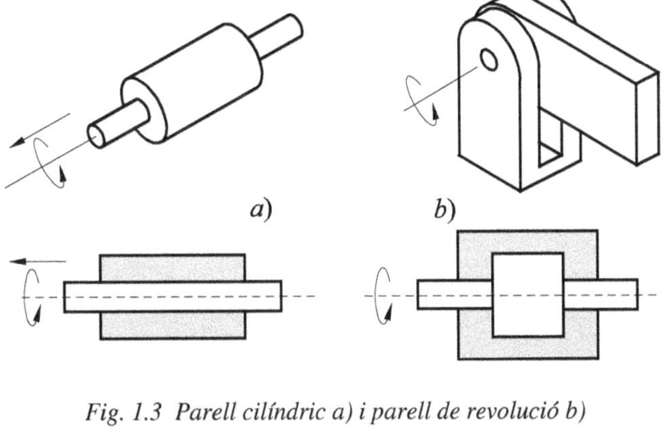

Fig. 1.3 Parell cilíndric a) i parell de revolució b)

Parell de revolució o articulació (R). Les superfícies de contacte són de revolució excloent les totalment cilíndriques, de manera que permeten només la rotació d'un membre respecte a l'altre al voltant d'un eix comú. Per tant, deixa un grau de llibertat relatiu entre els membres. Usualment l'element interior del parell s'anomena *pivot*, *monyó* o *espiga* i l'exterior *coixinet.*

Parell prismàtic (P). Les superfícies en contacte són prismàtiques, de manera que permeten només una translació relativa entre els membres al llarg d'un eix comú. Així, doncs, permet un grau de llibertat relatiu entre els membres. Usualment el membre més llarg del parell s'anomena *guia* i el més curt *corredora.*

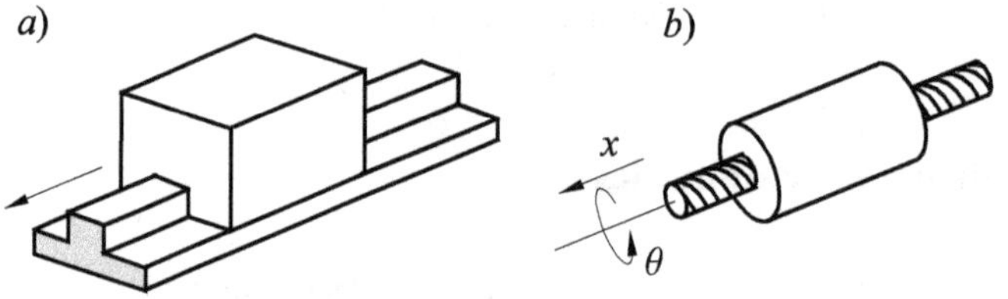

Fig. 1.4 Parell prismàtic a) i parell helicoïdal b)

Parell helicoïdal (H). Les superfícies de contacte són helicoïdals, de manera que permeten entre els dos membres un moviment de translació i un de rotació relacionats linealment. Deixa només un grau de llibertat relatiu entre els membres. La relació lineal es pot establir com $x = p\,\theta / 2\,\pi$, on p és el pas de rosca, x és el desplaçament i θ l'angle girat. El membre que té la superfície de contacte exterior –rosca exterior– s'anomena *cargol* o *barra roscada* i el que té la superfície de contacte interior –rosca interior– *femella.*

Parell esfèric (S). Les superfícies de contacte són esfèriques, de manera que permeten una rotació arbitrària d'un membre respecte de l'altre mantenint un punt comú, el centre de les superfícies en contacte. S'anomena també *ròtula esfèrica*. Deixa tres graus de llibertat relatius entre els membres.

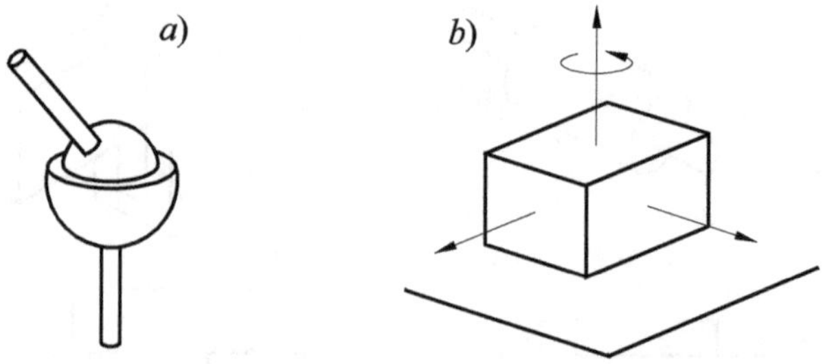

Fig. 1.5 Parell esfèric a) i parell pla b)

Parell pla (P_L). Les superfícies de contacte són planes, de manera que permet dues translacions i una rotació al voltant d'una direcció perpendicular al pla de contacte d'un membre respecte a l'altre, les tres independents entre elles. Així, doncs, deixa tres graus de llibertat relatius entre els membres.

Parells puntuals i lineals o parells superiors. En aquests parells, el contacte s'estableix a través d'un únic punt o d'una generatriu recta en superfícies reglades. Aquests contactes poden ser amb lliscament i sense.

El contacte puntual es pot establir entre:

- *Un mateix punt d'un membre i un mateix punt de l'altre membre*. Aquest enllaç té poc interès pràctic (només per a eixos molt lleugers acabats en punta recolzada en un suport cònic) i és equivalent a una ròtula per al moviment a l'espai i a una articulació per al moviment pla.
- *Un mateix punt d'un membre i un punt d'una corba fixa a l'altre membre*. En aquest cas, el punt es pot materialitzar amb un piu o botó i la corba amb una ranura, i s'obté el parell piu-guia o botó-guia.
- *Un mateix punt d'un membre i un punt d'una superfície fixa a l'altre membre*.
- *Punts variables de cadascun dels sòlids*. En aquest cas, i també quan el contacte s'estableix entre generatrius variables, el moviment relatiu s'anomena *rodolament*. Són exemples de rodolament el d'una roda respecte del terra o el d'una bola de coixinet respecte a la pista.

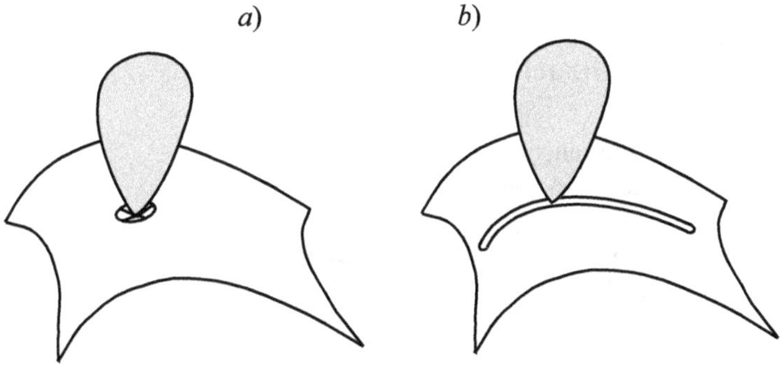

Fig. 1.6 Contacte punt-punt a) i contacte punt-corba b)

En un plantejament bidimensional de la cinemàtica, els parells que es poden presentar són només el de revolució o articulació, el prismàtic, el contacte al llarg d'una generatriu, que a efectes cinemàtics equival al contacte puntual entre corbes planes, i els contactes punt-punt i punt-corba.

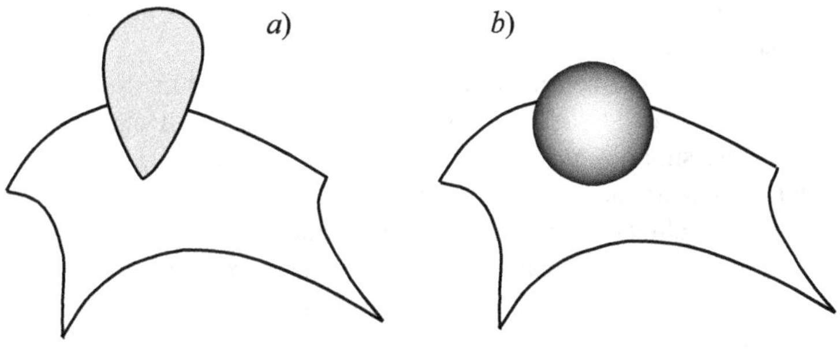

Fig. 1.7 Contacte punt-superfície a) i contacte entre punts variables de cadascun dels sòlids –rodolament– b)

1.3 Classificació de membres

Els membres es classifiquen segons diversos criteris. Atenent el comportament del material, poden ser rígids, elàstics o fluids. Si es fa atenció a les seves característiques inercials, poden ser d'inèrcia negligible o no.

Una altra classificació dels membres es pot realitzar segons el nombre de parells als quals es troben lligats. Així es diu que un membre és binari, terciari, etc., quan és lligat amb dos parells, tres parells, etc.

Els membres també es poden classificar segons el tipus de moviment. Així, un membre amb un punt articulat fix s'anomena *manovella* si pot donar voltes senceres i *balancí* si només pot oscil·lar. Si el membre no té cap punt articulat fix rep el nom de *biela* o *acoblador*.

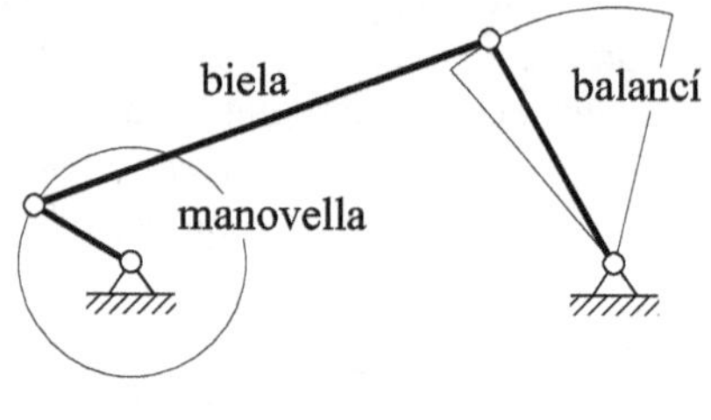

Fig. 1.8 Quadrilàter articulat amb la nomenclatura dels seus membres

1.4 Esquematització. Modelització

A l'hora de fer l'estudi d'un mecanisme, és bo primer fer-ne una representació que inclogui les característiques suficients per realitzar l'estudi que es vol fer i obviar la resta. Aquesta representació s'anomena *esquema* o *representació esquemàtica.*

En funció de la informació que es vulgui obtenir o de l'estudi concret que es vulgui realitzar un en farà un esquema o un altre:

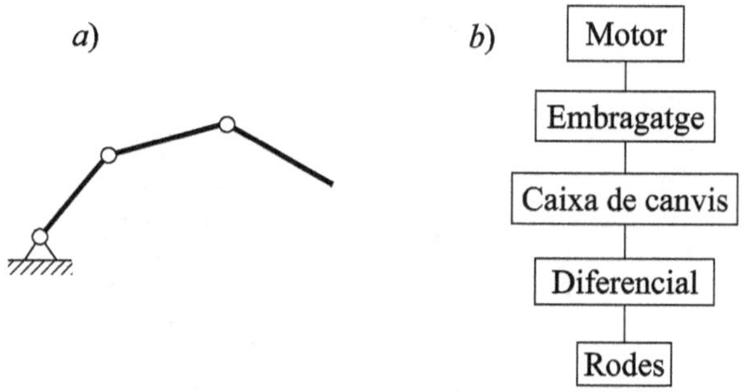

Fig. 1.9 Exemples d'esquematitzacions: a) esquema de símbols d'un robot i b) esquema de blocs de la cadena de transmissió d'un vehicle

- Si la informació que es vol representar és únicament la de les relacions o connexions que hi ha entre els diferents grups o unitats que formen una màquina, es pot fer un diagrama de blocs.
- Per estudiar les possibilitats de moviment d'un mecanisme, cal fer un esquema de símbols que ha d'incloure una representació de cada membre i una de cada parell cinemàtic. A l'annex 1.I es presenta un recull dels símbols normalitzats de diferents elements i parells cinemàtics que es poden emprar en l'esquematització de mecanismes.
- Si l'estudi que es vol realitzar és geomètric o cinemàtic, cal afegir a l'esquema de símbols la localització dels parells respecte a cada membre: distància entre punts –per exemple, entre centres d'articulacions– i angles entre direccions –per exemple, entre la direcció definida per dues articulacions i la d'una guia d'un parell prismàtic.
- Si l'estudi és dinàmic, cal incloure, a més, les característiques inercials dels elements, com també les càrregues que hi actuen.

Per fer l'esquema de símbols d'un mecanisme es pot procedir de la manera següent:

- Identificar els membres i parells cinemàtics sobre el mecanisme real, la maqueta, la fotografia o el dibuix de què es disposi.
- Situar els símbols dels parells en un dibuix, de manera que la seva disposició espacial s'aproximi a la real, i unir mitjançant segments –barres– o superfícies poligonals els que pertanyen a un mateix membre (Fig. 1.10). Algunes vegades, si la complicació del mecanisme ho requereix, es poden esquematitzar primer cadascun dels membres per separat –amb els parells cinemàtics que contenen– i ajuntar-los posteriorment en un altre dibuix. En tot cas, cal obtenir un dibuix entenedor i pot ser necessari de vegades partir l'esquema i utilitzar la mateixa identificació pels membres i enllaços compartits (Fig. 1.11).

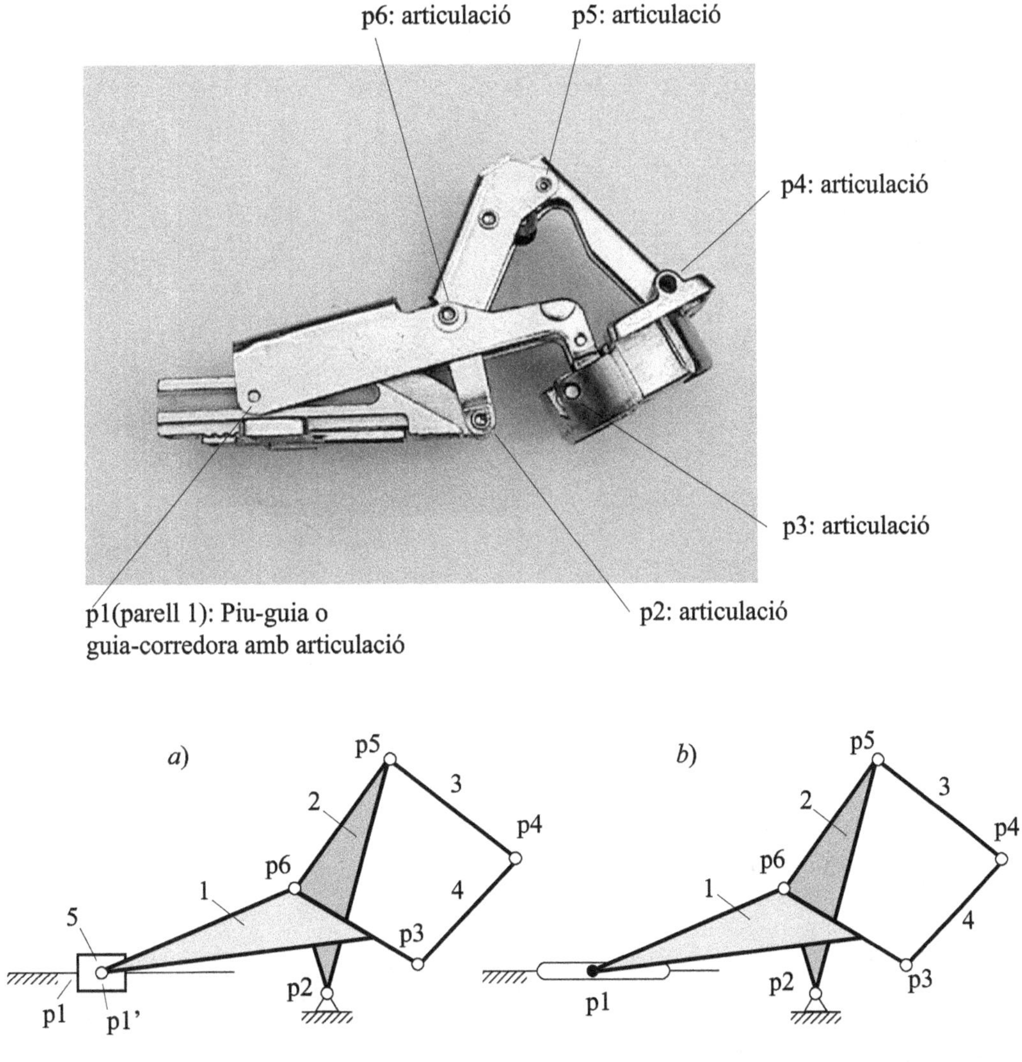

Fig. 1.10 Frontissa i esquemes de símbols. a) Utilitzant una corredora amb articulació i b) utilitzant un parell piu-guia

En els mecanismes amb moviment pla, cal fer coincidir el pla del dibuix amb el del moviment, i dibuixar tots els membres en un mateix pla, encara que realment estiguin en plans paral·lels (Fig. 1.11). Altrament, la representació es complica innecessàriament. S'ha de tenir present, però, que aquesta representació plana dels mecanismes no és adequada per fer el seu estudi dinàmic complet, tal com s'explica a l'annex 6.II.

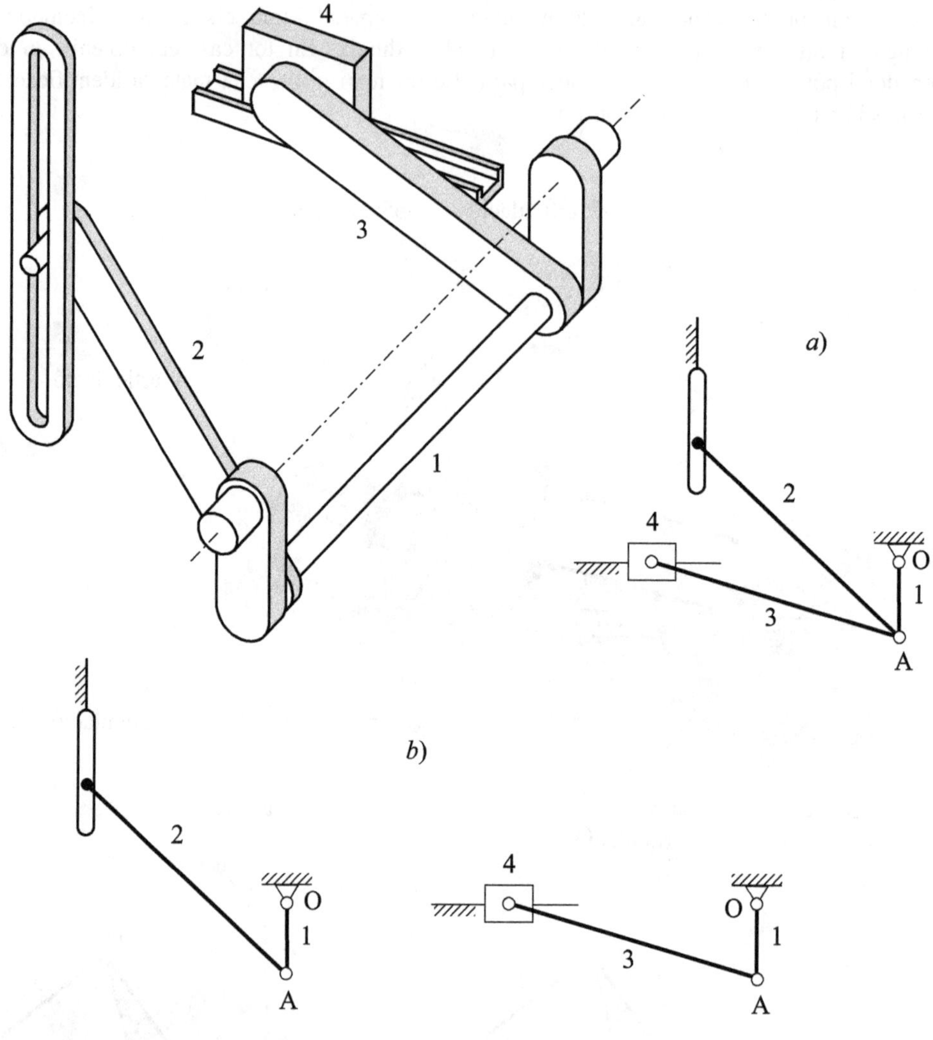

Fig. 1.11 Mecanisme de barres i el seu esquema de símbols, complet a) i partit en dos b)

Així mateix, per fer l'estudi d'un mecanisme cal establir el model global que ha de descriure'n el comportament físic i que té en compte la representació –matemàtica– de les diverses realitats físiques que hi intervenen –frec sec de Coulomb, sòlid rígid, etc.–, de manera que la *modelització* es pot definir com aquell procés en el qual s'estableix una representació matemàtica del comportament físic del mecanisme a fi d'obtenir-ne una descripció quantificable.

1.5 Mecanismes de barres

Els mecanismes més simples són els que es poden esquematitzar mitjançant barres amb parells inferiors. Aquests mecanismes es fan servir tant per generar trajectòries de punts concrets de les bieles o acobladors –que reben el nom de *corbes d'acoblador*– com per guiar i relacionar el moviment de diversos membres. Dos mecanismes de barres s'anomenen cognats si poden generar una mateixa corba d'acoblador. El seu estudi té interès en la síntesi de mecanismes ja que permet donar més d'una solució a un requisit establert.

El mecanisme format per quatre barres i quatre articulacions s'anomena *quadrilàter articulat* i, amb una barra fixa a la referència, es presenta com un dels més emprats a l'hora de resoldre molts problemes de generació de moviments en mecanismes d'un grau de llibertat.

Si el mecanisme ha de ser impulsat per un motor rotatiu –que és la situació freqüent–, cal garantir que la barra accionada pugui donar voltes senceres. Per als mecanismes de quatre barres la llei de Grashof permet esbrinar de manera senzilla si es compleix aquesta condició. La llei de Grashof afirma que la barra més curta d'un mecanisme de quatre barres dóna voltes senceres respecte a totes les altres si es compleix que la suma de la longitud de la barra més llarga l i la de la més curta s és més petita o igual que la suma de les longituds de les altres dues p *i* q: $s+l \leq p+q$.

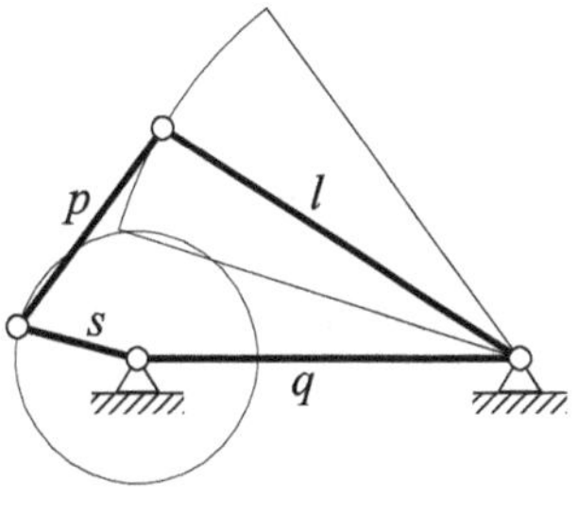

Fig. 1.12 Quadrilàter articulat amb les seves dimensions per il·lustrar la llei de Grashof

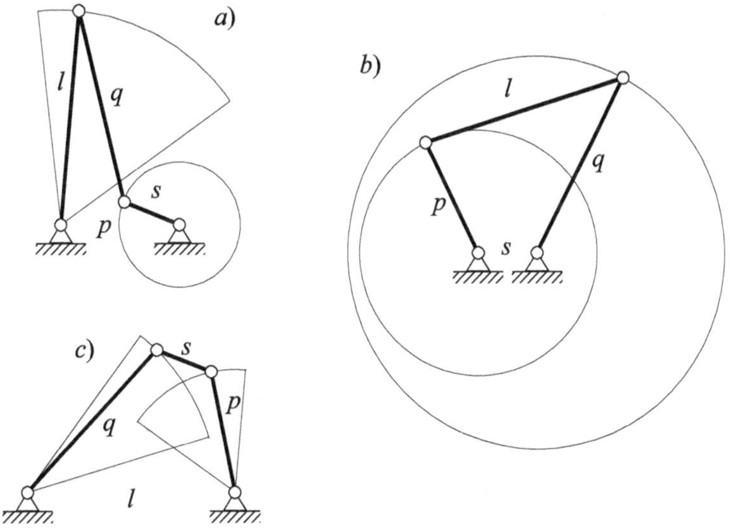

Fig. 1.13 Tres inversions d'un quadrilàter de Grashof

En l'enunciat de la llei no intervé l'ordre en què es connecten les barres ni quina és la barra fixa. Si un quadrilàter articulat compleix la llei de Grashof –quadrilàter de Grashof–, la compleix per a les seves quatre inversions, de manera que:

- Si un dels dos membres contigus al més curt es fixa al terra, s'obté un mecanisme *manovella-balancí*. Dels dos membres articulats al terra, el més curt serà la manovella, i l'altre el balancí (Fig. 1.13.*a*).
- Si el membre que es fixa és el més curt s'obté un mecanisme de *doble manovella*. Tant els dos membres articulats al terra com la biela faran voltes senceres (Fig. 1.13.*b*).
- Fixant el membre oposat al més curt s'obté un mecanisme de *doble balancí*. Els dos membres articulats al terra oscil·len i la biela –el membre més curt– fa voltes senceres (Fig. 1.13.*c*).

A part del quadrilàter articulat, l'altre mecanisme emprat àmpliament és el triangle articulat amb un costat de llargada variable. N'és un exemple el mecanisme *pistó-biela-manovella*.

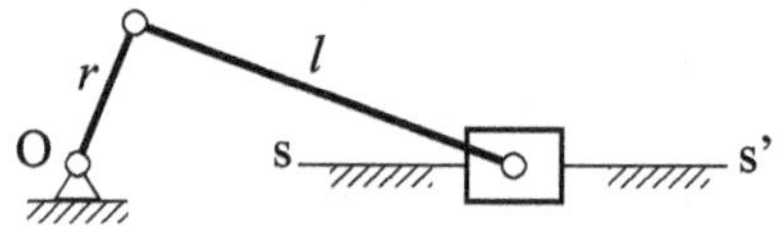

Fig. 1.14 Pistó-biela-manovella

Aquest mecanisme (Fig. 1.14) –on l'eix ss' conté l'articulació fixa O– és utilitzat, per exemple, en motors i compressors alternatius, per convertir el moviment rotatiu de la manovella en moviment de translació alternatiu del pistó, o viceversa. Per tal que la manovella pugui donar voltes senceres, cal que es compleixi la condició evident $l \geq r$.

1.6 Mecanismes de lleves

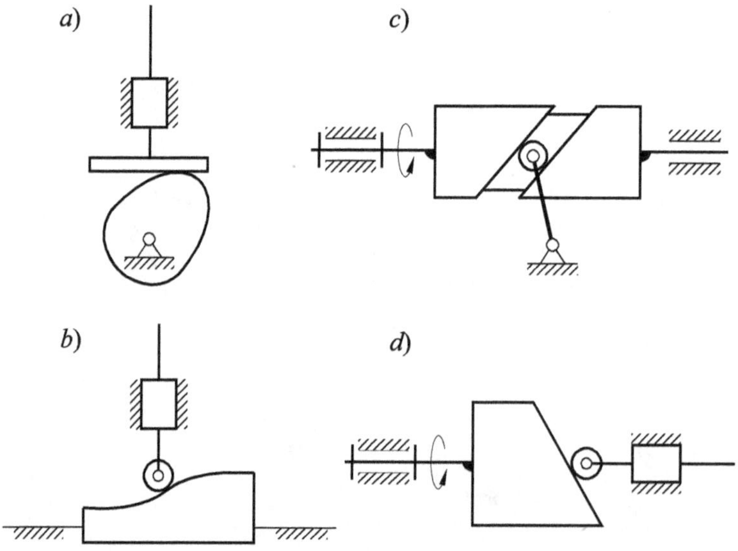

Fig. 1.15 Tipus de lleves: de placa a), de falca b), cilíndrica c) i frontal d)

S'anomena *mecanisme de lleva* el conjunt de dos membres –lleva i palpador o seguidor–, ambdós en principi amb un grau de llibertat, que queden relacionats mitjançant un parell superior. La lleva impulsa el palpador a través del contacte establert pel parell superior, a fi que desenvolupi un moviment específic. Els mecanismes de lleves es poden classificar segons la forma i el moviment de la lleva i segons la forma i el moviment del seguidor, entre altres criteris.

La lleva pot tenir moviment de translació –lleva de falca– o moviment de rotació. En aquest cas la forma de la lleva pot ser de placa –també anomenada de disc o radial–, cilíndrica o de tambor frontal –o de cara– (Fig. 1.15). La més comuna és la de placa i la menys usual de totes elles és la de falca, a causa del moviment alternatiu necessari per accionar-la.

El moviment del palpador pot ser de translació o de rotació. La forma del palpador dóna lloc a diferents tipus: puntual, pla –de plat–, de corró, de sabata corba. (Fig. 1.16)

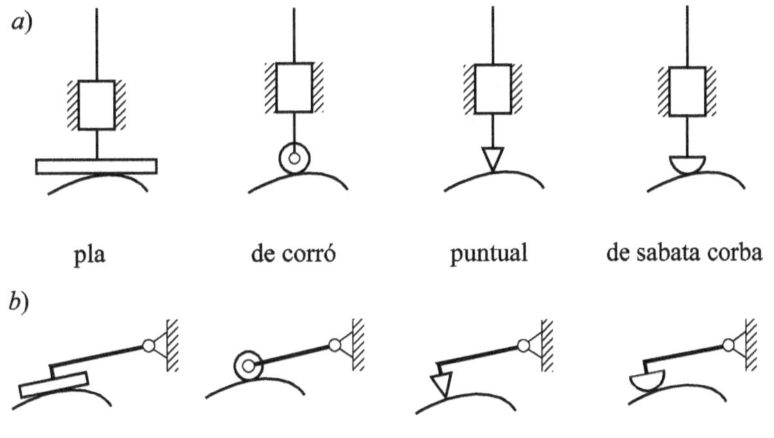

Fig. 1.16 Tipus de palpadors: de translació a) i de rotació b)

L'enllaç entre una lleva i un palpador és, en principi, un enllaç unilateral. Per tal de garantir que sempre hi hagi contacte es pot procedir de dues maneres: tancament per força i tancament per forma. En el tancament per força es garanteix el contacte amb una força que actua sobre el palpador i tendeix a unir els dos elements, ja sigui per mitjà d'una molla o, si el palpador actua en el pla vertical, pel propi pes. En el tancament per forma, la lleva i el palpador mantenen sempre dos punts oposats en contacte. En aquest cas s'anomenen *lleves desmodròmiques* (Fig 1.17).

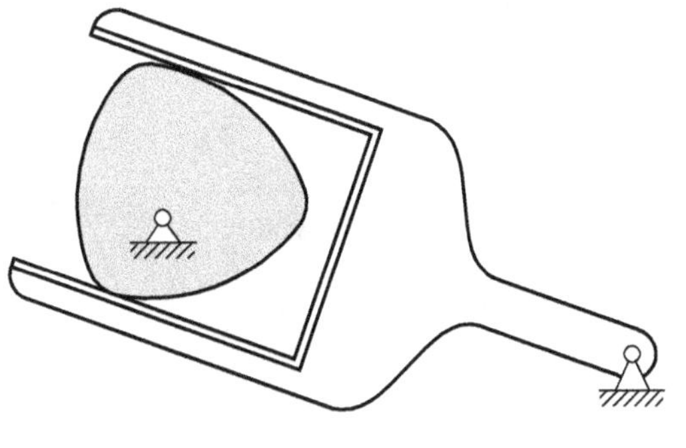

Fig. 1.17 Lleva desmodròmica

1.7 Engranatges i trens d'engranatges

Un engranatge és un conjunt de dues rodes dentades que engranen entre elles a fi de transmetre un moviment de rotació entre els seus eixos. En l'engranament, una roda transmet el moviment a l'altra pel fet d'haver-hi contacte entre una dent de cada roda com a mínim.

En un engranatge, és usual anomenar *pinyó* la roda més petita i simplement *roda dentada* la gran. Si el diàmetre d'aquesta és infinit s'obté una barra dentada que s'anomena *cremallera*.

El perfil de les dents que s'utilitza, amb molt poques excepcions, és el perfil d'evolvent de cercle amb mides normalitzades. L'evolvent de cercle és, per exemple, la corba relativa a un rodet que descriu un punt del fil que s'hi enrotlla o se'n desenrotlla.

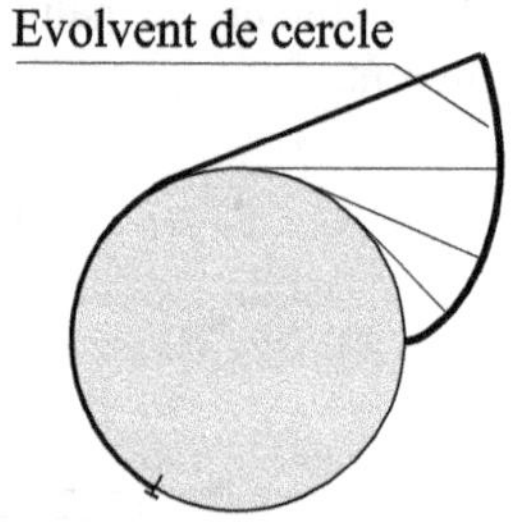

Fig. 1.18 Generació d'un perfil d'evolvent

Els dos eixos d'un engranatge poden ser paral·lels, tallar-se o encreuar-se. En el primer cas, es fan servir engranatges rectes o helicoïdals i quan els eixos no són paral·lels es fan servir engranatges que, en general, són helicoïdals encreuats, de vis sens fi, cònics o hipoïdals. Si els eixos són paral·lels o es tallen, es pot aconseguir que el lliscament en els punts de contacte sigui petit i, per tant, el rendiment alt. Si els eixos són encreuats no es pot defugir un lliscament alt i, per tant, el rendiment serà més baix.

Un conjunt d'engranatges s'anomena *tren d'engranatges*. Si els eixos d'algunes rodes dentades no són fixos, el conjunt d'engranatges constitueix un tren epicicloïdal o planetari.

1.8 Prestacions d'un mecanisme

Tant en l'anàlisi com en la síntesi de mecanismes, és important poder definir índexs de qualitat per avaluar-ne numèricament les prestacions –qualitats que caracteritzen quantitativament les possibilitats d'una màquina o mecanisme. Aquests índexs poden fer referència a diversos aspectes com, per exemple, el volum accessible, la precisió de posicionament en un entorn, etc.

Són molts els mecanismes en què es pot considerar que hi ha un membre d'entrada i un membre de sortida. En aquests mecanismes, un índex per avaluar-ne la seva prestació pot ser el *factor de transmissió*, definit com la relació entre el moviment, una força o un parell en el membre de sortida i el moviment, una força o un parell en el membre d'entrada.

En els mecanismes de barres, es fa servir com a índex de bon funcionament l'angle de transmissió o angle relatiu entre barres. En els mecanismes de lleva es fa servir l'angle de pressió, definit com l'angle entre la normal a les superfícies en el punt geomètric de contacte i la direcció de la velocitat del punt de contacte del seguidor. Si el palpador és de corró, cal considerar la direcció de la velocitat del seu centre.

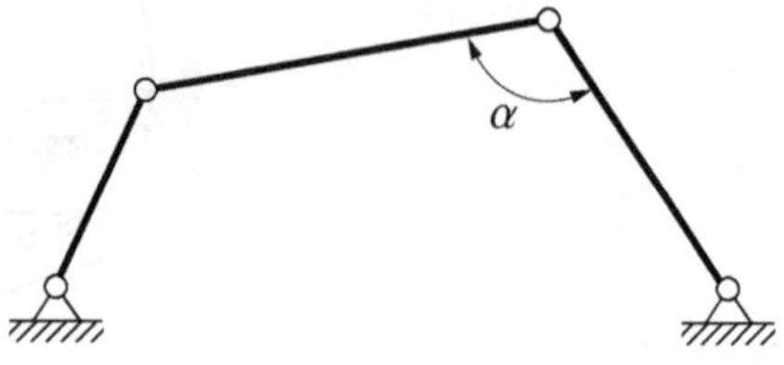

Fig. 1.19 Angle de transmissió en un quadrilàter articulat

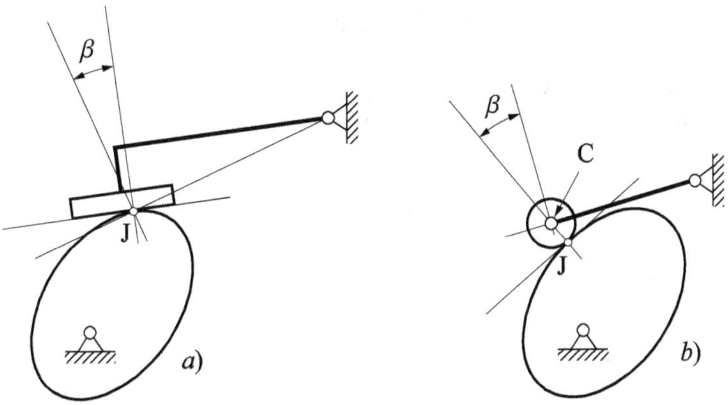

Fig. 1.20 Angle de pressió per a una lleva de placa amb palpador pla a) i palpador de corró b)

Annex 1.I Representació simbòlica d'elements

Recull de símbols per a la representació d'elements i parells cinemàtics que cal emprar en l'esquematització, segons la norma UNE-EN ISO 3952.

variables i paràmetres	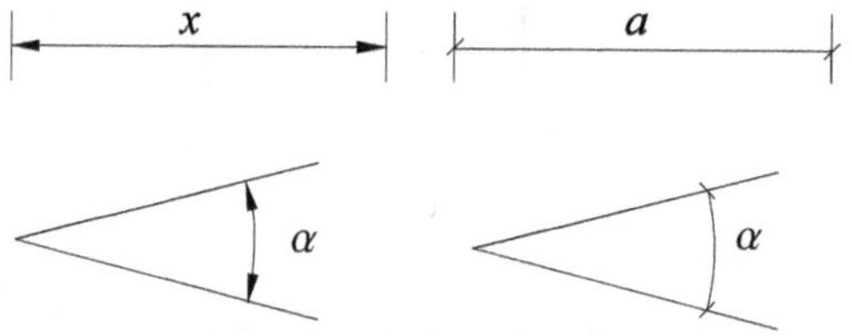
coordenades de posició i d'orientació	
membres en general	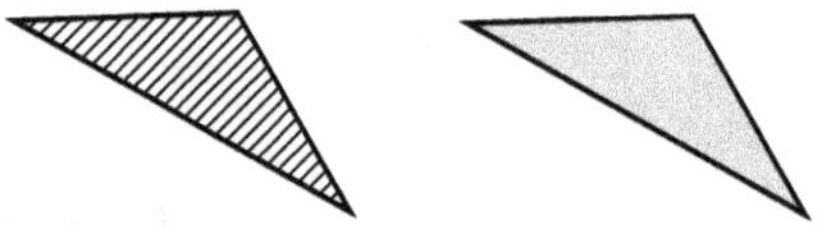
element barra	
element fix	

parell de revolució o articulació	moviment pla / moviment a l'espai 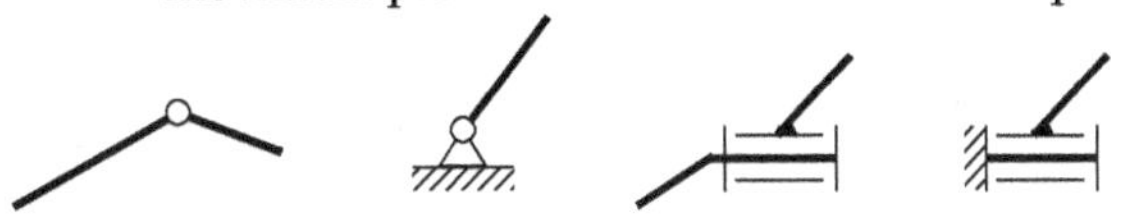 entre barres / amb el terra
parell prismàtic o guia-corredora	
parell helicoïdal	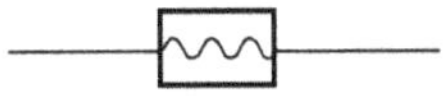
parell cilíndric	
parell pla	
parell esfèric o ròtula esfèrica	
junta universal	
corredora amb articulació	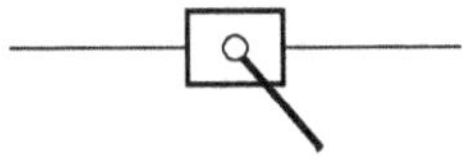
parell piu-guia	
unió rígida entre membres	
articulacions enmig de barres	

lleva plana de rotació	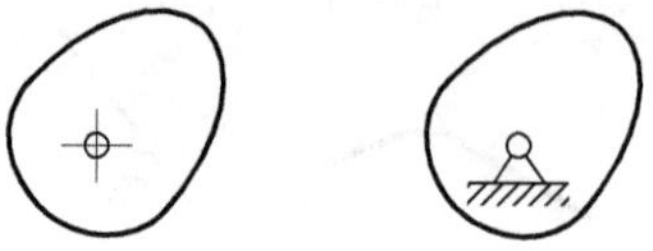 amb articulació fixa
lleva plana de translació	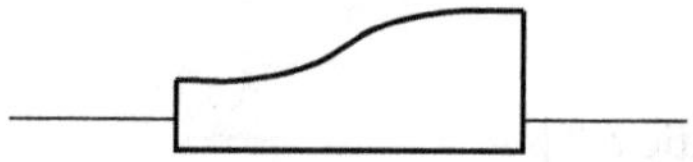
palpadors	de translació / de rotació pla de corró puntual curvilini 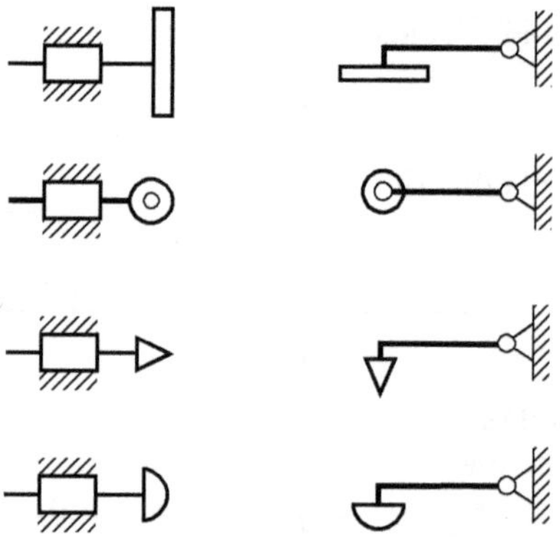
rodes de fricció	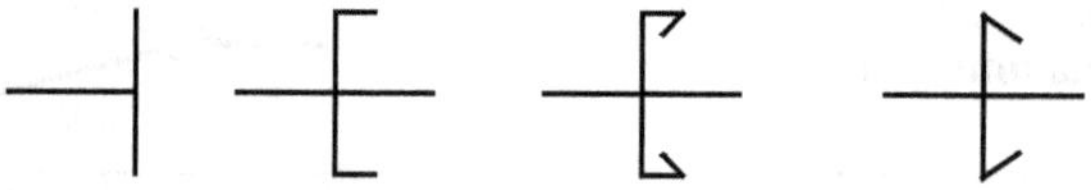 plana / cilíndrica / cònica interior / cònica exterior
transmissió per rodes de fricció	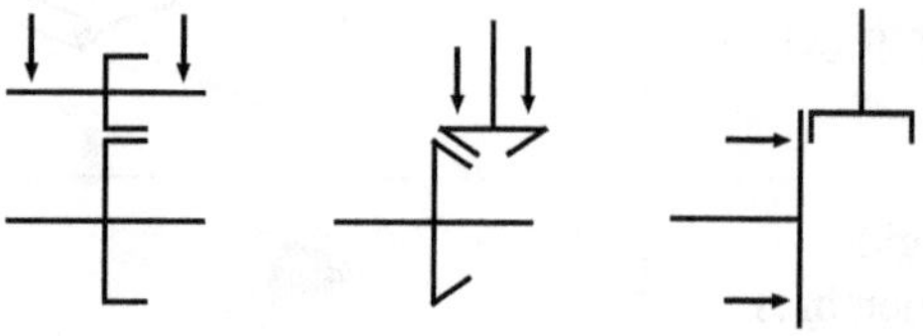

rodes dentades	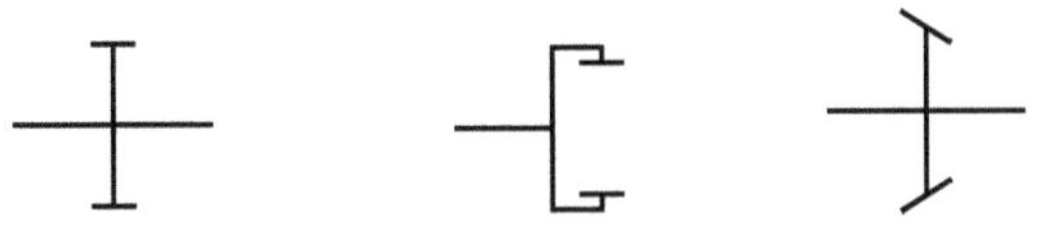 cilíndrica exterior · cilíndrica interior · cònica
transmissió per rodes dentades (engranatges)	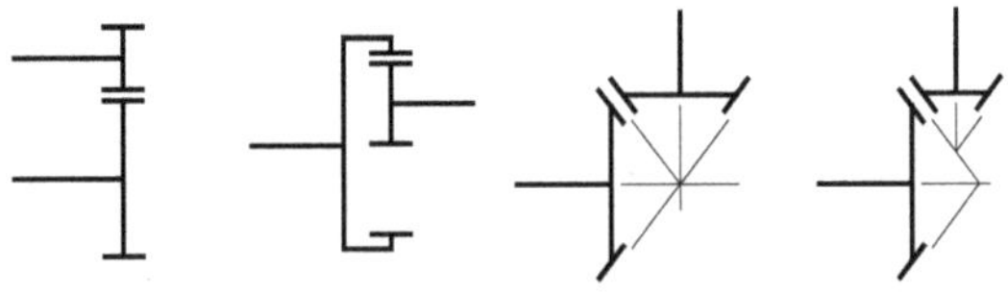 cilíndric · cònic · hipoide 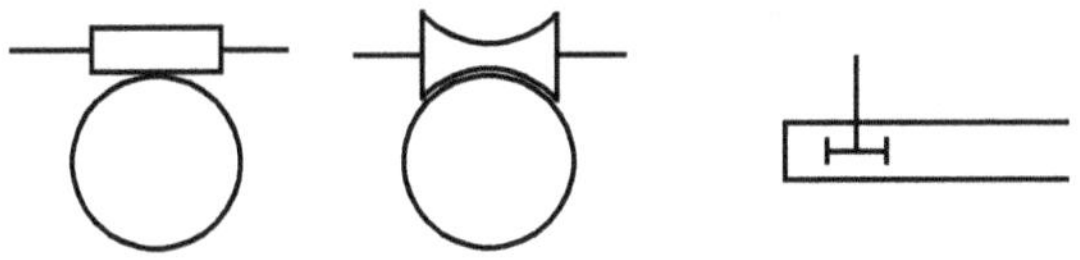 vis sens fi cilíndric · vis sens fi glòbic · pinyó-cremallera
embragatges i frens	 embragatge · fre
transmissions per corretja i cadena	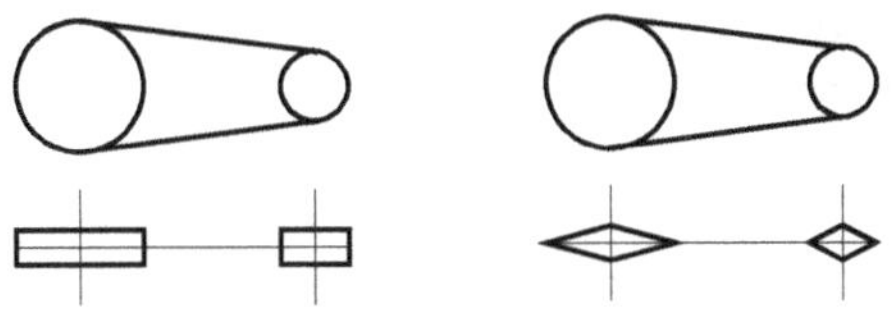 corretja · cadena

Problemes

En els mecanismes representats a les figures adjuntes:

a) Identifiqueu-hi els elements: membres i parells cinemàtics.

b) Feu-ne un esquema de símbols acompanyat dels paràmetres necessaris per a l'estudi cinemàtic.

c) Suggeriu variables adequades per estudiar el moviment del mecanisme.

P 1-1

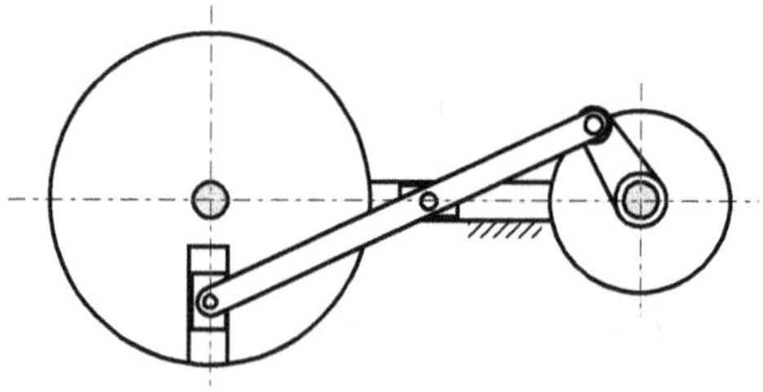

P 1-2

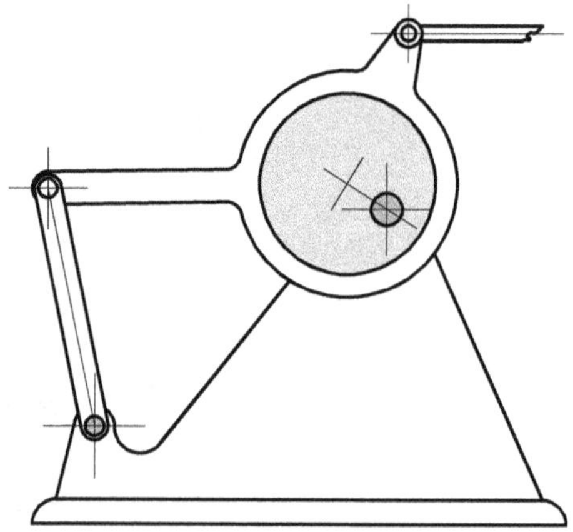

P 1-3

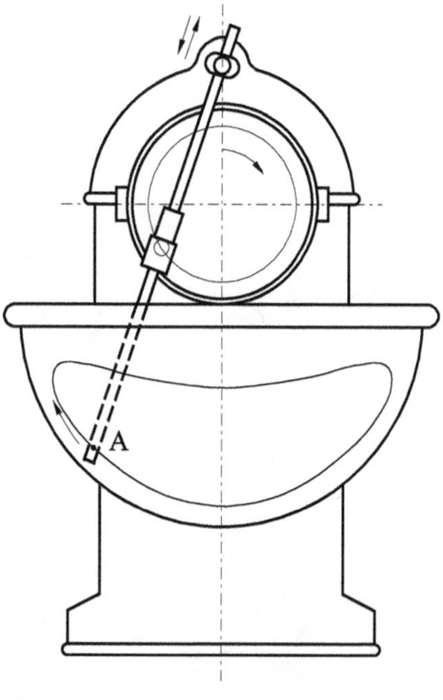

P 1-4

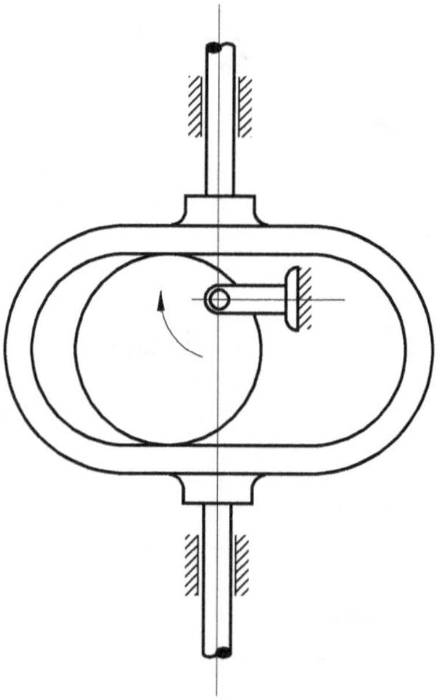

P 1-5

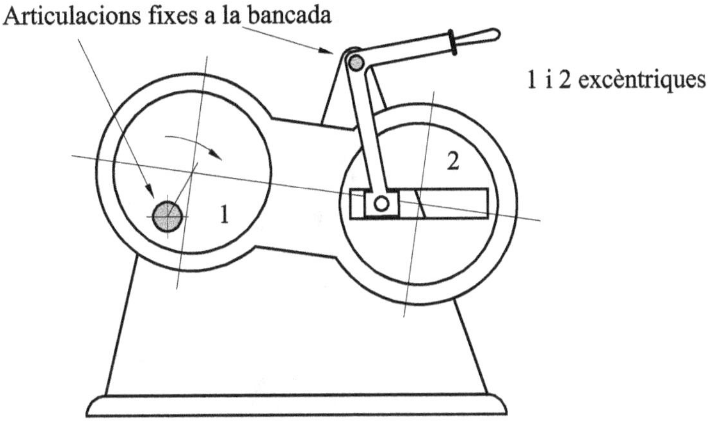

P 1-6 Junta d'OldHam

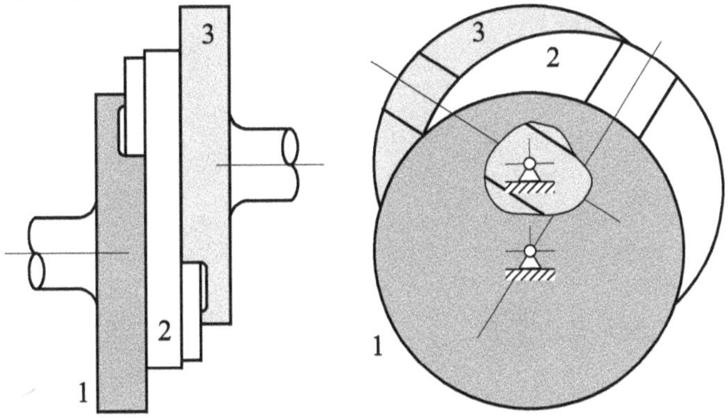

P 1-7

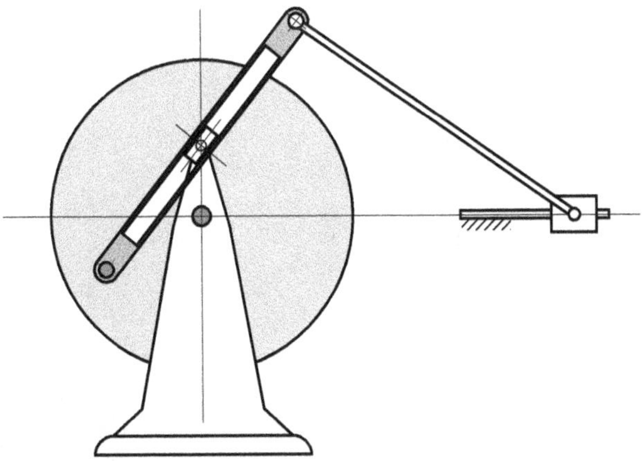

P 1-8 Mordassa de pressió

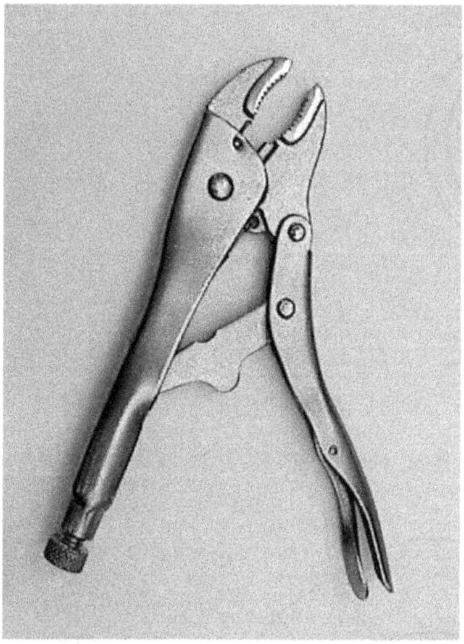

P 1-9 Obturador d'un projector cinematogràfic

P 1-10 Pala excavadora

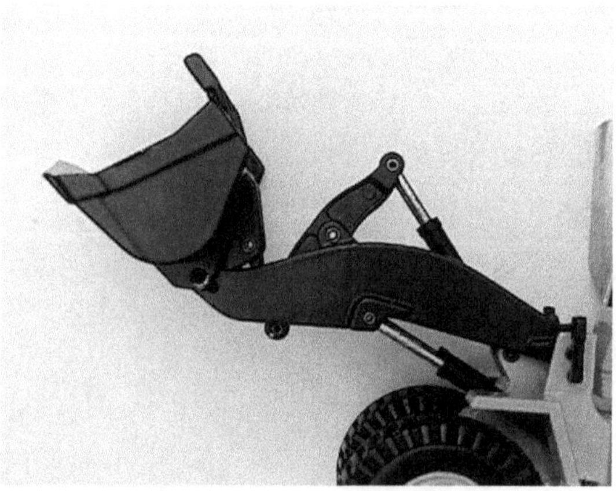

P 1-11 Frontissa

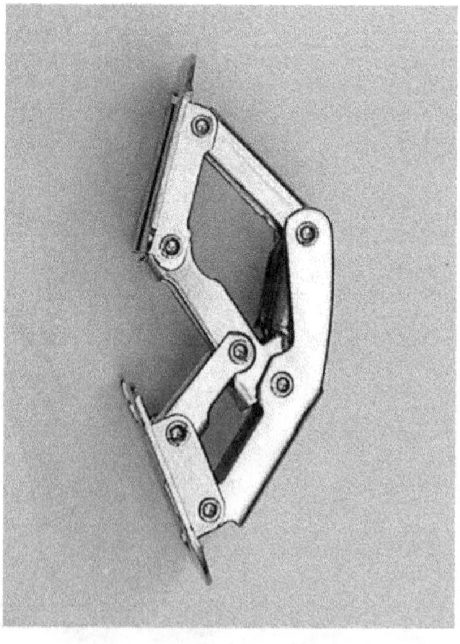

2 Mobilitat

La descripció de les possibles configuracions que pot assolir un mecanisme i l'estudi de la distribució de velocitats i acceleracions es pot fer a partir d'un conjunt de variables: les *coordenades generalitzades* i les *velocitats generalitzades*. En aquest capítol es planteja quantes variables cal emprar com a mínim per descriure la configuració d'un mecanisme *–coordenades independents–* i quantes per descriure'n la seva distribució de velocitats *–graus de llibertat.* Es presenten també les relacions que cal establir entre les variables quan se n'utilitza un conjunt no mínim *–equacions d'enllaç–* i com cal procedir en aquest cas per a l'estudi de configuracions i velocitats.

2.1 Coordenades i velocitats generalitzades. Graus de llibertat d'un mecanisme

Coordenades generalitzades. S'anomenen coordenades generalitzades (cg) les variables geomètriques q_i de posició i orientació emprades per descriure la configuració d'un sistema mecànic. El conjunt de coordenades generalitzades $\{q_1, q_2, ..., q_n\}$ es pot expressar com el vector:

$$\mathbf{q} = \{q_1, q_2, ..., q_n\}^{\mathrm{T}}$$

on n és el nombre de coordenades generalitzades emprades. Aquest conjunt de variables ha de ser suficient per descriure qualsevol configuració del mecanisme.

Les coordenades generalitzades solen ser distàncies i angles, absoluts o relatius, i s'intenta, sempre que sigui possible, que estiguin associades a distàncies i angles fàcilment identificables en el mecanisme: posició d'un punt característic (ròtula, centre d'inèrcia d'un membre, etc.), angle relatiu entre dos membres articulats, distància entre dos punts de dos membres enllaçats per una guia prismàtica, etc.

Tipus de coordenades generalitzades. Una primera classificació de les coordenades s'estableix en funció de si es defineixen a partir d'una referència solidària al membre fix –coordenades absolutes– o a partir d'una referència solidària a un membre mòbil–coordenades relatives. Així, per exemple, en el mecanisme de la figura 2.1 θ_1 i θ_2 són coordenades generalitzades absolutes i φ és una coordenada generalitzada relativa.

Una altra classificació de les coordenades generalitzades es fa atenent allò que es posiciona o s'orienta. Així, les coordenades referencials situen un triedre de referència –un punt origen i tres direccions ortogonals– solidari a cada membre. Les coordenades naturals s'associen a punts i direccions fixes a un membre. En qualsevol cas, però, aquests dos tipus de coordenades poden ser tant absolutes com relatives.

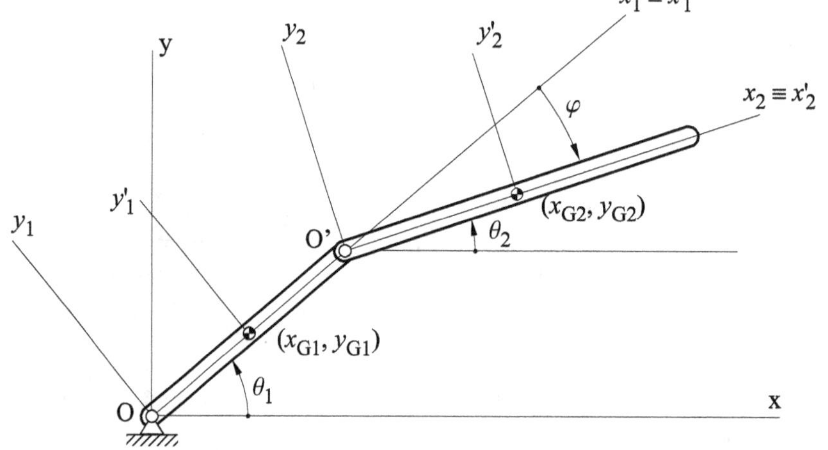

Fig. 2.1 Exemple de coordenades generalitzades en un mecanisme

En els estudis dinàmics, quan s'empren coordenades referencials, l'origen del triedre de referència solidari a un membre s'acostuma a prendre en el seu centre d'inèrcia. Les coordenades a què dóna lloc aquesta elecció s'anomenen *coordenades inercials.*

A l'exemple de la figura 2.1, les coordenades θ_1 i θ_2 poden ser pensades com a referencials si es consideren els triedres x_1, y_1 i x_2, y_2 fixos a les dues barres i d'origen O i O', respectivament. Les coordenades (x_{G1}, y_{G1}, θ_1) i (x_{G2}, y_{G2}, θ_2) serien les coordenades inercials i les coordenades cartesianes dels punts G_1, O' i G_2 podrien ser considerades com a coordenades naturals.

Velocitats generalitzades. Per tal d'establir la distribució de velocitats d'un mecanisme en una configuració determinada s'utilitza un conjunt de variables cinemàtiques que s'anomenen *velocitats generalitzades* (vg). Aquest conjunt $\{u_1, u_2, \ldots, u_n\}$ es pot expressar com el vector:

$$\boldsymbol{u} = \{u_1, u_2, \ldots, u_n\}^{\mathrm{T}}$$

on n és el nombre de velocitats generalitzades. Aquest conjunt de variables cinemàtiques ha de ser suficient per descriure la velocitat de qualsevol punt en qualsevol configuració.

En general, les velocitats generalitzades que s'utilitzen són les derivades temporals de les coordenades generalitzades, $u_i = \dot{q}_i$, si bé també se'n poden emprar combinacions lineals $u_i = \Sigma\, b_i\, \dot{q}_j$. Si una velocitat generalitzada no és la derivada de cap coordenada generalitzada es diu que està associada a una pseudocoordenada. Un exemple clar de velocitat generalitzada associada a una pseudocoordenada és la velocitat longitudinal d'un vehicle convencional, la qual no es correspon a la derivada de cap coordenada generalitzada. En la cinemàtica de sòlids a l'espai, si es prenen com a velocitats generalitzades les components del vector velocitat angular del sòlid en una certa base, aquestes sovint estan associades a pseudocoordenades ja que no són les derivades de cap coordenada (vegeu l'annex 2.II). En el moviment pla, en canvi, la velocitat angular és la derivada temporal de l'angle girat.

Coordenades independents. Graus de llibertat. Un conjunt mínim –necessari i suficient– de coordenades generalitzades per descriure la configuració d'un sistema mecànic s'anomena *conjunt de coordenades independents* (ci). Si bé per a un cert sistema es poden definir diversos conjunts de coordenades independents, la dimensió d'aquests conjunts és una característica del sistema i s'anomena *nombre de coordenades independents.*

Qualsevol conjunt mínim –necessari i suficient– de velocitats generalitzades que descriguin la distribució de velocitats del sistema s'anomena *conjunt de graus de llibertat* (gl). La dimensió d'aquests conjunts és també una característica del sistema i s'anomena *nombre de graus de llibertat.*

Des d'un punt de vista intuïtiu, s'associen els graus de llibertat als moviments independents a curt termini que pot realitzar el sistema, i les coordenades independents als moviments a llarg termini.

El nombre de graus de llibertat i el nombre de coordenades independents d'un sistema no tenen per què coincidir si bé en la majoria dels mecanismes coincideixen. És per això que sovint en l'àmbit de la teoria de màquines i mecanismes s'obvia la diferència i es parla de "nombre de graus de llibertat d'un mecanisme" o bé de "mobilitat d'un mecanisme", per referir-se tant a velocitats com a coordenades independents.

2.2 Equacions d'enllaç. Holonomia

Equacions d'enllaç geomètriques. Si es descriu la configuració d'un sistema mitjançant un conjunt $\{\boldsymbol{q}\} = \{q_1, q_2, ..., q_n\}$ no mínim de coordenades generalitzades, entre elles existeixen m_{g} relacions de dependència anomenades *equacions d'enllaç geomètriques* $\phi_i(\boldsymbol{q}) = 0$ i=1, ..., m_{g}, que de forma compacta és usual expressar-les $\boldsymbol{\phi}(\boldsymbol{q}) = 0$. $\boldsymbol{\phi}(\boldsymbol{q})$ s'anomena *vector d'equacions d'enllaç.* Aquestes equacions d'enllaç són de dos tipus: les que descriuen analíticament les restriccions imposades pels enllaços entre els diferents membres del mecanisme i les que descriuen la invariabilitat de la distància entre punts d'un sòlid –equacions d'enllaç geomètriques constitutives. En principi:

$$\text{nre. ci} = \text{nre. cg} - m_{\mathrm{g}}$$

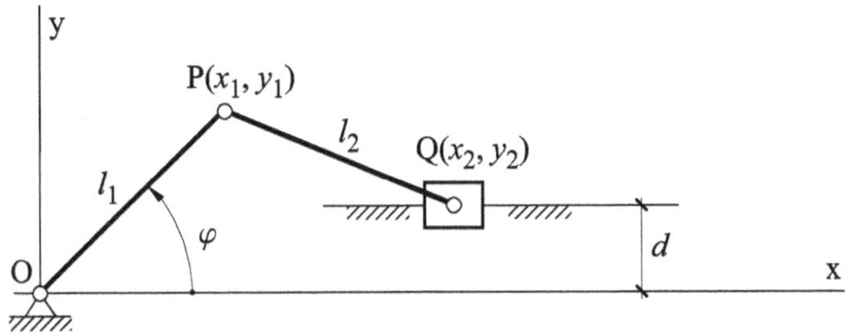

Fig. 2.2 Mecanisme pistó-biela-manovella

Si en el mecanisme de la figura 2.2 s'ha decidit treballar amb un conjunt de 5 coordenades $\boldsymbol{q} = \{x_1, x_2, y_1, y_2, \varphi\}$, es poden escriure entre elles les 4 relacions següents:

$$\boldsymbol{\phi}(\boldsymbol{q}) = \begin{Bmatrix} x_1 - l_1 \cos\varphi \\ y_1 - l_1 \sin\varphi \\ (x_1 - x_2)^2 + (y_1 - y_2)^2 - l_2^2 \\ y_2 - d \end{Bmatrix} = 0$$

La tercera component del vector d'equacions d'enllaç és una equació d'enllaç constitutiva que descriu la invariabilitat de la distància entre P i Q.

De les 5 coordenades generalitzades emprades, només n'hi ha una d'independent (s'han establert 4 relacions entre elles). El mecanisme té, per tant, una coordenada independent. Cal fer notar que si bé amb una sola coordenada es pot descriure la configuració del mecanisme, no serveix qualsevol d'elles. Aquest és el cas evident de la coordenada y_2.

La decisió de quines i quantes coordenades generalitzades s'ha de fer servir en cada cas no és simple i depèn de molts factors: resultats que es volen aconseguir, eines de càlcul de què es disposa, complicació o simplicitat del mecanisme, etc. En general, però, la utilització de moltes coordenades generalitzades donarà lloc a moltes equacions d'enllaç de formulació simple, i la utilització de poques coordenades generalitzades donarà lloc a poques equacions, però de formulació més complexa.

Equacions d'enllaç cinemàtiques. En descriure la cinemàtica d'un sistema, el plantejament és semblant al cas anterior. Si s'utilitza un conjunt de velocitats generalitzades no mínim, entre elles existeixen m_c relacions de dependència –equacions d'enllaç cinemàtiques– que descriuran analíticament les restriccions imposades pels enllaços entre els diferents membres, com també les restriccions imposades per la invariabilitat de distància entre punts d'un sòlid. En principi:

nre. gl = nre. vg - m_c

Si la descripció de totes les restriccions imposades per tots els enllaços d'un sistema es pot fer a nivell geomètric i es prenen com velocitats generalitzades les derivades temporals de les coordenades generalitzades, aleshores el conjunt d'equacions d'enllaç cinemàtiques es pot obtenir derivant temporalment les equacions d'enllaç geomètriques.

Així, si en l'exemple anterior de la figura 2.2 s'utilitzen les velocitats generalitzades

$$\boldsymbol{u} = \dot{\boldsymbol{q}} = \{\dot{x}_1, \dot{x}_2, \dot{y}_1, \dot{y}_2, \dot{\varphi}\}^{\mathrm{T}}$$

les equacions d'enllaç cinemàtiques es podrien obtenir per derivació:

$$\begin{cases} \dot{x}_1 = -l_1 \dot{\varphi} \sin\varphi \\ \dot{y}_1 = l_1 \dot{\varphi} \cos\varphi \\ (x_1 - x_2)(\dot{x}_1 - \dot{x}_2) + (y_1 - y_2)(\dot{y}_1 - \dot{y}_2) = 0 \\ \dot{y}_2 = 0 \end{cases}$$

De les 5 velocitats generalitzades emprades només n'hi ha una d'independent. El mecanisme té, per tant, un grau de llibertat. De la mateixa manera que succeeix amb la geometria, la cinemàtica d'aquest mecanisme quedaria descrita amb una sola velocitat generalitzada però no per qualsevol d'elles. Així, evidentment, $\dot{y}_2$ no serviria per establir la cinemàtica del mecanisme en qualsevol configuració.

Les equacions d'enllaç cinemàtiques no sempre s'obtenen per derivació de les equacions d'enllaç geomètriques, sinó que es poden obtenir directament a partir de les relacions imposades pels enllaços a les velocitats. Aquest procediment és ineludible en cas de treballar amb pseudocoordenades o quan alguna condició d'enllaç només és establerta per les velocitats, com per exemple en el no-lliscament.

Equacions d'enllaç rehònomes o de govern. En alguns sistemes mecànics, i a causa d'elements de control exteriors al propi sistema, es poden establir equacions d'enllaç, tant geomètriques com cinemàtiques, en què el temps apareix explícitament, $\boldsymbol{\phi}(\boldsymbol{q},t)$. Són les anomenades *equacions d'enllaç rehònomes* o *equacions de govern.* Aquestes equacions estan normalment associades a actuadors o a obstacles mòbils –elements capaços d'imposar l'evolució temporal d'alguna coordenada. Les equacions d'enllaç en què el temps no apareix explícitament s'anomenen *equacions d'enllaç esclerònomes.*

Sovint, en l'estudi de màquines i mecanismes, els graus de llibertat es compten considerant només les equacions d'enllaç esclerònomes (provinents en les màquines i mecanismes usuals dels parells cinemàtics) i, a partir d'aquests, els graus de llibertat eliminats per les equacions d'enllaç rehònomes o de govern s'anomenen *graus de llibertat forçats.* Així, per exemple, un carro portaeines que es mou sobre una guia prismàtica té un grau de llibertat que passa a ser forçat quan es considera l'actuador que controla la posició del carro.

Determinació de les equacions d'enllaç. La determinació de les equacions d'enllaç no és una tasca fàcilment sistematitzable, excepte en el cas que s'utilitzin coordenades referencials per a cada membre (6 a l'espai i 3 en el pla). En el cas que el plantejament de l'estudi del mecanisme es faci a mà o s'empri un conjunt reduït de coordenades, la determinació de les equacions d'enllaç dependrà de cada sistema i de les coordenades que s'utilitzin. En qualsevol cas, cal plantejar un conjunt suficient d'equacions i fer atenció que totes siguin independents.

En els mecanismes amb anells, és usual establir equacions d'enllaç geomètriques mitjançant la *condició de tancament de l'anell.* Per al mecanisme de la figura 2.3 l'equació de tancament de l'anell OABCO és $\overline{\mathrm{OA}}+\overline{\mathrm{AB}}+\overline{\mathrm{BC}}+\overline{\mathrm{CO}}=0$, que fent ús de les coordenades generalitzades indicades i expressant-la en la base 1,2 dóna lloc a les equacions d'enllaç:

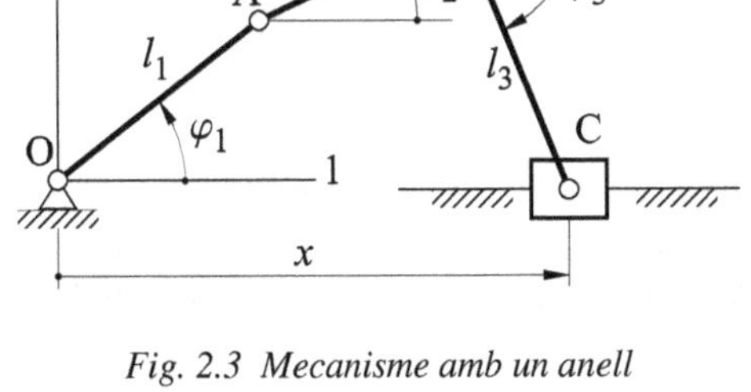

$$\begin{Bmatrix} l_1 \cos\varphi_1 \\ l_1 \sin\varphi_1 \end{Bmatrix} + \begin{Bmatrix} l_2 \cos\varphi_2 \\ l_2 \sin\varphi_2 \end{Bmatrix} + \begin{Bmatrix} l_3 \cos\varphi_3 \\ -l_3 \sin\varphi_3 \end{Bmatrix} + \begin{Bmatrix} -x \\ 0 \end{Bmatrix} = 0$$

$$\boldsymbol{\phi}(\boldsymbol{q}) = \begin{Bmatrix} l_1 \cos\varphi_1 + l_2 \cos\varphi_2 + l_3 \cos\varphi_3 - x \\ l_1 \sin\varphi_1 + l_2 \sin\varphi_2 - l_3 \sin\varphi_3 \end{Bmatrix} = 0$$

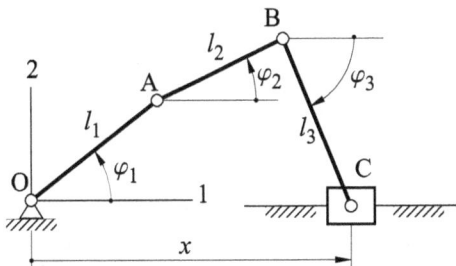

Fig. 2.3 Mecanisme amb un anell

A partir de la condició de tancament també es poden obtenir equacions d'enllaç cinemàtiques. Es parteix de la velocitat d'un punt –per exemple O– i es calcula successivament la velocitat dels punts A, B i C fent ús de la formulació de la cinemàtica del sòlid rígid (vegeu el capítol 3) aplicada a cadascun dels membres. Finalment es torna a calcular la velocitat de O per igualar-la a la de partida. Projectant aquesta igualtat en una base s'obtenen les equacions d'enllaç cinemàtiques.

$$\boldsymbol{v}(\mathrm{O}) \to \boldsymbol{v}(\mathrm{A}) \to \boldsymbol{v}(\mathrm{B}) \to \boldsymbol{v}(\mathrm{C}) \to \boldsymbol{v}(\mathrm{O})$$

En els mecanismes amb moviment pla, si es fa ús de les coordenades generalitzades d'orientació dels membres i de desplaçament relatiu en els parells que ho permetin, les equacions d'enllaç obtingudes a partir de les condicions de tancament són suficients.

Holonomia. Es diu que un sistema és holònom quan el nombre de graus de llibertat coincideix amb el de coordenades independents. Per contra, un sistema és no holònom si té més coordenades independents que graus de llibertat. Es pot pensar en els sistemes no holònoms com aquells que no poden arribar directament, sense maniobrar, a totes les configuracions accessibles. Un vehicle convencional, per exemple, no es pot desplaçar transversalment, però pot arribar a una configuració que correspongui a una translació transversal si fa maniobres.

Si la descripció de totes les restriccions imposades per tots els enllaços d'un sistema es pot fer des del punt de vista geomètric, aleshores se'n podran derivar les equacions d'enllaç cinemàtiques i se n'obtindrà el mateix nombre que de geomètriques. En aquest cas, el sistema serà segur holònom.

Si les condicions d'enllaç –totes o algunes– s'estableixen a nivell cinemàtic, com en el cas del rodolament sense lliscament entre sòlids en què la restricció imposada pel no-lliscament tangencial s'ha d'establir a nivell de velocitats, caldrà integrar en principi les equacions d'enllaç cinemàtiques per obtenir-ne les geomètriques. Si aquesta integració no és possible, el sistema tindrà més coordenades independents que no graus de llibertat i serà no holònom.

Un sistema d'un grau de llibertat és sempre holònom ja que la seva evolució es pot conèixer a priori pel fet que depèn únicament d'una velocitat generalitzada. És a partir de dos graus de llibertat que es pot presentar la no-holonomia, ja que en aquest cas l'evolució de les configuracions del sistema pot dependre de les evolucions relatives que es facin entre les diferents velocitats generalitzades independents.

2.3 Determinació del nombre de coordenades independents

Atesa la complexitat del sistema d'equacions geomètriques d'enllaç (en general, no lineals amb les coordenades generalizades), la determinació del nombre de coordenades independents cal fer-la per inspecció directa.

Si es pot garantir que el sistema és holònom, per exemple perquè tots els enllaços provenen de parells cinemàtics, llevat del rodolament sense lliscament, o perquè es pot arribar a totes les configuracions accessibles directament, sense maniobrar, el nombre de coordenades independents coincideix amb el nombre de graus de llibertat.

En cas contrari, si es pot garantir que el sistema és no holònom, per exemple perquè es posa de manifest la necessitat de maniobrar per arribar a algunes configuracions accessibles, aleshores el nombre de gl +1 és una cota inferior del nombre de coordenades independents.

2.4 Determinació del nombre de graus de llibertat

En mecanismes amb estructura d'arbre –sense cap anell–, la determinació del nombre de graus de llibertat es pot fer de manera sistemàtica i senzilla per inspecció directa. En mecanismes amb algun anell, la inspecció directa no és ni sistemàtica ni simple i els mètodes sistematitzats basats únicament en la superposició –transformació a estructura d'arbre o criteri de Grübler-Kutzbach– donen, en sistemes mecànics amb enllaços redundants, un número inferior al de graus de llibertat.

Mecanismes amb estructura d'arbre. En els mecanismes sense cap anell tancat, la determinació del nombre de graus de llibertat és molt simple. Només cal sumar el nombre de graus de llibertat relatius de cada membre respecte al precedent atenent el tipus de parell existent entre ells.

Mecanismes amb anells. En els mecanismes amb anells, la determinació del nombre de graus de llibertat s'ha de fer, en principi, per inspecció directa. Cal veure quants possibles moviments pot tenir o, el que és el mateix, quants moviments cal aturar per tal que el mecanisme quedi en repòs. S'ha d'entendre que aturar un moviment és anul·lar una velocitat generalitzada i no pas aturar un membre –que pot implicar aturar més d'una velocitat generalitzada. En definitiva, un sistema mecànic té tants graus de llibertat com velocitats generalitzades calgui fer nul·les per tal que tots els seus punts tinguin velocitat nul·la.

Un procediment sistemàtic per comptabilitzar, en principi, els graus de llibertat d'un mecanisme amb anells és el següent:
- Eliminar un conjunt suficient d'enllaços per suprimir tots els anells.
- Comptar els graus de llibertat de l'estructura d'arbre resultant.
- Restar les restriccions cinemàtiques imposades pels enllaços individuals eliminats anteriorment.

Un altre procediment similar a l'anterior és el criteri de Grübler-Kutzbach:
- Eliminar tots els enllaços del mecanisme.
- Comptar els graus de llibertat de tots els membres sense enllaços (6 per sòlid o 3 per sòlid, si es considera l'estudi en el pla).
- Restar les restriccions cinemàtiques imposades individualment per cadascun dels enllaços.

Es pot considerar que deriva d'aquest últim mètode el procediment que consisteix a anar eliminant del mecanisme *grups d'Assur*. Els grups d'Assur són conjunts d'enllaços i membres tal que els graus de llibertat restringits per aquests enllaços és igual als graus de llibertat dels membres sense enllaços –6 o 3 per sòlid. Dues barres articulades entre elles i unides al mecanisme mitjançant dues articulacions constitueixen, per exemple, un grup d'Assur.

Aquests tres mètodes tenen l'inconvenient que, si algun enllaç dels considerats és redundant, donen un número inferior al dels graus de llibertat del mecanisme i que pot arribar a ser negatiu.

Exemple 2.1 Determinació del nombre de graus de llibertat d'un mecanisme.

- Per inspecció directa del mecanisme de la figura 2.4 veiem que no té cap grau de llibertat. Si intentem trobar el centre instantani de rotació (CIR) de la barra 2 observem que, per una banda, estaria sobre la intersecció de la prolongació de les barres 1 i 3, però per l'altra estaria sobre la intersecció de la prolongació de les barres 3 i 4. Per tant, la barra ha de tenir forçosament velocitat nul·la.

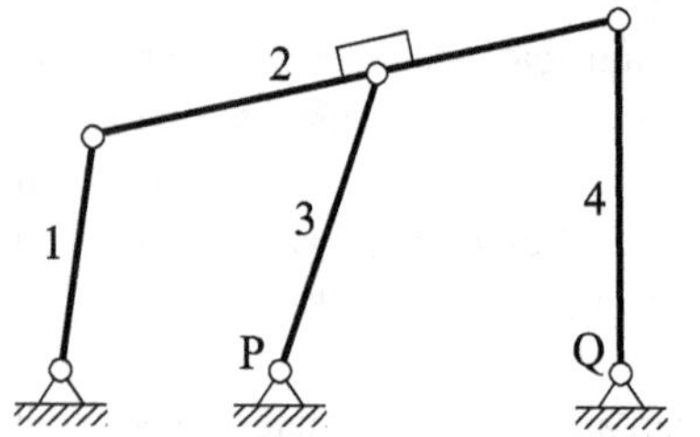

Fig. 2.4 Estructura de 5 barres

- Per transformació a mecanisme amb estructura d'arbre, cal trencar els enllaços suficients per tal que el mecanisme no tingui cap anell, per exemple, els enllaços a P i a Q. A continuació cal comptabilitzar els graus de llibertat del mecanisme resultant, que seran 4 (barra1/terra, barra2/barra1, barra3/barra2, barra4/barra2). Tenint en compte que els enllaços a P i a Q són articulacions i que restringeixen dos graus de llibertat cadascun el nombre de graus de llibertat serà 4 – 4 = 0.

- Criteri de Grübler-Kutzbach. El mecanisme té 4 barres i 6 enllaços que són articulacions. Per tant, nre. gl= $4 \times 3 - 6 \times 2 = 0$.

- Grups d'Assur. Aquest mecanisme no conté cap grup d'Assur.

Exemple 2.2 Determinació del nombre de graus de llibertat d'un mecanisme.

- Per inspecció directa s'observa que aquest mecanisme té 2 graus de llibertat. El CIR de la barra 2 no queda definit; per tant, té més d'un grau de llibertat. Si aturem la rotació de la barra 1 respecte al terra, el sistema encara té un gl –es pot definir un CIR per cada sòlid–; per tant, en total el sistema en té dos.

- Per transformació a mecanisme amb estructura d'arbre, si es trenquen els enllaços a P i a Q es comptabilitzen cinc graus de llibertat (barra1/terra, barra2/barra1, barra3/barra2(2 gl), barra4/barra2). L'enllaç a P restringeix dos graus de llibertat i l'enllaç a Q un. Per tant,
nre. gl=5–2–1=2.

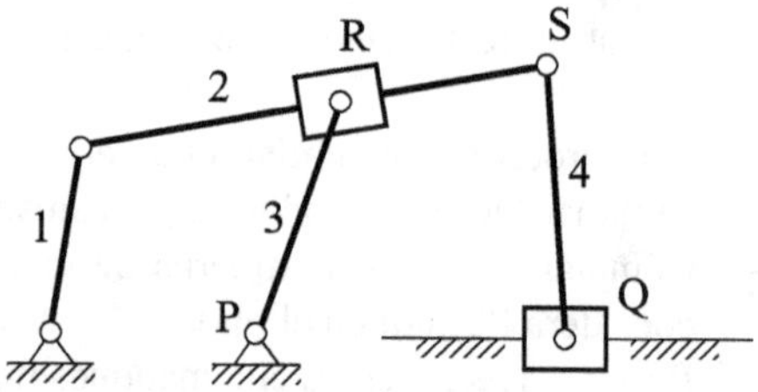

Fig. 2.5 Mecanisme de 5 barres

- Criteri de Grübler-Kutzbach. El mecanisme té 4 barres, 4 articulacions que restringeixen dos graus de llibertat cadascun i 2 enllaços de guia-corredora articulada que en restringeixen un. Per tant, nre. gl =$4 \times 3 - 4 \times 2 - 2 \times 1 = 2$.

- Grups d'Assur. Es poden eliminar els grups:
  a) Barra 3, articulació P i corredora R (3(barra)-2(articulació)-1(corredora)=0)
  b) Barra 4, articulació S i corredora Q (3(barra)-2(articulació)-1(corredora)=0)
  Per tant, el mecanisme queda reduït a les barres 1 i 2 i, evidentment, té 2 graus de llibertat.

2.5 Redundància total. Redundància tangent

Un enllaç és redundant quan imposa alguna restricció en el moviment del sistema *–redundància tangent–* o en les configuracions i el moviment del sistema *–redundància total–* que ja ha estat imposada per altres enllaços. La redundància en els mecanismes és, en principi, indesitjable perquè implica forces en els enllaços i tensions internes desconegudes en els sòlids –amb la hipòtesi de sòlid rígid– i que poden ser molt grans.

Redundància total. Si en un sistema amb un conjunt d'enllaços no redundants s'introdueix un nou enllaç i el sistema pot assolir les mateixes configuracions que abans, almenys en un entorn de la configuració estudiada, es diu que aquest enllaç és totalment redundant respecte al conjunt inicial.

La redundància total en els mecanismes implica forces en els enllaços desconegudes i que poden assolir valors grans. Aquestes forces s'incrementen de manera finita a causa de l'aplicació de forces finites exteriors al sistema. La consideració de la flexibilitat dels sòlids i dels enllaços i de l'existència de toleràncies en els enllaços fa que, a la pràctica, moltes vegades la redundància total sigui tolerable. La limitació de càrrega que poden suportar els membres d'un mecanisme fa que aquella sovint sigui necessària.

Un exemple clar d'aquest fet són les portes amb tres frontisses: si considerem una frontissa com una junta de revolució, aleshores les altres dues són clarament redundants –el moviment de la porta és exactament el mateix amb una que amb tres frontisses. La construcció de portes amb una sola frontissa, però, seria en general un mal disseny ja que aquesta hauria de ser molt robusta per tal d'aguantar totes les càrregues aplicades. Per altra banda, la tolerància de cada frontissa, la flexibilitat de la porta i el procediment de muntatge fan que les possibles desalineacions no provoquin forces internes massa grans.

A mesura que la rigidesa augmenta, cal disminuir les toleràncies de fabricació ja que, si no, les redundàncies donen lloc a forces elevades i a dificultats de muntatge i funcionament que porten a solucions inviables. Aquest podria ser el cas de la porta d'una caixa forta.

Una manera d'observar si un mecanisme presenta enllaços redundants és modificar-ne lleugerament algun paràmetre –longitud d'una barra, posició d'una articulació, etc. Si el sistema presentava alguna redundància, el sistema modificat canviarà el seu funcionament: no es podrà muntar, presentarà una redundància tangent o bé perdrà algun grau de llibertat.

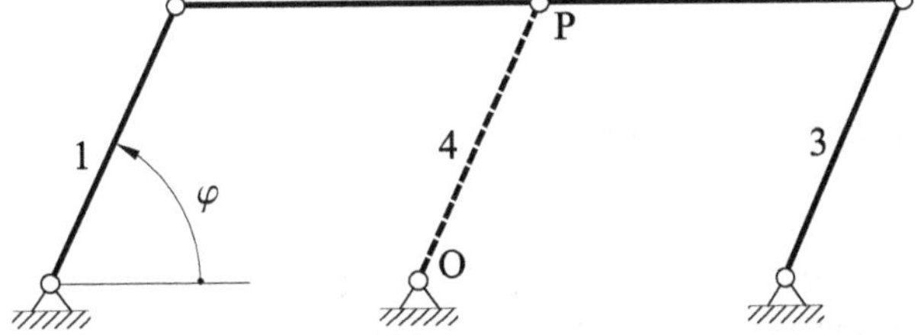

Fig. 2.6 Paral·lelogram articulat redundant

El mecanisme de la figura 2.6, format per les barres 1, 2 i 3, és un paral·lelogram articulat d'un grau de llibertat –n'hi ha prou d'aturar la velocitat generalitzada $\dot{\varphi}$ associada a la variació de l'angle entre la barra 1 i el terra per immobilitzar el mecanisme. En el seu moviment, el punt P descriu un cercle al voltant de O. Si s'hi afegeix la barra OP amb articulacions als extrems –que obliga a mantenir la distància constant entre dos punts– el mecanisme pot assolir exactament les mateixes configuracions. Seria, per tant, un mecanisme amb una redundància total.

Redundància tangent. Si en un sistema, amb un conjunt d'enllaços no redundants, s'introdueix un nou enllaç que, sense restringir en principi les velocitats, restringeix les configuracions accessibles, es diu que aquest enllaç és redundant tangent respecte al conjunt inicial.

No és fàcil trobar exemples reals de sistemes amb redundància tangent, ja que mai no funcionen correctament i la seva presència és indicativa d'un mal disseny.

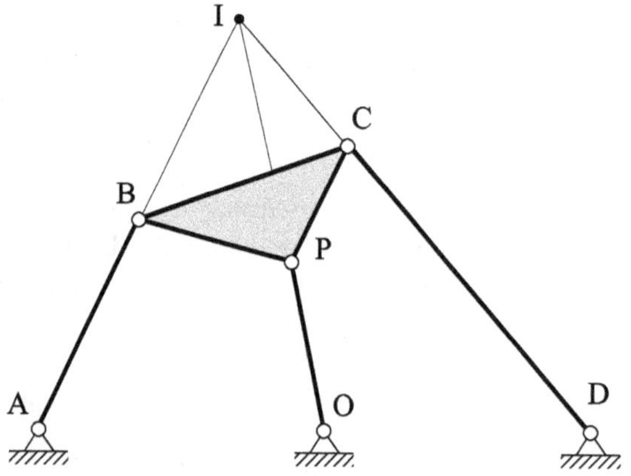

Fig. 2.7 Quadrilàter articulat amb redundància tangent

El quadrilàter articulat ABCD de la figura 2.7 té un grau de llibertat i en aquesta configuració el centre instantani de rotació de la biela és el punt I. Si, per tal d'immobilitzar-lo, s'afegeix la barra articulada PO, les configuracions accessibles queden reduïdes a una –la dibuixada– però no es restringeix, en principi, la velocitat angular de la biela al voltant del punt I. Serà, doncs, un mecanisme amb redundància tangent.

La presència de redundància tangent en un mecanisme és sempre indesitjable ja que forces exteriors finites porten, en general, a l'aparició de forces interiors teòricament infinites. Al sistema anterior (Fig. 2.7) les forces d'enllaç que actuen sobre la biela BCP provinents de les barres AB, OP i CD donen una resultant nul·la i un moment resultant nul ja que es tallen en el punt I. Si s'aplica un parell exterior sobre la biela caldran forces infinites a les barres perquè amb una rotació infinitesimal de la biela puguin donar un moment resultant finit.

La presència de redundància tangent en un sistema pot confondre en la determinació del nombre de graus de llibertat per inspecció directa, ja que en aquest procediment es tendeixen a associar les velocitats a desplaçaments més o menys petits. Això fa que una velocitat generalitzada analíticament independent es pot deixar de considerar com a tal.

Grau de redundància. El grau de redundància d'un mecanisme sense redundàncies tangents es defineix com el nombre de condicions d'enllaç cinemàtiques que es poden eliminar sense modificar la distribució de velocitats del mecanisme. El grau de redundància s'obté com la diferència entre el nombre de graus de llibertat i el número n' que s'obté aplicant-hi els procediments de superposició –el criteri de Grübler-Kutzbach o el criteri d'obrir anells.

nre. graus de llibertat = 3 n (o bé 6 n) – nre. eq. independents
n' = 3 n (o bé 6 n) – nre. eq.
nre. eq. dependents = grau de redundància = nre. eq.– nre. eq. independents = nre. gl – n'

Si s'analitza el paral·lelogram de la figura 2.6, format per les barres 1, 2, 3 i 4, s'observa que té un grau de llibertat. El criteri de Grübler-Kutzbach, en canvi, donaria:

4 sòlids × 3 gl/sòlid – 6 articulacions × 2 restriccions/sòlid = 0

Per tant, el mecanisme té un grau de redundància igual a 1.

2.6 Espai de configuracions d'un sistema. Subespai de configuracions accessibles

Espai de configuracions. S'anomena *espai de configuracions d'un sistema* un espai puntual de dimensió n –nombre de coordenades generalitzades– en què els punts tenen com a coordenades les coordenades generalitzades que s'han considerat en la descripció de la configuració del sistema.

Subespai de configuracions accessibles. Aquells punts de l'espai de configuracions que compleixen les equacions d'enllaç geomètriques formen el subespai de configuracions accessibles. És, per tant, el conjunt de configuracions que el mecanisme pot assolir sense trencar els enllaços. Aquest subespai tindrà com a dimensió el nombre de coordenades independents. Així, si un sistema d'una coordenada independent es defineix mitjançant 3 coordenades generalitzades, l'espai de configuracions serà de dimensió 3 i el subespai de configuracions accessibles tindrà dimensió 1; serà una corba –connexa o no– dins d'aquest espai.

Si per al mecanisme de jou escocès de la figura 2.8 es prenen com a coordenades generalitzades l'angle φ de rotació de la manovella i el desplaçament x del pistó, l'espai de les configuracions és el pla x, φ i el subespai de configuracions accessibles és la corba dibuixada.

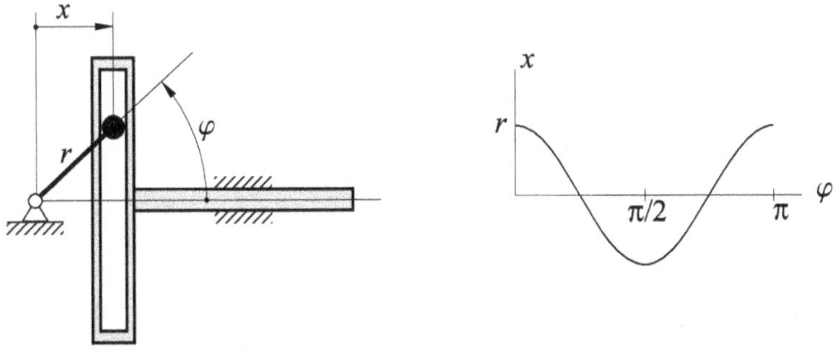

Fig. 2.8 Subespai de configuracions accessibles d'un jou escocès

2.7 Resolució de les equacions d'enllaç geomètriques. Mètode de Newton-Raphson

L'anàlisi d'un sistema mecànic definit amb un conjunt no mínim de coordenades generalitzades requereix la determinació de quin és el subespai de configuracions accessibles o, el que és el mateix, trobar solucions de les equacions d'enllaç geomètriques per a un instant determinat si són funció explícita del temps. La resolució d'aquest sistema molt poques vegades es pot fer analíticament i cal recórrer, en general, a mètodes numèrics de diferents tipus –minimització de funcions escalars, aproximacions successives, etc.– el més conegut dels quals és el mètode de Newton–Raphson.

Mètode de Newton–Raphson. Aquest mètode resol el sistema d'equacions d'enllaç $\boldsymbol{\phi}(\boldsymbol{q})=0$ per aproximacions successives a partir d'una configuració inicial aproximada i linealitzant-lo a l'entorn de la configuració obtinguda en el pas anterior. La linealització d'una equació d'enllaç $\phi_i(\boldsymbol{q})=0$ al voltant d'una configuració $\boldsymbol{q}^0$ dóna lloc a l'expressió:

$$\phi_i(\boldsymbol{q}) = 0 \approx \phi_i(\boldsymbol{q}^0) + \frac{\partial \phi_i}{\partial q_1}(q_1 - q_1^0) + \cdots + \frac{\partial \phi_i}{\partial q_n}(q_n - q_n^0)$$

Si es linealitzen totes les equacions d'enllaç $\boldsymbol{\phi}(\boldsymbol{q})=0$ s'obté en forma matricial:

$$\boldsymbol{\phi}(\boldsymbol{q}) = 0 \approx \boldsymbol{\phi}(\boldsymbol{q}^0) + \boldsymbol{\phi}_q(\boldsymbol{q}^0)\Delta\boldsymbol{q} \quad \text{amb} \quad \boldsymbol{\phi}_q = \begin{bmatrix} \frac{\partial \phi_1}{\partial q_1} & \cdots & \frac{\partial \phi_1}{\partial q_n} \\ \cdots & & \cdots \\ \frac{\partial \phi_m}{\partial q_1} & \cdots & \frac{\partial \phi_m}{\partial q_n} \end{bmatrix} \tag{2.1}$$

on $\boldsymbol{\phi}_q$ és la matriu jacobiana o la matriu de derivades parcials del sistema de les equacions d'enllaç geomètriques respecte de les coordenades generalitzades.

El mètode de Newton–Raphson itera l'equació 2.1 fins que $\boldsymbol{\phi}(\boldsymbol{q})$ és inferior a una tolerància ϵ.

$$\boldsymbol{\phi}(\boldsymbol{q}) + \boldsymbol{\phi}_q(\boldsymbol{q})\Delta\boldsymbol{q} = 0$$

$$\downarrow$$

$$\Delta\boldsymbol{q} = -\boldsymbol{\phi}_q^{-1}(\boldsymbol{q})\boldsymbol{\phi}(\boldsymbol{q}) \quad \longleftarrow$$

$$\downarrow$$

$$\boldsymbol{q} + \Delta\boldsymbol{q} \rightarrow \boldsymbol{q}$$

$$\downarrow$$

$$\text{Si } \boldsymbol{\phi}(\boldsymbol{q}) > \epsilon$$

El mètode de Newton-Raphson convergeix ràpidament cap a la solució si l'aproximació és prou bona però pot també divergir-ne. Existeixen modificacions de l'algorisme de Newton-Raphson que asseguren més la convergència en detriment de la velocitat.

La base d'altres mètodes és la minimització d'una funció escalar que quantifica l'error quadràtic en el compliment de les equacions d'enllaç: error($\boldsymbol{q}$)=$\boldsymbol{\phi}^{\mathrm{T}}(\boldsymbol{q})\ \boldsymbol{\phi}(\boldsymbol{q})$

2.8 Configuracions singulars

S'anomenen *configuracions singulars* d'un mecanisme aquelles en què el mecanisme presenta un funcionament diferenciat respecte al de les altres configuracions accessibles, i se'n poden distingir, en principi, dos tipus: els punts morts i les bifurcacions.

Punts morts. Es diu que una configuració accessible d'un mecanisme és un punt mort per a la coordenada q_i quan aquesta coordenada pren un valor extrem, ja sigui un màxim o un mínim.

En un mecanisme pistó-biela-manovella com el de la figura 2.9, per exemple, hi ha 2 punts morts per la coordenada generalitzada x que mesura el recorregut del pistó dins el cilindre: la configuració en què $x = l + r$ –coneguda com a punt mort superior– i aquella en que $x = l - r$ –coneguda com a punt mort inferior–. En canvi, la coordenada φ, que mesura l'angle girat per la manovella, no presenta punts morts, ja que mai pot arribar a un extrem –l'angle φ pot créixer indefinidament.

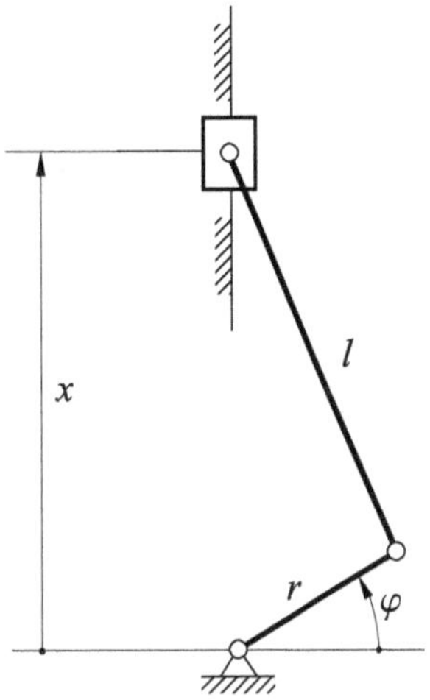

Fig. 2.9 Mecanisme pistó-biela-manovella

En un punt mort, la velocitat generalitzada corresponent segur que té sempre un valor nul independentment de com s'estigui movent la resta del mecanisme. Això fa que aquesta velocitat generalitzada no serveixi per descriure la cinemàtica del mecanisme i no descrigui cap grau de llibertat en aquesta configuració. En el mecanisme de la figura 2.9, per exemple, la velocitat generalitzada $\dot{x}$ pot utilitzar-se com a grau de llibertat en tot el subespai de configuracions accessibles però no en els punts morts de la coordenada x. Per contra, $\dot{\varphi}$ pot ser velocitat generalitzada independent sense cap mena de problema.

La determinació dels punts morts d'un mecanisme no és simple ja que és un problema geomètric, i en principi no lineal, i normalment es fa per inspecció visual del mecanisme. Més endavant es veurà una condició necessària per a la determinació de punts morts en mecanismes d'un grau de llibertat.

Bifurcacions. Una configuració accessible d'un mecanisme és una bifurcació quan el mecanisme pot evolucionar, a partir d'ella, per més camins dels que ho podria fer en altres configuracions. En una configuració que no presenti cap singularitat, un mecanisme d'un grau de llibertat pot evolucionar només per un camí. En una bifurcació, l'evolució podrà ser per més d'un camí.

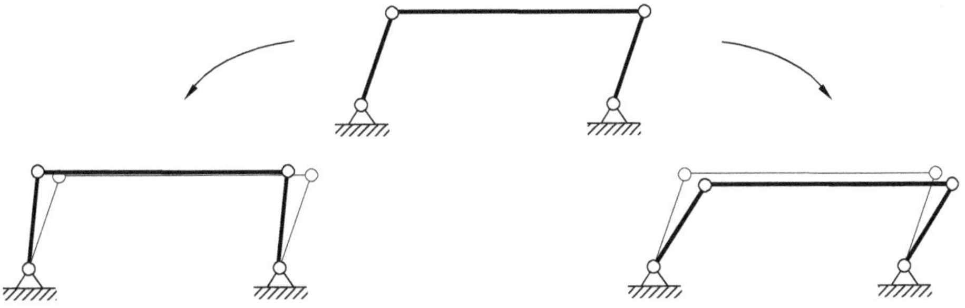

Fig. 2.10 Paral·lelogram articulat en una configuració accessible qualsevol

A la figura 2.10 es representa un paral·lelogram articulat en una configuració accessible qualsevol i la seva evolució possible.

A la figura 2.11 es veu el mateix paral·lelogram quan les tres barres són colineals –configuració singular i bifurcació– i les evolucions que pot tenir a partir d'aquesta configuració.

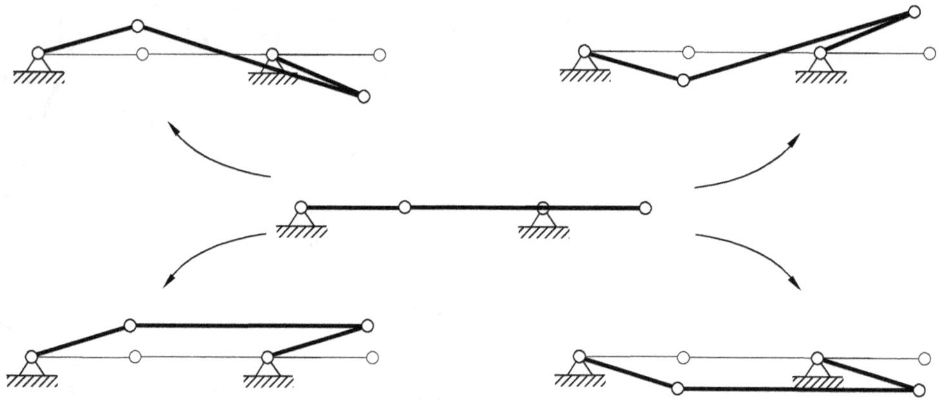

Fig. 2.11 Paral·lelogram articulat en una bifurcació

Annex 2.I Geometria de triangles i quadrilàters

En l'estudi de mecanismes de barres plans, és freqüent haver de resoldre la geometria de triangles i quadrilàters. Els triangles apareixen sobretot en les inversions del mecanisme pistó-biela-manovella i els quadrilàters ho fan evidentment en estudiar el quadrilàter articulat.

Geometria de triangles

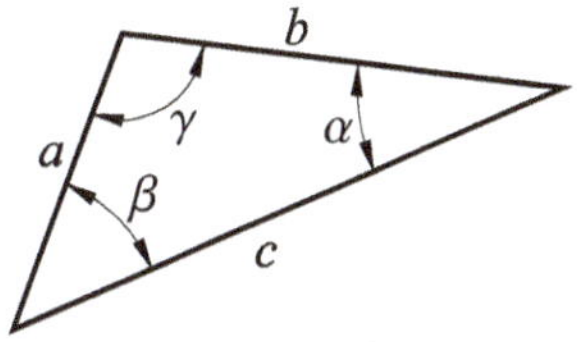

Fig. 2.12 Triangle

En l'estudi d'un triangle (Fig. 2.12) es poden presentar 4 situacions diferents, segons si es coneixen:

a) Els tres costats a, b, c. Els angles es poden determinar directament a partir del teorema del cosinus: $\cos(\alpha) = (b^2 + c^2 - a^2) / 2\, b\, c$ (Fig. 2.13).

b) Dos costats i l'angle que formen, a, b, γ. El tercer costat es troba també a partir del teorema del cosinus: $c = (a^2 + b^2 - 2\, a\, b \cos(\gamma))^{½}$. Un segon angle s'obté, per exemple, del teorema del sinus: $\sin(\alpha) = (a/c)\sin(\gamma)$ (Fig. 2.15).

c) Dos costats i l'angle oposat a un d'ells, a, b, α. El tercer costat ve donat per l'expressió $c = b\cos(\alpha) + (a^2 - b^2 \sin^2(\alpha))^{½}$. Un segon angle es pot obtenir com en el cas anterior (Fig. 2.14).

d) Un costat i dos angles. Els costats s'obtenen a partir del teorema del sinus i tenint en compte que $\sin(\alpha+\beta)=\sin(\gamma)$ (Fig. 2.16). Així, si es coneix:

- a, β, γ; $b = a \sin(\beta)/\sin(\gamma+\beta)$; $c = a \sin(\gamma)/\sin(\gamma+\beta)$
- a, α, γ; $b = a \sin(\alpha+\gamma)/\sin(\alpha)$; $c = a \sin(\beta)/\sin(\alpha)$

Aquestes situacions es presenten en els exemples següents:

a) Determinació de la inclinació φ de la barra OP en funció de la llargada ρ del cilindre.

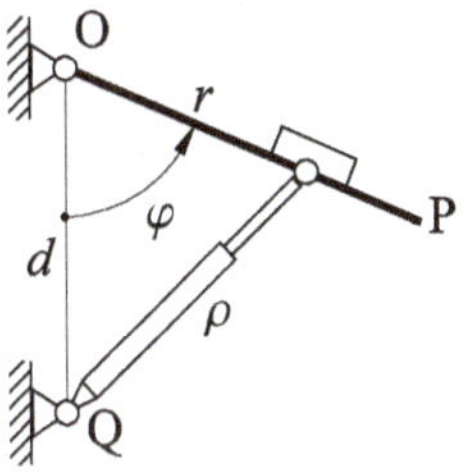

Fig. 2.13

b) Determinació de la llargada l del cilindre PQ en funció de l'angle girat per la manovella OP.

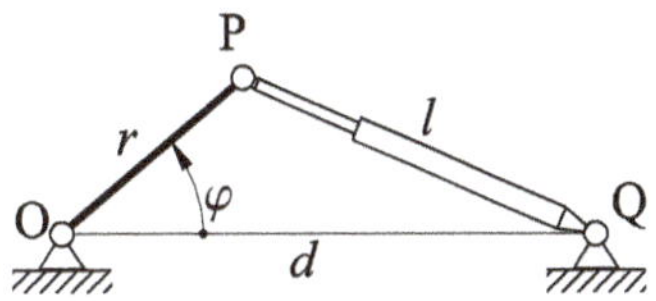

Fig. 2.15

c) Determinació de la posició d del pistó Q en funció de l'angle girat per la manovella OP.

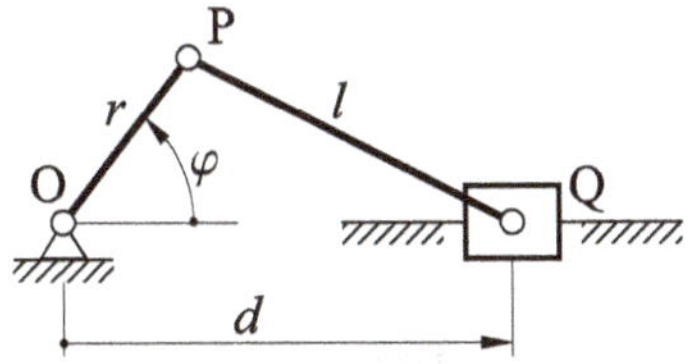

Fig. 2.14

d) Determinació de la posició d del pistó Q en funció de l'angle girat pel balancí OP.

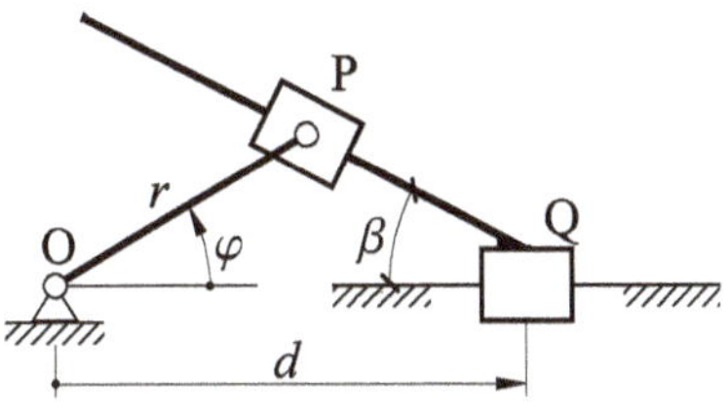

Fig. 2.16

Geometria de quadrilàters

L'anàlisi del quadrilàter (Fig. 2.17) es realitza a partir de les equacions obtingudes de la condició de tancament:

$$l_1 \cos\varphi_1 + l_2 \cos\varphi_2 + l_3 \cos\varphi_3 - l_4 = 0$$
$$l_1 \sin\varphi_1 + l_2 \sin\varphi_2 - l_3 \sin\varphi_3 = 0$$

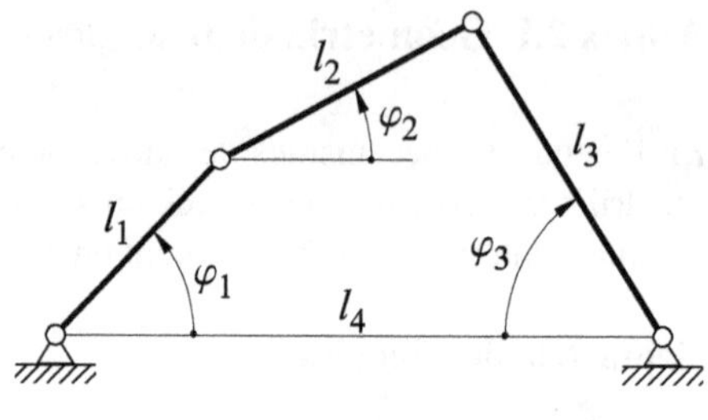

Fig. 2.17 Quadrilàter articulat

En aquest annex es presenta la determinació dels dos angles, φ_2 i φ_3, en funció de l'angle φ_1 i de les longituds dels costats l_1, l_2, l_3 i l_4.

De les equacions anteriors es pot eliminar l'angle φ_2 de la biela i s'obté l'equació de Freudenstein:

$$\cos(\varphi_1 - \varphi_3) - c_3 \cos\varphi_1 - c_1 \cos\varphi_3 + c_4 = 0 \quad \text{amb} \quad \begin{aligned} c_1 &= l_4 / l_1 \\ c_3 &= l_4 / l_3 \\ c_4 &= (l_1^2 - l_2^2 + l_3^2 + l_4^2) / 2 l_1 l_3 \end{aligned}$$

A partir de les expressions del sinus i del cosinus d'un angle en funció de la tangent de l'angle meitat[1] per a l'angle φ_3, s'obté l'equació següent de segon grau:

$$\left(c_1 + c_4 + \cos\varphi_1(-1 - c_3)\right)t_3^2 + (-2\sin\varphi_1)t_3 + \left(-c_1 + c_4 + \cos\varphi_1(1 - c_3)\right) = 0$$
$$\text{on} \quad t_3 = \tan\frac{\varphi_3}{2} \qquad (2.2)$$

De manera semblant, per eliminació de φ_2 s'obté:

$$\cos(\varphi_1 - \varphi_2) - c_2 \cos\varphi_1 - c_1 \cos\varphi_2 + c_5 = 0 \quad \text{amb} \quad \begin{aligned} c_2 &= l_4 / l_2 \\ c_5 &= (l_1^2 + l_2^2 - l_3^2 + l_4^2) / 2 l_1 l_2 \end{aligned}$$

$$\left(c_1 + c_5 - \cos\varphi_1(1 + c_2)\right)t_2^2 + (2\sin\varphi_1)t_2 + \left(-c_1 + c_5 + \cos\varphi_1(1 - c_2)\right) = 0, \quad \text{on} \quad t_2 = \tan\frac{\varphi_2}{2} \qquad (2.3)$$

La possible doble solució real de les equacions 2.2 i 2.3 correspon a la possibilitat que, donat φ_1, existeixin dues configuracions possibles del quadrilàter (Fig. 2.18).

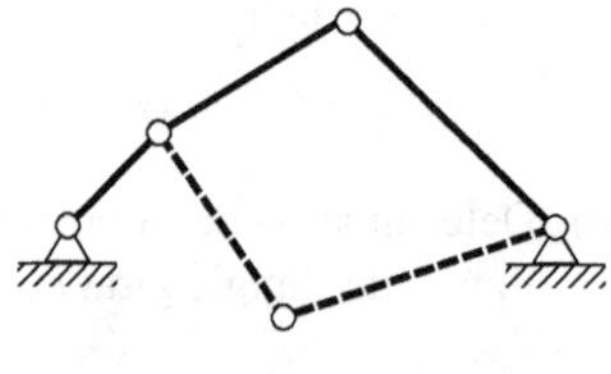

Fig. 2.18 Doble solució del quadrilàter

[1] $\sin\alpha = \dfrac{2\tan\alpha/2}{1 + \tan^2(\alpha/2)}$; $\cos\alpha = \dfrac{1 - \tan^2(\alpha/2)}{1 + \tan^2(\alpha/2)}$.
Cal observar que aquest canvi de manera general passa d'expressions trigonomètriques a polinomis racionals.

De manera semblant es poden resoldre els quadrilàters amb corredores com, per exemple, el de la figura 2.19.

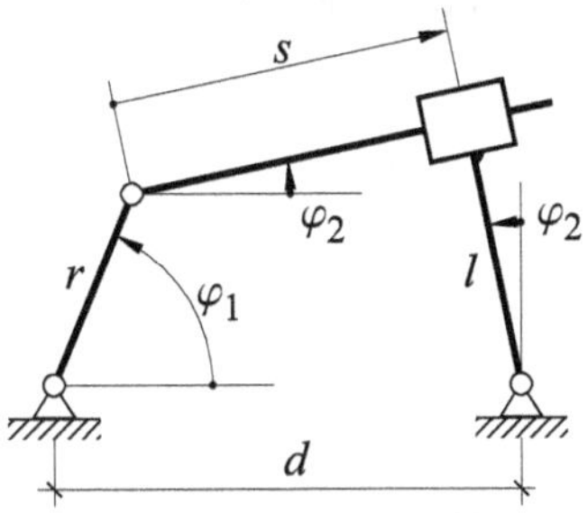

Fig. 2.19 Quadrilàter amb corredora

$$r\cos\varphi_1 + s\cos\varphi_2 + l\sin\varphi_2 - d = 0$$
$$r\sin\varphi_1 + s\sin\varphi_2 - l\cos\varphi_2 = 0$$

Per eliminació de la variable s

$$r\sin(\varphi_1 - \varphi_2) - l + d\sin\varphi_2 = 0$$ i fent el canvi $t_2 = \tan\dfrac{\varphi_2}{2}$

$$(r\sin\varphi_1 + l)t_2^2 + 2(r\cos\varphi_1 - d)t_2 + (l - r\sin\varphi_1) = 0$$

Annex 2.II Orientació i velocitat angular d'un sòlid rígid

En l'anàlisi de mecanismes, un punt especialment complex és l'estudi de l'orientació i la velocitat angular dels sòlids a l'espai.

Si un sòlid té moviment pla, la seva orientació queda definida per un angle contingut en el pla del moviment i la seva velocitat angular és la derivada temporal d'aquest angle, que si cal tractar-la com a vector és perpendicular al pla del moviment.

Orientació de sòlids a l'espai

Per estudiar l'orientació dels sòlids a l'espai es parteix de bases vectorials, una base fixa B a la referència respecte a la qual s'estudia el moviment i una de fixa al sòlid B'. La matriu de canvi de base $[\boldsymbol{S}]$ s'associa a l'orientació del sòlid respecte a la referència

$$\{\boldsymbol{u}\}_{\mathrm{B}} = [S]\{u\}_{\mathrm{B}'} \quad \text{amb } [\boldsymbol{S}] \text{ ortonormal.}$$

El teorema d'Euler afirma que tot canvi d'orientació es pot considerar com una rotació simple φ a l'entorn d'una direcció de versor $\boldsymbol{v}$. Aquesta direcció correspon a la del vector propi associat al valor propi unitari de la matriu de canvi $[\boldsymbol{S}]$ i es pot trobar, per tant, mitjançant l'expressió

$$[\boldsymbol{S} - \mathbf{I}]\boldsymbol{v} = 0$$

L'angle girat φ en el pla perpendicular a $\boldsymbol{v}$ és tal que

$$\cos\varphi = \left\{\boldsymbol{v}^{\perp}\right\}^{\mathrm{T}}[S]\left\{\boldsymbol{v}^{\perp}\right\}$$

$$\sin\varphi = \left\{\boldsymbol{v}\times\boldsymbol{v}^{\perp}\right\}^{\mathrm{T}}[S]\left\{\boldsymbol{v}^{\perp}\right\}, \text{ on } \boldsymbol{v}^{\perp} \text{ és un versor normal a } \boldsymbol{v}.$$

Si el que es coneix és el versor $\boldsymbol{v}$ i l'angle girat φ, la matriu de canvi de base és

$$[S] = [\mathbf{I}]\cos\varphi + \boldsymbol{v}\boldsymbol{v}^{\mathrm{T}}(1-\cos\varphi) + [\boldsymbol{v}]\sin\varphi$$

$$\text{definint } [\boldsymbol{v}] = \begin{bmatrix} 0 & -v_3 & v_2 \\ v_3 & 0 & -v_1 \\ -v_2 & v_1 & 0 \end{bmatrix}$$

Analíticament, és interessant definir els paràmetres d'Euler com

$$e_0 = \cos\frac{\varphi}{2}$$

$$\boldsymbol{e} = \boldsymbol{v}\sin\frac{\varphi}{2} \qquad \{\boldsymbol{e}\} = \{e_1, e_2, e_3\}^{\mathrm{T}}$$

$$\text{cal observar que } e_0^2 + e_1^2 + e_2^2 + e_3^2 = 1$$

En funció dels paràmetres d'Euler la matriu de canvi s'expressa

$$[S]=(2e_0^2-1)\mathrm{I}+2\boldsymbol{e}\boldsymbol{e}^{\mathrm{T}}+2[\boldsymbol{e}]e_0$$

$$\text{definint } [\boldsymbol{e}]=\begin{bmatrix}0 & -e_3 & e_2\\ e_3 & 0 & -e_1\\ -e_2 & e_1 & 0\end{bmatrix}$$

i si es coneix aquesta matriu, els paràmetres d'Euler s'obtenen a partir de

$$\cos\varphi=(S_{11}+S_{22}+S_{33}-1)/2$$

$$\boldsymbol{v}=\frac{1}{2\sin\varphi}\begin{Bmatrix}S_{32}-S_{23}\\ S_{13}-S_{31}\\ S_{21}-S_{12}\end{Bmatrix}$$

L'interès analític dels paràmetres d'Euler no és paral·lel a la facilitat de la seva interpretació física i quan aquesta és necessària per a la definició del problema o la interpretació de resultats, l'orientació es defineix a partir dels angles d'Euler.

Els angles d'Euler són 3 rotacions simples ψ, θ i φ successives al voltant de 3 eixos, cadascun dels quals és orientat per les rotacions anteriors. En ser rotacions simples, en les màquines sovint queden materialitzats per parells cinemàtics cilíndrics o de revolució. A la figura 2.20 es mostren els dos jocs d'angles d'Euler: *a*) angles d'Euler emprats tradicionalment en l'orientació de rotors ràpids, per exemple els giròscops, i *b*) angles d'Euler de tres eixos emprats normalment en l'orientació de vehicles.

A partir de les matrius de canvi elementals associades a cadascuna de les rotacions introduïdes pels angles d'Euler $[\boldsymbol{\psi}]$, $[\boldsymbol{\theta}]$ i $[\boldsymbol{\varphi}]$ la matriu de canvi total és $[\boldsymbol{S}]=[\boldsymbol{\psi}]\,[\boldsymbol{\theta}]\,[\boldsymbol{\varphi}]$.

Quan es fa més atenció a l'orientació inicial i final que a la seva evolució es poden utilitzar també rotacions α, β i γ al voltant d'eixos fixos, introduïdes per ordre. Igual que en el cas anterior, la matriu de canvi global a partir de les associades a cadascuna de les rotacions és $[\boldsymbol{S}]=[\boldsymbol{\alpha}]\,[\boldsymbol{\beta}]\,[\boldsymbol{\gamma}]$.

Vector velocitat angular

La velocitat angular ω és una magnitud vectorial associada al canvi d'orientació que no apareix directament com a derivada temporal de cap coordenada.

En l'estudi de la distribució de velocitats en un sòlid rígid s'obté fàcilment que

$$\boldsymbol{v}(\mathrm{P})=\boldsymbol{v}(\mathrm{O})+[S]^{-1}[\dot{S}]\overline{\mathbf{OP}}$$

$[S]^{-1}[\dot{S}]=[\omega]$ és una matriu antisimètrica a la qual es pot associar l'operador lineal producte vectorial de manera que

$$[S]^{-1}[\dot{S}]\overline{\mathbf{OP}}=[\omega]\overline{\mathbf{OP}}=\omega\times\overline{\mathbf{OP}}$$

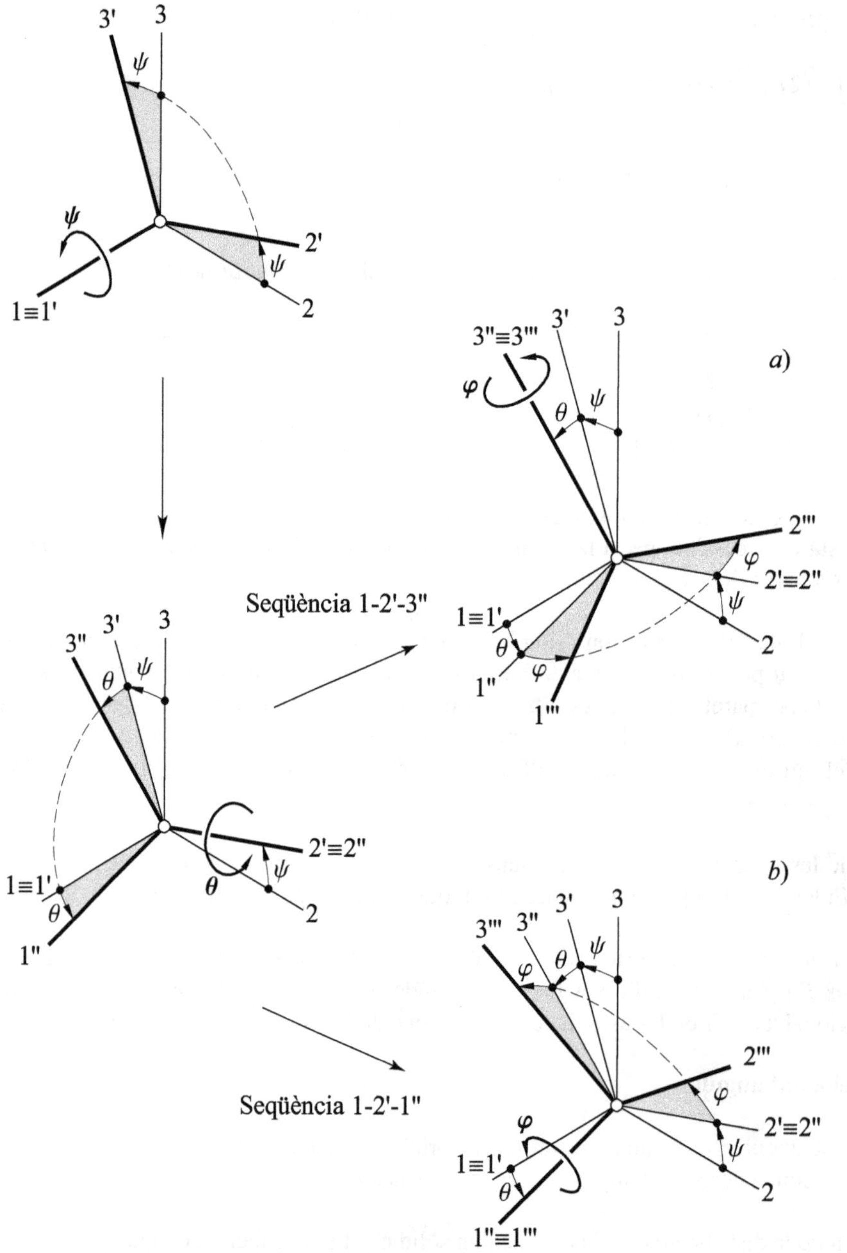

Fig. 2.20 Angles d'Euler a) de dos eixos i b) de tres eixos

Si l'orientació es defineix per mitjà dels angles d'Euler, el vector ω resulta particularment intuïtiu. A cada rotació simple li és assignat un vector $\dot{\psi},\dot{\theta}$ i $\dot{\varphi}$ –de mòdul la derivada temporal de l'angle girat, de direcció la de l'eix de rotació i de sentit el donat per l'avanç d'un cargol amb rosca a dretes que gira segons la rotació– i la velocitat angular és la suma dels tres vectors.

$$\omega = \dot{\psi} + \dot{\theta} + \dot{\varphi}$$

La relació entre els paràmetres d'Euler i la velocitat angular ve donada per les expressions següents:

$$\boldsymbol{\omega} = 2\,\boldsymbol{E}\,\dot{\boldsymbol{p}}$$

$$\dot{\boldsymbol{p}} = \frac{1}{2}\boldsymbol{E}^{\mathrm{T}}\boldsymbol{\omega}\,, \quad \text{on} \qquad \boldsymbol{E} = \begin{bmatrix} -e_1 & e_0 & -e_3 & e_2 \\ -e_2 & e_3 & e_0 & -e_1 \\ -e_3 & -e_2 & e_1 & e_0 \end{bmatrix} \ \text{i} \ \ \boldsymbol{p} = \begin{Bmatrix} e_0 \\ e_1 \\ e_2 \\ e_3 \end{Bmatrix}$$

Problemes

P 2-1 En el mecanisme de la figura:

a) Definiu conjunts suficients de coordenades generalitzades i velocitats generalitzades.

Determineu:

b) El nombre de graus de llibertat, conjunts de coordenades i velocitats generalitzades independents.

c) Equacions d'enllaç geomètriques i cinemàtiques, si es pren el conjunt $\{x,y\}$ de coordenades generalitzades.

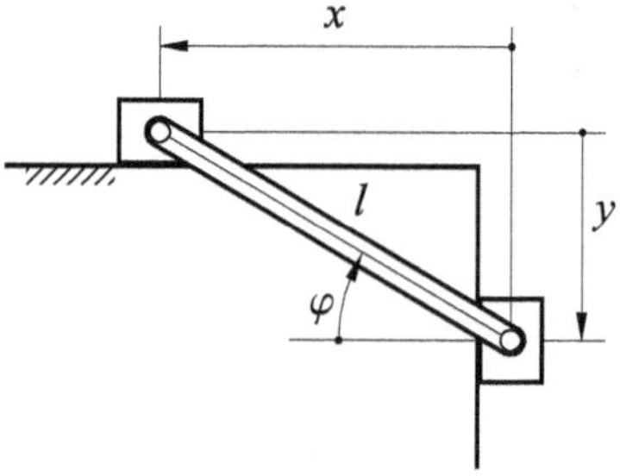

P 2-2 Estudieu la mobilitat del mecanisme pistó-biela-manovella.

a) Definició d'un conjunt suficient de coordenades i velocitats generalitzades.

b) Plantejament de les equacions d'enllaç si es fa servir el conjunt $\{\varphi_1, \varphi_2, x\}$com a coordenades generalitzades.

c) Obtenció dels gràfics $\varphi_2(\varphi_1)$ i $x(\varphi_1)$.

d) Determinació dels punts morts per les coordenades φ_1, φ_2, x.

e) Quins enllaços es poden establir entre els diferents membres per tal de no tenir redundància en la materialització d'aquest mecanisme?

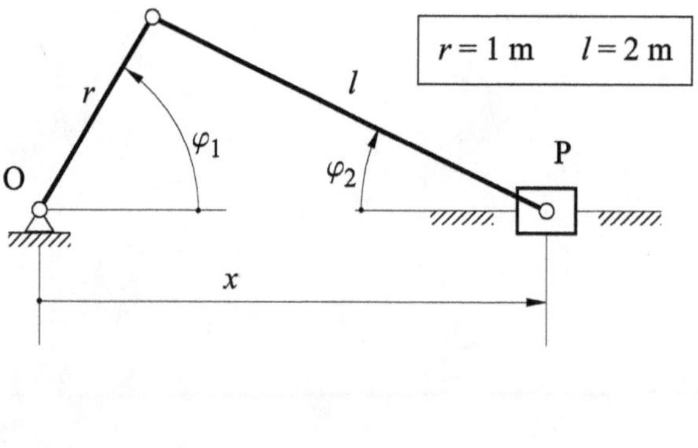

P 2-3 Per al mecanisme diferencial de la figura, determineu:

a) El nombre de graus de llibertat.

b) Les equacions d'enllaç geomètriques i cinemàtiques quan es pren el conjunt de coordenades generalitzades $\{y_1, y_2, y_3\}$.

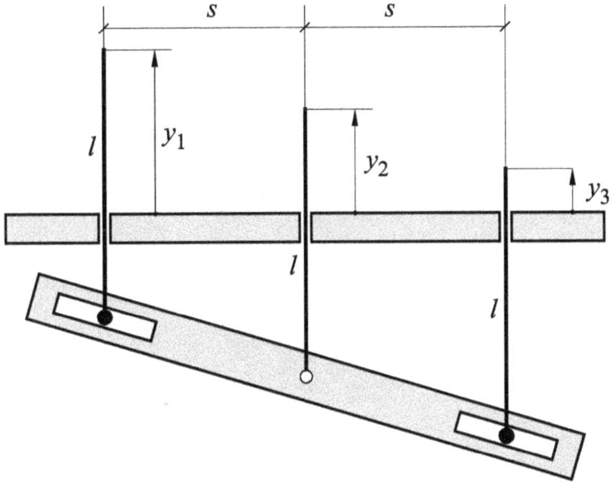

P 2-4 En el tecnígraf representat a la figura:

a) Definiu un conjunt de coordenades generalitzades suficient que inclogui les rotacions als parells cinemàtics de revolució i les coordenades cartesianes del punt O.

Determineu:

b) El nombre de graus de llibertat.

c) Les equacions d'enllaç geomètriques.

d) Els punts morts per a les coordenades emprades.

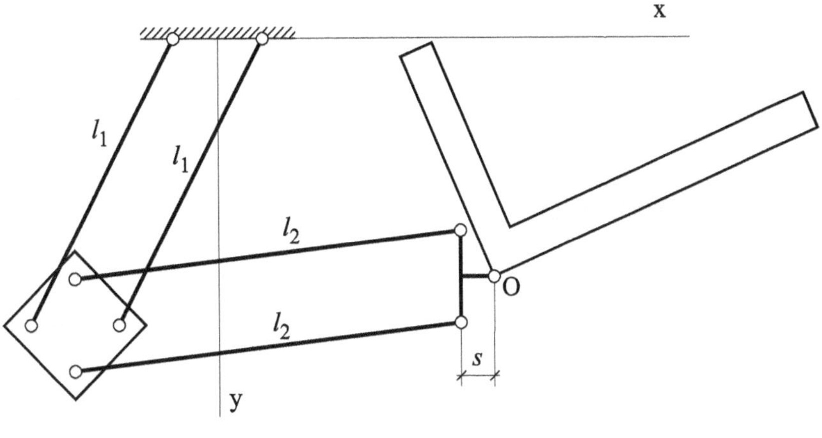

P 2-5 El llum de la figura pot girar al voltant de l'eix vertical s-s' i el pla de la pantalla coincideix amb el pla de les barres articulades.

a) Determineu el nombre de graus de llibertat.

b) Definiu tres rotacions que permetin situar el punt P.

c) Estudieu l'orientació de la pantalla i el grau de redundància del mecanisme en la seva materialització (especifiqueu quins tipus de parells considereu).

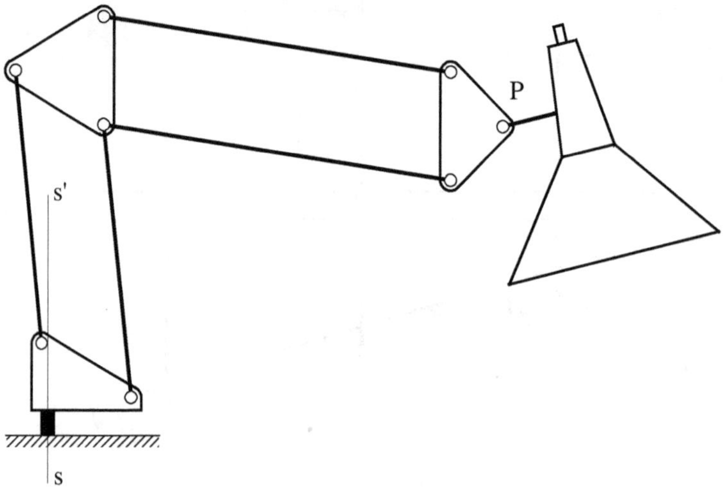

P 2-6 Per al sistema de la figura, es demana que estudieu la redundància i les configuracions singulars en els casos d'una biela i de dues.

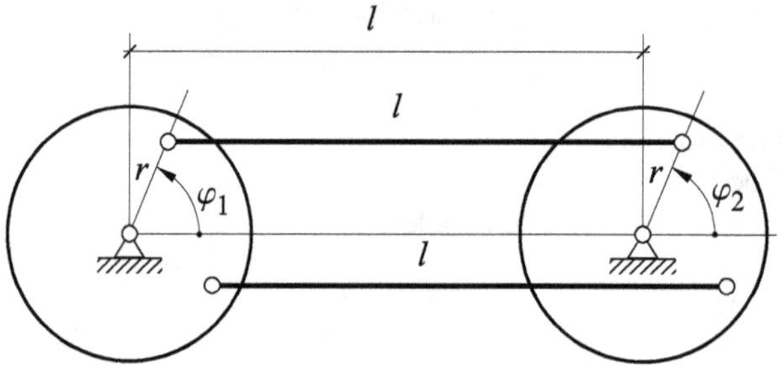

P 2-7 La corona circular de la figura pot moure's sobre una superfície plana. Per guiar-la de manera que giri al voltant de O s'hi col·loquen pius que poden lliscar dins una ranura circular de la superfície plana. Estudieu el nombre i la col·locació adequada dels pius.

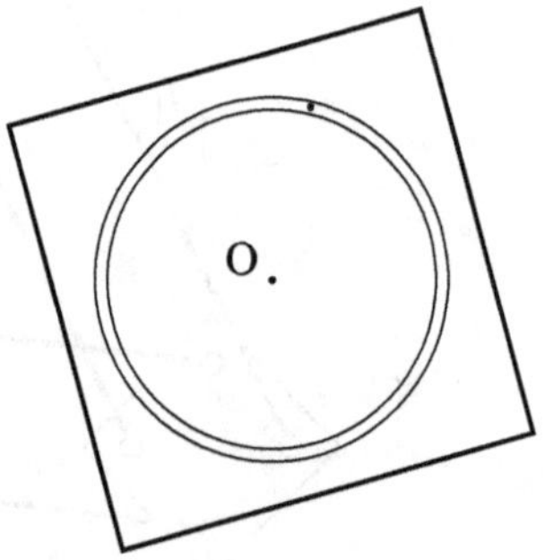

P 2-8 La figura representa un mecanisme de pinça mòbil que s'acciona a partir del desplaçament de les dues barres extremes.

a) Determineu el nombre de graus de llibertat de la pinça.

b) Relacioneu la posició x del centre O i l'obertura h de la pinça amb el desplaçament de les dues barres extremes, mitjançant l'establiment de les equacions d'enllaç geomètriques.

$$
\begin{aligned}
d &= 80 \text{ mm} \\
l_1 &= 33 \text{ mm} \\
l_2 &= 17 \text{ mm} \\
h_0 &= 6 \text{ mm} \\
s &= 18 \text{ mm}
\end{aligned}
$$

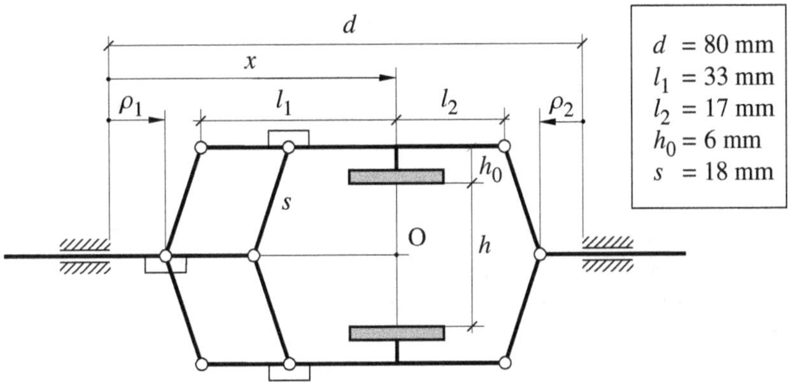

P 2-9 Els dos discos de la figura poden girar a l'entorn dels seus eixos O_1 i O_2. El disc 1 té dues ranures a 90° per on poden córrer els botons A i B fixos al disc 2.

a) Determineu el nombre de graus de llibertat i feu un estudi de les redundàncies.

b) Establiu la relació entre els angles girats pels dos discos.

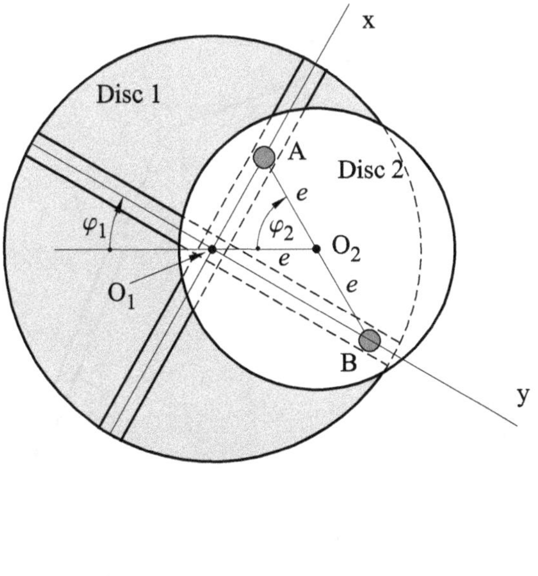

P 2-10 Determineu la relació entre els angles φ_1 i φ_2 del quadrilàter articulat de la figura i establiu-ne les configuracions singulars.

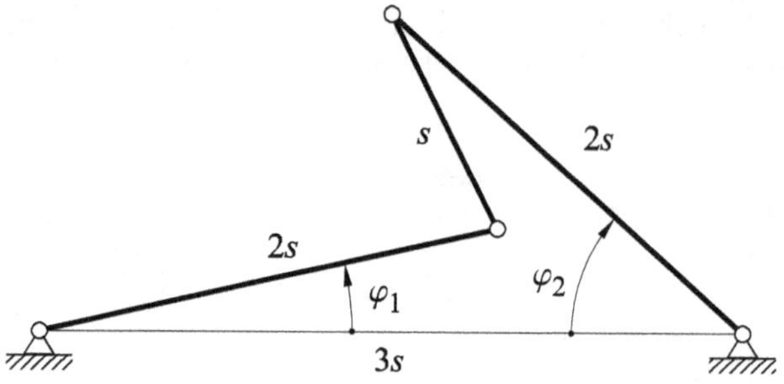

P 2-11 En el tren epicicloïdal de rodes de fricció de la figura, la roda més gran és fixa. Totes les rodes en contacte tenen moviment relatiu de rodolament sense lliscament i les rodes intermèdies no tenen cap altre enllaç que els punts de contacte.

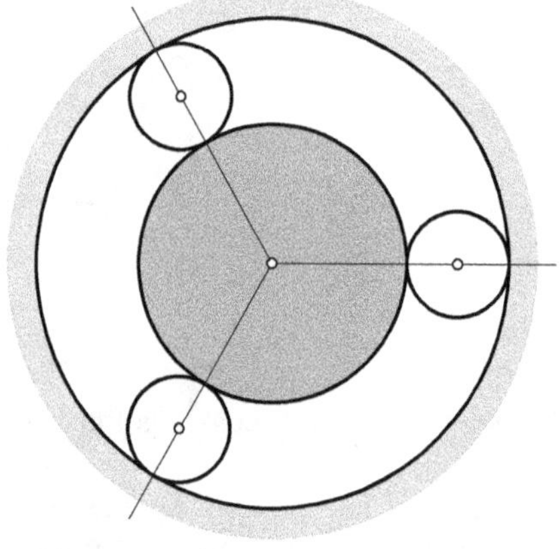

Determineu:

a) El nombre de graus de llibertat.

b) Les possibles redundàncies.

P 2-12 Determineu el nombre de graus de llibertat del mecanisme de la figura. Establiu un conjunt de *a*) 5 i *b*) 4 coordenades generalitzades i les equacions d'enllaç entre elles.

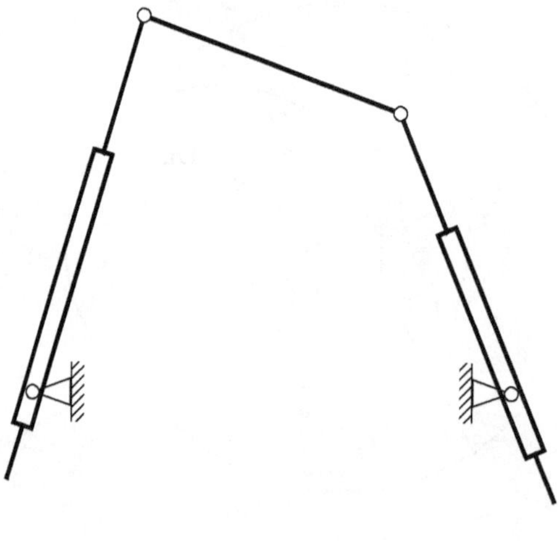

P 2-13 En el mecanisme de pantògraf de la figura:

a) Determineu el nombre de graus de llibertat.

b) Relacioneu les coordenades de P amb el desplaçament ρ_1 de la barra horitzontal i ρ_2 de la barra vertical.

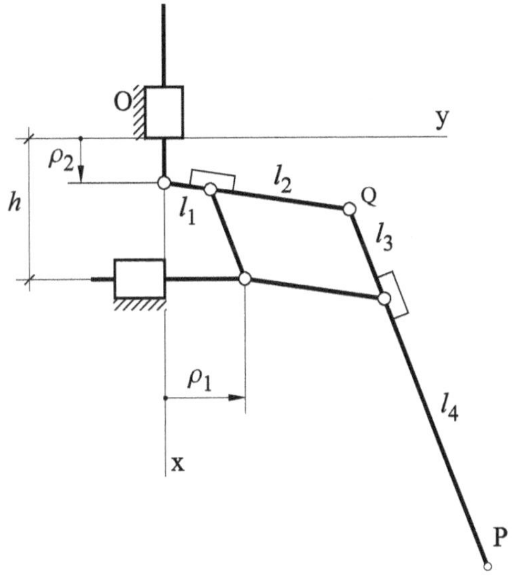

l_1 = 75 mm
l_2 = 225 mm
l_3 = 150 mm
l_4 = 450 mm
h = 225 mm

P 2-14 Per tal de manipular una placa que pot lliscar sobre una taula plana, es disposa:

a) De dos palpadors en forma de casquet esfèric que no llisquen respecte a la placa. Els casquets estan articulats a la taula mitjançant dues ròtules esfèriques.

b) De dues rodes de fricció que mantenen contacte sense lliscar amb la placa.

Definiu un conjunt suficient de coordenades i velocitats generalitzades i determineu el nombre de coordenades independents i de graus de llibertat.

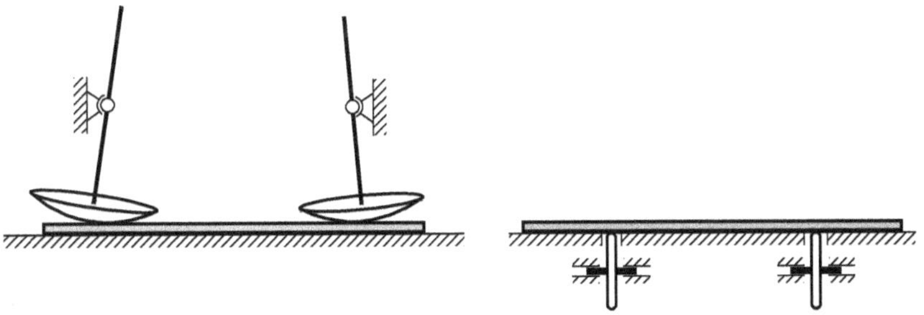

3 Cinemàtica de mecanismes

En aquest capítol s'estudia la cinemàtica dels mecanismes a partir de les equacions d'enllaç cinemàtiques que es poden trobar derivant les equacions d'enllaç geomètriques o bé a partir de l'estudi cinemàtic dels enllaços.

L'estudi del cas particular del moviment pla té un interès especial perquè es presenta en molts mecanismes i dóna lloc a procediments d'anàlisi simplificats que tenen una interpretació gràfica senzilla.

3.1 Estudi cinemàtic dels mecanismes a partir de les equacions d'enllaç geomètriques

Per a un mecanisme del qual es coneix: la configuració descrita mitjançant un conjunt de n coordenades generalitzades, els enllaços descrits mitjançant un conjunt d'equacions d'enllaç, i altres restriccions entre coordenades generalitzades o velocitats generalitzades, es poden plantejar l'anàlisi de configuracions o de muntatge, l'anàlisi de velocitats i l'anàlisi d'acceleracions.

L'anàlisi de configuracions consisteix a determinar el conjunt de valors de les coordenades generalitzades que satisfà totes les equacions d'enllaç geomètriques, donats els valors de les coordenades generalitzades independents i el temps, si hi apareix explícitament, tal com s'ha vist al capítol anterior.

L'anàlisi de velocitats consisteix a determinar el valor de les velocitats generalitzades d'un mecanisme en una configuració, donats els valors de les velocitats generalitzades independents i el temps, si apareix explícitament en la formulació de les equacions d'enllaç. Posteriorment es pot trobar la distribució de velocitats de tots els membres del mecanisme.

L'anàlisi d'acceleracions consisteix a determinar el valor de les derivades de les velocitats generalitzades d'un mecanisme en una configuració, donats els valors de les velocitats generalitzades independents i els valors de les derivades de les velocitats generalitzades independents, així com també del temps, si aquest apareix explícitament en la formulació de les equacions d'enllaç. Posteriorment es pot trobar, a partir de les velocitats generalitzades i les seves derivades, la distribució d'acceleracions de tots els membres del mecanisme.

Anàlisi de velocitats. Per fer l'anàlisi de velocitats es deriva el sistema d'equacions d'enllaç geomètriques $\boldsymbol{\phi}(\boldsymbol{q},t)$ respecte al temps i s'obté un sistema d'equacions cinemàtiques lineals per a les velocitats generalitzades:

$$\frac{\mathrm{d}}{\mathrm{d}t}\boldsymbol{\phi}(\boldsymbol{q},t)=\frac{\partial\boldsymbol{\phi}}{\partial q}\cdot\dot{\boldsymbol{q}}+\frac{\partial\boldsymbol{\phi}}{\partial t}=0 \qquad \boldsymbol{\phi}_q\cdot\dot{\boldsymbol{q}}+\boldsymbol{\phi}_t=0 \tag{3.1}$$

on $\boldsymbol{\phi}_t$ és el vector de derivades parcials de $\boldsymbol{\phi}(\boldsymbol{q},t)$ respecte del temps i $\boldsymbol{\phi}_q$ és la matriu jacobiana del sistema d'equacions. Si el vector d'equacions d'enllaç és

$$\boldsymbol{\phi}(\boldsymbol{q},t)=\begin{Bmatrix}\phi_1(\boldsymbol{q},t)\\ \vdots\\ \phi_{m_\mathrm{g}}(\boldsymbol{q},t)\end{Bmatrix}$$

la matriu jacobiana $\boldsymbol{\phi}_q$ i el vector $\boldsymbol{\phi}_t$ són

$$\boldsymbol{\phi}_q=\begin{bmatrix}\dfrac{\partial\phi_1(\boldsymbol{q},t)}{\partial q_1} & \cdots & \dfrac{\partial\phi_1(\boldsymbol{q},t)}{\partial q_n}\\ \vdots & & \vdots\\ \dfrac{\partial\phi_{m_\mathrm{g}}(\boldsymbol{q},t)}{\partial q_1} & \cdots & \dfrac{\partial\phi_{m_\mathrm{g}}(\boldsymbol{q},t)}{\partial q_n}\end{bmatrix} \qquad \boldsymbol{\phi}_t=\begin{Bmatrix}\dfrac{\partial\phi_1(\boldsymbol{q},t)}{\partial t}\\ \vdots\\ \dfrac{\partial\phi_{m_\mathrm{g}}(\boldsymbol{q},t)}{\partial t}\end{Bmatrix}$$

El sistema d'equacions d'enllaç cinemàtiques obtingut així només té en compte les restriccions geomètriques. Així doncs, si el sistema és no holònom, cal afegir les equacions d'enllaç cinemàtiques no establertes a partir de la derivada de les equacions d'enllaç geomètriques.

Per determinar totes les velocitats generalitzades en una certa configuració accessible del mecanisme i en un cert instant, cal resoldre aquest sistema d'equacions lineals (Eq. 3.1), que té tantes variables com velocitats generalitzades n i tantes equacions com equacions d'enllaç cinemàtiques m_c. Per tal de resoldre'l es pot procedir de dues maneres:

a) fer una partició del conjunt de velocitats generalitzades en velocitats generalitzades independents $\dot{\boldsymbol{q}}^\mathrm{i}$, tantes com graus de llibertat, i velocitats generalitzades dependents $\dot{\boldsymbol{q}}^\mathrm{d}$

$$\left[\boldsymbol{\phi}_q^\mathrm{d}\middle|\boldsymbol{\phi}_q^\mathrm{i}\right]\begin{Bmatrix}\dot{\boldsymbol{q}}^\mathrm{d}\\ \hline \dot{\boldsymbol{q}}^\mathrm{i}\end{Bmatrix}=-\boldsymbol{\phi}_t \qquad \boldsymbol{\phi}_q^\mathrm{d}\cdot\dot{\boldsymbol{q}}^\mathrm{d}+\boldsymbol{\phi}_q^\mathrm{i}\cdot\dot{\boldsymbol{q}}^\mathrm{i}=-\boldsymbol{\phi}_t \qquad \dot{\boldsymbol{q}}^\mathrm{d}=-\left[\boldsymbol{\phi}_q^\mathrm{d}\right]^{-1}\left[\boldsymbol{\phi}_t+\boldsymbol{\phi}_q^\mathrm{i}\cdot\dot{\boldsymbol{q}}^\mathrm{i}\right] \tag{3.2}$$

on la matriu $\boldsymbol{\phi}_q^\mathrm{d}$ és una matriu quadrada de dimensió m_c.

b) ampliar el sistema d'equacions introduint-hi tantes equacions de govern cinemàtiques com graus de llibertat tingui el mecanisme n-m_c. El sistema ampliat tindrà una matriu jacobiana quadrada de dimensió n:

$$\dot{\boldsymbol{q}}=-\left[\boldsymbol{\phi}'_q\right]^{-1}\cdot\boldsymbol{\phi}'_t \tag{3.3}$$

on $\boldsymbol{\phi}'_q$ i $\boldsymbol{\phi}'_t$ són, respectivament, la matriu jacobiana i el vector de derivades parcials temporals del conjunt d'equacions d'enllaç i de govern.

Anàlisi d'acceleracions. Per fer l'anàlisi d'acceleracions d'un mecanisme, una vegada s'ha fet l'anàlisi de velocitats cal trobar la derivada temporal de les velocitats generalitzades. Per això, es torna a derivar respecte del temps l'expressió 3.1, emprada per fer l'anàlisi de velocitats, amb la qual cosa s'obté

$$\dot{\boldsymbol{\phi}}_q \cdot \dot{\boldsymbol{q}} + \boldsymbol{\phi}_q \cdot \ddot{\boldsymbol{q}} + \dot{\boldsymbol{\phi}}_t = 0 \qquad \boldsymbol{\phi}_q \cdot \ddot{\boldsymbol{q}} = -(\dot{\boldsymbol{\phi}}_q \cdot \dot{\boldsymbol{q}} + \dot{\boldsymbol{\phi}}_t) \tag{3.4}$$

Aquesta expressió es pot escriure emprant només derivades parcials del vector d'equacions d'enllaç, la qual cosa facilita el tractament sistemàtic ja que, tant en l'anàlisi de velocitats com en el d'acceleracions, totes les derivades que s'han de calcular són parcials

$$\boldsymbol{\phi}_q \cdot \ddot{\boldsymbol{q}} + \left[\boldsymbol{\phi}_q \cdot \dot{\boldsymbol{q}}\right]_q \cdot \dot{\boldsymbol{q}} + 2\boldsymbol{\phi}_{qt} \cdot \dot{\boldsymbol{q}} + \boldsymbol{\phi}_{tt} = 0$$

$$\boldsymbol{\phi}_q \cdot \ddot{\boldsymbol{q}} = -\left[\left[\boldsymbol{\phi}_q \cdot \dot{\boldsymbol{q}}\right]_q \cdot \dot{\boldsymbol{q}} + 2\boldsymbol{\phi}_{qt} \cdot \dot{\boldsymbol{q}} + \boldsymbol{\phi}_{tt}\right]$$

Per resoldre aquest sistema d'equacions lineals per les derivades de les velocitats generalitzades, es pot procedir de manera anàloga a com s'ha fet amb les velocitats. Si a l'expressió 3.4 es fa la partició en velocitats generalitzades dependents i independents s'obté

$$\ddot{\boldsymbol{q}}^{\mathrm{d}} = -\left[\boldsymbol{\phi}_q^{\mathrm{d}}\right]^{-1} \cdot \left[\boldsymbol{\phi}_q^{\mathrm{i}} \cdot \ddot{\boldsymbol{q}}^{\mathrm{i}} + \dot{\boldsymbol{\phi}}_q \cdot \dot{\boldsymbol{q}} + \dot{\boldsymbol{\phi}}_t\right] \tag{3.5}$$

i si s'afegeix al sistema d'equacions d'enllaç un conjunt d'equacions de govern, aleshores

$$\ddot{\boldsymbol{q}} = -\left[\boldsymbol{\phi}'_q\right]^{-1} \cdot (\dot{\boldsymbol{\phi}}'_q \cdot \dot{\boldsymbol{q}} + \dot{\boldsymbol{\phi}}'_t)$$

Exemple 3.1 Anàlisi de velocitats i acceleracions del mecanisme de la figura 3.1.

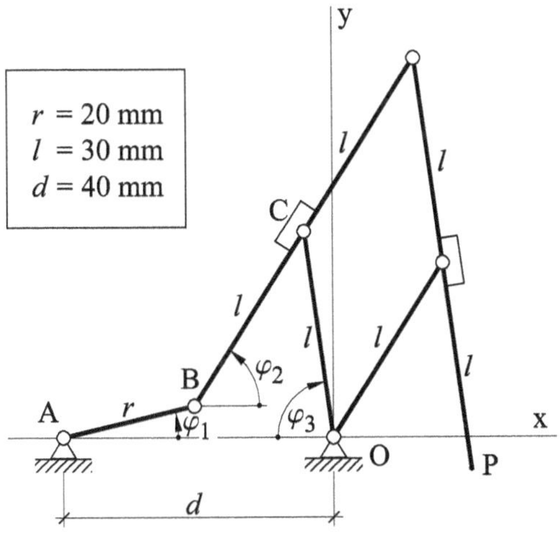

Fig. 3.1 Mecanisme articulat

De la condició de tancament de l'anell ABCO s'obtenen les dues equacions d'enllaç

$$\begin{cases} r\cos\varphi_1 + l\cos\varphi_2 + l\cos\varphi_3 - d = 0 \\ r\sin\varphi_1 + l\sin\varphi_2 - l\sin\varphi_3 = 0 \end{cases}$$

que, escrites en forma vectorial, són

$$\boldsymbol{\phi}(\boldsymbol{q}) = \begin{Bmatrix} r\cos\varphi_1 + l\cos\varphi_2 + l\cos\varphi_3 - d \\ r\sin\varphi_1 + l\sin\varphi_2 - l\sin\varphi_3 \end{Bmatrix} = 0$$

i la seva matriu jacobiana és

$$\boldsymbol{\phi}_q = \begin{bmatrix} -r\sin\varphi_1 & -l\sin\varphi_2 & -l\sin\varphi_3 \\ r\cos\varphi_1 & l\cos\varphi_2 & -l\cos\varphi_3 \end{bmatrix}$$

Si es considera l'angle φ_1 com a coordenada independent, l'expressió 3.2 de l'anàlisi de velocitats porta a:

$$\boldsymbol{\phi}_q = \underbrace{\begin{bmatrix} -r\sin\varphi_1 \\ r\cos\varphi_1 \end{bmatrix}}_{\boldsymbol{\phi}_q^{\mathrm{i}}} \underbrace{\begin{bmatrix} -l\sin\varphi_2 & -l\sin\varphi_3 \\ l\cos\varphi_2 & -l\cos\varphi_3 \end{bmatrix}}_{\boldsymbol{\phi}_q^{\mathrm{d}}}$$

$$\dot{\boldsymbol{q}}^{\mathrm{d}} = -\left[\boldsymbol{\phi}_q^{\mathrm{d}}\right]^{-1} \cdot \left[\boldsymbol{\phi}_t + \boldsymbol{\phi}_q^{\mathrm{i}} \cdot \dot{\boldsymbol{q}}^{\mathrm{i}}\right] = -\begin{bmatrix} -l\sin\varphi_2 & -l\sin\varphi_3 \\ l\cos\varphi_2 & -l\cos\varphi_3 \end{bmatrix}^{-1} \cdot \left(\begin{Bmatrix} -r\sin\varphi_1 \\ -r\cos\varphi_1 \end{Bmatrix} \dot{\varphi}_1 + \begin{Bmatrix} 0 \\ 0 \end{Bmatrix} \right) =$$

$$-\frac{r}{l\sin(\varphi_2+\varphi_3)} \begin{Bmatrix} \sin(\varphi_1+\varphi_3) \\ \sin(\varphi_1-\varphi_2) \end{Bmatrix} \dot{\varphi}_1 = \begin{Bmatrix} \dot{\varphi}_2 \\ \dot{\varphi}_3 \end{Bmatrix}$$

L'anàlisi d'acceleracions a partir de l'expressió 3.5 dóna lloc a l'expressió

$$\ddot{\boldsymbol{q}}^{\mathrm{d}} = \begin{Bmatrix} \ddot{\varphi}_2 \\ \ddot{\varphi}_3 \end{Bmatrix} = -\left[\boldsymbol{\phi}_q^{\mathrm{d}}\right]^{-1} \cdot \left[\boldsymbol{\phi}_q^{\mathrm{i}} \cdot \ddot{\boldsymbol{q}}^{\mathrm{i}} + \dot{\boldsymbol{\phi}}_q \cdot \dot{\boldsymbol{q}} + \dot{\boldsymbol{\phi}}_t\right] = -\begin{bmatrix} -l\sin\varphi_2 & -l\sin\varphi_3 \\ l\cos\varphi_2 & -l\cos\varphi_3 \end{bmatrix}^{-1} \cdot$$

$$\left(\begin{Bmatrix} -r\sin\varphi_1 \\ -r\cos\varphi_1 \end{Bmatrix} \ddot{\varphi}_1 + \begin{bmatrix} -r\dot{\varphi}_1\cos\varphi_1 & -l\dot{\varphi}_2\cos\varphi_2 & -l\dot{\varphi}_3\cos\varphi_3 \\ r\dot{\varphi}_1\sin\varphi_1 & -l\dot{\varphi}_2\sin\varphi_2 & l\dot{\varphi}_3\sin\varphi_3 \end{bmatrix} \cdot \begin{Bmatrix} \dot{\varphi}_1 \\ \dot{\varphi}_2 \\ \dot{\varphi}_3 \end{Bmatrix} \right) =$$

$$-\frac{1}{l\sin(\varphi_2+\varphi_3)} \begin{Bmatrix} l\dot{\varphi}_3^2 + r\dot{\varphi}_1^2\cos(\varphi_1-\varphi_3) + l\dot{\varphi}_2^2\cos(\varphi_2+\varphi_3) + r\ddot{\varphi}_1\sin(\varphi_1-\varphi_3) \\ l\dot{\varphi}_3^2\cos(\varphi_2+\varphi_3) + r\dot{\varphi}_1^2\cos(\varphi_1+\varphi_2) + l\dot{\varphi}_2^2 + r\ddot{\varphi}_1\sin(\varphi_1+\varphi_2) \end{Bmatrix}$$

Tant l'anàlisi de velocitats com la d'acceleracions es pot fer introduint una equació de govern que descrigui, per exemple, l'evolució de $\varphi_1(t) = f(t)$ imposada per un motor d'accionament. En aquest cas, el sistema d'equacions d'enllaç, la seva matriu jacobiana i les expressions de les velocitats i les acceleracions són:

$$\boldsymbol{\phi}'(\boldsymbol{q}) = \begin{Bmatrix} r\cos\varphi_1 + l\cos\varphi_2 + l\cos\varphi_3 - d \\ r\sin\varphi_1 + l\sin\varphi_2 - l\sin\varphi_3 \\ \varphi_1 - f(t) \end{Bmatrix} = 0$$

$$\boldsymbol{\phi}'_q = \begin{bmatrix} -r\sin\varphi_1 & -l\sin\varphi_2 & -l\sin\varphi_3 \\ r\cos\varphi_1 & l\cos\varphi_2 & -l\cos\varphi_3 \\ 1 & 0 & 0 \end{bmatrix}$$

$$\boldsymbol{\phi}'_t = \begin{Bmatrix} 0 \\ 0 \\ f_t(t) \end{Bmatrix} = \begin{Bmatrix} 0 \\ 0 \\ \dot{f}(t) \end{Bmatrix}$$

$$\dot{\boldsymbol{q}} = \begin{Bmatrix} \dot{\varphi}_1 \\ \dot{\varphi}_2 \\ \dot{\varphi}_3 \end{Bmatrix} = -\begin{bmatrix} -r\sin\varphi_1 & -l\sin\varphi_2 & -l\sin\varphi_3 \\ r\cos\varphi_1 & l\cos\varphi_2 & -l\cos\varphi_3 \\ 1 & 0 & 0 \end{bmatrix}^{-1} \cdot \begin{Bmatrix} 0 \\ 0 \\ \dot{f}(t) \end{Bmatrix}$$

$$\ddot{\boldsymbol{q}} = \begin{Bmatrix} \ddot{\varphi}_1 \\ \ddot{\varphi}_2 \\ \ddot{\varphi}_3 \end{Bmatrix} = -\begin{bmatrix} -r\sin\varphi_1 & -l\sin\varphi_2 & -l\sin\varphi_3 \\ r\cos\varphi_1 & l\cos\varphi_2 & -l\cos\varphi_3 \\ 1 & 0 & 0 \end{bmatrix}^{-1} \cdot$$

$$\left(\begin{bmatrix} -r\dot{\varphi}_1\cos\varphi_1 & -l\dot{\varphi}_2\cos\varphi_2 & -l\dot{\varphi}_3\cos\varphi_3 \\ r\dot{\varphi}_1\sin\varphi_1 & -l\dot{\varphi}_2\sin\varphi_2 & l\dot{\varphi}_3\sin\varphi_3 \\ 0 & 0 & 0 \end{bmatrix} \cdot \begin{Bmatrix} \dot{\varphi}_1 \\ \dot{\varphi}_2 \\ \dot{\varphi}_3 \end{Bmatrix} + \begin{Bmatrix} 0 \\ 0 \\ \ddot{f}(t) \end{Bmatrix} \right)$$

3.2 Redundància i configuracions singulars

Les redundàncies, ja siguin totals o tangents, i les bifurcacions descrites al capítol 2 es posen de manifest en la matriu jacobiana de les equacions d'enllaç en forma d'una deficiència en el rang –rang per files menor que el nombre d'equacions. En aquest cas, no es podrà resoldre el sistema d'equacions de les velocitats (Eq. 3.1) ni el sistema d'equacions de les acceleracions (Eq. 3.4). L'estudi de la causa de la deficiència en rang requereix l'anàlisi de les equacions geomètriques en l'espai de les configuracions.

Punts morts en mecanismes d'un grau de llibertat sense equacions de govern. Tal com s'ha vist al capítol 2, quan un sistema està en un punt mort per a una determinada coordenada generalitzada la seva derivada no es pot prendre com a independent ja que forçosament té un valor nul. Si es fa ús de l'equació 3.2 en la configuració de punt mort, prenent la coordenada que està en punt mort com a independent, el terme $\boldsymbol{\phi}_q^{\mathrm{i}}\dot{q}^{\mathrm{i}}$ és nul. Per tal que el sistema d'equacions resultant $\boldsymbol{\phi}_q^{\mathrm{u}}\dot{\boldsymbol{q}}^{\mathrm{u}} = 0$ tingui solució diferent de la trivial –les altres velocitats generalitzades no són necessàriament nul·les– el determinant de la matriu $\boldsymbol{\phi}_q^{\mathrm{u}}$ ha de ser nul.

Per determinar les possibles configuracions que són punts morts per a una coordenada generalitzada, es pot considerar aquesta com a independent i resoldre el sistema següent d'equacions no lineals:

$$\begin{cases} \boldsymbol{\phi}(\boldsymbol{q}) = 0 \\ \det \boldsymbol{\phi}_q^{\mathrm{d}} = 0 \end{cases}$$

Les configuracions trobades així seran punts morts sempre que no facin que la matriu jacobiana $\boldsymbol{\phi}_q$ sigui deficient en rang; en aquest cas, la configuració correspondria a una redundància o a una bifurcació.

Exemple 3.2 Determinació del punt mort del mecanisme de l'exemple 3.1 (Fig. 3.1) corresponent al màxim de la coordenada φ_3.

Per inspecció visual es comprova, per exemple, que a partir de la configuració del dibuix, φ_3 pot anar augmentant fins que les barres AB i BC quedin alineades, configuració que correspon, per tant, al punt mort buscat. Si les mides del mecanisme són les donades a la figura, aquest punt mort correspon a φ_3=90°.

Si es considera la coordenada φ_3 com a independent

$$\boldsymbol{\phi}_q = \begin{bmatrix} -r\sin\varphi_1 & -l\sin\varphi_2 \\ r\cos\varphi_1 & l\cos\varphi_2 \end{bmatrix}$$

i la condició necessària per a l'existència del punt mort per a φ_3

$$\mathrm{Det}\,\boldsymbol{\phi}_q = rl(\sin\varphi_1\cos\varphi_2 + \cos\varphi_1\sin\varphi_2) = rl\sin(\varphi_2 - \varphi_1) = 0$$

comporta que les barres AB i BC han d'estar alineades $\varphi_1 = \varphi_2$, com ja s'ha establert per inspecció visual.

3.3 Estudi cinemàtic dels mecanismes a partir de les equacions d'enllaç cinemàtiques

A vegades l'estudi cinemàtic d'un mecanisme es fa per a una configuració coneguda. En aquests casos, és possible plantejar l'anàlisi de velocitats i d'acceleracions a partir de les equacions d'enllaç cinemàtiques obtingudes directament de les relacions cinemàtiques.

Distribució de velocitats i acceleracions en un sòlid rígid. En l'estudi cinemàtic d'un sòlid rígid, l'expressió vectorial que permet trobar la distribució de velocitats a partir de la velocitat d'un punt O –$\boldsymbol{v}$(O)– i de la velocitat angular –$\boldsymbol{\omega}$– del sòlid dóna lloc a un conjunt d'equacions escalars lineals per a les velocitats i per a les velocitats angulars.

$$\boldsymbol{v}(\mathrm{P}) = \boldsymbol{v}(\mathrm{O}) + \boldsymbol{\omega} \times \overline{\mathbf{OP}}$$

Expressant els vectors en una base vectorial, aquesta igualtat es pot escriure en forma matricial com

$$\boldsymbol{v}(\mathrm{P}) = \boldsymbol{v}(\mathrm{O}) + \begin{bmatrix} 0 & z & -y \\ -z & 0 & x \\ y & -x & 0 \end{bmatrix} \cdot \boldsymbol{\omega}\,, \quad \text{o bé} \quad \boldsymbol{v}(\mathrm{P}) = \boldsymbol{v}(\mathrm{O}) + \begin{bmatrix} 0 & -\omega_3 & \omega_2 \\ \omega_3 & 0 & -\omega_1 \\ -\omega_2 & \omega_1 & 0 \end{bmatrix} \cdot \overline{\mathbf{OP}}$$

amb $\overline{\mathbf{OP}} = \{x, y, z\}^{\mathrm{T}}$ i $\boldsymbol{\omega} = \{\omega_1, \omega_2, \omega_3\}^{\mathrm{T}}$.

Així mateix, per a les acceleracions també s'obté un conjunt d'equacions escalars lineals respecte de les acceleracions i les acceleracions angulars ($\boldsymbol{\alpha}$):

$$\boldsymbol{a}(\mathrm{P}) = \boldsymbol{a}(\mathrm{O}) + \boldsymbol{\omega} \times \left(\boldsymbol{\omega} \times \overline{\mathbf{OP}}\right) + \boldsymbol{\alpha} \times \overline{\mathbf{OP}}$$

$$\boldsymbol{a}(\mathrm{P}) = \boldsymbol{a}(\mathrm{O}) + \begin{bmatrix} -(\omega_2^2 + \omega_3^2) & \omega_1\omega_2 - \alpha_3 & \omega_1\omega_3 + \alpha_2 \\ \omega_1\omega_2 + \alpha_3 & -(\omega_1^2 + \omega_3^2) & \omega_2\omega_3 - \alpha_1 \\ \omega_1\omega_3 - \alpha_2 & \omega_2\omega_3 + \alpha_1 & -(\omega_1^2 + \omega_2^2) \end{bmatrix} \cdot \overline{\mathbf{OP}}$$

on $\boldsymbol{\alpha} = \{\alpha_1, \alpha_2, \alpha_3\}^{\mathrm{T}}$.

Relacions cinemàtiques establertes pels enllaços. Les relacions cinemàtiques que s'estableixen entre membres rígids d'un mecanisme són lineals respecte de les velocitats angulars dels membres i les velocitats de punts dels membres. Aquestes relacions s'estableixen a partir de les condicions cinemàtiques que imposen els enllaços, en particular el contacte amb lliscament o sense entre sòlids rígids, com ara la igualtat de velocitats de punts i de velocitats angulars en determinades direccions. Per als enllaços generats per contacte entre membres d'un mecanisme, aquestes relacions són:

Articulació entre els membres s1 i s2 en el punt A (Fig. 3.2):

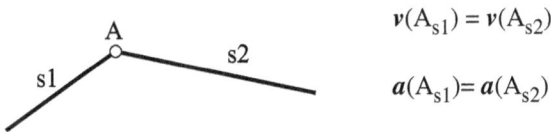

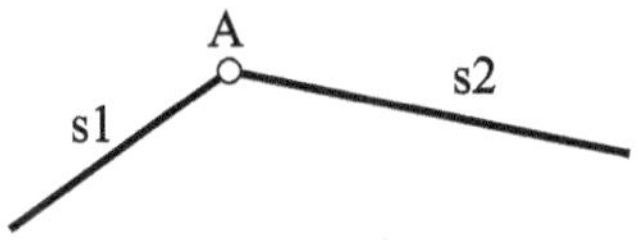

$$\boldsymbol{v}(\mathrm{A_{s1}}) = \boldsymbol{v}(\mathrm{A_{s2}})$$

$$\boldsymbol{a}(\mathrm{A_{s1}}) = \boldsymbol{a}(\mathrm{A_{s2}})$$

Fig. 3.2 Articulació

Guia-corredora entre els membres s1 i s2 (Fig. 3.3):

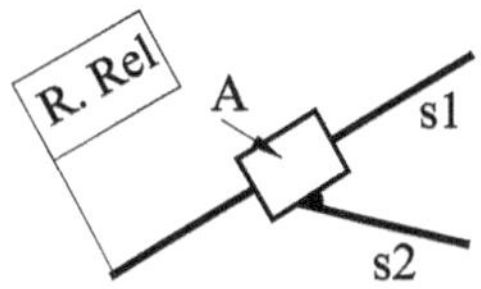

Fig. 3.3 Guia-corredora

$$\begin{cases} \boldsymbol{v}(\mathrm{A_{corredora}}) = \boldsymbol{v}(\mathrm{A_{guia}}) + \boldsymbol{v}_{\mathrm{lliscament}} \\ \boldsymbol{\omega}_{\mathrm{corredora}} = \boldsymbol{\omega}_{\mathrm{guia}} \end{cases}$$

$$\begin{cases} \boldsymbol{a}(\mathrm{A_{corredora}}) = \boldsymbol{a}(\mathrm{A_{guia}}) + \boldsymbol{a}_{\mathrm{lliscament}} + 2\boldsymbol{\omega}_{\mathrm{guia}} \times \boldsymbol{v}_{\mathrm{lliscament}} \\ \boldsymbol{\alpha}_{\mathrm{corredora}} = \boldsymbol{\alpha}_{\mathrm{guia}} \end{cases}$$

La primera expressió i la tercera corresponen a una composició de moviments si es pren la guia com a referència relativa i la referència d'estudi com a referència absoluta. La velocitat i l'acceleració de lliscament corresponen a la velocitat i a l'acceleració relatives.

Guia-botó o **guia corredora articulada** entre els membres s1 i s2. El punt A correspon al botó o a l'articulació de la corredora (Fig. 3.4):

$$\boldsymbol{v}(\mathrm{A_{botó}}) = \boldsymbol{v}(\mathrm{A_{guia}}) + \boldsymbol{v}_{\mathrm{lliscament}}$$

$$\boldsymbol{a}(\mathrm{A_{botó}}) = \boldsymbol{a}(\mathrm{A_{guia}}) + \boldsymbol{a}_{\mathrm{lliscament}} + 2\boldsymbol{\omega}_{\mathrm{guia}} \times \boldsymbol{v}_{\mathrm{lliscament}}$$

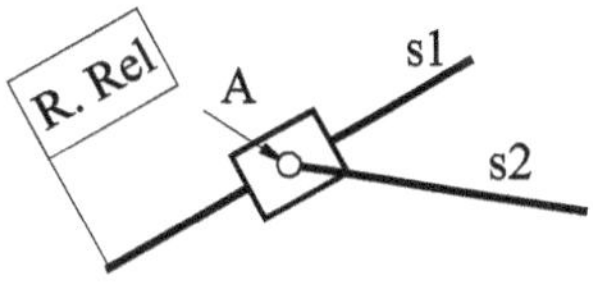

Fig. 3.4 Guia-botó

Com en el cas anterior, aquestes expressions corresponen a una composició de moviments si es pren la guia com a referència relativa i la referència d'estudi com a referència absoluta. La velocitat de lliscament $\boldsymbol{v}_{\mathrm{lliscament}}$ és la velocitat del centre del botó respecte a la guia i té la direcció tangent a la guia en el punt A. L'acceleració de lliscament $\boldsymbol{a}_{\mathrm{lliscament}}$ és l'acceleració del centre del botó respecte a la guia –acceleració relativa– i té una component en la direcció tangent a la guia en el punt A i, si la guia no és recta, una component normal que depèn de la velocitat de lliscament i del radi de curvatura ρ de la guia en el punt A: $|\boldsymbol{a}_{\mathrm{n}}| = v_{\mathrm{lliscament}}^2 / \rho$.

Rodolament entre els membres s1 i s2 en el punt J de contacte. J_G és el punt geomètric de contacte (Fig. 3.5):

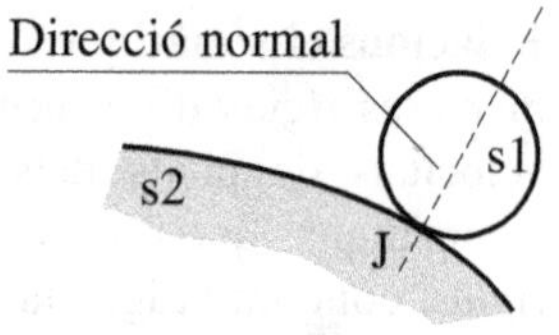

Fig. 3.5 Rodolament

amb lliscament $\{\boldsymbol{v}(J_{s1})|_n = \boldsymbol{v}(J_{s2})|_n$

sense lliscament $\begin{cases} \boldsymbol{v}(J_{s1}) = \boldsymbol{v}(J_{s2}) \\ \boldsymbol{v}_{s1}(J_G) = \boldsymbol{v}_{s2}(J_G) \\ \boldsymbol{a}_{s2}(J_{s1}) = -\boldsymbol{a}_{s1}(J_{s2}) = -\boldsymbol{\omega}_{s1/s2} \times \boldsymbol{v}_{s2}(J_G) \end{cases}$

Contacte puntual entre els membres s1 i s2 en el punt J fix a un dels membres (Fig. 3.6):

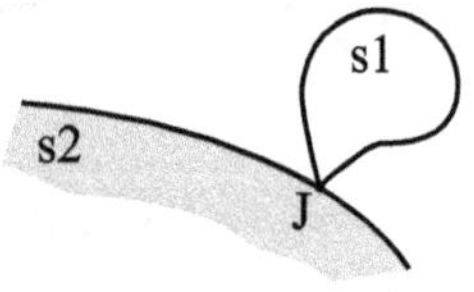

Fig. 3.6 Contacte puntual

$$\boldsymbol{v}(J_{s1}) = \boldsymbol{v}(J_{s2}) + \boldsymbol{v}_{lliscament}$$

La velocitat de lliscament $\boldsymbol{v}_{lliscament}$ és la velocitat del punt J_{s1} relativa al membre s2 i té una direcció continguda en el pla tangent en el punt de contacte.

Determinació analítica de la distribució de velocitats i d'acceleracions. Si per a l'estudi de la distribució de velocitats d'un mecanisme es pren un conjunt de velocitats generalitzades i entre elles s'imposen les relacions introduïdes pels enllaços i les equacions constitutives, s'obté, igual que a l'apartat 3.1, un sistema d'equacions lineals entre aquestes velocitats generalitzades. Els termes de la matriu $\boldsymbol{\Psi}$ són, en principi, funció de la configuració i $\boldsymbol{g}$ agrupa els termes independents, constants o funció del temps, de les velocitats generalitzades.

$$[\Psi]\boldsymbol{u} + \boldsymbol{g} = 0$$

Les velocitats generalitzades $\boldsymbol{u}$ es poden dividir en velocitats generalitzades independents $\boldsymbol{u}^i$, de les quals es coneix el seu valor, i velocitats generalitzades dependents $\boldsymbol{u}^d$, de les quals es vol determinar el seu valor, que s'obté a partir de la partició de la matriu $\boldsymbol{\Psi}$

$$\boldsymbol{\Psi}^d \boldsymbol{u}^d + \boldsymbol{\Psi}^i \boldsymbol{u}^i + \boldsymbol{g} = 0$$

$$\boldsymbol{u}^d = -\left[\boldsymbol{\Psi}^d\right]^{-1} \boldsymbol{\Psi}^i \boldsymbol{u}^i - \boldsymbol{g}$$

Aquestes últimes equacions són equivalents a les equacions 3.2.

Per a l'estudi de la distribució d'acceleracions no és usual partir de l'expressió anterior i derivar, ja que per fer-ho caldria un plantejament general pel que fa a les configuracions i, en aquest cas, seria preferible emprar el procediment descrit a l'apartat 3.1.

Per a una configuració donada, en ocasions és viable determinar el sistema d'equacions entre les derivades de les coordenades generalitzades directament a partir de les relacions imposades a les acceleracions pels enllaços.

3.4 Moviment pla

El procediment analític per tal de resoldre la cinemàtica dels mecanismes vist a l'apartat 3.3 es pot aplicar de manera molt simple en els mecanismes amb moviment pla. D'altra banda, el concepte de *centre instantani de rotació* (CIR o bé I) facilita la interpretació del moviment dels mecanismes amb moviment pla i ajuda al seu estudi cinemàtic.

Resolució matricial de la cinemàtica d'un mecanisme amb moviment pla. Per a un sòlid rígid amb moviment pla, l'expressió de la distribució de velocitats es pot reescriure com

$$\boldsymbol{v}(\mathrm{P}) = \boldsymbol{v}(\mathrm{O}) + \omega\,\overline{\mathbf{OP}}^{\perp} = \boldsymbol{v}(\mathrm{O}) + \omega\,\boldsymbol{R}\cdot\overline{\mathbf{OP}}$$

$$\boldsymbol{R} = \begin{bmatrix} 0 & -1 \\ 1 & 0 \end{bmatrix} \quad \text{matriu de rotació}$$

on

- ω és la velocitat angular presa positiva en el sentit positiu de l'eix perpendicular al pla del moviment.
- $\overline{\mathbf{OP}}^{\perp} := \overline{\mathbf{OP}}$ girat 90º en el sentit positiu de l'eix perpendicular al pla del moviment.
- $\boldsymbol{R}$ és la matriu de rotació que gira un vector 90° en el sentit positiu de l'eix perpendicular al pla del moviment.

De la mateixa manera, per a les acceleracions:

$$\boldsymbol{a}(\mathrm{P}) = \boldsymbol{a}(\mathrm{O}) - \omega^2\,\overline{\mathbf{OP}} + \alpha\,\overline{\mathbf{OP}}^{\perp} = \boldsymbol{a}(\mathrm{O}) + \boldsymbol{Q}\cdot\overline{\mathbf{OP}}$$

$$\boldsymbol{Q} = \begin{bmatrix} -\omega^2 & -\alpha \\ \alpha & -\omega^2 \end{bmatrix}$$

on α és l'acceleració angular presa positiva en el sentit positiu de l'eix perpendicular al pla del moviment.

En l'estudi de mecanismes amb moviment pla, és usual:

1. prendre com a velocitats generalitzades les velocitats angulars dels membres i les velocitats de lliscament a les guies amb corredora o botó,
2. establir les equacions d'enllaç a partir de la condició de tancament d'anells. A partir de les velocitats generalitzades es pot obtenir, si es vol, la velocitat de qualsevol punt del mecanisme.

Exemple 3.3 Estudi de la cinemàtica d'un mecanisme amb moviment pla a partir de les equacions d'enllaç cinemàtiques.

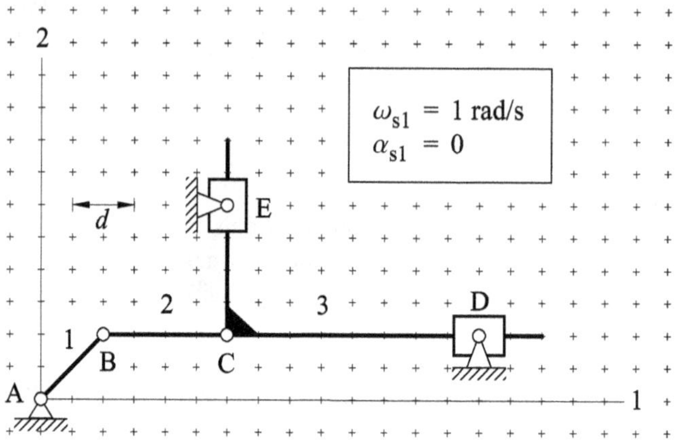

Fig. 3.7 Exemple. Mecanisme de barres

Per al mecanisme de la figura 3.7, fent ús de les condicions de tancament dels anells ABCEA ($\boldsymbol{v}$(A)→$\boldsymbol{v}$(B) →$\boldsymbol{v}$(C) →$\boldsymbol{v}$(E) →$\boldsymbol{v}$(A)) i ABCDA ($\boldsymbol{v}$(A) →$\boldsymbol{v}$(B) →$\boldsymbol{v}$(C) →$\boldsymbol{v}$(D) →$\boldsymbol{v}$(A)), les expressions de la cinemàtica del sòlid rígid i les velocitats generalitzades esmentades, s'obtenen les equacions d'enllaç cinemàtiques següents:

$$\left\{\begin{array}{l} \overbrace{\overbrace{\overbrace{\overbrace{\omega_{s1}\overline{\mathbf{AB}}^{\perp}}^{\boldsymbol{v}(\mathrm{B})} + \omega_{s2}\overline{\mathbf{BC}}^{\perp}}^{\boldsymbol{v}(\mathrm{C})} + \omega_{s3}\overline{\mathbf{CE}}^{\perp}}^{\boldsymbol{v}(\mathrm{E}_3)} + \boldsymbol{v}_{\mathrm{lliscament}}(\mathrm{E})}^{\boldsymbol{v}(\mathrm{E}_0)=\boldsymbol{v}(\mathrm{A})=0} = 0 \\ \omega_{s1}\overline{\mathbf{AB}}^{\perp} + \omega_{s2}\overline{\mathbf{BC}}^{\perp} + \omega_{s3}\overline{\mathbf{CD}}^{\perp} + \boldsymbol{v}_{\mathrm{lliscament}}(\mathrm{D}) = 0 \end{array}\right. \tag{3.6}$$

Si es pren com a velocitat independent ω_{s1}, es poden reescriure com

$$\left\{\begin{array}{l} \omega_{s2}\overline{\mathbf{BC}}^{\perp} + \omega_{s3}\overline{\mathbf{CD}}^{\perp} + \boldsymbol{v}_{\mathrm{lliscament}}(\mathrm{D}) = -\omega_{s1}\overline{\mathbf{AB}}^{\perp} \\ \omega_{s2}\overline{\mathbf{BC}}^{\perp} + \omega_{s3}\overline{\mathbf{CE}}^{\perp} + \boldsymbol{v}_{\mathrm{lliscament}}(\mathrm{E}) = -\omega_{s1}\overline{\mathbf{AB}}^{\perp} \end{array}\right.$$

Aquestes equacions vectorials es poden expressar en la base indicada o en forma matricial:

$$\begin{Bmatrix} -\mathrm{BC}_2 \\ \mathrm{BC}_1 \\ -\mathrm{BC}_2 \\ \mathrm{BC}_1 \end{Bmatrix}\omega_{s2} + \begin{Bmatrix} -\mathrm{CD}_2 \\ \mathrm{CD}_1 \\ -\mathrm{CE}_2 \\ \mathrm{CE}_1 \end{Bmatrix}\omega_{s3} + \begin{Bmatrix} v_\mathrm{D} \\ 0 \\ 0 \\ v_\mathrm{E} \end{Bmatrix} = -\begin{Bmatrix} -\mathrm{AB}_2 \\ \mathrm{AB}_1 \\ -\mathrm{AB}_2 \\ \mathrm{AB}_1 \end{Bmatrix}\omega_{s1}$$

$$\begin{bmatrix} -\mathrm{BC}_2 & -\mathrm{CD}_2 & 1 & 0 \\ \mathrm{BC}_1 & \mathrm{CD}_1 & 0 & 0 \\ -\mathrm{BC}_2 & -\mathrm{CE}_2 & 0 & 0 \\ \mathrm{BC}_1 & \mathrm{CE}_1 & 0 & 1 \end{bmatrix}\begin{Bmatrix} \omega_{s2} \\ \omega_{s3} \\ v_\mathrm{D} \\ v_\mathrm{E} \end{Bmatrix} = -\begin{Bmatrix} -\mathrm{AB}_2 \\ \mathrm{AB}_1 \\ -\mathrm{AB}_2 \\ \mathrm{AB}_1 \end{Bmatrix}\omega_{s1}$$

Substituint els termes geomètrics i prenent d =10 mm (Fig. 3.7), s'obté

$$\begin{bmatrix} 0 & 0 & 1 & 0 \\ 20 & 40 & 0 & 0 \\ 0 & -20 & 0 & 0 \\ 20 & 0 & 0 & 1 \end{bmatrix} \begin{Bmatrix} \omega_{s2} \\ \omega_{s3} \\ v_D \\ v_E \end{Bmatrix} = \begin{Bmatrix} 10 \\ -10 \\ 10 \\ -10 \end{Bmatrix} \longrightarrow \begin{Bmatrix} \omega_{s2} \\ \omega_{s3} \\ v_D \\ v_E \end{Bmatrix} = \begin{Bmatrix} 0{,}5 \text{ rad/s} \\ -0{,}5 \text{ rad/s} \\ 10 \text{ mm/s} \\ -20 \text{ mm/s} \end{Bmatrix}$$

Per a l'anàlisi d'acceleracions, les relacions entre les acceleracions a les guies són

$$\begin{cases} \boldsymbol{a}(\mathrm{E}_{\text{corredora}}) = 0 = \boldsymbol{a}(\mathrm{E}_3) + \boldsymbol{a}_{\text{lliscament}}(\mathrm{E}) + 2\boldsymbol{\omega}_{s3} \cdot \boldsymbol{v}_{\text{llisc.}}^{\perp}(\mathrm{E}) \\ \boldsymbol{a}(\mathrm{D}_{\text{corredora}}) = 0 = \boldsymbol{a}(\mathrm{D}_3) + \boldsymbol{a}_{\text{lliscament}}(\mathrm{D}) + 2\boldsymbol{\omega}_{s3} \cdot \boldsymbol{v}_{\text{llisc.}}^{\perp}(\mathrm{D}) \end{cases}$$

Les condicions de tancament dels anells ABCEA i ABCDA donen lloc a les expressions d'acceleracions:

$$\begin{cases} \overbrace{\overbrace{\overbrace{\overbrace{-\omega_{s1}^2 \overline{\mathbf{AB}}}^{\boldsymbol{a}(\mathrm{B})} + \alpha_{s2} \overline{\mathbf{BC}}^{\perp} - \omega_{s2}^2 \overline{\mathbf{BC}}}^{\boldsymbol{a}(\mathrm{C})} + \alpha_{s3} \overline{\mathbf{CE}}^{\perp} - \omega_{s3}^2 \overline{\mathbf{CE}}}^{\boldsymbol{a}(\mathrm{E}_3)} + 2\omega_{s3}\, \boldsymbol{v}_{\text{llisc.}}^{\perp}(\mathrm{E}) + \boldsymbol{a}_{\text{llisc.}}(\mathrm{E})}^{\boldsymbol{a}(\mathrm{E})=\boldsymbol{a}(\mathrm{A})=0} = 0 \\ -\omega_{s1}^2 \overline{\mathbf{AB}} + \alpha_{s2} \overline{\mathbf{BC}}^{\perp} - \omega_{s2}^2 \overline{\mathbf{BC}} + \alpha_{s3} \overline{\mathbf{CD}}^{\perp} - \omega_{s3}^2 \overline{\mathbf{CD}} + 2\omega_{s3}\, \boldsymbol{v}_{\text{llisc.}}^{\perp}(\mathrm{D}) + \boldsymbol{a}_{\text{llisc.}}(\mathrm{D}) = 0 \end{cases}$$

Si es pren α_{s1} (a l'exemple té un valor nul) com a acceleració independent, es poden reescriure com

$$\begin{cases} \alpha_{s2} \overline{\mathbf{BC}}^{\perp} + \alpha_{s3} \overline{\mathbf{CE}}^{\perp} + \boldsymbol{a}_{\text{llisc.}}(\mathrm{E}) = \omega_{s1}^2 \overline{\mathbf{AB}} + \omega_{s2}^2 \overline{\mathbf{BC}} + \omega_{s3}^2 \overline{\mathbf{CE}} - 2\omega_{s3}\, \boldsymbol{v}_{\text{llisc.}}^{\perp}(\mathrm{E}) \\ \alpha_{s2} \overline{\mathbf{BC}}^{\perp} + \alpha_{s3} \overline{\mathbf{CD}}^{\perp} + \boldsymbol{a}_{\text{llisc.}}(\mathrm{D}) = \omega_{s1}^2 \overline{\mathbf{AB}} + \omega_{s2}^2 \overline{\mathbf{BC}} + \omega_{s3}^2 \overline{\mathbf{CD}} - 2\omega_{s3}\, \boldsymbol{v}_{\text{llisc.}}^{\perp}(\mathrm{D}) \end{cases}$$

Si s'expressa en forma matricial, s'obté

$$\begin{bmatrix} -\mathrm{BC}_2 & -\mathrm{CD}_2 & 1 & 0 \\ \mathrm{BC}_1 & \mathrm{CD}_1 & 0 & 0 \\ -\mathrm{BC}_2 & -\mathrm{CE}_2 & 0 & 0 \\ \mathrm{BC}_1 & \mathrm{CE}_1 & 0 & 1 \end{bmatrix} \begin{Bmatrix} \alpha_{s2} \\ \alpha_{s3} \\ a_D \\ a_E \end{Bmatrix} = \begin{Bmatrix} \mathrm{AB}_1 \\ \mathrm{AB}_2 \\ \mathrm{AB}_1 \\ \mathrm{AB}_2 \end{Bmatrix} \omega_{s1}^2 + \begin{Bmatrix} \mathrm{BC}_1 \\ \mathrm{BC}_2 \\ \mathrm{BC}_1 \\ \mathrm{BC}_2 \end{Bmatrix} \omega_{s2}^2 + \begin{Bmatrix} \mathrm{CE}_1 \\ \mathrm{CE}_2 \\ \mathrm{CD}_1 \\ \mathrm{CD}_2 \end{Bmatrix} \omega_{s3}^2 + \begin{Bmatrix} 2\omega_{s3} v_E \\ 0 \\ 0 \\ -2\omega_{s3} v_D \end{Bmatrix}$$

Substituint els valors numèrics, el resultat final és

$$\boldsymbol{A} \cdot \dot{\boldsymbol{u}} = \begin{Bmatrix} 25 \\ 20 \\ 35 \\ 15 \end{Bmatrix} \longrightarrow \begin{Bmatrix} \alpha_{s2} \\ \alpha_{s3} \\ a_D \\ a_E \end{Bmatrix} = \begin{Bmatrix} 4{,}5 \text{rad/s}^2 \\ -1{,}75 \text{rad/s}^2 \\ 25 \text{mm/s}^2 \\ -75 \text{mm/s}^2 \end{Bmatrix}$$

Centre instantani de rotació. Tot sòlid amb moviment pla té a cada instant un punt de velocitat nul·la, l'anomenat *centre instantani de rotació* o *pol de velocitats* (I). La seva existència queda demostrada veient que, si es coneix la velocitat d'un punt O del sòlid i la seva velocitat angular ω, sempre es pot trobar el vector $\overline{\mathbf{OI}}$ que el posiciona:

$$\boldsymbol{v}(\mathrm{I}) = \boldsymbol{v}(\mathrm{O}) + \omega \boldsymbol{R} \cdot \overline{\mathbf{OI}}, \quad \text{si } \boldsymbol{v}(\mathrm{I}) = 0$$

$$\overline{\mathbf{OI}} = -\omega^{-1} \boldsymbol{R}^{-1} \boldsymbol{v}(\mathrm{O}) = \omega^{-1} \boldsymbol{R} \boldsymbol{v}(\mathrm{O}) \text{ ja que } \boldsymbol{R}^{-1} = \boldsymbol{R}^{\mathrm{T}} = -\boldsymbol{R}$$

És útil recordar que:

a) El CIR es troba sobre la recta que passa per O i és normal $\boldsymbol{v}(\mathrm{O})$. O el que és el mateix: la velocitat d'un punt és sempre perpendicular a la recta que l'uneix amb el CIR.

b) El mòdul de la velocitat d'un punt és sempre proporcional a la seva distància al CIR i el coeficient de proporcionalitat és la velocitat angular del sòlid.

La determinació de I es pot fer coneixent la direcció de la velocitat de dos punts, ja que I queda determinat per la intersecció de les rectes que passen per aquests punts i són perpendiculars a les respectives velocitats (Fig. 3.8).

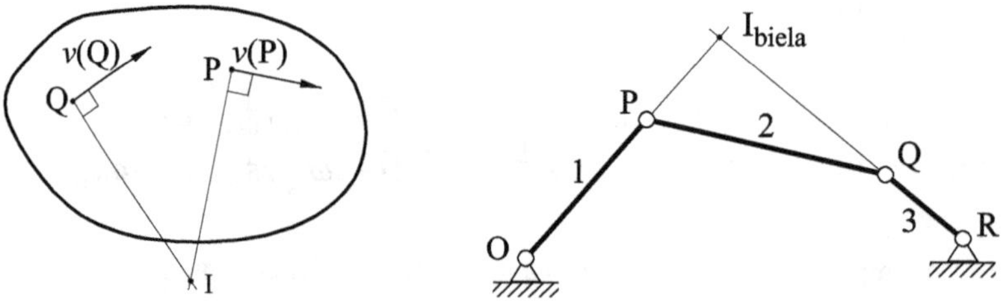

Fig. 3.8 Determinació del CIR a partir de dues velocitats no paral·leles

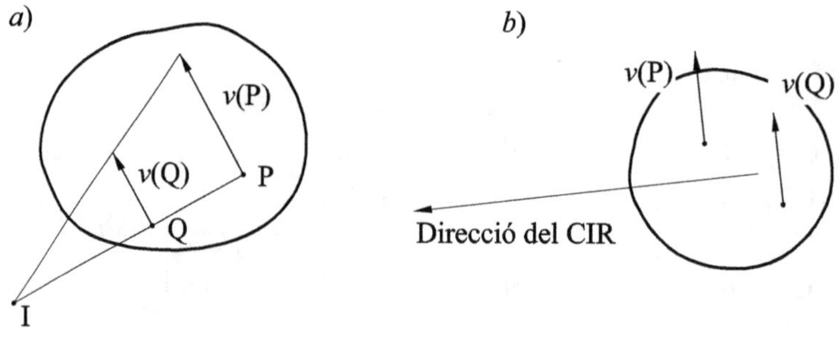

Fig. 3.9 Determinació del CIR a partir de dues velocitats paral·leles

Si les velocitats de dos punts del sòlid són paral·leles i perpendiculars a la recta que els uneix, aquests estan alineats amb I. El pol de velocitats es determina com el punt al qual correspon velocitat nul·la en la distribució de velocitats (Fig. 3.9.*a*). Si les velocitats dels dos punts són paral·leles i iguals, el sòlid es trasllada i, per tant, el pol de velocitats es troba a l'infinit en la direcció perpendicular a la de les velocitats (Fig. 3.9.*b*).

La utilització dels CIR és especialment interessant en els mecanismes d'un grau de llibertat, ja que en ells estan unívocament definits en cada configuració per la geometria del mecanisme independentment de les velocitats.

Centre instantani de rotació absolut i relatiu. Per a cada membre d'un mecanisme es poden definir el centre instantani de rotació respecte a la referència d'estudi –CIR absolut– i els centres instantanis de rotació respecte a les referències solidàries a cadascun dels altres membres –CIR relatius.

Si es disposa de dos membres –1 i 2–, el CIR relatiu I_{21} –punt del membre 2 que té velocitat nul·la respecte al membre 1– coincideix amb el centre instantani de rotació relatiu I_{12} –punt del membre 1 que té velocitat nul·la respecte al membre 2. Aquest fet es demostra a partir de la composició següent de velocitats, prenent la referència solidària al membre 2 com a absoluta i la referència solidària al membre 1 com a relativa:

$$\underbrace{\boldsymbol{v}_{s2}(I_{21})}_{=0} = \underbrace{\boldsymbol{v}_{s1}(I_{21})}_{=0} + \underbrace{\boldsymbol{v}_{s2}(I_{12})}_{=0} + \boldsymbol{\omega}_{s1/s2} \times \overline{\mathbf{I}_{12}\,\mathbf{I}_{21}}$$

on els tres primers termes són nuls i, per tant, en haver-ho de ser el quart, I_{12} ha de coincidir amb I_{21}. A més, la velocitat d'aquests punts en qualsevol referència és la mateixa, com es pot veure amb la nova composició de moviments i és evident si els membres 1 i 2 estan units directament per una articulació o parell prismàtic.

$$\boldsymbol{v}(I_{21}) = \underbrace{\boldsymbol{v}_{s1}(I_{21})}_{=0} + \boldsymbol{v}(I_{12}) + \underbrace{\boldsymbol{\omega}_{s1} \times \overline{\mathbf{I}_{12}\,\mathbf{I}_{21}}}_{=0}$$

El nombre total de centres instantanis d'un mecanisme és igual a les combinacions del nombre de membres mòbils +1 –el membre fix a la referència– presos de 2 en 2:

$$C_{n+1}^{2} = \frac{(n+1)n}{2!}, \quad \text{on } n \text{ és nombre de membres mòbils}$$

Els centres instantanis relatius permeten obtenir informació dels moviments relatius entre membres.

Teorema dels tres centres o d'Aronhold-Kennedy. Donats tres sòlids, s1, s2 i s3, amb moviment pla, els tres centres instantanis de rotació relatius que es poden definir, I_{12}, I_{13} i I_{23} estan alineats (Fig. 3.10). Per tal de demostrar aquesta afirmació es poden considerar tres sòlids amb moviment pla, s1, s2 i s3, i els seus centres instantanis de rotació relatius, I_{12}, I_{13} i I_{23}. En una referència fixa al sòlid s1 es pot determinar la velocitat de I_{23} com a punt del sòlid 2 i com a punt del sòlid 3:

$$\boldsymbol{v}_{s1}(I_{23}) = \underbrace{\boldsymbol{v}_{s1}(I_{12})}_{=0} + \boldsymbol{\omega}_{s2/s1} \times \overline{\mathbf{I}_{12}\mathbf{I}_{23}} =$$

$$= \underbrace{\boldsymbol{v}_{s1}(I_{13})}_{=0} + \boldsymbol{\omega}_{s3/s1} \times \overline{\mathbf{I}_{13}\mathbf{I}_{23}}$$

d'on $\quad \boldsymbol{\omega}_{s2/s1} \times \overline{\mathbf{I}_{12}\mathbf{I}_{23}} = \boldsymbol{\omega}_{s3/s1} \times \overline{\mathbf{I}_{13}\mathbf{I}_{23}}$

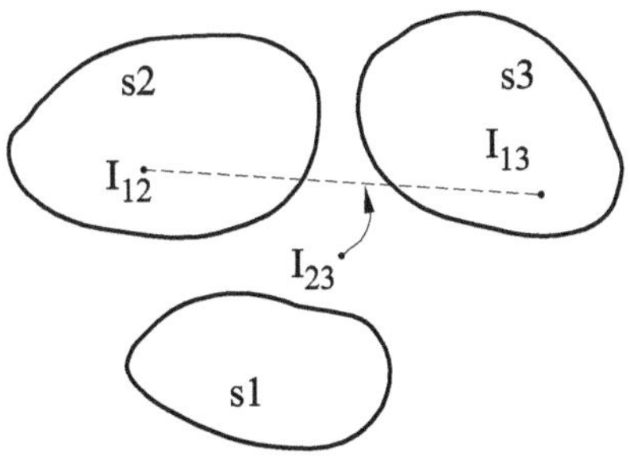

Fig. 3.10 Teorema dels tres centres

Per tal que aquesta igualtat es compleixi $\overline{\mathbf{I}_{12}\mathbf{I}_{23}}$ i $\overline{\mathbf{I}_{13}\mathbf{I}_{23}}$ han de tenir la mateixa direcció i, per tant, els centres I_{12}, I_{13}, I_{23} han d'estar alineats.

El teorema dels tres centres ajuda a trobar CIR a partir dels que s'obtenen per inspecció directa. El CIR de la biela de la figura 3.8, per exemple, es pot trobar com la intersecció de dues rectes; la que passa pels punts O i P i la que passa per R i Q.

Pol d'acceleracions. Tot sòlid amb moviment pla té a cada instant un punt amb acceleració nul·la, el *pol d'acceleracions* (I_a). Per demostrar la seva existència, es pot partir de l'expressió d'acceleracions en un sòlid rígid:

$$\boldsymbol{a}(\mathrm{I_a}) = \boldsymbol{a}(\mathrm{O}) + \boldsymbol{Q}\cdot\overline{\mathbf{OI_a}} \quad \text{i si } \boldsymbol{a}(\mathrm{I_a}) = 0$$

$$\overline{\mathbf{OI_a}} = -\boldsymbol{Q}^{-1}\cdot\boldsymbol{a}(\mathrm{O}) = -\frac{1}{\omega^4+\alpha^2}\begin{bmatrix} -\omega^2 & \alpha \\ -\alpha & -\omega^2 \end{bmatrix}\cdot\boldsymbol{a}(\mathrm{O})$$

En general, el pol de velocitats i el pol d'acceleracions no coincideixen, $\overline{\mathbf{OI}} \neq \overline{\mathbf{OI_a}}$. L'acceleració del pol de velocitats, que no té per què ser nul·la, respon a l'expressió:

$$\overline{\mathbf{OI}} = \omega^{-1}\boldsymbol{R}\cdot\boldsymbol{v}(\mathrm{O})$$

$$\boldsymbol{a}(\mathrm{I}) = \boldsymbol{a}(\mathrm{O}) + \boldsymbol{Q}\cdot\overline{\mathbf{OI}} = \omega^{-1}\boldsymbol{Q}\cdot\boldsymbol{R}\cdot\boldsymbol{v}(\mathrm{O}) + \boldsymbol{a}(\mathrm{O})$$

$$\boldsymbol{a}(\mathrm{I}) = \boldsymbol{a}(\mathrm{O}) + \omega^{-1}\begin{bmatrix} -\alpha & \omega^2 \\ -\omega^2 & -\alpha \end{bmatrix}\cdot\boldsymbol{v}(\mathrm{O})$$

Annex 3.I Utilització dels nombres complexos per representar els vectors en cinemàtica plana

Els vectors amb dues components que apareixen en la cinemàtica plana es poden representar amb notació complexa prenent una component com a part real i l'altra com a part imaginària.

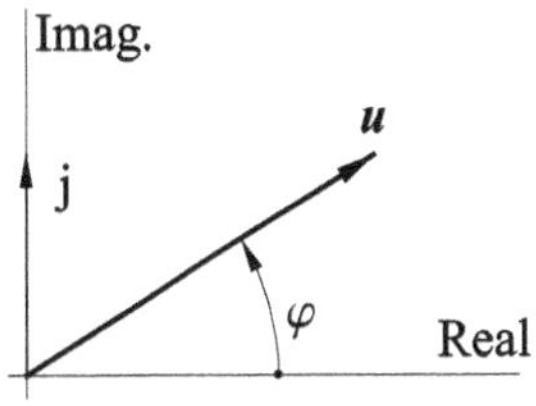

$$\boldsymbol{u} = \begin{Bmatrix} u_{\text{re}} \\ u_{\text{im}} \end{Bmatrix} = u_{\text{re}} + \mathrm{j}u_{\text{im}} = u\,\mathrm{e}^{\mathrm{j}\varphi} = u\begin{Bmatrix} \cos\varphi \\ \sin\varphi \end{Bmatrix}$$

Aquesta notació permet, en algunes ocasions, obtenir expressions compactes.

La rotació ψ d'un vector $\boldsymbol{u}$, que en notació matricial es representa com:

$$[\psi]\cdot\boldsymbol{u} \quad \text{amb} \quad [\psi] = \begin{bmatrix} \cos\psi & -\sin\psi \\ \sin\psi & \cos\psi \end{bmatrix}$$

en notació complexa es representa com:

$$\boldsymbol{u}\,\mathrm{e}^{\mathrm{j}\psi} = u\,\mathrm{e}^{\mathrm{j}\varphi}\,\mathrm{e}^{\mathrm{j}\psi} = u\,\mathrm{e}^{\mathrm{j}(\varphi+\psi)}$$

Si es vol girar un vector i, al mateix temps, escalar-lo (homotècia) aleshores cal fer el producte amb un vector de mòdul el factor d'escala λ i d'argument l'angle girat ψ, $\boldsymbol{u}\,\lambda\,\mathrm{e}^{\mathrm{j}\psi}$. En el cas particular que l'angle ψ sigui de 90° queda:

$$\boldsymbol{u}\lambda\mathrm{e}^{\mathrm{j}\frac{\pi}{2}} = \mathrm{j}\lambda\boldsymbol{u}$$

Les expressions de la distribució de velocitats i acceleracions en un sòlid rígid amb moviment pla, fent ús de la notació complexa, són:

$$\boldsymbol{v}(\mathrm{B}) = \boldsymbol{v}(\mathrm{A}) + \omega\,\mathrm{j}\,\overline{\mathbf{AB}}$$

$$\boldsymbol{a}(\mathrm{B}) = \boldsymbol{a}(\mathrm{A}) - \omega^2\,\overline{\mathbf{AB}} + \alpha\,\mathrm{j}\,\overline{\mathbf{AB}}$$

Annex 3.II Síntesi de mecanismes

En l'estudi de mecanismes presentat fins aquest capítol, les mides i els components dels mecanismes són dades i el problema que es resol és l'anàlisi del moviment. Ben diferent és el cas de començar amb un moviment requerit com a dada i intentar trobar el mecanisme que dóna lloc a aquest moviment. Aquesta situació es coneix com a *síntesi de mecanismes*, s'emmarca en el context del disseny i, com a tal, pot presentar moltes alternatives de solució: exacta, aproximada, de compromís, materialitzable, etc.

El problema de la síntesi es divideix en tres parts:
1. Tipus de mecanisme que s'ha d'emprar,
2. nombre de membres i enllaços necessaris, i
3. mides dels membres.

Sovint es fa referència a aquesta divisió parlant de la síntesi de tipus, de nombre i dimensional.

Com a suport per a la síntesi de tipus i de nombre cal comptar, en general, amb la intuïció i l'experiència del dissenyador, ja que hi ha poca teoria. No obstant això, per a la síntesi dimensional es disposa d'un bon cos de doctrina. Per altra banda, la facilitat de plantejar i resoldre l'anàlisi de mecanismes concrets fa que el disseny moltes vegades es basi en la selecció d'un cas d'entre un conjunt d'estudiats.

Els problemes en la síntesi es poden situar en una de les categories següents: generació de funcions, generació de trajectòries i guiatge de sòlids.

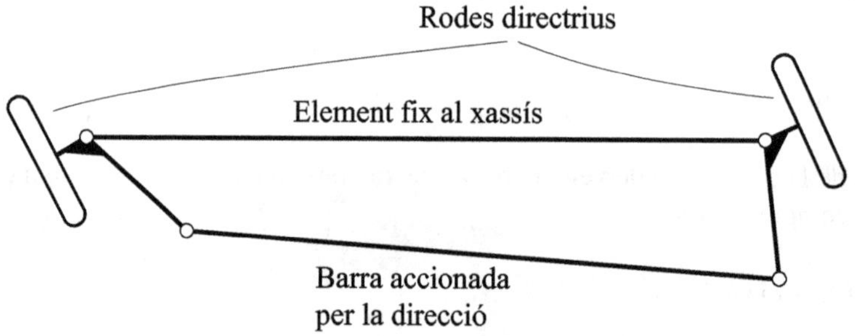

Fig. 3.11 Mecanisme d'Ackerman

Dins la categoria de generació de funcions, hi ha tots aquells problemes de síntesi que pretenen aconseguir que una coordenada generalitzada del mecanisme evolucioni segons una funció determinada d'una altra coordenada. Un exemple seria aconseguir una funció sinusoïdal a partir de la rotació de l'eix motor. En aquest cas, el mecanisme pistó-biela-manovella proporciona una solució aproximada i el mecanisme de jou escocès, una solució exacta. Un problema més complex de generació de funcions i que resol el mecanisme d'Ackerman (Fig. 3.11) és aconseguir que les rodes directrius d'un cotxe s'orientin adequadament per evitar-ne el lliscament.

En la categoria de la generació de trajectòries s'inclouen els mecanismes que busquen que un punt d'un membre descrigui una trajectòria concreta. Un problema clàssic és la generació de trajectòries rectes només amb articulacions, que ha donat lloc a mecanismes amb solució exacta –mecanisme de Peaucellier, de Sylvester– i d'altres amb solució aproximada –mecanisme de Watt, de Roberts, de Chebyshev, etc.

En els problemes de guiatge de sòlids es pretén que un dels sòlids del mecanisme passi per un cert nombre de configuracions preestablertes. Entrarien dins d'aquesta categoria, per exemple, el disseny del mecanisme de recollida i buidatge de contenidors de brossa o el disseny de frontisses que permetin un moviment complex de la porta respecte del marc (Fig. 3.12).

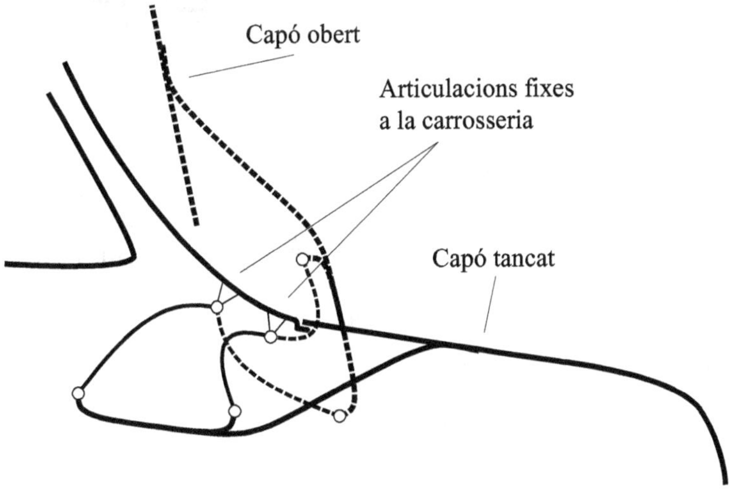

Fig. 3.12 Esquema d'un mecanisme de guiatge del capó posterior d'un vehicle

Annex 3.III Determinació de mecanismes cognats

És possible determinar fàcilment mecanismes cognats d'un quadrilàter articulat i d'un mecanisme pistó-biela-manovella. La determinació es pot fer gràficament o analítica.

Determinació dels quadrilàters articulats cognats d'un de donat

Es parteix d'un quadrilàter articulat, OABQ, com el de la figura adjunta (Fig. 3.13). Els membres mòbils es poden representar com a vectors $\boldsymbol{u}$, $\boldsymbol{v}$, $\boldsymbol{w}$ i el membre fix OQ com el vector $\boldsymbol{u}+\boldsymbol{v}+\boldsymbol{w}$. El punt P de l'acoblador se situa des del punt A mitjançant el vector $\eta\boldsymbol{v}$ amb $\eta=\eta_0 e^{j\alpha}$ si es fa ús de la notació complexa.

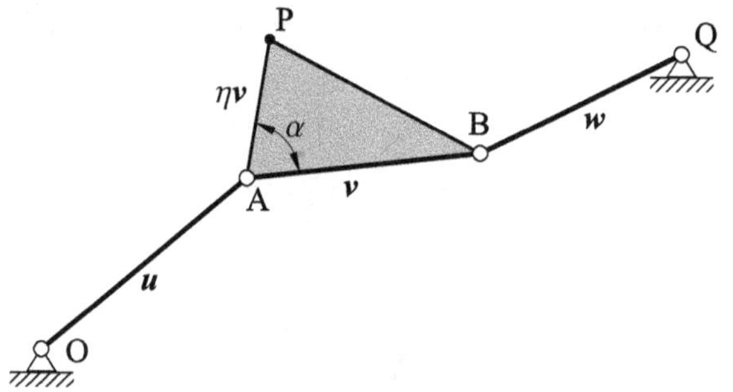

Fig. 3.13 Quadrilàter OABQ

Per tal de trobar-ne els quadrilàters cognats, es fa la construcció següent (Fig. 3.14):

- Es construeixen els paral·lelograms OA_1B_1A i QB_2A_2B
- Sobre el costat A_1B_1 se situa el triangle $A_1B_1P_1$ semblant al triangle ABP. Es procedeix de manera anàloga amb el triangle $A_2B_2P_2$.
- Finalment es construeix el paral·lelogram P_1PP_2R

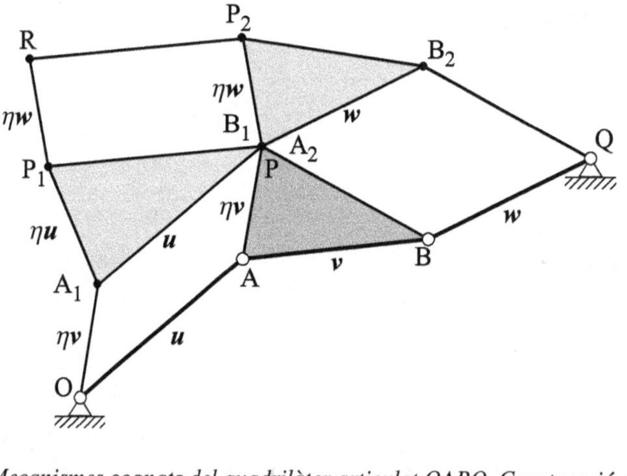

Fig. 3.14 Mecanismes cognats del quadrilàter articulat OABQ. Construcció geomètrica

Amb aquesta construcció, el punt R és un punt fix ja que:

$$\overline{\mathbf{OR}} = \eta v + \eta u + \eta w = \eta(v+u+w) = \eta\,\overline{\mathbf{OQ}} = \text{ctant} \quad \text{en ser } \overline{\mathbf{OQ}} \text{ i } \eta \text{ constants}$$

El quadrilàter OA_1P_1R amb el punt B_1 de l'acoblador i el quadrilàter QB_2P_2R amb el punt A_2 de l'acoblador (Fig. 3.15), són cognats de l'original en ser el punt P comú a tots tres.

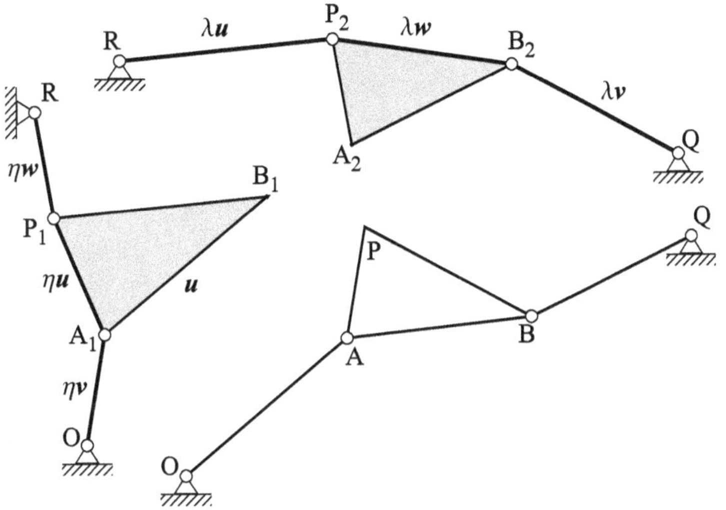

Fig. 3.15 Dos quadrilàters cognats del quadrilàter OABQ

Així, doncs, dos quadrilàters cognats del quadrilàter OABQ per al punt P són els definits per:

a)
$\overline{\mathbf{OR}} = \eta\,\overline{\mathbf{OQ}}$
$OA_1 = AP = \eta_0\, AB$
$A_1P_1 = \eta_0\, OA$
$P_1R = \eta_0\, BQ$
$\overline{\mathbf{A_1B_1}} = \overline{\mathbf{OA}}$

b)
$\overline{\mathbf{QR}} = \lambda\,\overline{\mathbf{OQ}}$
$QB_2 = BP = \lambda_0\, AB$
$B_2P_2 = \lambda_0\, BQ$
$P_2R = \lambda_0\, OA$
$\overline{\mathbf{B_2A_2}} = \overline{\mathbf{QB}}$

Determinació del mecanisme pistó-biela-manovella cognat d'un de donat

De manera semblant al quadrilàter articulat, es pot determinar el cognat d'un mecanisme de pistó-biela-manovella fent la construcció de la figura 3.16. El triangle $A_1P_1B_1$ és semblant al triangle APB i, en ser $\eta = \eta_0\, e^{j\alpha}$ = constant, s'obté que $\overline{\mathbf{OP_1}} = \eta(\boldsymbol{u}+\boldsymbol{v}) = \eta\,\boldsymbol{l}$ és de direcció constant. Aquest fet posa de manifest que OA_1P_1 és un mecanisme de pistó-biela-manovella el punt B_1 del qual descriu la mateixa trajectòria que el punt P del mecanisme original.

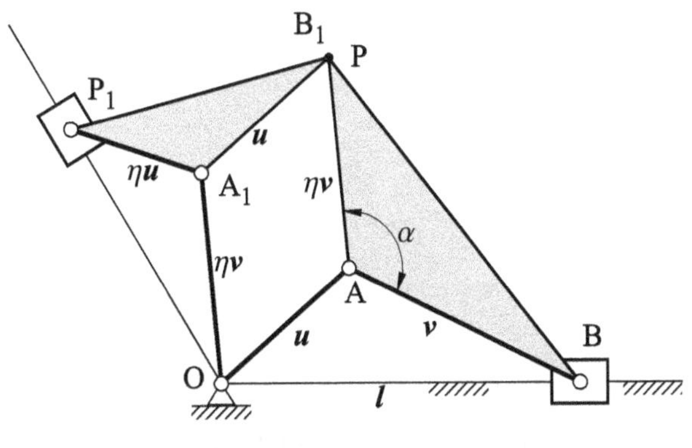

Fig. 3.16 Cognats d'un pistó-biela-manovella

Annex 3.IV Cinemàtica gràfica

Antigament, quan els mitjans de càlcul eren escassos i poc elaborats, es va desenvolupar la *cinemàtica gràfica de mecanismes d'un grau de llibertat amb moviment pla* com a tècnica de càlcul que, per tradició i desconeixement, ha sobreviscut en alguns àmbits quan la justificació de la seva utilitat ja ha desaparegut.

La cinemàtica gràfica resol els sistemes d'equacions lineals en les velocitats (Eq. 3.1) i en les acceleracions (Eq. 3.4) utilitzant una forta dosi d'inspecció visual, de manera gràfica per intersecció de rectes relacionades amb les equacions. La formalització del mètode es basa en els anomenats *cinema de velocitats* i *cinema d'acceleracions* del mecanisme, superposició dels cinemes de cadascun dels seus membres.

Cinema de velocitats (Fig. 3.17). El cinema de velocitats d'un membre és la figura formada pels extrems dels vectors velocitat de tots els punts del membre si es dibuixen a partir d'un mateix origen.

L'expressió $\boldsymbol{v}(\mathrm{P}) = \boldsymbol{v}(\mathrm{O}) + \omega\, \boldsymbol{R} \cdot \overline{\mathbf{OP}}$ es pot interpretar com una transformació geomètrica lineal del vector $\overline{\mathbf{OP}}$ al vector $\boldsymbol{v}(\mathrm{P})$ i que consisteix en la superposició d'una translació $\boldsymbol{v}(\mathrm{O})$, una rotació $\boldsymbol{R}$ de 90° i un escalat de factor ω de manera que, aplicada al sòlid –als vectors que posicionen els punts del sòlid, a partir del punt O–, genera una nova figura, girada 90° respecte al sòlid, escalada segons ω i traslladada $\boldsymbol{v}(\mathrm{O})$.

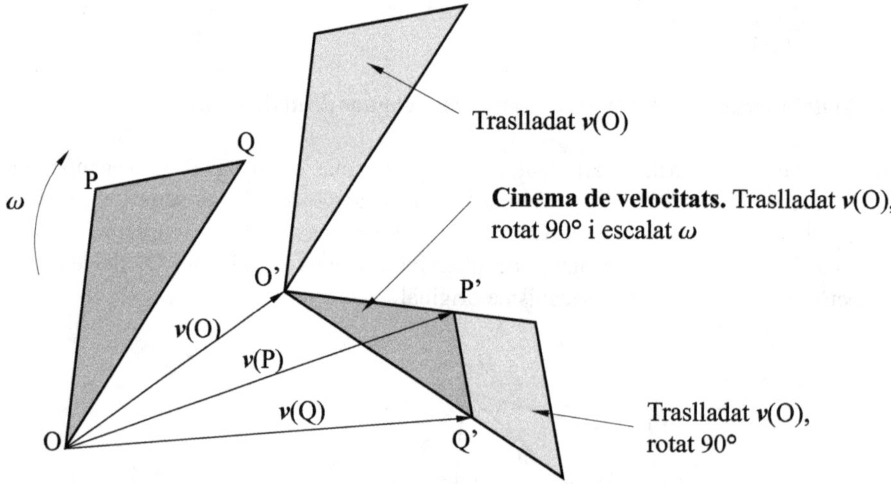

Fig. 3.17 Cinema de velocitats del membre OPQ

Si en lloc d'agafar com a punt de referència un punt arbitrari O es pren el CIR, l'expressió de la distribució de velocitats es pot escriure com $\boldsymbol{v}(\mathrm{P}) = \omega\, \boldsymbol{R} \cdot \overline{\mathbf{IP}}$. En aquest cas, la transformació de $\overline{\mathbf{IP}}$ a $\boldsymbol{v}(\mathrm{P})$ és la superposició d'una rotació de 90° al voltant de I i un escalat ω.

Cinema d'acceleracions. El cinema d'acceleracions d'un membre és la figura formada pels extrems dels vectors acceleració de tots els punts del membre si es dibuixen a partir d'un mateix origen.

L'expressió $\boldsymbol{a}(\mathrm{P}) = \boldsymbol{a}(\mathrm{O}) + \boldsymbol{Q} \cdot \overline{\mathbf{OP}}$ es pot interpretar com una transformació geomètrica lineal del vector $\overline{\mathbf{OP}}$ al vector $\boldsymbol{a}(\mathrm{P})$ i que consisteix en la superposició d'una rotació ***R'*** d'angle φ, un escalat de factor $(\omega^4+\alpha^2)^{1/2} = (\mathrm{Det}\,\boldsymbol{Q})^{1/2}$ i una translació $\boldsymbol{a}(\mathrm{O})$.

La matriu $\boldsymbol{Q}$ es pot escriure com

$$\boldsymbol{Q} = (\omega^4 + \alpha^2)^{1/2} \boldsymbol{R}' \quad \text{amb} \quad \boldsymbol{R}' = \frac{1}{(\omega^4 + \alpha^2)^{1/2}} \begin{bmatrix} -\omega^2 & -\alpha \\ \alpha & -\omega^2 \end{bmatrix}$$

R' és una matriu de rotació, ja que la norma dels vectors columna és 1 i els vectors columna són ortogonals. Així, doncs, el factor d'escala és $(\omega^4+\alpha^2)^{1/2}$ i l'angle girat al voltant de l'eix positiu perpendicular al pla és:

$$\varphi = \pi - \arccos\left[\omega^2 / (\mathrm{Det}\,\boldsymbol{Q})^{1/2}\right] = \arcsin\left[\alpha / (\mathrm{Det}\,\boldsymbol{Q})^{1/2}\right]$$

Cal donar les dues expressions per evitar l'ambigüitat de les funcions trigonomètriques.

La cinemàtica gràfica actualment només té interès com a eina d'ajut en el plantejament analític de casos senzills. Cal tenir en compte, però, que:

- En el dibuix del cinema de velocitats dels membres d'un mecanisme, aquests s'escalen segons la seva ω, de manera que cal fer molta atenció a l'escalat –figures massa grans o massa petites.
- El problema anterior s'agreuja en el cinema d'acceleracions, ja que l'escalat és segons $(\omega^4+\alpha^2)^{1/2}$.
- Fàcilment s'arriba a situacions de dibuix mal condicionat –rectes quasi paral·leles– i/o de poca resolució i saturació –figures petites o grans.

Problemes

P 3-1 En el mecanisme de la figura, determineu la trajectòria del punt P –feu-ho de manera implícita amb un conjunt d'equacions amb les variables φ_1, φ_2, x, y (coordenades de P). Elimineu l'angle φ_2 del conjunt d'equacions i discutiu si això hi introdueix alguna ambigüitat. Per als valors numèrics donats i per al conjunt de coordenades generalitzades $\{x, y, \varphi_1\}$ dibuixeu la trajectòria de P i escriviu la matriu jacobiana del conjunt d'equacions d'enllaç.

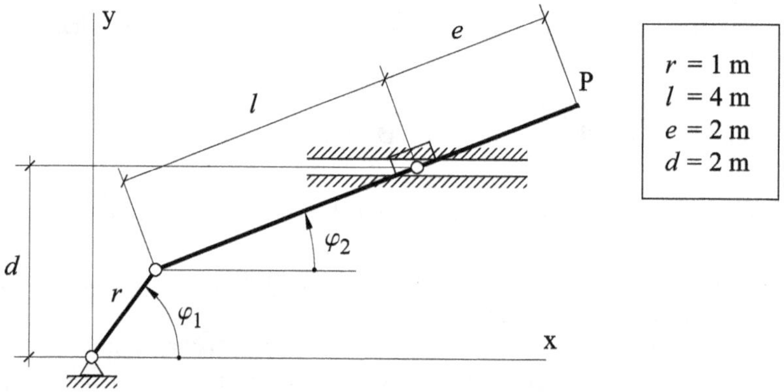

P 3-2 Dos actuadors lineals governen la posició dels punts Q_1 i Q_2 del mecanisme de la figura.

a) Establiu el conjunt d'equacions d'enllaç i la seva matriu jacobiana per al conjunt de coordenades generalitzades $\{x, y, \rho_1, \rho_2\}$.

Es vol que el punt P descrigui la recta que passa per C i té pendent α.

b) Quina relació cal establir entre ρ_1 i ρ_2? Dibuixeu-la per als valors numèrics donats.

c) Quin segment de la recta anterior es pot descriure?

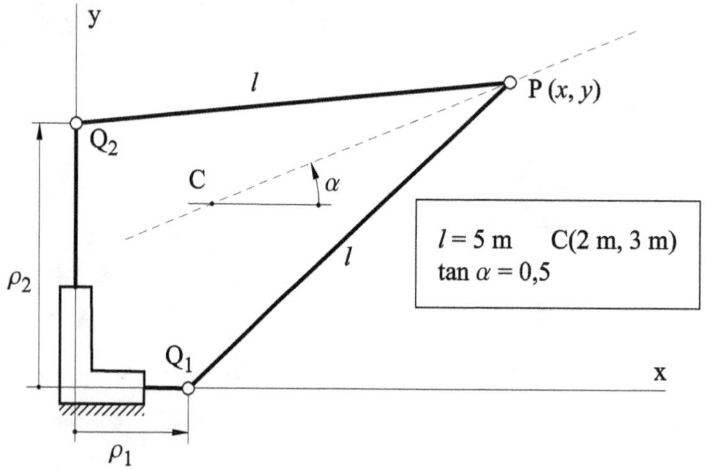

P 3-3 Per al quadrilàter de corredora a l'espai:

a) Determineu $y(\varphi)$ (posició de la corredora en funció de l'angle girat per la manovella) i $\dot{y}(\{\varphi, y\}, \dot{\varphi})$ (velocitat de la corredora en funció de la configuració $\{\varphi, y\}$ i la velocitat angular $\dot{\varphi}$).

b) Estudieu les configuracions accessibles i les configuracions singulars per als valors numèrics donats.

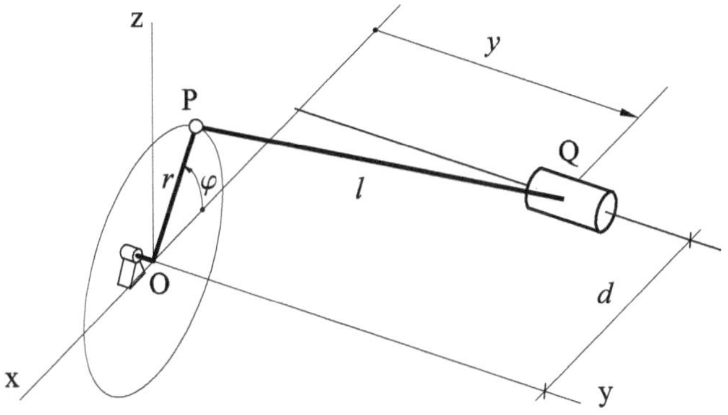

$r = 1$ m
$d = 2$ m
$l = 4, 3, 2$ m

P 3-4 En el mecanisme de la figura es pren el vector de coordenades generalitzades $\boldsymbol{q}=\{\varphi_1, \varphi_2, x\}^{\mathrm{T}}$. Determineu:

a) El sistema d'equacions d'enllaç i la seva matriu jacobiana.

b) L'equació de les velocitats i la de les acceleracions si es pren φ_1 com a coordenada generalitzada independent.

c) Els punts morts per a la coordenada φ_2 i els valors de x i $\dot{x}$ per a aquests.

d) Els punts morts per a la coordenada x i els valors de φ_2 i $\dot{\varphi}_2$ per a aquests.

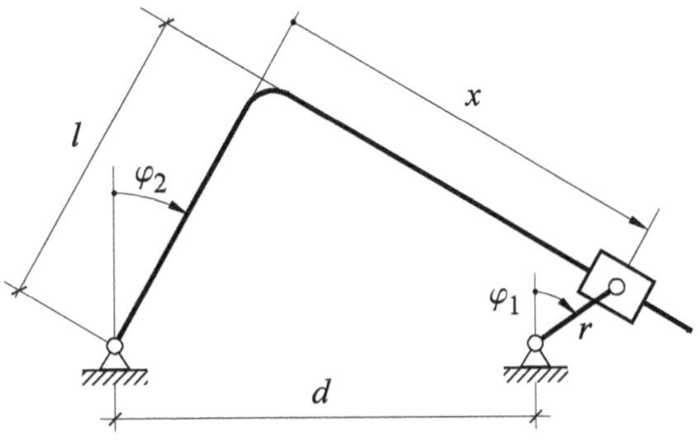

$l = 40$ mm $d = 60$ mm $r = 15$ mm

P 3-5 Per a la bomba manual esquematitzada a la figura:

a) Determineu les velocitats $\dot{\varphi}_2$ i $\dot{s}$ quan la barra BD és horitzontal si $\dot{\varphi}_1 = 1\,\text{rad/s}$.

b) Si es pren el vector de coordenades generalitzades $\boldsymbol{q}=\{\varphi_1,\ \varphi_2,\ s\}^{\text{T}}$, determineu el sistema d'equacions d'enllaç i la seva matriu jacobiana.

c) Determineu els punts morts per a les coordenades φ_2 i s i les velocitats $\dot{\varphi}_2$ i $\dot{s}$ en aquestes configuracions.

d) L'equació de les velocitats i la de les acceleracions si es pren φ_1 com a coordenada generalitzada independent.

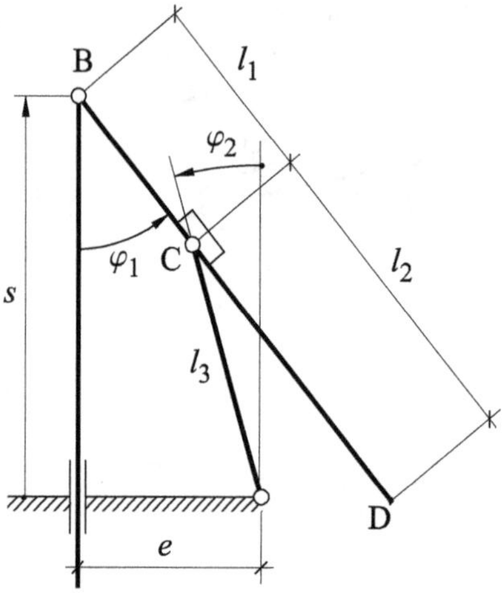

$e = 0{,}1$ m
$l_1 = 0{,}1$ m
$l_2 = 0{,}3$ m
$l_3 = 0{,}2$ m

P 3-6 Per al mecanisme de la figura, determineu en la configuració dibuixada:

a) Els centres instantanis de rotació dels membres mòbils.

b) La direcció del moviment absolut dels punts B i D.

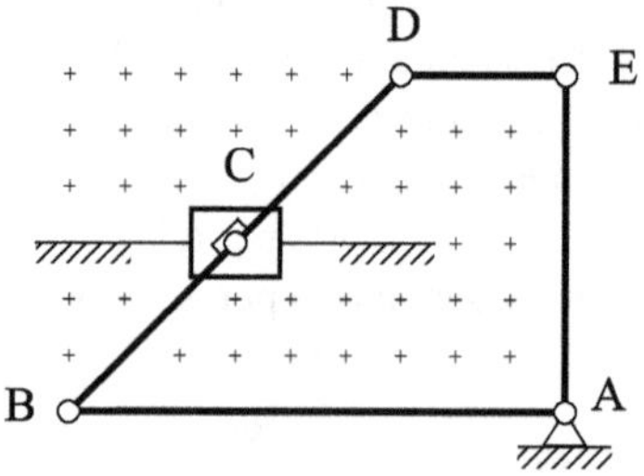

P 3-7 Per al mecanisme de la figura, determineu en la configuració indicada:

a) Els centres instantanis de rotació dels membres.

b) La velocitat i l'acceleració de lliscament de P prenent $\omega = 1$ rad/s $\alpha = 0$ rad/s^2 i $d = 10$ mm.

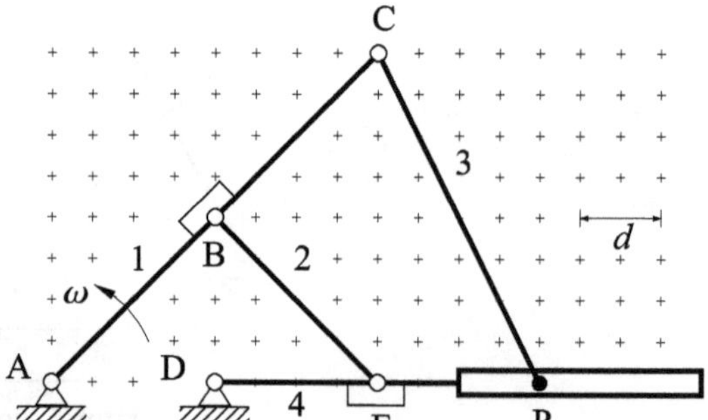

Determineu, en els mecanismes següents, la velocitat i l'acceleració angular de tots els membres mòbils i la velocitat i acceleració de lliscament en les guies.
Preneu ω_{s1} = 1 rad/s, α_{s1} = 0 i d =10 mm.

P 3-8

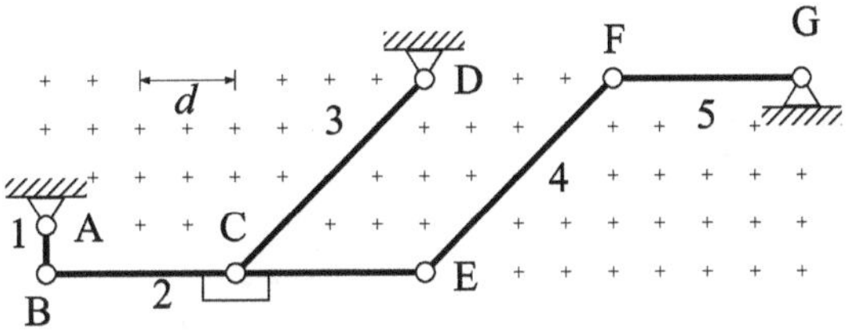

P 3-9

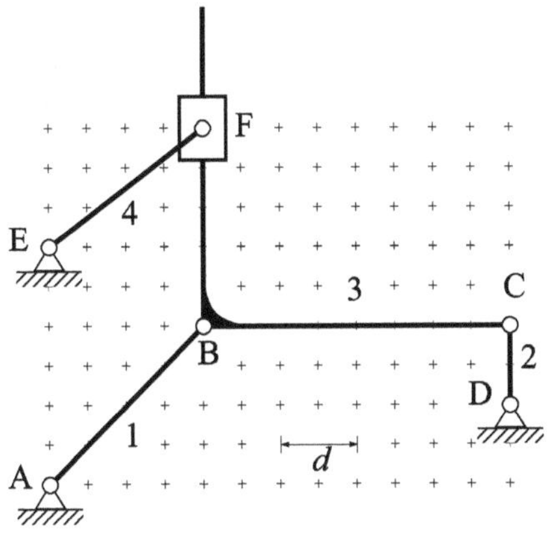

P 3-10

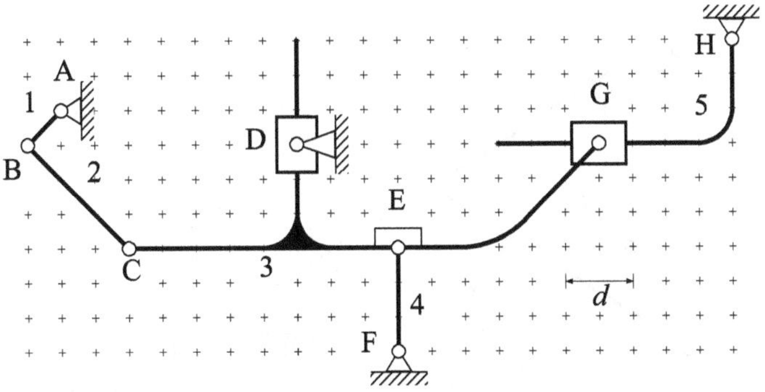

P 3-11 Per al sistema de la figura, preneu el vector de coordenades generalitzades $\boldsymbol{q}=\{\varphi_1, \varphi_2, \varphi_3, \varphi_4, d_1\}^{\mathrm{T}}$ i determineu:

a) Les equacions d'enllaç i la matriu jacobiana.

b) Les expressions de ρ i h funció dels angles emprats.

c) Les equacions de les velocitats i la de les acceleracions, prenent φ_1 i φ_3 com a coordenades independents.

d) Les velocitats i acceleracions per a la configuració donada, si es pren $d = 10$ mm, $\dot{\varphi}_1 = \dot{\varphi}_3 = 1\,\mathrm{rad/s}$ i $\ddot{\varphi}_1 = \ddot{\varphi}_3 = 0\ \mathrm{rad/s^2}$.

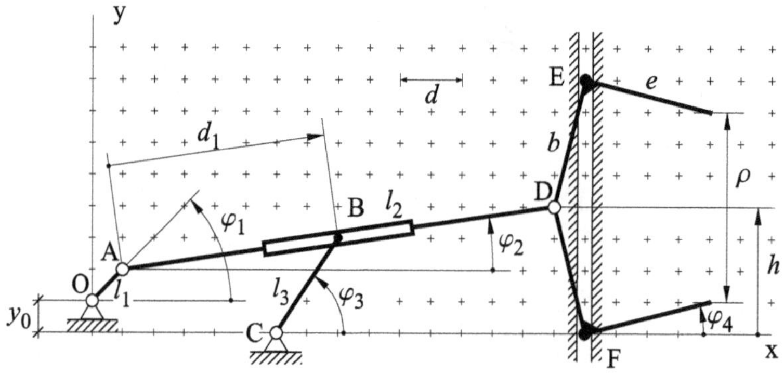

P 3-12 Determineu analíticament la trajectòria dels diferents punts P de la barra AB del mecanisme elevador de la figura.

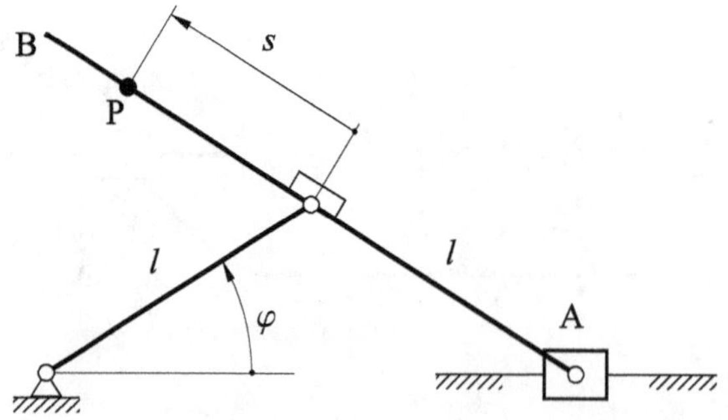

P 3-13 El mecanisme de creu de Malta representat a la figura permet una rotació intermitent del membre 2 a partir d'una rotació uniforme del membre 1. Determineu:

a) La velocitat angular del membre 2. Feu-ne la representació gràfica.

b) Les velocitats de lliscament del centre del piu respecte a la guia del membre 2.

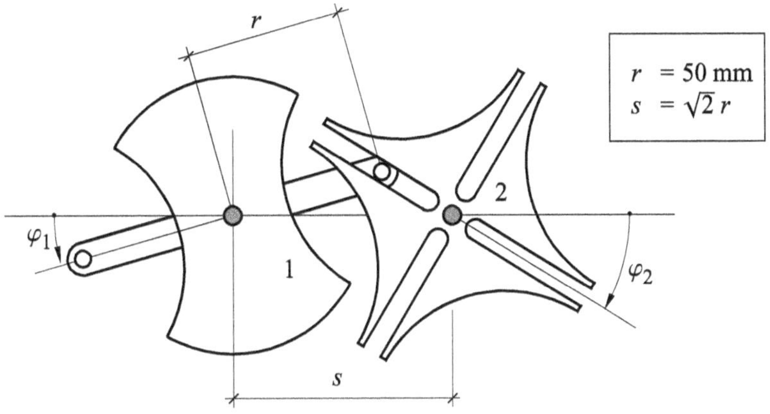

P 3-14 Per al robot de braços articulats esquematitzat a la figura:

a) Definiu un conjunt de coordenades generalitzades que inclogui les rotacions als parells cinemàtics de revolució i les coordenades cartesianes de l'extrem del braç.

b) Determineu el nombre de graus de llibertat.

c) Determineu les equacions d'enllaç geomètriques i cinemàtiques.

d) Compareu la utilització de rotacions absolutes i relatives a les juntes.

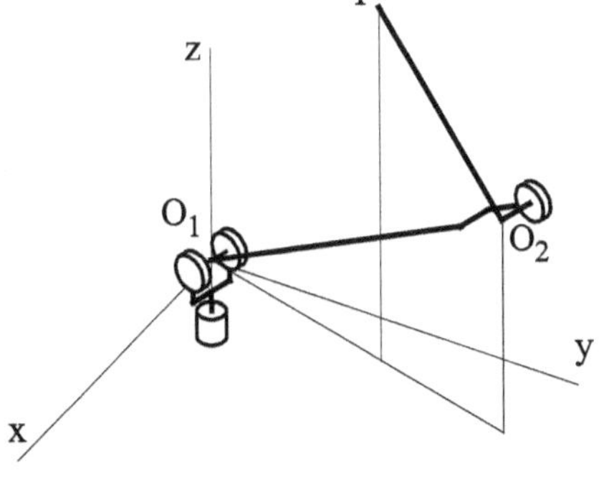

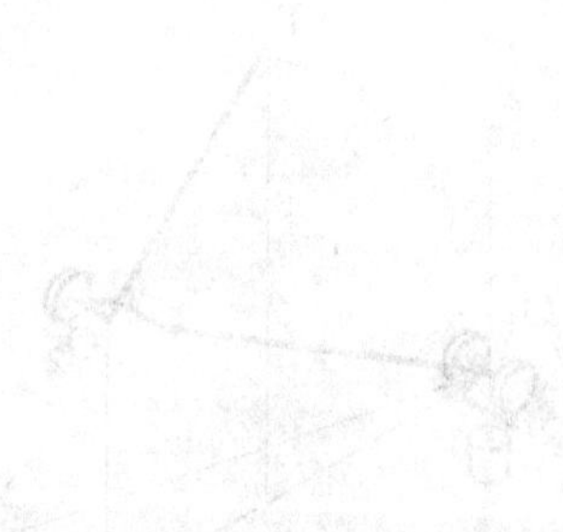

4 Mecanismes lleva-palpador

Mecanisme lleva-palpador. En moltes màquines es vol que una peça determinada es desplaci seguint una llei més o menys complexa. En són un exemple típic les vàlvules d'admissió i escapament dels motors de combustió interna, que han d'obrir-se o tancar-se en funció del gir del cigonyal en unes posicions determinades, d'acord amb el cicle termodinàmic del motor. Per aconseguir aquest desplaçament es podria recórrer a accionaments de diversos tipus: electromagnètic, hidràulic, etc., que, controlats per un microprocessador, permetrien funcions de desplaçament totalment arbitràries. Ara bé, una solució molt més senzilla, econòmica i compacta és el clàssic mecanisme lleva-palpador.

En aquest capítol s'estudien en detall les lleves planes de rotació, perquè són les més freqüents i d'anàlisi més senzilla, si bé la majoria dels conceptes que s'hi exposen són aplicables a qualsevol tipus de lleva.

Seqüència de disseny. La missió d'un mecanisme lleva-palpador consisteix a impulsar el palpador segons la llei de desplaçament $d(\varphi)$ volguda, en funció de l'angle φ girat per la lleva –en el cas de lleves giratòries. Per tant, la seqüència de disseny del mecanisme, pel que fa a aspectes geomètrics i cinemàtics, és la següent:

1. Especificació de la llei $d(\varphi)$ de desplaçament.
2. Obtenció del perfil de la lleva que impulsa un palpador determinat segons la llei de desplaçament especificada.
3. Comprovació que el perfil obtingut no presenti característiques que impedeixin un contacte lleva-palpador correcte.

Una llei arbitrària $d(\varphi)$ origina un perfil de lleva que no és fàcilment calculable ni mecanitzable sense la utilització d'ordinadors i màquines de control numèric; això fa que antigament només es pogués procedir de manera inversa, estudiant primer perfils de lleva típics, de mecanització fàcil, i després s'escollís aquell que produïa el desplaçament més aproximat al que es pretenia.

4.1 Anàlisi del mecanisme lleva-palpador

Objectiu. L'anàlisi del mecanisme lleva-palpador consisteix a estudiar el moviment de dos sòlids –la lleva i el palpador– de perfils coneguts, cadascun amb un grau de llibertat, que es posen en contacte mitjançant un parell superior. Aquest estudi permet determinar:

- L'equació geomètrica d'enllaç –llei de desplaçament–, que relaciona el desplaçament o gir del palpador amb el de la lleva.

- L'equació cinemàtica d'enllaç, que relaciona les velocitats de la lleva i del palpador en una configuració donada.
- La velocitat de lliscament en el punt de contacte.
- L'angle de pressió, un índex del bon funcionament del mecanisme.

Per a una lleva dissenyada segons la seqüència descrita a la introducció, l'equació geomètrica d'enllaç és la llei imposada a priori pel dissenyador, de manera que l'anàlisi es redueix a l'estudi dels dos últims punts.

Un exemple senzill és l'anomenada *lleva d'excèntrica* (Fig. 4.1), formada per un disc de radi r que gira al voltant d'un punt fix O situat a una distància e del centre C de la lleva. Per a un palpador pla de translació, és immediat comprovar que la llei de desplaçament és sinusoïdal: $d(\varphi) = r + e\sin\varphi$. En existir una fórmula explícita per a $d(\varphi)$, la velocitat i l'acceleració del palpador s'obtenen simplement per derivació.

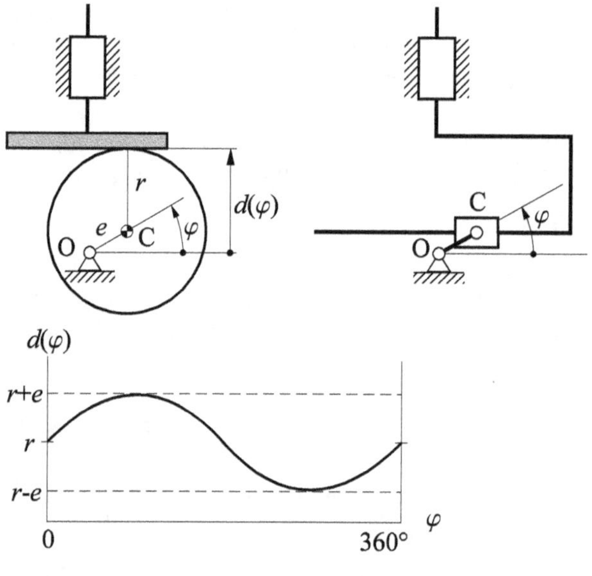

Fig. 4.1 Lleva d'excèntrica amb palpador de translació pla. Mecanisme equivalent i llei d(φ) resultant

Si el palpador és un corró de radi r_c, la llei de desplaçament $d(\varphi)$ es pot deduir considerant que el mecanisme equival cinemàticament a un mecanisme pistó-biela-manovella, en el qual la manovella té la mateixa longitud que l'excentricitat e i la biela té longitud $r+r_c$ (Fig. 4.2.*a*). Per a un palpador de rotació amb corró, el mecanisme equival a un quadrilàter articulat, on la longitud de la biela és $r+r_c$ (Fig. 4.2.*b*). Un palpador puntual correspondria simplement al cas particular d'un corró amb $r_c = 0$.

Equació d'enllaç geomètrica. Amb un palpador i una lleva de perfils arbitraris, trobar l'equació d'enllaç geomètrica no resulta senzill. Per a un palpador de translació, la distància $d(\varphi)$ s'obté en anar variant la distància d a la qual es troba fins aconseguir que sigui tangent a la lleva en un cert punt J (Fig. 4.3.*a*) quan aquesta ha girat un angle φ. Aquest és un problema matemàtic complex, que en principi s'ha de resoldre numèricament i que no porta a una expressió explícita de la funció $d(\varphi)$. A més, poden presentar-se problemes d'accés del palpador al punt teòric J de contacte, com es mostra a la figura 4.3.*b* en els trams còncaus d'una lleva amb palpador pla.

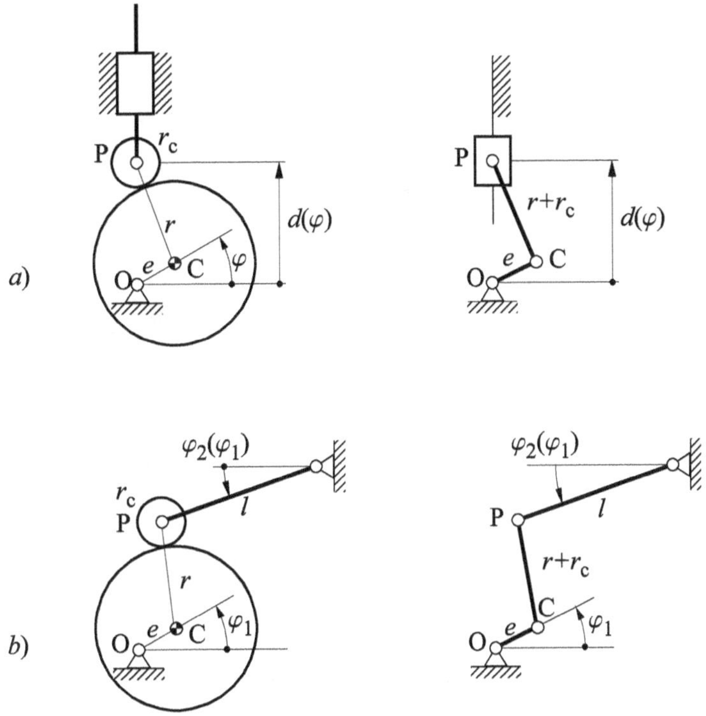

Fig. 4.2 Equivalent cinemàtic d'una lleva d'excèntrica amb palpador de corró a) de translació b) de rotació

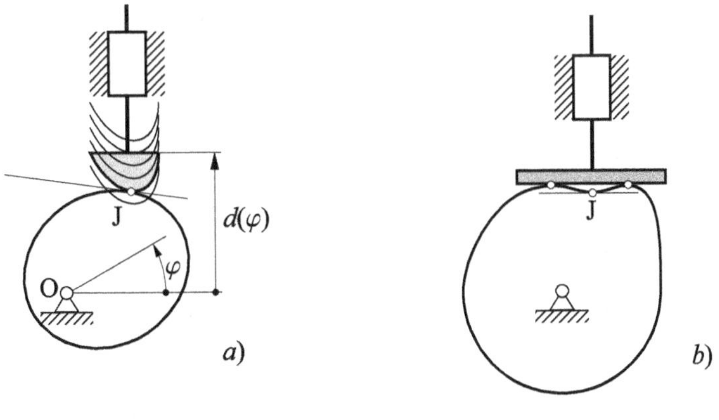

Fig. 4.3 a) Obtenció del valor $d(\varphi)$. b) Problemes d'accés del palpador a la lleva

No obstant això, l'equació d'enllaç geomètrica pot formular-se amb facilitat per a palpadors de translació amb perfils senzills que, d'altra banda, són els més emprats. Per a palpadors de rotació, la formulació és similar:

- Palpador puntual: $d(\varphi)$ és l'altura del punt J, intersecció de l'eix de la guia amb la lleva.
- Palpador pla horitzontal: $d(\varphi)$ és l'altura del punt J de la lleva més enlairat.
- Palpador de corró de radi r: el centre C del corró es troba sempre a una distància r de la lleva, és a dir, sobre l'anomenada *corba offset* o *corba de pas*. Si es disposa de l'equació paramètrica $\overline{\mathbf{OJ}}(s)$ de la lleva, l'expressió de la corba *offset* és $\overline{\mathbf{OC}}(s) = \overline{\mathbf{OJ}}(s) + r\,\boldsymbol{n}(s)$, on $\boldsymbol{n}(s)$ és la normal unitària exterior a la lleva. L'altura $d(\varphi)$ és la corresponent a la intersecció de la guia amb la corba de pas.

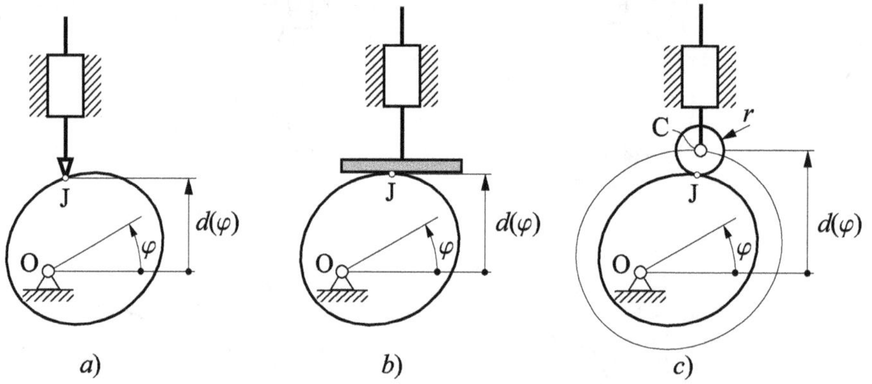

Fig. 4.4 Anàlisi de lleva amb palpador de translació a) puntual b) pla c) de corró

Anàlisi de velocitats. Si es disposa d'una expressió explícita per a $d(\varphi)$, la velocitat del palpador s'obté simplement per derivació. Si no es disposa d'aquesta expressió, l'anàlisi de velocitats per a una configuració concreta del mecanisme es fa a partir de l'estudi del parell superior format per la lleva i el palpador. La condició de contacte puntual en un punt J implica que la velocitat relativa entre els punts de contacte J_1 de la lleva i J_2 del palpador és tangent a les superfícies de contacte. Així, doncs, segons el teorema dels 3 centres, el centre instantani I de rotació relatiu lleva-palpador serà el punt d'intersecció de les rectes següents (Fig. 4.5):

- Línia de pressió o empenta: línia per J perpendicular a la tangent lleva-palpador.
- Línia de centres: línia que uneix els centres de rotació O_1 de la lleva i O_2 del palpador. Per a un palpador de translació, O_2 es troba a l'infinit en la direcció perpendicular a la guia.

Els punts I_1 de la lleva i I_2 del palpador que coincideixen amb el centre instantani relatiu I tenen la mateixa velocitat i, per tant, $\dot{\varphi}_2 l_2 = \dot{\varphi}_1 l_1$, on l_1 i l_2 són les distàncies des dels centres O_1 i O_2 a I. S'ha pres el conveni de signe contrari per a cadascuna de les velocitats angulars, per tal de no fer-hi aparèixer un signe negatiu.

Així, doncs, per a un palpador de rotació, la seva velocitat angular $\dot{\varphi}_2$ en funció de la velocitat angular $\dot{\varphi}_1$ de la lleva és

$$\dot{\varphi}_2 = \frac{l_1}{l_2}\dot{\varphi}_1$$

Per a un palpador de translació, la seva velocitat $\dot{d}$ en funció de la velocitat angular $\dot{\varphi}$ de la lleva és $\dot{d} = l_1\dot{\varphi}$. És interessant observar que la distància l_1 és la derivada –$d'(\varphi)$– de la funció $d(\varphi)$ respecte al paràmetre φ:

$$\dot{d} = d'(\varphi)\dot{\varphi} = l_1\dot{\varphi} \tag{4.1}$$

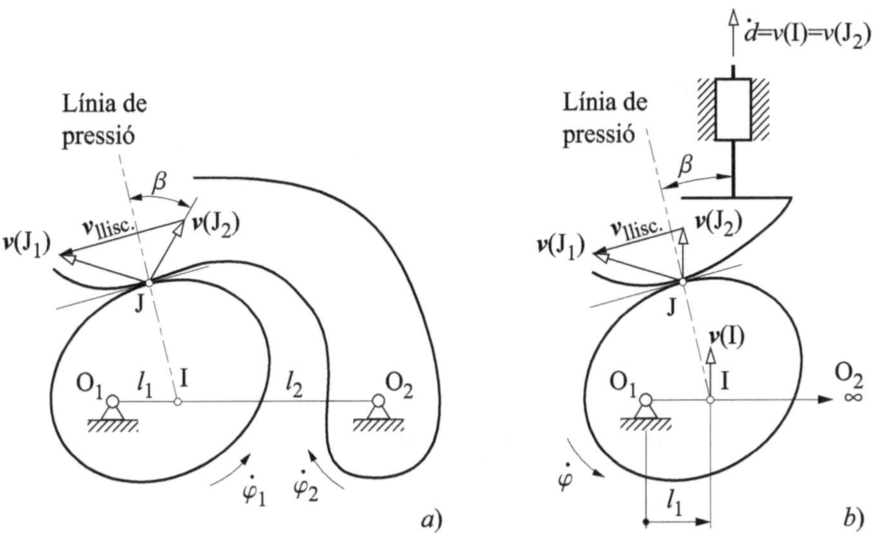

Fig. 4.5 Anàlisi de velocitats per a palpador a) de rotació b) de desplaçament

Angle de pressió. L'angle β que formen la velocitat $\boldsymbol{v}(J_2)$ del punt de contacte del palpador i la línia de pressió s'anomena *angle de pressió* o *angle d'empenta*. En absència de frec, la línia de pressió indica la direcció de la força $\boldsymbol{F}_{12}$ de contacte lleva-palpador, ja que aquesta és normal a les superfícies. La transmissió òptima es produiria quan β=0 ja que en aquestes condicions, per a un palpador de rotació, el parell respecte a O_2 que fa $\boldsymbol{F}_{12}$ és màxim. Per a un palpador de translació només es fa força segons la direcció de la guia, fet que disminueix les possibilitats de falcament.

Velocitat de lliscament. Un altre valor que interessa conèixer per intentar minimitzar-lo és la velocitat de lliscament en el punt de contacte (Fig. 4.5):

$\boldsymbol{v}_{llisc.} = \boldsymbol{v}(J_1) - \boldsymbol{v}(J_2)$ (Es podria prendre també $\boldsymbol{v}_{llisc.} = \boldsymbol{v}(J_2) - \boldsymbol{v}(J_1)$)

Aquesta diferència de velocitats és la mateixa en qualsevol referència. En particular, en la referència relativa palpador, $\boldsymbol{v}_{llisc.} = \boldsymbol{v}_{rel}(J_1)$, on val el producte de la distància del punt J al centre instantani de rotació relatiu I de la lleva respecte al palpador per la velocitat angular relativa de la lleva:

$$\begin{aligned} &\text{Palpador de rotació:} && v_{llisc} = \left|\overline{\mathbf{IJ}}\right|\left[\dot{\varphi}_1 + \dot{\varphi}_2\right] \\ &\text{Palpador de translació:} && v_{llisc} = \left|\overline{\mathbf{IJ}}\right|\dot{\varphi} \end{aligned} \tag{4.2}$$

Així doncs aquesta velocitat és nul·la només si J coincideix amb I i, per tant, es troba sobre la línia de centres.

Mecanisme de barres equivalent. L'anàlisi de velocitats i d'acceleracions en una configuració concreta es pot realitzar substituint el mecanisme lleva-palpador per un mecanisme de barres equivalent, és a dir, que en aquesta configuració tingui la mateixa distribució de velocitats i acceleracions.

Per a això n'hi ha prou de considerar que la distribució de velocitats i acceleracions només depèn de les derivades primeres i segones dels perfils en el punt J de contacte. Per tant, els perfils de la lleva i del palpador es poden reemplaçar pels seus cercles osculadors a J (Fig. 4.6). Si aquests cercles tenen radis r_1, r_2 (radis de curvatura) i centres C_1, C_2 (centres de curvatura), s'efectuen les substitucions següents:

- Lleva → corró de radi r_1 i centre C_1 que gira al voltant de O_1
- Palpador → corró de radi r_2 i centre C_2 que gira al voltant de O_2

Cal observar que l'equivalència del perfil pel cercle osculador és vàlida en tota situació de rodolament, tant si es tracta d'un parell lleva-palpador com si no. En el cas de rodolament a l'espai, l'equivalència es faria amb una quàdrica osculadora.

En aquest nou mecanisme, la distància C_1C_2 és ara r_1+r_2 = constant i, per tant, el mecanisme equival –per a palpador de rotació– a un quadrilàter articulat constituït pels membres següents (Fig. 4.6):

- Barra O_1C_1 solidària a la lleva que gira a l'entorn de O_1.
- Barra O_2C_2 solidària al palpador que gira a l'entorn de O_2.
- Biela C_1C_2 de longitud r_1+r_2.

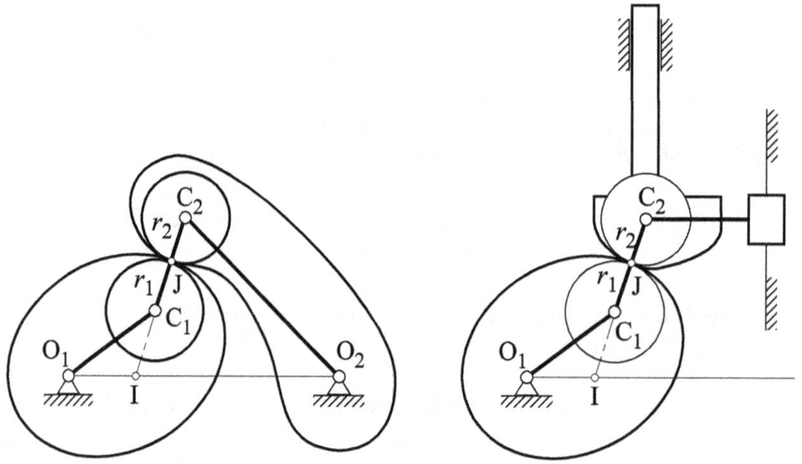

Fig. 4.6 Mecanisme de barres equivalent per un palpador de rotació i un de traslació

Per a un palpador de translació O_2 es troba a l'infinit, de manera que la barra O_2C_2 passa a ser una corredora que pot traslladar-se en la direcció de la guia del palpador (Fig. 4.6).

El mecanisme de barres és equivalent només en la posició considerada i fins a les acceleracions. L'equivalència cinemàtica seria completa i en qualsevol posició només si els dos perfils tinguessin curvatura constant, és a dir, en els casos ja comentats de lleva d'excèntrica amb palpador circular o pla.

Exemple 4.1 Determinació de la cinemàtica d'un mecanisme lleva-palpador a partir del mecanisme de barres equivalent.

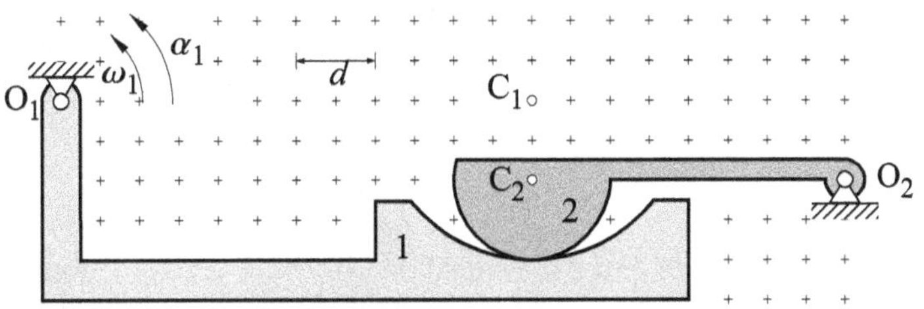

Fig. 4.7 Exemple de parell superior

A l'exemple de la figura 4.7 els punts C_1 i C_2 són els centres de curvatura dels balancins 1 i 2, respectivament. La determinació de la velocitat i l'acceleració angular del balancí 2 es pot fer a partir de l'anàlisi del mecanisme de barres equivalent (Fig. 4.8).

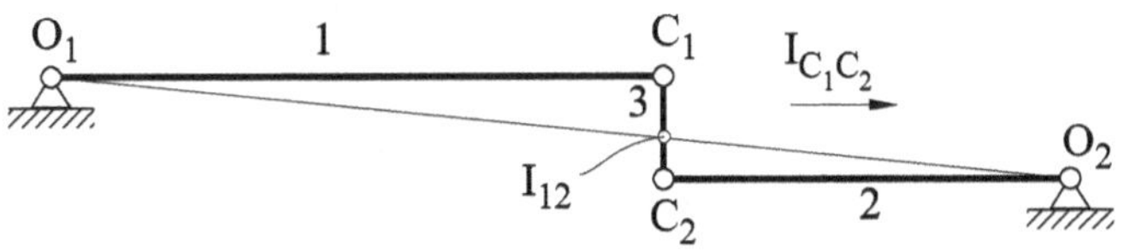

Fig. 4.8 Mecanisme equivalent de l'exemple de la figura 4.7

La barra que uneix els centres de curvatura té un moviment de translació i, per tant, la velocitat dels dos punts –C_1 i C_2– és la mateixa. La velocitat angular del balancí 2 es pot trobar, doncs, com

$$\omega_2 = -\frac{\overline{\mathbf{O_1C_1}}}{\overline{\mathbf{O_2C_2}}}\omega_1 \quad \text{prenent } \omega_1 = 1 \text{ rad/s}, \; \alpha_1 = 1 \text{ rad/s}^2 \text{ i } d = 10 \text{ mm} \;\; \text{s'obté } \omega_2 = -1{,}5 \text{ rad/s}$$

La condició de tancament de l'anell $O_1C_1C_2O_2$ dóna lloc a l'expressió següent que permet determinar les acceleracions angulars del balancí 2 i de la biela.

$$-\omega_{s1}^2\overline{\mathbf{O_1C_1}} + \alpha_{s1}\overline{\mathbf{O_1C_1}}^{\perp} - \omega_{s3}^2\overline{\mathbf{C_1C_2}} + \alpha_{s3}\overline{\mathbf{C_1C_2}}^{\perp} - \omega_{s2}^2\overline{\mathbf{C_2O_2}} + \alpha_{s2}\overline{\mathbf{C_2O_2}}^{\perp} = 0$$

$$\begin{cases} -60\,\omega_{s1}^2 + 10\,\alpha_{s3} - 40\,\omega_{s2}^2 = 0 \\ 60\,\alpha_{s1} + 40\,\alpha_{s2} = 0 \end{cases}$$

$$\begin{bmatrix} 0 & 10 \\ 40 & 0 \end{bmatrix} \begin{Bmatrix} \alpha_{s2} \\ \alpha_{s3} \end{Bmatrix} = \begin{Bmatrix} 60\,\omega_{s1}^2 + 40\,\omega_{s2}^2 \\ -60\,\alpha_{s1} \end{Bmatrix} = \begin{Bmatrix} 150 \\ -60 \end{Bmatrix} \Rightarrow \begin{matrix} \alpha_{s2} = -1{,}5 \text{ rad/s}^2 \\ \alpha_{s3} = 15 \text{ rad/s}^2 \end{matrix}$$

4.2 Exemples d'anàlisi de lleves amb palpador de translació, coneguda la llei de desplaçament

Palpador pla horitzontal. Amb un palpador pla horitzontal de translació (Fig. 4.9.*a*) l'anàlisi de velocitats resulta particularment senzilla. L'angle de pressió és nul ($\beta = 0$) i el punt J de contacte sempre es troba sobre la vertical de I. L'expressió de la velocitat de lliscament queda, en aquest cas:

$$v_{\text{llisc.}} = |\mathbf{IJ}|\dot{\varphi} = d(\varphi)\dot{\varphi} \tag{4.3}$$

Ja s'ha vist (Eq. 4.1) que la distància de J a la vertical de O és $l_1 = d'(\varphi)$. Així, doncs, per assegurar que J sempre es trobi sobre la superfície física del palpador, les dimensions *a* i *b* d'aquest han de verificar les següents desigualtats:

$$a > \epsilon - d'_{\text{mín.}}(\varphi)$$
$$b > d'_{\text{màx.}}(\varphi) - \epsilon$$

on ϵ indica l'excentricitat (distància del centre O de gir de la lleva a l'eix de la guia del palpador).

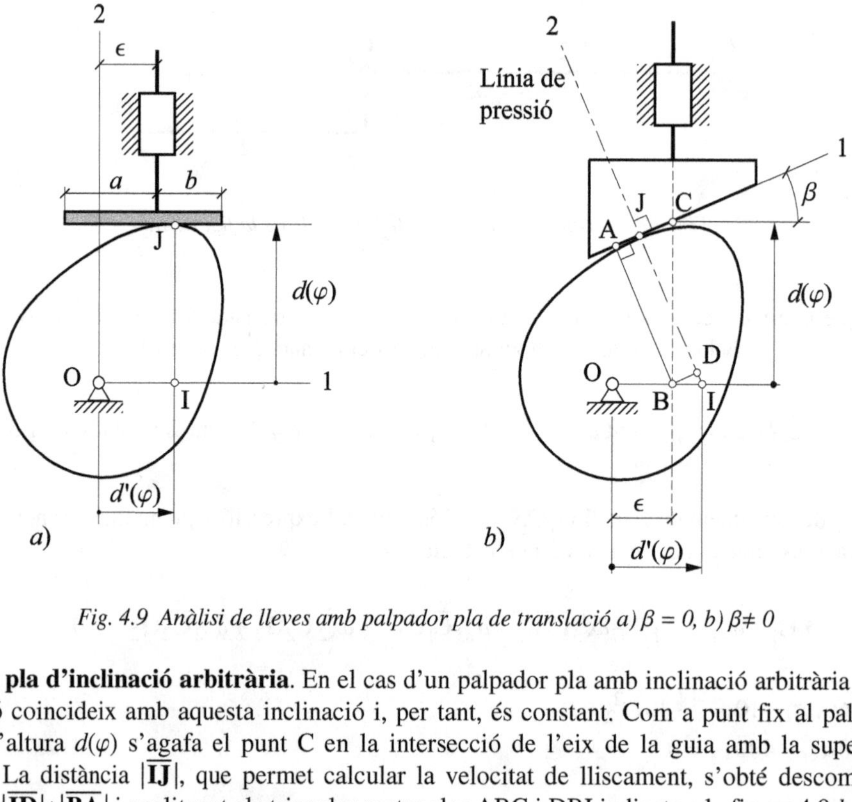

Fig. 4.9 Anàlisi de lleves amb palpador pla de translació a) $\beta = 0$, b) $\beta \neq 0$

Palpador pla d'inclinació arbitrària. En el cas d'un palpador pla amb inclinació arbitrària β, l'angle de pressió coincideix amb aquesta inclinació i, per tant, és constant. Com a punt fix al palpador per mesurar l'altura $d(\varphi)$ s'agafa el punt C en la intersecció de l'eix de la guia amb la superfície del palpador. La distància $|\mathbf{IJ}|$, que permet calcular la velocitat de lliscament, s'obté descomponent-la com $|\mathbf{IJ}| = |\mathbf{ID}| + |\mathbf{BA}|$ i analitzant els triangles rectangles ABC i DBI indicats a la figura 4.9.*b*:

$$v_{\text{llisc}} = |\mathbf{IJ}|\dot{\varphi}, \qquad |\mathbf{IJ}| = (d'(\varphi) - \epsilon)\sin\beta + d(\varphi)\cos\beta \tag{4.4}$$

Palpador circular. Per a un palpador circular de translació, l'angle de pressió β s'obté a partir de l'anàlisi del triangle rectangle de la figura 4.10:

$$\tan\beta = \frac{d'(\varphi) - \epsilon}{d(\varphi)}$$

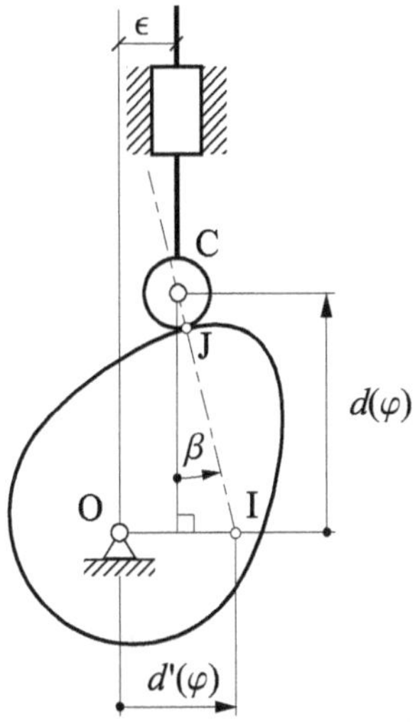

Fig. 4.10 Anàlisi per a un palpador circular de translació

on el desplaçament $d(\varphi)$ indica l'altura del centre C del palpador respecte a l'horitzontal que passa per O. En augmentar l'excentricitat ϵ s'aconsegueix disminuir el valor absolut de l'angle β a la pujada ($d'(\varphi) > 0$), però en canvi augmenta a la baixada ($d'(\varphi) < 0$).

Si r denota el radi del palpador, el valor de la velocitat de lliscament és

$$v_{\text{llisc.}} = |\mathbf{IJ}|\dot{\varphi}, \qquad |\mathbf{IJ}| = \sqrt{d^2(\varphi) + (d'(\varphi) - \epsilon)^2} - r$$

Aquest estudi es pot aplicar al cas de palpador puntual simplement imposant $r = 0$.

Si es materialitza el perfil amb un corró que pugui girar a l'entorn de C, el corró girarà amb velocitat angular $\omega = v_{\text{llisc.}}/r$ i s'evitarà el lliscament en el punt de contacte. Aquesta construcció afegeix complexitat al mecanisme, si bé en millora el comportament.

4.3 Especificació d'una llei de desplaçament

Definició per trams. Normalment la funció $d(\varphi)$ es dissenya a partir d'un conjunt d'especificacions com ara (Fig. 4.11):

- Punts de pas, és a dir, valors concrets del desplaçament en algunes configuracions φ.
- Trams horitzontals d = constant en què el palpador es troba en repòs.
- Rampes de pendent constant, en què el palpador es mou amb velocitat constant.
- etc.

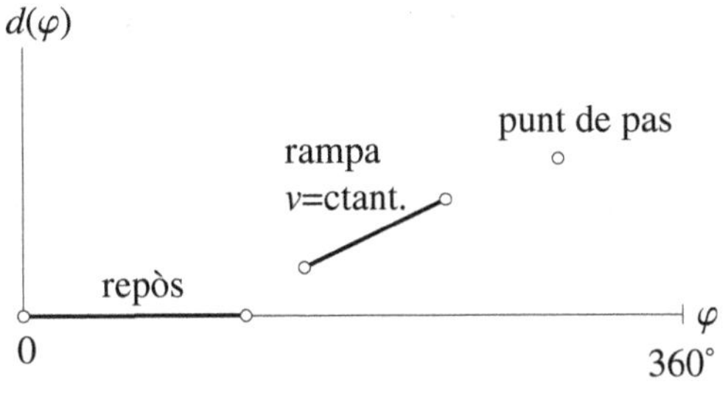

Fig. 4.11 Definició de la llei de desplaçament

Els punts de pas o trams rectilinis s'han d'unir de manera adequada mitjançant trams curvilinis. Exemples típics de lleis de moviment són les següents (Fig. 4.12):

- *Lleva amb detenció simple*: el palpador surt d'una posició inferior de repòs, aleshores puja fins a un valor màxim i immediatament inicia un descens fins arribar de nou a la posició inferior de repòs.
- *Lleva amb doble detenció*: el palpador parteix d'una posició de repòs, puja, s'atura durant un interval i finalment baixa fins arribar a la posició inicial de repòs.

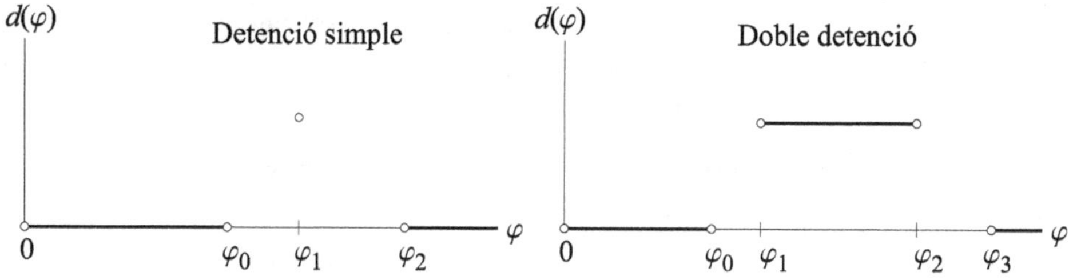

Fig. 4.12 Lleves amb detenció simple i doble

Un exemple de lleva amb detenció simple pot ser la que acciona el capçal d'una grapadora. Aquest capçal està en repòs fins que una màquina d'alimentació li situa un feix de papers per grapar a sota. En aquest moment el capçal es desplaça, fa contacte amb el feix i li clava la grapa. Immediatament després es retira, per deixar que la màquina alimentadora retiri el feix ja grapat.

Un exemple de lleva amb doble detenció és la que posicionaria un recipient buit que ha de ser omplert. Es rep un recipient en la posició inicial, es desplaça a l'estació d'emplenament, on roman immòbil durant un temps mentre dura l'operació, i finalment es torna a la posició inicial, on un altre mecanisme el retira.

Condicions de continuïtat. Les lleis de desplaçament han de verificar certes condicions de continuïtat en el temps, en particular en les unions entre trams:

- És imprescindible que la velocitat del palpador sigui una funció contínua i, per tant, $d(t)$ ha de ser almenys C^1. Discontinuïtats en la velocitat originarien acceleracions teoricament infinites i, per tant, forces molt elevades que portarien, excepte en màquines molt lentes, a la destrucció del mecanisme o a la pèrdua de contacte del seguidor.
- És molt convenient que l'acceleració del palpador sigui contínua i, per tant, $d(t)$ hauria de ser almenys C^2. Si l'acceleració presenta salts bruscs –sobreacceleracions teòriques infinites o variacions molt grans–, es produirien variacions importants en les forces que actuen en el mecanisme i, a causa de l'elasticitat i els jocs, s'originarien vibracions que donarien lloc a soroll, fatiga, etc.

Aquestes condicions de continuïtat en el temps es tradueixen en les mateixes condicions respecte a φ si $\varphi(t)$ és suficientment contínua.

$$\dot{d} = d'(\varphi)\dot{\varphi}$$

$$\ddot{d} = d''(\varphi)\dot{\varphi}^2 + d'(\varphi)\ddot{\varphi}$$

etc.

Definició matemàtica dels trams d'unió. Per definir matemàticament les unions de la corba de desplaçament es poden utilitzar, en principi, qualssevol tipus de funcions –s'han utilitzat clàssicament funcions polinòmiques, sinusoïdals, cicloïdals, etc. A causa de la seva senzillesa, flexibilitat de disseny i rapidesa de càlcul mitjançant ordinador, es proposa la utilització de funcions polinòmiques com a millor opció. A l'annex 4.I es presenten les corbes de Bézier no paramètriques, per la seva utilitat en la definició de funcions per trams.

4.4 Obtenció del perfil de la lleva, coneguts la corba de desplaçament i el palpador

Paràmetres de disseny. Un cop definida la llei de desplaçament i seleccionat un palpador, el pas següent és trobar el perfil de la lleva necessari. En aquest apartat s'estudia amb detall només el cas d'un palpador de translació –per a palpador de rotació l'estudi és anàleg.

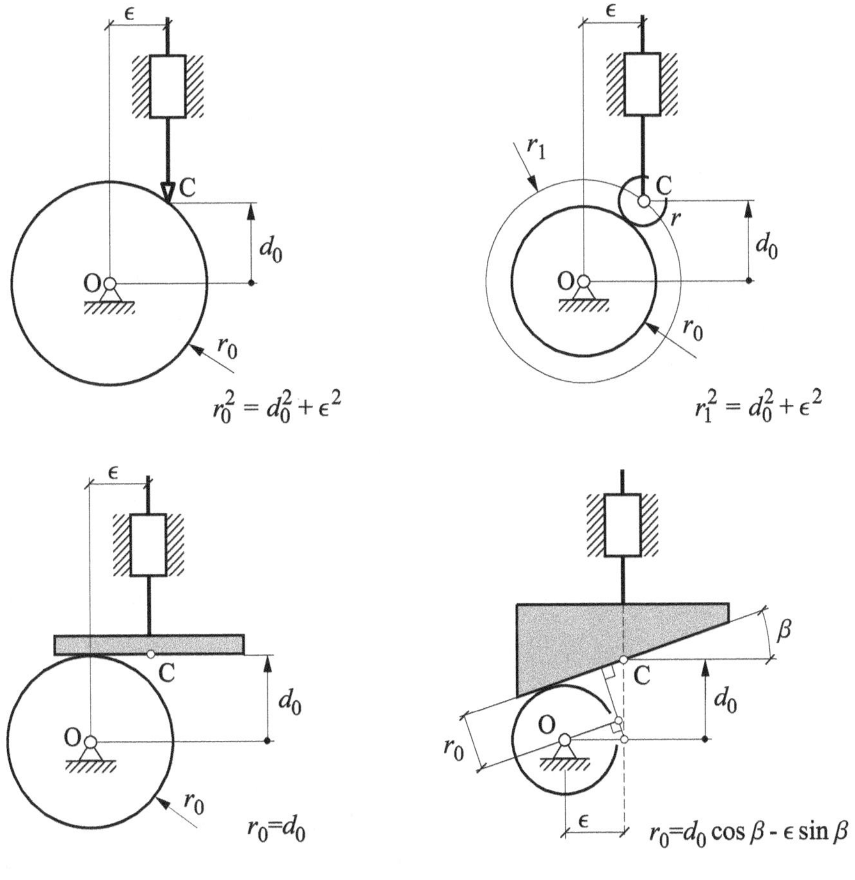

Fig. 4.13 Radi de base r_0 per a palpadors de translació puntual, circular i pla

En el perfil de la lleva, hi influeixen l'excentricitat ϵ de la guia del palpador respecte al centre de gir O de la lleva i el perfil del palpador.

Per als palpadors més habituals, si se situa el palpador en la posició inferior $d = d_0$, el radi d'un cercle de centre O que sigui tangent al palpador –o que passi per la punta del palpador si aquest és puntual– s'anomena radi de base r_0, i és el radi mínim de la lleva (Fig. 4.13). En el cas d'un palpador circular de centre C i radi r, la magnitud $r_1 = r_0 + r$ s'anomena radi primari i indica la distància mínima entre C i O.

Inversió cinemàtica. El perfil de la lleva s'obté conceptualment de manera molt senzilla, fent una inversió cinemàtica (Fig. 4.14). En la referència solidària a la guia, la lleva gira un angle φ i el palpador es desplaça segons la funció $d(\varphi)$. Des de la referència lleva, s'observa que la guia gira en sentit contrari –un angle $-\varphi$– i el palpador continua desplaçant-se respecte a la guia segons $d(\varphi)$. Per a un palpador puntual de vèrtex J, el perfil de la lleva serà la corba que va dibuixant J en la referència lleva en fer el moviment descrit. A la base 1,2 indicada, d'orientació fixa a la guia:

$$\overline{\mathbf{OJ}} = \begin{Bmatrix} \epsilon \\ d(\varphi) \end{Bmatrix}_{1,2}$$

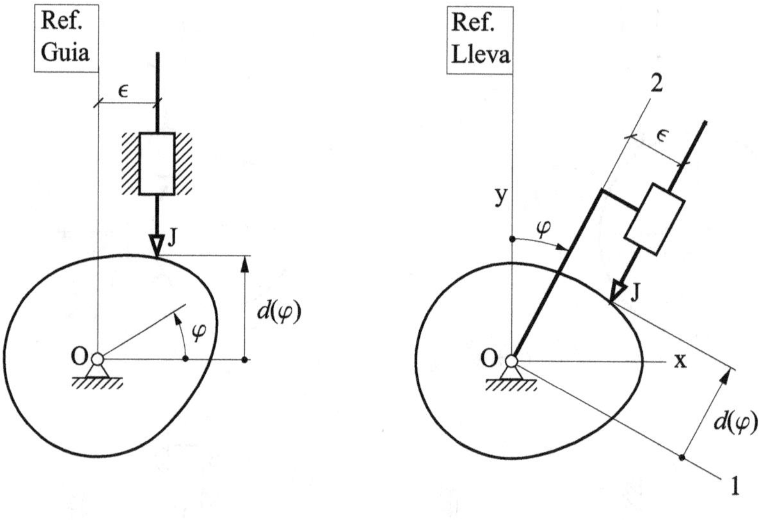

Fig. 4.14 Generació del perfil de la lleva per a un palpador puntual

Passant a la base x,y d'orientació fixa a la lleva, s'obté l'equació paramètrica del perfil d'aquesta lleva:

$$\begin{Bmatrix} x(\varphi) \\ y(\varphi) \end{Bmatrix} = \{\overline{\mathbf{OJ}}(\varphi)\}_{x,y} = [S_\varphi]\{\overline{\mathbf{OJ}}(\varphi)\}_{1,2} \qquad [S_\varphi] = \begin{bmatrix} \cos\varphi & \sin\varphi \\ -\sin\varphi & \cos\varphi \end{bmatrix} \qquad (4.5)$$

on $[S_\varphi]$ és la matriu de canvi de base, corresponent a una rotació d'angle φ en sentit antihorari.

Feix de corbes. Si el palpador no és puntual, en anar girant la guia i desplaçant el palpador, la intersecció de dos perfils molt propers del palpador determina un punt de la lleva. Si es disposés d'una eina de tall amb la forma del palpador i un moviment de vaivé perpendicular al perfil per al tall, s'aniria generant el perfil de la lleva.

En termes matemàtics, si el palpador és definit mitjançant una corba implícita $F(x,y) = 0$, els successius perfils del palpador conformen, en la referència lleva, un cert feix de corbes:

$$F(x,y,\varphi) = 0 \tag{4.6}$$

Tal com es comenta a l'apartat 4.1, el perfil de la lleva ha de ser en tot moment una corba tangent al palpador, és a dir, tangent a cadascuna de les corbes del feix. Aquesta corba s'anomena *envoltant del feix*, i avançant per ella per a tots els valors de φ el valor de la funció $F(x,y,\varphi)$ es manté nul i, per tant, es verifica que

$$\frac{\partial F}{\partial \varphi} = 0$$

L'equació del perfil de la lleva ve donada pel sistema format per l'equació 4.6 –ja que els punts del perfil són punts del feix– i per l'equació anterior

$$\begin{cases} F(x,y,\varphi) = 0 \\ \dfrac{\partial F}{\partial \varphi} = 0 \end{cases} \tag{4.7}$$

Equació paramètrica del perfil. En general, no sempre és possible disposar d'una eina amb la forma del palpador i que pugui ser impulsada amb el moviment de tall apropiat. Per poder definir la trajectòria d'un altre tipus d'eina de tall, que talli la lleva o el seu motlle a partir d'un bloc de material, és necessari reconvertir el sistema anterior (4.7) a l'equació paramètrica explícita del perfil de la lleva:

$$\begin{cases} x = X(\varphi) \\ y = Y(\varphi) \end{cases} \tag{4.8}$$

Per als palpadors habituals i en els trams en repòs l'equació paramètrica és molt senzilla, ja que correspon a la d'un arc de circumferència de centre O.

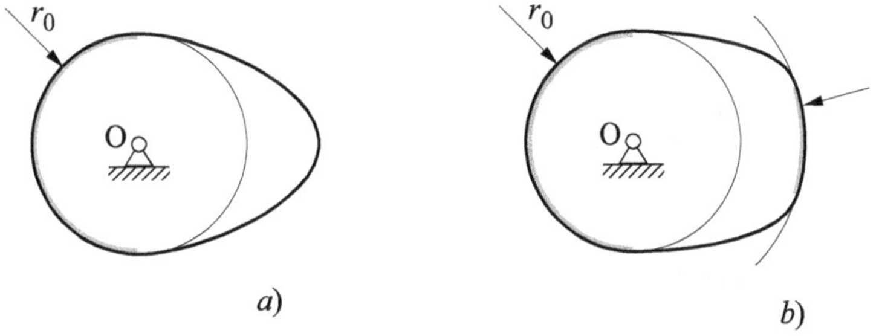

Fig. 4.15 Trams circulars del perfil d'una lleva amb detenció a) simple b) doble

L'equació paramètrica 4.8 pot obtenir-se directament, sense necessitat de plantejar el sistema 4.7, per a palpadors senzills, com és el cas d'un palpador pla o d'un palpador de cap circular o de corró. Com es pot veure a continuació, n'hi ha prou d'aplicar els resultats obtinguts en l'anàlisi de velocitats.

Palpador pla. Per a un palpador pla el perfil de la lleva és l'envoltant d'un feix de rectes. Si el palpador és perpendicular a la guia (angle de pressió $\beta = 0$), en l'anàlisi de velocitats s'havien deduït les components de vector de posició $\overline{\mathbf{OJ}}(\varphi)$ del punt de contacte J, en la base 1,2 solidària a la guia:

$$\overline{\mathbf{OJ}}(\varphi) = \begin{Bmatrix} d'(\varphi) \\ d(\varphi) \end{Bmatrix}_{1,2} \tag{4.9}$$

Com en el cas del palpador puntual, passant a la base (x,y) fixa a la lleva s'obté l'equació paramètrica del seu perfil.

$$\begin{Bmatrix} x(\varphi) \\ y(\varphi) \end{Bmatrix} = \left\{\overline{\mathbf{OJ}}(\varphi)\right\}_{x,y} = \left[S_\varphi\right]\left\{\overline{\mathbf{OJ}}(\varphi)\right\}_{1,2}$$

Òbviament, en aquest cas concret de palpador pla amb β=0, el perfil de la lleva no depèn de ϵ.

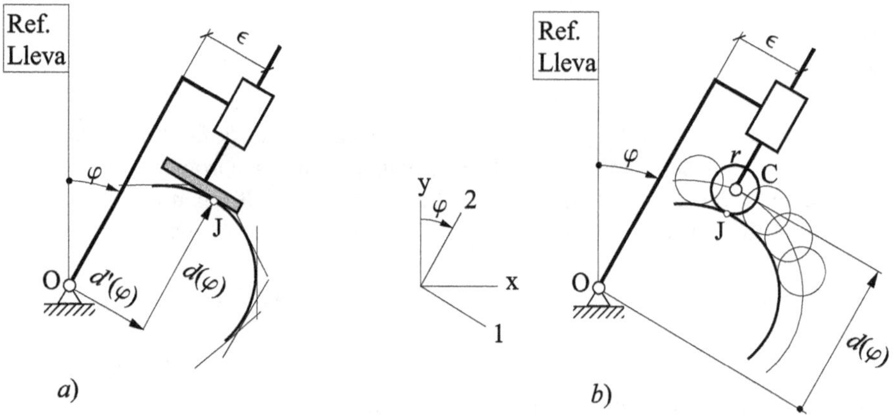

Fig. 4.16 Generació del perfil de lleva per a palpadors a) pla i b) de corró

Per a un palpador pla amb inclinació arbitrària β, el perfil de la lleva es dedueix de manera anàloga, a partir del vector de posició $\overline{\mathbf{OJ}}(\varphi)$ en la base 1,2 solidària a la guia (Fig. 4.9). Aquest vector es pot descompondre com $\overline{\mathbf{OJ}} = \overline{\mathbf{OI}} + \overline{\mathbf{IJ}}$, on $\overline{\mathbf{IJ}}$ s'obté a partir de l'expressió 4.4. El resultat final és

$$\left\{\overline{\mathbf{OJ}}(\varphi)\right\}_{1,2} = \begin{Bmatrix} d'(\varphi)\cos\beta \\ d(\varphi)\cos\beta - \epsilon\sin\beta \end{Bmatrix} \tag{4.10}$$

Palpador circular. Amb un palpador circular de centre C i radi r, el feix d'expressió 4.6 és una família de cercles en la qual els centres es troben sobre la corba de pas (Fig. 4.16):

$$\left\{\overline{\mathbf{OC}}(\varphi)\right\}_{1,2} = \begin{Bmatrix} \epsilon \\ d(\varphi) \end{Bmatrix} \tag{4.11}$$

L'envoltant del feix, el perfil de la lleva $\overline{\mathbf{OJ}}(\varphi)$, equival al lloc geomètric de punts situats a una distància r de la corba de pas en la direcció de la seva normal $-\boldsymbol{n}(\varphi)-$ interior –cap a l'àrea tancada per la corba:

$$\overline{\mathbf{OJ}}(\varphi) = \overline{\mathbf{OC}}(\varphi) + r\boldsymbol{n}(\varphi)$$

Així, doncs, el perfil de la lleva és la corba *offset* a la corba de pas, de la mateixa manera que, com s'ha comentat a l'apartat 4.1, la corba *offset* al perfil de la lleva és la corba de pas. La distància entre l'una i l'altra és r = constant.

Si es disposés d'una fresa cilíndrica de radi r, impulsada amb un moviment de gir al voltant del seu eix adequat per al tall, es podria mecanitzar la lleva fent que el centre C de l'eina seguís la trajectòria $\overline{\mathbf{OC}}(\varphi)$.

Palpadors de rotació. Per als palpadors de rotació, l'equació geomètrica d'enllaç és $\varphi_2 = \varphi_2(\varphi_1)$, on φ_1 és la rotació de la lleva i φ_2 és la rotació del palpador. En el cas del palpador puntual de rotació, i fent atenció a la figura 4.17, s'obté:

$$\overline{\mathbf{OJ}}(\varphi_1) = \begin{Bmatrix} s_1 - s_2 \cos\varphi_2 \\ s_2 \sin\varphi_2 \end{Bmatrix}_{1,2}$$

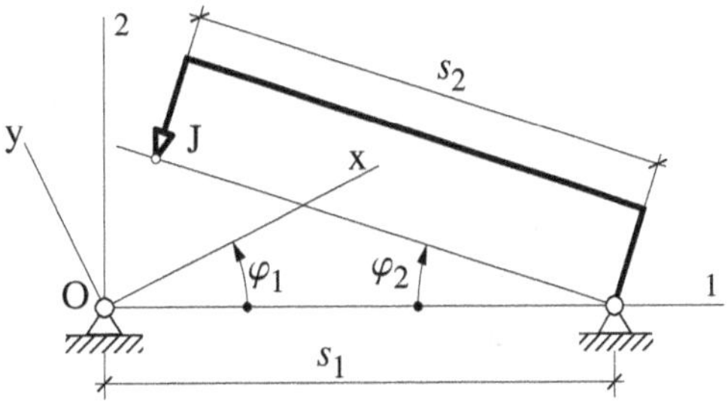

Fig. 4.17 Palpador puntual de rotació

i l'equació paramètrica del perfil de la lleva és $\{\overline{\mathbf{OJ}}(\varphi_1)\}_{x,y} = [S_{\varphi_1}]\{\overline{\mathbf{OJ}}(\varphi_1)\}_{1,2}$

Per a un palpador pla de rotació (fig. 4.18) a partir de l'anàlisi de velocitats (pàg. 92) s'obté:

$$\left.\begin{aligned} \dot{\varphi}_1 d_1 = \dot{\varphi}_2 d_2 \;\; ; \;\; d_1 = \frac{\mathrm{d}\varphi_2}{\mathrm{d}\varphi_1} d_2 = \varphi'_2\, d_2 \\ d_1 + d_2 = s_1 \end{aligned}\right\} \; d_2 = s_1 / (1 + \varphi'_2) \;\; ; \;\; s_3 = d_2 \cos\varphi_2 = \frac{s_1 \cos\varphi_2}{1 + \varphi'_2}$$

$$\overline{\mathbf{OJ}}(\varphi_1) = \begin{Bmatrix} s_1 + s_2 \sin\varphi_2 - s_3 \cos\varphi_2 \\ s_2 \cos\varphi_2 + s_3 \sin\varphi_2 \end{Bmatrix}_{1,2}$$

d'on es pot obtenir l'equació paramètrica del perfil de la lleva que és

$$\{\overline{\mathbf{OJ}}(\varphi_1)\}_{x,y} = [S_{\varphi_1}]\{\overline{\mathbf{OJ}}(\varphi_1)\}_{1,2}$$

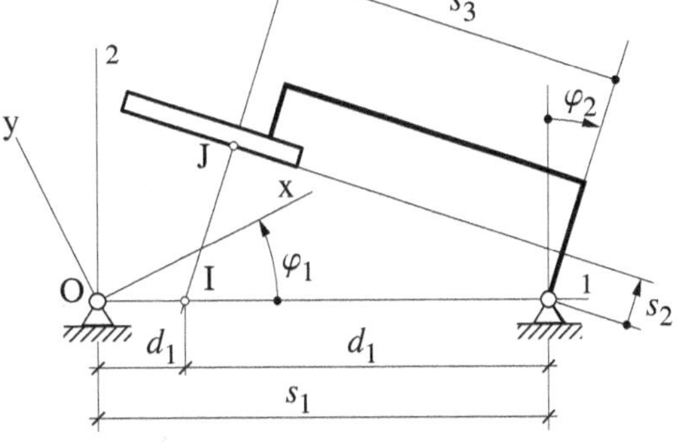

Fig. 4.18 Palpador pla de rotació

4.5 Característiques geomètriques del perfil de la lleva

Una vegada obtingut el perfil de la lleva, s'ha de comprovar que aquest no presenti característiques geomètriques no volgudes que impedeixin un contacte lleva-palpador correcte. Els problemes que es poden presentar són bàsicament de 2 tipus:

- Impossibilitat d'accés del palpador al punt teòric de contacte a causa que el palpador envaeix altres trams de la lleva en intentar accedir a aquest punt.
- Existència de degeneracions en el perfil de la lleva. Malgrat que la llei de desplaçament sigui contínua i suau, és possible que el perfil de la lleva presenti vèrtexs o autointerseccions.

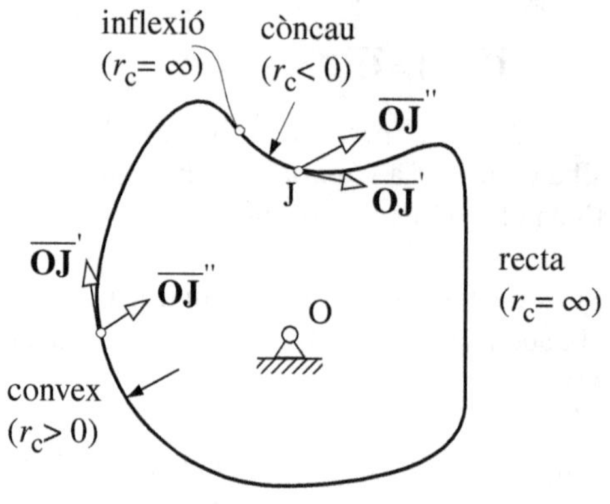

Fig. 4.19 Radi de curvatura

Radi de curvatura. Per detectar aquests possibles problemes del perfil de la lleva, cal determinar el seu radi de curvatura:

$$r_c = \frac{\left|\overline{\mathbf{OJ}}'\right|^2}{\left.\overline{\mathbf{OJ}}''\right|_n} \tag{4.12}$$

Aquest valor també resulta d'interès en el dimensionament de la lleva per calcular la pressió de contacte lleva-palpador.

Com que el perfil és una corba tancada, a fi de facilitar-ne l'anàlisi es pot seguir el conveni de considerar $r_c > 0$ per als trams convexos i $r_c < 0$ per als trams còncaus (Fig. 4.19). Els punts d'inflexió són aquells en què es passa de $r_c = \infty$ a $r_c = -\infty$. Si se segueix aquest conveni de signes, el subíndex en el denominador de 4.12 indica la component normal de $\overline{\mathbf{OJ}}''$ cap a la zona interior tancada dintre de la corba.

Les derivades de 4.12 són evidentment a la referència lleva i respecte al paràmetre utilitzat per expressar $\overline{\mathbf{OJ}}$, en aquest cas φ. Per al seu càlcul, resulta més còmode utilitzar la base 1,2 solidària a la guia –on es coneixen els components de $\overline{\mathbf{OJ}}$–, si bé aleshores en derivar $\overline{\mathbf{OJ}}(\varphi)$ cal afegir a la derivada component a component de $\overline{\mathbf{OJ}}(\varphi)$ el terme complementari corresponent a la derivació en base mòbil:

$$\left\{\overline{\mathbf{OJ}}\right\}_{x,y} = \left[S_\varphi\right]\left\{\overline{\mathbf{OJ}}\right\}_{1,2}$$

$$\left\{\overline{\mathbf{OJ}}'\right\}_{x,y} = \left\{\overline{\mathbf{OJ}}\right\}'_{x,y} = \left[S'_\varphi\right]\left\{\overline{\mathbf{OJ}}\right\}_{1,2} + \left[S_\varphi\right]\left\{\overline{\mathbf{OJ}}\right\}'_{1,2}$$

i multiplicant per $\left[S_\varphi\right]^{-1}$

$$\left\{\overline{\mathbf{OJ}}'\right\}_{12} = \begin{bmatrix} 0 & 1 \\ -1 & 0 \end{bmatrix}\left\{\overline{\mathbf{OJ}}\right\}_{12} + \left\{\overline{\mathbf{OJ}}\right\}'_{12}$$

Palpador pla. Per a un palpador pla amb $\beta = 0$, derivant 4.9 respecte a φ en la base mòbil 1,2:

$$\{\overline{\mathbf{OJ}}(\varphi)\}_{1,2} = \begin{Bmatrix} d'(\varphi) \\ d(\varphi) \end{Bmatrix} \xrightarrow{\mathrm{d}/\mathrm{d}\varphi} \begin{Bmatrix} d + d'' \\ 0 \end{Bmatrix} \xrightarrow{\mathrm{d}/\mathrm{d}\varphi} \begin{Bmatrix} \cdots \\ -(d + d'') \end{Bmatrix}$$

La direcció normal a la corba és la de l'eix 2 negatiu. Substituint a 4.12, el radi de curvatura és:

$$r_\mathrm{c}(\varphi) = d(\varphi) + d''(\varphi),\ d(\varphi) = r_0 + b(\varphi)$$

Per a un palpador pla amb inclinació arbitrària, procedint de manera anàloga a partir de l'expressió 4.10, el radi de curvatura que s'obté és

$$r_\mathrm{c}(\varphi) = (d(\varphi) + d''(\varphi))\cos\beta - \epsilon \sin\beta$$

Fig. 4.20 Possibles problemes del perfil d'una lleva amb palpador pla

Analitzant el signe de la funció $r_\mathrm{c}(\varphi)$ es dedueixen les característiques del perfil de la lleva:

- Si sempre $r_\mathrm{c}(\varphi) > 0$, la lleva és convexa i el palpador podrà accedir al punt teòric de contacte sense problemes.
- Quan apareix un punt amb $r_\mathrm{c}(\varphi) = 0$, es té un pic –un vèrtex o una punxa (Fig. 4.20)– en el perfil de la lleva i, per tant, pressions molt elevades en el contacte lleva-palpador.
- Un tram amb $r_\mathrm{c}(\varphi) < 0$ entre 2 punts de retrocés –$r_\mathrm{c}(\varphi) = 0$– correspon a un rebaix que, a més d'originar un pic, impedeix seguir la llei de desplaçament especificada.

El perfil és tal que, en anar avançant per ell amb angles φ creixents seguint la parametrització, l'angle que forma la tangent respecte a una direcció fixa a la lleva és monòtonament decreixent ja que és igual a -φ. Així, doncs, és impossible que una lleva obtinguda per generació presenti punts d'inflexió, com en el cas que es mostra a la figura 4.3.

Per eliminar els trams problemàtics i assegurar que sempre $r_\mathrm{c}(\varphi) > 0$, n'hi ha prou d'augmentar el radi de base r_0, ja que $r_\mathrm{c}(\varphi)$ és una funció creixent de d_0, i d_0 és creixent en funció de r_0. Malgrat tot, cal tenir en compte que un valor molt elevat de r_0 no és recomanable, ja que amb r_0 augmenten la grandaria de la lleva i la velocitat de lliscament (4.2).

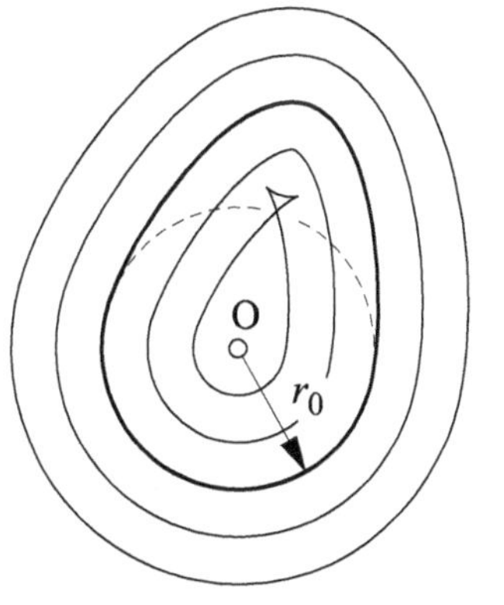

Fig. 4.21 Efecte de variar r_0 en el perfil de la lleva (palpador pla)

En incrementar d_0 no es modifica la línia de pressió (Fig. 4.9), ja que aquesta segueix essent la línia que passa per I i forma un angle β amb la guia del palpador. Per tant el nou punt de contacte es troba segons la normal per al punt J original de contacte, a una distància $\Delta d_0 \cos\beta = \Delta r_0$. En altres paraules, en anar variant d_0 es va obtenint una família de corbes *offset* (Fig. 4.21).

Palpador circular. Per a una lleva amb palpador circular, el radi de curvatura del perfil de la lleva, r_c, i el de la corba de pas, r_{cp}, difereixen en el radi r del corró, ja que la primera és la corba *offset* interior a la segona:

$$r_c(\varphi) = r_{cp}(\varphi) - r$$

Per calcular r_{cp} es deriva l'equació 4.11 de la corba de pas:

$$\{\overline{\mathbf{OC}}(\varphi)\}_{1,2} = \begin{Bmatrix} \epsilon \\ d(\varphi) \end{Bmatrix} \xrightarrow{\mathrm{d}/\mathrm{d}\varphi} \begin{Bmatrix} d \\ d'-\epsilon \end{Bmatrix} \xrightarrow{\mathrm{d}/\mathrm{d}\varphi} \begin{Bmatrix} 2d'-\epsilon \\ d''-d \end{Bmatrix}$$

Aquesta corba tancada s'ha parametritzat en sentit horari, de manera que la component normal (cap a l'interior) de la derivada es pot expressar com

$$\left.\overline{\mathbf{OC}'}\right|_{\mathrm{n}} = \frac{\left.\overline{\mathbf{OC}''} \times \overline{\mathbf{OC}'}\right|_{\mathrm{eix\ 3}}}{\left|\overline{\mathbf{OC}'}\right|}$$

i, per tant, el radi de curvatura de la corba de pas és $r_{cp}(\varphi) = \dfrac{\left(d^2 + (d'-\epsilon)^2\right)^{3/2}}{(d'-\epsilon)(2d'-\epsilon) - d(d''-d)}$

Els problemes que es poden presentar en el contacte lleva-palpador són els següents:

- Trams còncaus ($r_c < 0$) del perfil de lleva. S'ha de verificar que $|r_c| > r$. En cas contrari, el corró no pot accedir al punt teòric de contacte (Fig. 4.22.*a*).
- Trams convexos ($r_c > 0$) de la corba de pas (Fig. 4.22.*b*). L'anàlisi és similar al cas del palpador pla. S'ha de verificar que $r_{cp} > r$. Si $r_{cp} = r$ es generaria un vèrtex ($r_c = 0$) en el perfil de la lleva. Si $r_{cp} < r$, es produiria un rebaix.

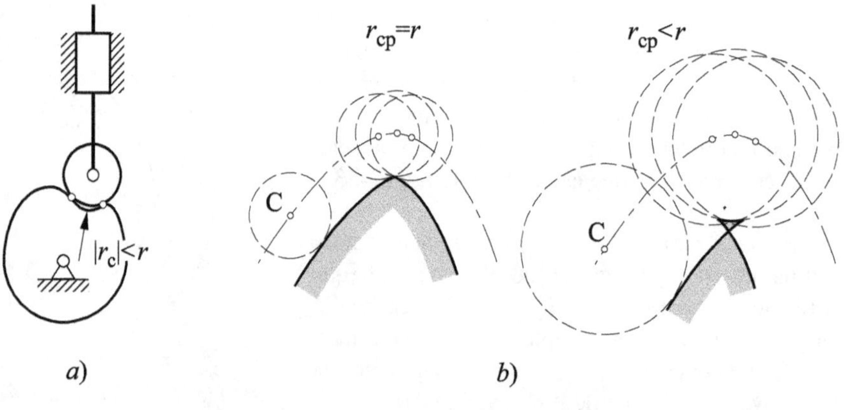

Fig. 4.22 Possibles problemes del perfil d'una lleva amb palpador circular

Annex 4.I Corbes de Bézier no paramètriques

En aquest annex es presenten les corbes de Bézier no paramètriques –funcions polinòmiques definides sobre la base dels polinomis de Bernstein– com una alternativa a la utilització de funcions polinòmiques definides sobre la base monomial.

Tot i que aquest annex s'inclogui al capítol dedicat a les lleves, la seva utilització no s'ha de restringir a la definició de funcions de desplaçament. La senzilleza en l'especificació de condicions de continuïtat i la seva definició intuïtiva les fan molt útils en el disseny de lleis temporals del moviment a partir d'especificacions donades. La utilització de les corbes de Bézier és, per exemple, la manera més senzilla de definir la corba d'arrencada d'un ascensor fins a la velocitat de règim sense superar una determinada acceleració donada.

Funcions polinòmiques monomials. Un polinomi $b(u)$ de grau n s'expressa a la base de monomis o canònica $(1, u, u^2, u^3,\ldots)$ com la combinació lineal:

$$b(u) = \sum_{i=0}^{n} a_i u^i \tag{4.13}$$

on a_i són els coeficients del polinomi en la base de monomis.

Aquesta base no resulta recomanable en la definició de corbes per trams pels motius següents:

- Problemes d'estabilitat numèrica, especialment si n és elevat. Petits errors en el càlcul dels coeficients, inevitables en càlculs numèrics, donen origen a variacions inacceptables del valor de la funció fora de l'entorn $u = 0$ i a discontinuïtats en les unions.
- Els coeficients a_i a l'equació 4.13 no tenen cap significat geomètric. Una modificació d'un coeficient no produeix cap efecte intuïtiu sobre la forma de la funció $b(u)$.
- La imposició de condicions de continuïtat en la unió entre dos corbes no és trivial, ja que involucra tots els coeficients d'una d'elles, àdhuc en el cas de continuïtat C^0.

Polinomis de Bernstein. Els problemes esmentats de la base monomial se solucionen si s'empren els anomenats *polinomis de Bernstein* que constitueixen també una base. Sobre un domini unitari, els polinomis de Bernstein de grau n són

$$\mathrm{B}_i^n(u) = C_n^i u^i (1-u)^{n-i} \qquad i = 0,\ldots,n \qquad \text{on } C_n^i = \frac{n!}{i!(n-i)!} \tag{4.14}$$

A la figura 4.23 es mostren els polinomis de Bernstein de graus 1, 2 i 3 com també els monomis fins a grau 3.

És interessant observar que els polinomis de Bernstein gaudeixen de tres propietats especialment interessants:

- Comportament simètric respecte als dos extrems de l'interval de definició.
- A cada extrem només hi ha un polinomi de valor no nul.
- Presenten un màxim per a l'abscissa $u = i/n$.

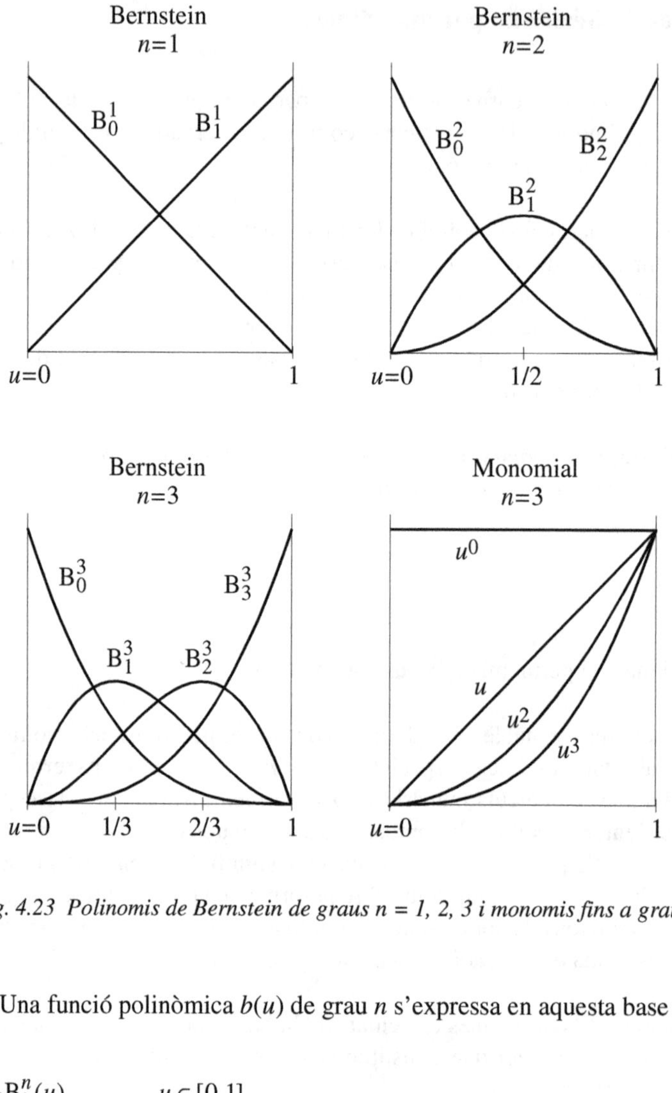

Fig. 4.23 Polinomis de Bernstein de graus n = 1, 2, 3 i monomis fins a grau 3

Punts de control. Una funció polinòmica $b(u)$ de grau n s'expressa en aquesta base com

$$b(u)=\sum_{i=0}^{n} b_i \mathrm{B}_i^n(u) \qquad u\in[0,1] \tag{4.15}$$

on els $n+1$ coeficients b_i s'anomenen *ordenades de Bézier*. El gràfic de la corba $b(u)$ s'anomena *corba de Bézier no paramètrica*. Per a cada ordenada b_i es defineix un punt $\boldsymbol{b}_i$ de coordenades $(i/n,\ b_i)$ anomenat *punt de control* i el conjunt dels punts de control defineixen l'anomenat *polígon de control* de la corba.

A l'expressió 4.15 el polinomi $\mathrm{B}_i^n(u)$ es pot interpretar com la influència de b_i a la corba $b(u)$. Aquesta influència és màxima a $u = i/n$, ja que $\mathrm{B}_i^n(u)$ hi presenta un màxim. Això fa que la representació gràfica de la corba $b(u)$ tendeixi a ser propera al polígon de control (Fig. 4.24), i si es desplaça verticalment un punt de control –es modifica l'ordenada b_i corresponent– la corba presenta la modificació més acusada a l'entorn d'aquest punt.

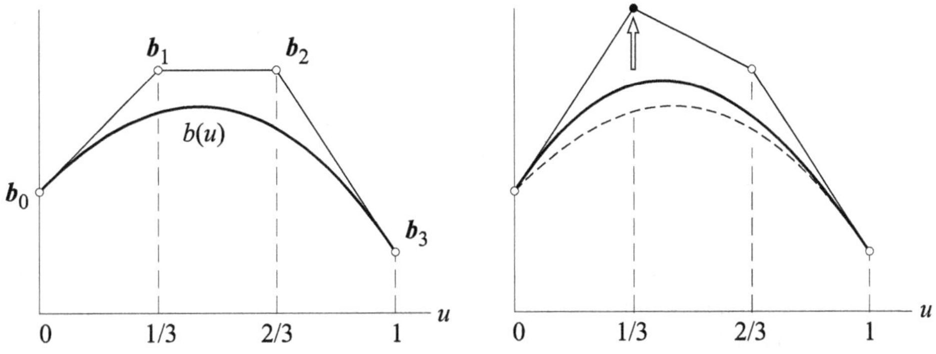

Fig. 4.24 Corba de Bézier no paramètrica de grau n = 3. Influència del punt $\boldsymbol{b}_1$

Aquesta propietat i les següents donen un significat geomètric a les ordenades de Bézier que facilita el disseny i la modificació interactiva d'una corba de Bézier:

- La corba passa pels punts extrems $\boldsymbol{b}_0$, $\boldsymbol{b}_n$ i és tangent al polígon de control en aquests punts.
- La corba es troba tancada dins el domini convex dels punts de control (Fig. 4.25). El polígon de control permet establir una caixa contenidora dins la qual es pot assegurar que es troba la corba.

A més, resulta interessant observar els casos particulars següents (Fig. 4.26):

- $n = 1$; segment rectilini d'extrems $\boldsymbol{b}_0$, $\boldsymbol{b}_1$.
- $n = 2$; segment parabòlic d'extrems $\boldsymbol{b}_0$ i $\boldsymbol{b}_2$, amb tangents en aquests punts que es tallen a $\boldsymbol{b}_1$.

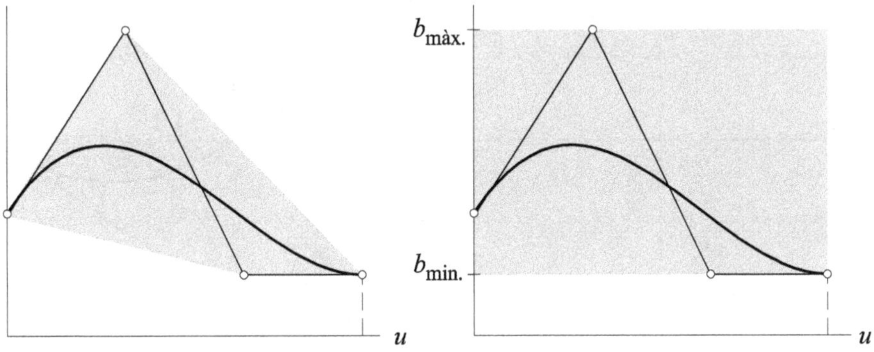

Fig. 4.25 Domini convex i caixa contenidora d'una corba de grau n = 3

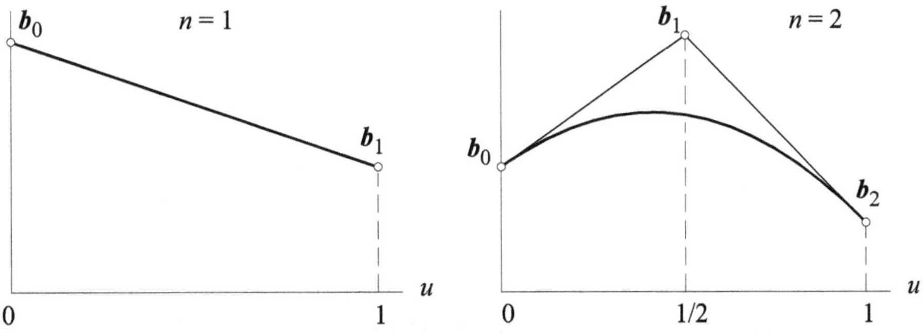

Fig. 4.26 Corbes de Bézier no paramètriques de graus n = 1, 2

A causa de les propietats favorables de les corbes de Bézier, aquestes corbes són emprades àmpliament en aplicacions de CAD (carrosseries d'automòbil, fusellatges d'avions, etc.). De fet, van ser desenvolupades per l'enginyer P. Bézier mentre treballava durant la dècada dels seixanta en el disseny de carrosseries per a Renault. A més, les corbes de Bézier són un estàndard en paquets gràfics (OpenGL, PHIGS, llenguatge PostScript) i en programes d'il·lustració (Adobe Illustrator, FreeHand, etc.). En aquestes aplicacions, s'utilitza la versió paramètrica de les corbes de Bézier, en la qual els punts de control es poden situar lliurement en el pla o l'espai.

Derivades i integració d'una corba de Bézier no paramètrica. La derivada $b'(u)$ d'un polinomi $b(u)$ de grau n és un polinomi de grau $n' = n - 1$. A la base de Bernstein, es pot comprovar que els coeficients b_i' de la derivada s'obtenen com

$$b_i' = n(b_{i+1} - b_i) \quad i = 0,\ldots,n-1 \tag{4.16}$$

A la figura 4.27 es presenta com exemple la derivada d'una corba cúbica (n = 3), que és una corba parabòlica. Aquesta última s'ha representat amb una escala ampliada 3 vegades per a l'eix d'ordenades.

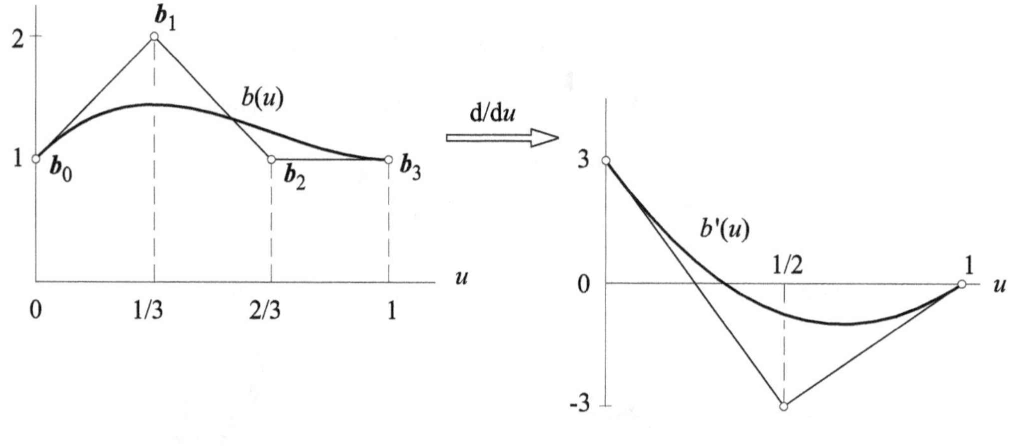

Fig. 4.27 Derivada d'una corba de Bézier no paramètrica (grau n = 3)

De l'expressió 4.16 es dedueix que, en el procés d'integració,

$$b_{i+1} = b_i + \frac{b_i'}{n} \tag{4.17}$$

essent b_i' les ordenades de Bézier de la funció de partida, b_i les ordenades de la funció integrada i n l'ordre d'aquesta. Per definir la constant d'integració es pot prendre un valor concret per a una coordenada; el més senzill és b_0.

La utilització de les corbes de Bézier per tal de definir una funció $b(s)$ de la variable independent s entre s_0 i s_1 $s \in [s_0, s_1]$, i el fet que les corbes de Bézier $b(u)$ es defineixen en un domini unitari $u \in [0,1]$, fa que usualment s'utilitzi el canvi lineal de variable $u = (s - s_0) / (s_1 - s_0)$.

Amb aquest canvi de variables, la relació entre la derivada $d'(u)$ respecte a u i la derivada $d'(s)$ respecte a s és

$$d'(s) = d'(u)u'(s) = \frac{d'(u)}{s_1 - s_0}$$

Imposició de condicions de continuïtat. L'expressió 4.16 posa de manifest que les derivades r-èsimes en els extrems $u = 0$, $u = 1$ només depenen dels $r+1$ punts de control més propers, és a dir, a $u = 0$ només depèn dels coeficients $b_0 \ldots b_r$, i a $u=1$ dels coeficients $b_{n-r} \ldots b_n$.

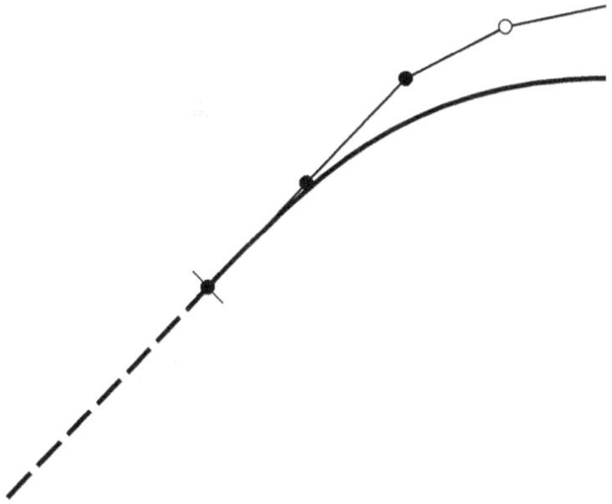

Fig. 4.28 Unió C^2 recta-Bézier

La imposició de condicions de continuïtat r-èsima en la unió entre dues corbes resulta, doncs, molt més senzilla en la base de Bernstein que en la base de monomis, ja que només es veuen involucrats $r+1$ coeficients de cada corba.

En el cas particular d'unió d'una corba de Bézier amb una recta, per aconseguir continuïtat C^r respecte al paràmetre s n'hi ha prou que els $r+1$ punts de control més propers a la unió es trobin sobre la prolongació de la recta (Fig. 4.28).

En el cas més general, es planteja determinar la corba de Bézier que s'uneix amb continuïtat C^r amb una altra corba coneguda (Fig. 4.29). Si la corba coneguda és de Bézier $-b(s)$, d'ordre n_1 i interval de definició Δs_1- les derivades respecte a s en el punt d'unió es poden trobar de manera recurrent utilitzant l'expressió 4.16 i tenint en compte que les corbes de Bézier passen pels punts de control extrems. Per exemple, si la unió es fa amb l'últim punt d'aquesta corba:

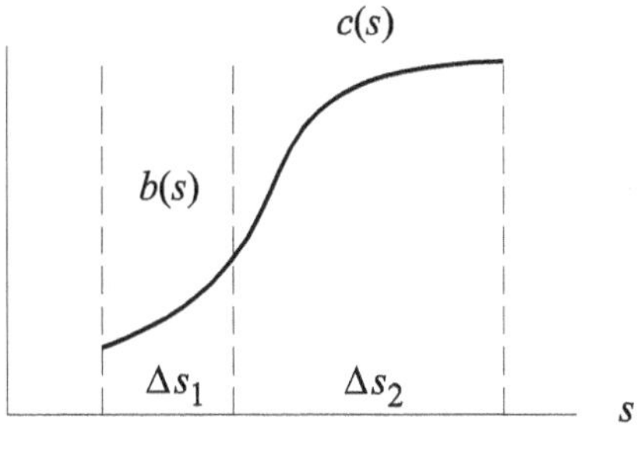

Fig. 4.29 Unió de dos trams de Bézier

$$b_n \qquad\qquad b(s_{\text{màx.}}) = b_n$$

$$b'_{n-1} = (b_n - b_{n-1})n_1 \qquad\qquad b'(s)\Big|_{s_{1\,\text{màx.}}} = b'(u)\Big|_{u=1}\frac{1}{\Delta s_1} = b'_{n-1}\frac{1}{\Delta s_1}$$

$$b''_{n-2} = \left(b'_{n-1} - b'_{n-2}\right)(n_1 - 1) \qquad\qquad b''(s)\Big|_{s_{1\,\text{màx.}}} = b''_{n-2}\frac{1}{(\Delta s_1)^2}$$

$$\vdots \qquad\qquad \vdots$$

Conegudes aquestes derivades, les ordenades de Bézier c_i de la corba de Bézier $-c(s)$, ordre n_2 i interval de definició Δs_2- que empalma amb continuïtat C^r amb la primera es poden trobar a partir de l'expressió 4.17 i tenint en compte que les corbes de Bézier passen pels punts extrems

$$c_0 = b_n \ , \ c_1 = c_0 + \frac{c_0'}{n_2} \ , \ c_2 = c_1 + \frac{c_1'}{n_2} \ , \cdots$$

$$c_0' = c'(u)\big|_{u=0} = c'(s)\big|_{s_2\,\text{mín.}} \Delta s_2 = b'(s)\big|_{s_1\,\text{màx.}} \Delta s_2 = b_{n-1}' \frac{\Delta s_2}{\Delta s_1} \ , \ c_1' = c_0' + \frac{c_0''}{n_2 - 1} \ , \cdots$$

$$c_0'' = b''(s)\big|_{s_1\,\text{màx.}} (\Delta s_2)^2 = b_{n-2}'' \left(\frac{\Delta s_2}{\Delta s_1} \right)^2 \ , \cdots$$

$$\vdots$$

Com a casos particulars en unir dues corbes de Bezier:

a) Si es vol continuïtat C^1 només cal que els dos últims punts de control del primer tram estiguin alineats amb els dos primers del segon tram –les corbes de Bézier en els extrems són tangents al polígon de control.

b) Si les dues corbes de Bézier són del mateix ordre i estan definides en el mateix interval ($n_1 = n_2$ i $\Delta s_1 = \Delta s_2$), les ordenades de Bézier respectives guarden la relació:

$$\begin{Bmatrix} c_0 \\ c_1 \\ c_2 \\ c_3 \\ c_4 \\ \vdots \end{Bmatrix} = \begin{bmatrix} 1 & 0 & 0 & 0 & 0 \\ 2 & -1 & 0 & 0 & 0 \\ 4 & -4 & 1 & 0 & 0 \\ 8 & -12 & 6 & -1 & 0 \\ 16 & -32 & 24 & -8 & 1 \\ & & \vdots & & \end{bmatrix} \begin{Bmatrix} b_n \\ b_{n-1} \\ b_{n-2} \\ b_{n-3} \\ b_{n-4} \\ \vdots \end{Bmatrix}$$

Exemples de disseny de funcions de desplaçament mitjançant corbes de Bézier

Tram de lleva amb detenció simple. En el cas usual en què es vol simetria entre la pujada i la baixada (Fig. 4.12), el disseny amb una única corba de Bézier és trivial. Si es vol unió C^r amb els trams de repòs, per les propietats de continuïtat en els extrems de les corbes de Bézier, s'hauran de disposar r+1 punts de control a cada extrem alineats amb les rectes de repòs. A més, es necessitarà almenys un punt de control intermedi per governar l'altura màxima $b_{\text{màx}}$. Així, doncs, es necessiten com a mínim $2r$+3 punts de control, que corresponen a un grau n=$2r$+2 de la corba de Bézier.

A la figura 4.30 s'ha il·lustrat el cas habitual $r = 2$ ($n = 6$). Si el repòs és per a l'altura de referència $b(u) = 0$, es verifica $b_i = 0$ per a tots els punts de control, menys per al central b_3. Així, doncs:

$$b(u) = b_3 \mathrm{B}_3^6(u) = b_3 20(1-u)^3 u^3$$

i l'altura màxima obtinguda és, per simetria, al punt mitjà sobre l'abscissa $u = 1/2$:

$$b_{\text{màx.}} = \frac{5}{16} b_3$$

Les seqüències d'ordenades de Bézier de les successives derivades, indicades a la figura 4.30, s'obtenen fàcilment a partir de l'equació 4.16. Per representar cadascuna d'aquestes derivades s'han emprat escales diferents en l'eix d'ordenades. Si es vol obtenir una corba no simètrica, és suficient emprar un grau $n > 6$, amb la qual cosa apareixeran més punts de control interiors i es disposarà d'un major nombre de graus de llibertat per controlar la forma de la corba.

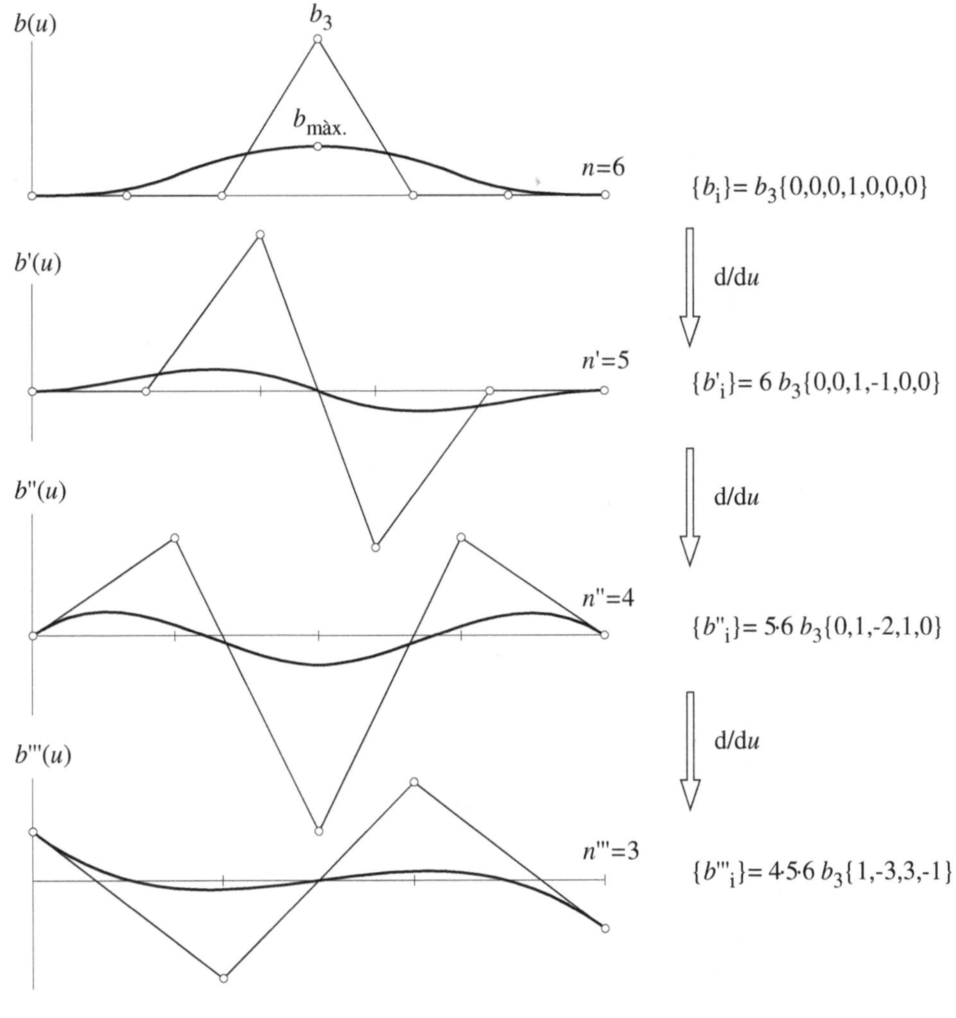

Fig. 4.30 Tram de pujada i baixada per a una lleva amb detenció simple i derivades successives

Tram de pujada d'una lleva de doble detenció. Si es demana, com en el cas anterior, unió amb continuïtat C^2, serà suficient disposar 3 punts de control a cada extrem alineats amb les rectes de repòs. Per tant, es necessitaran almenys 3+3=6 punts de control (grau $n = 5$).

Si el repòs inicial és per a l'altura de referència $b(u)$=0 i el repòs final és a una altura b_3, en el cas $n = 5$ es verifica $b_i = 0$ per als 3 primers punts de control, i $b_i = b_3$ per als 3 últims. Així doncs:

$$b(u) = b_3[B_3^5(u) + B_4^5(u) + B_5^5(u)] = b_3 u^3[10(1-u)^2 + 5(1-u)u + u^2]$$

A la figura 4.31 s'ha dibuixat aquest tram de pujada i les seves derivades successives. El tram de baixada s'obtindria de manera anàloga. Si per aconseguir més control de la forma del tram es necessitessin més graus de llibertat, seria suficient utilitzar un grau més elevat.

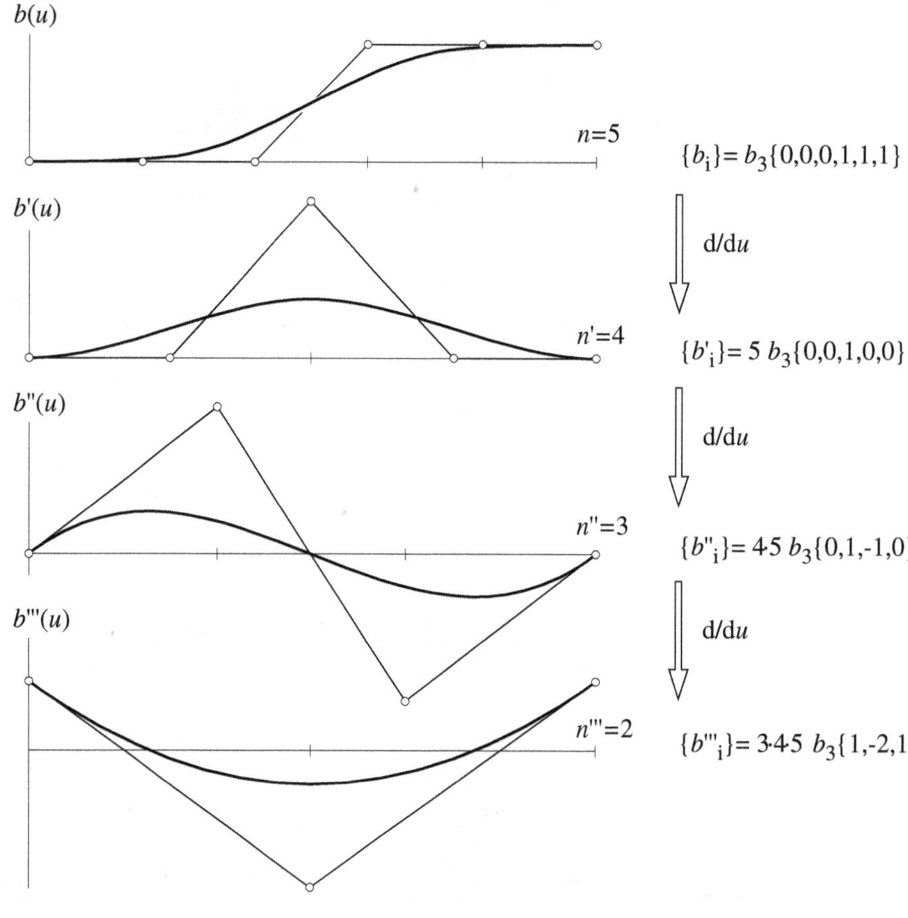

Fig. 4.31 Tram de pujada i derivades successives per a una lleva de doble detenció

Problemes

P 4-1 El desplaçament d'una lleva de doble detenció és de 10 mm en 60º. Definiu el tram de pujada utilitzant:

a) Una corba de Bézier que imposi continuïtat C^1 amb els trams de repòs.
b) Una corba de Bézier que imposi continuïtat C^2 amb els trams de repòs.
c) Una funció harmònica. Quina continuïtat té amb els trams de repòs en aquest cas?

P 4-2 Una lleva plana ha de proporcionar la llei de desplaçament en dent de serra com s'indica a la figura. Determineu les corbes de Bézier que produeixen unions C^1 i C^2 i estudieu-ne les 3 primeres derivades del desplaçament.

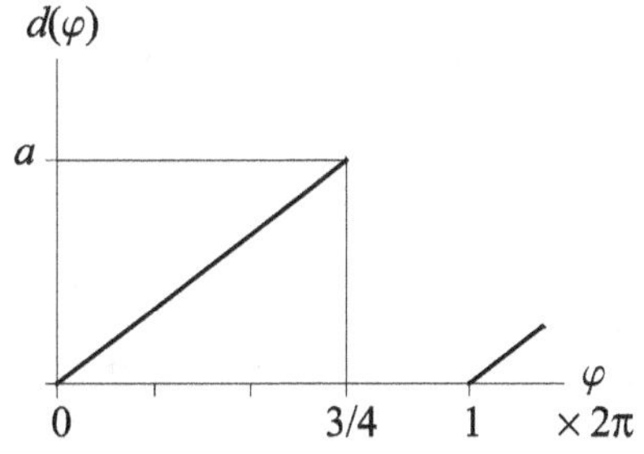

P 4-3 La llei de desplaçament d'una lleva plana és triangular simètrica, com es mostra a la figura. Determineu les corbes de Bézier que produeixen unions C^1 i C^2 i estudieu-ne les 3 primeres derivades del desplaçament.

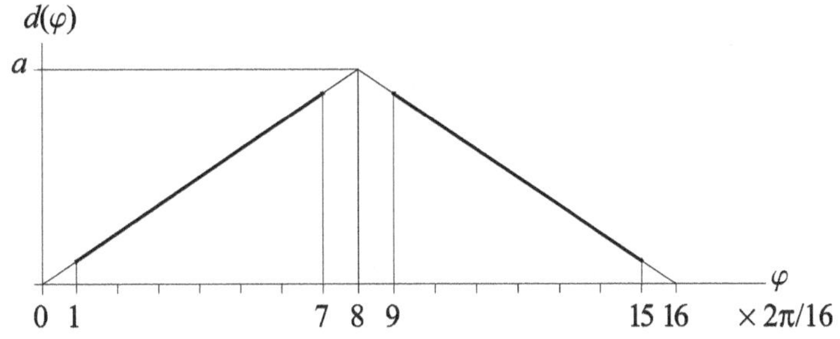

P 4-4 La corba de desplaçament d'una lleva plana ha de passar amb pendent horitzontal pels punts indicats. Determineu els trams de Bézier que generen una corba global C^1. Estudieu-ne les 3 primeres derivades.

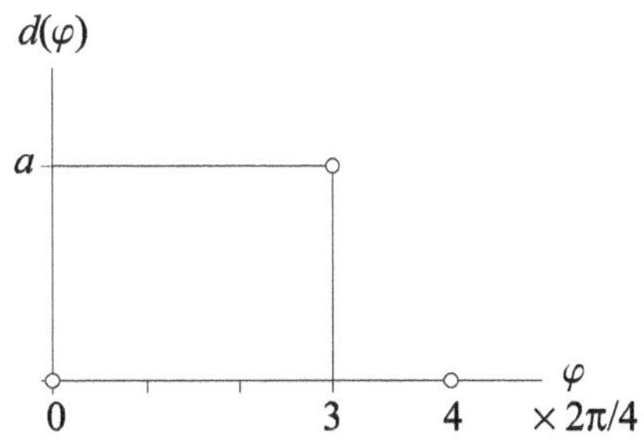

P 4-5 Una lleva plana de rotació amb palpador circular de translació genera la corba de desplaçament següent:

$$d(\varphi) = a \sin \varphi + a_0$$

L'excentricitat de la guia del palpador és nul·la. Determineu la corba de pas –descrita pel centre del palpador– i el radi de base r_0 – radi mínim– de la lleva.
(r = 10 mm ; a = 20 mm ; a_0 = 60 mm)

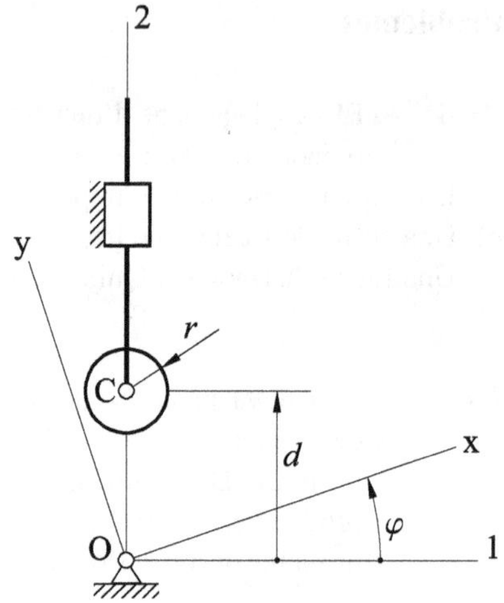

P 4-6 Una lleva plana de rotació amb palpador pla horitzontal de translació genera la corba de desplaçament $d(\varphi) = a \sin \varphi + a_0$. Determineu el perfil i el radi de base de la lleva.
(a = 15 mm ; a_0 = 40 mm)

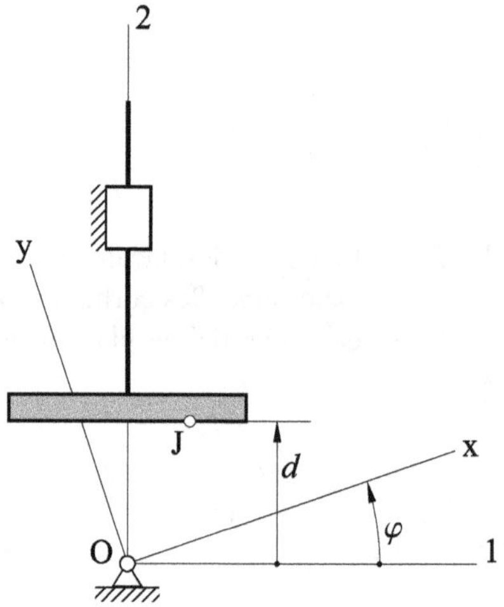

P 4-7 La corba de desplaçament d'una lleva plana de rotació amb palpador pla horitzontal de translació (vegeu figura al problema 4-6) és :

$$d(\varphi) = a\,(1\text{-}u)^2u^2 + a_0$$

amb $u = \varphi/2\pi$, a = 200 mm i a_0 = 25 mm. Determineu-ne el perfil i el seu radi de curvatura.

P 4-8 La corba de desplaçament d'una lleva plana de rotació amb palpador circular de translació (vegeu figura al problema 4-5) és

$$d(\varphi) = a \sin^2\varphi + a_0.$$

L'excentricitat de la guia del palpador és nul·la. Determineu la corba de pas descrita pel centre del palpador i el radi de curvatura tant d'aquesta corba com del perfil de la lleva.
(r =10 mm ; a = 10 mm ; a_0 = 30 mm)

P 4-9 Les dues corredores, 1 i 2, estan unides mitjançant un parell superior format per superfícies cilíndriques de radi r . Determineu, en la configuració representada:

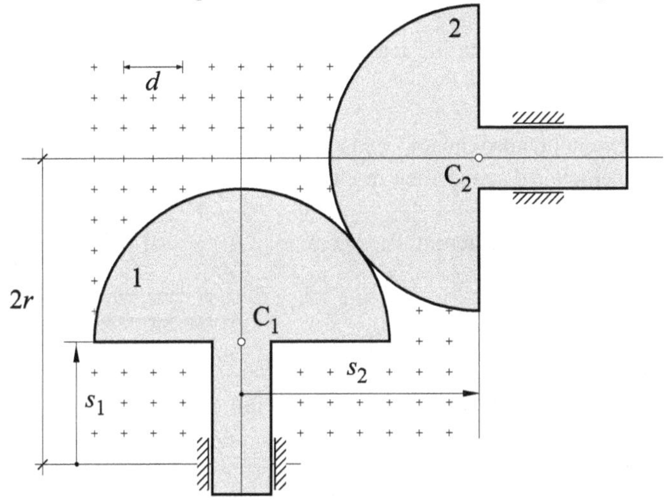

P 4-10 En el parell superior de la figura, determineu per a la configuració representada i funció del moviment de la corredora 1:

a) La velocitat i l'acceleració angular del balancí 2.

b) La velocitat de lliscament en el punt de contacte.

c) L'equació d'enllaç entre les coordenades s i φ.

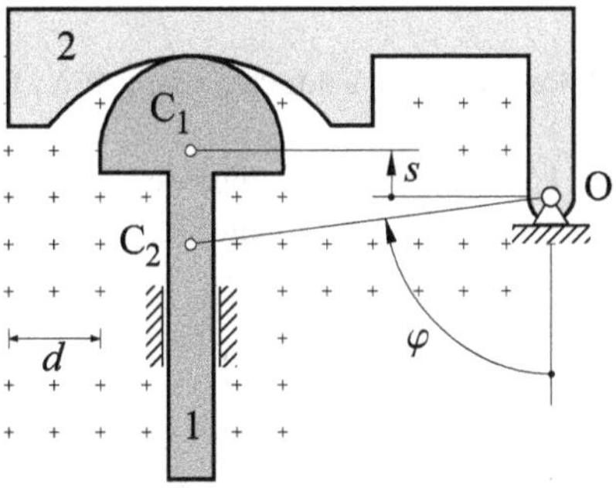

P 4-11 La figura mostra una lleva de desplaçament rectilini que avança amb velocitat constant v=0,5 m/s, la qual mou un seguidor muntat sobre un quadrilàter articulat. El punt Q_1 és el centre de curvatura del tram circular AB de la lleva.

Determineu en la configuració representada:

a) Els centres instantanis de rotació absoluts dels membres del mecanisme.

b) La velocitat angular absoluta dels membres 4 i 5.

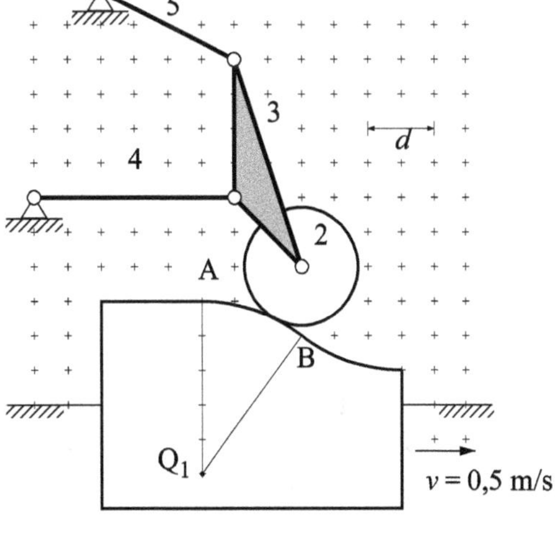

P 4-12 En un tren de conducció automàtica, es vol programar la posada en marxa de manera que evolucioni del repòs a la velocitat de règim de 15 m/s en 15 segons i l'acceleració sigui contínua.

Determineu, utilitzant corbes de Bézier de grau mínim, la llei temporal de la velocitat i l'acceleració màxima per a aquesta maniobra.

P 4-13 En una màquina de foradar la velocitat d'aproximació de la broca a la peça és $v_1 = 20$ mm/s i la velocitat d'avanç mentre es fa el forat és $v_2 = 5$ mm/s.

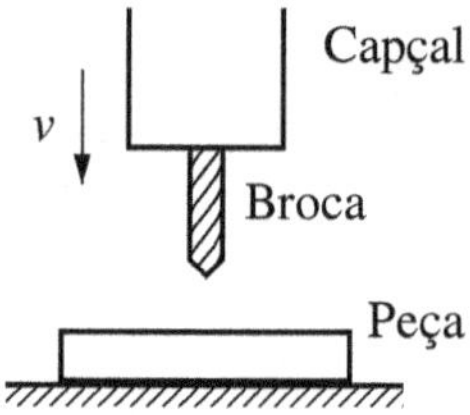

Si la transició de velocitat s'ha de fer en 0,6 s i mantenint l'acceleració contínua (C^0), utilitzant corbes de Bézier de grau mínim:

a) Dibuixeu la gràfica de la velocitat de la broca en funció del temps.
b) Determineu el valor de la desacceleració màxima.
c) Dibuixeu la corba de desplaçament i indiqueu-hi la posició dels punts de control.

P 4-14 Una escala mecànica està en repòs fins que detecta la presència d'una persona. En aquest moment, inicia la posada en marxa fins arribar a una velocitat constant $v = 0{,}8$ m/s. Per tal d'evitar brusquedats en aquesta maniobra, el control de la màquina imposa una evolució de la velocitat amb continuïtat C^1 i una acceleració màxima $a_{\text{màx.}} = 0{,}6$ m/s^2.

Determineu per a aquesta maniobra i utilitzant corbes de Bézier de grau mínim:

a) L'expressió polinòmica de la velocitat, de l'acceleració i del desplaçament.
b) La durada de la maniobra.

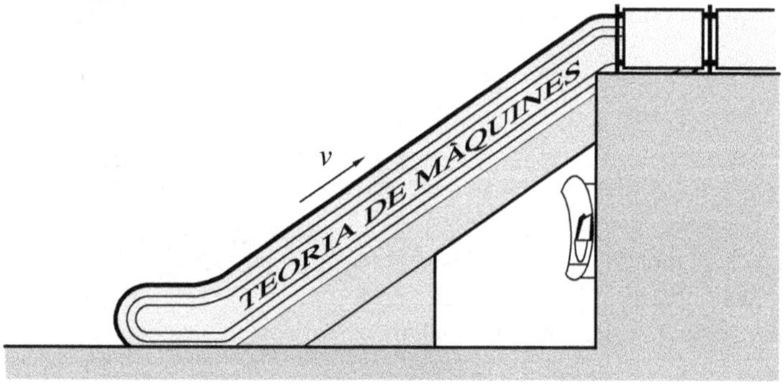

5 Engranatges

En moltes màquines, es fa necessària la transmissió de moviment de rotació entre dos eixos, i sovint es vol que la relació entre les velocitats angulars d'aquests eixos sigui constant i independent de la configuració. Per aconseguir-ho, es fan servir rodes de fricció, corretges, cadenes o engranatges.

En aquest capítol, s'estudien els engranatges des del punt de vista cinemàtic, i les condicions que cal imposar al perfil de les dents de les rodes dentades per tal que l'engranament sigui cinemàticament correcte.

5.1 Transmissió de la rotació entre eixos

La transmissió de la rotació d'un eix a un altre és necessària per motius tals com:

- L'existència d'eixos no coincidents per raons funcionals. Aquest és el cas del diferencial d'un vehicle amb motor longitudinal, necessari per transmetre el moviment de la sortida de la caixa de canvis a les rodes.
- La necessitat d'establir una relació de velocitats precisa entre dos eixos. Per exemple, el cicle termodinàmic d'un motor de 4 temps imposa que l'arbre de lleves giri exactament a la meitat de velocitat que el cigonyal, o l'agulla horària d'un rellotge mecànic ha de girar a una velocitat angular 1/60 de la corresponent a la minutera.
- La necessitat d'invertir el sentit de gir d'un eix. És el cas del mecanisme que permet a una motonau invertir el sentit de gir de l'hèlix per maniobrar.
- L'adequació de la velocitat d'un motor a les característiques de la càrrega. Per exemple, la turbina d'un avió de turbohèlix gira a una velocitat massa elevada per poder-se connectar directament amb l'hèlix amb un rendiment acceptable, i cal interposar un reductor entre elles. Un altre exemple és el d'un aerogenerador en què les pales giren massa lentament per accionar el generador elèctric i cal interposar-hi un multiplicador.

Relació de transmissió. En un mecanisme de transmissió, el quocient τ entre la velocitat angular ω_2 de l'eix conduït o de sortida i la velocitat angular ω_1 de l'eix conductor o d'entrada s'anomena *relació de transmissió*:

$$\tau = \frac{\omega_2}{\omega_1}$$

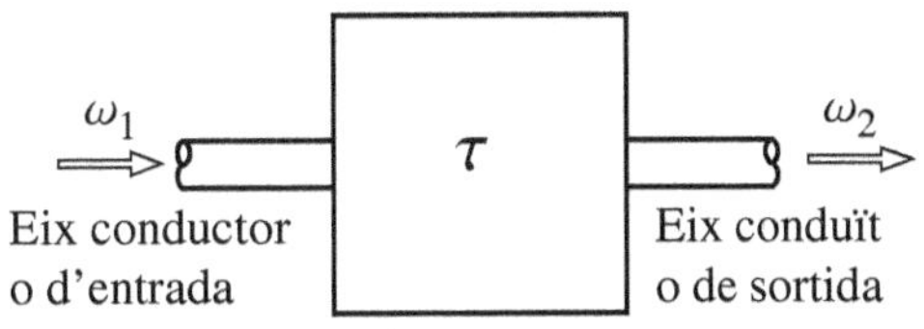

Fig. 5.1 Relació de transmissió τ

El signe d'aquesta relació de transmissió depèn del criteri de signes escollit per definir les velocitats angulars. Aquesta equació es pot interpretar com l'equació cinemàtica d'enllaç:

$$\tau\,\omega_1 - \omega_2 = 0$$

que relaciona les velocitats angulars de dos sòlids –eix d'entrada i eix de sortida– respecte a una carcassa (Fig. 5.1). En aquest capítol, s'estudia el cas usual τ = constant.

En els reductors, mecanismes de transmissió amb $\tau < 1$, sovint es defineix la relació de reducció i:

$$i = \frac{1}{\tau} = \frac{\omega_{\text{eix conductor}}}{\omega_{\text{eix conduït}}}$$

Mecanismes per a la transmissió de la rotació entre eixos. Engranatges. Per a eixos paral·lels o que es tallen, una solució per a la transmissió del moviment és utilitzar una parella de rodes de fricció que mantinguin contacte sense lliscar. D'aquesta manera sorgeixen les combinacions següents, il·lustrades a la figura 5.2:

a) Contacte entre rodes per les seves cares exteriors. Per a eixos paral·lels, les rodes són cilíndriques i els eixos giren en sentit invers. Per a eixos que es tallen, les rodes són troncocòniques.
b) Contacte de la superfície exterior de la roda petita amb la superfície interior d'una de més gran. Amb eixos paral·lels els eixos giren en el mateix sentit.
c) Cas límit d'una roda de $r = \infty$ que estableix contacte amb la superfície exterior de l'altra roda. Un segment finit de la roda de $r = \infty$ té moviment de translació.

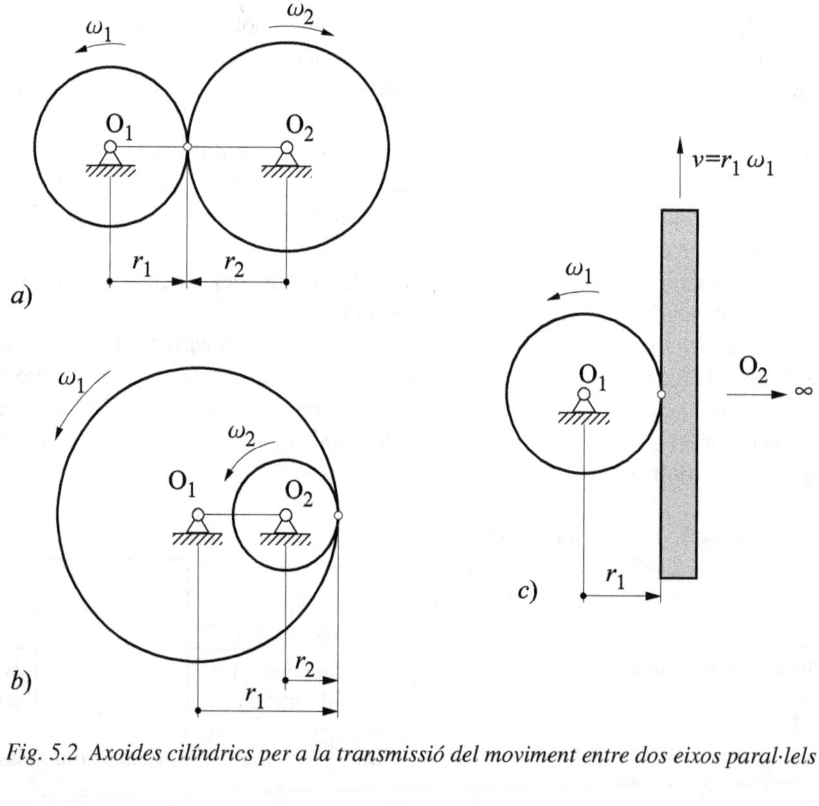

Fig. 5.2 Axoides cilíndrics per a la transmissió del moviment entre dos eixos paral·lels

El parell que es pot transmetre amb aquesta solució és proporcional a la pressió de contacte i al radi de les rodes. En la majoria d'aplicacions, per transmetre el parell necessari amb rodes d'una mida raonable seria necessària una pressió superior a l'admissible, de manera que les rodes de fricció no solen ser una solució adequada. Cal passar a transmetre el parell per mitjà de forces normals entre superfícies, fet que porta a l'aparició de dents a les rodes.

Altres mecanismes alternatius són les politges amb corretges –dentades o no– o les rodes amb cadenes. La utilització d'una solució o una altra depèn del problema concret que s'ha de resoldre. Per exemple, en una motocicleta amb motor transversal la transmissió a la roda posterior se sol fer mitjançant una cadena, mentre que si el motor és longitudinal resulta més avantatjós un arbre de transmissió i un engranatge cònic.

Aquest capítol es dedica només a l'estudi dels engranatges, conjunt de dues rodes dentades que engranen entre si. En funció de la disposició relativa dels eixos, s'utilitzen diversos tipus d'engranatges:

- Eixos paral·lels: engranatges *cilíndrics*, també anomenats *paral·lels*, amb dents rectes, helicoïdals o dobles helicoïdals.
- Eixos que es tallen: engranatges *cònics* amb dentat recte o espiral.
- Eixos que s'encreuen: engranatges *cilíndrics helicoïdals encreuats* o engranatges *hipoïdals*.

Per als engranatges cilíndrics i cònics, les rodes de fricció equivalents coincideixen amb els axoides per al moviment relatiu.[1] Per als eixos que s'encreuen els axoides de les rodes dentades són hiperboloides de revolució reglats que rodolen i llisquen entre si. En aquest cas, el lliscament inherent al funcionament és una causa del baix rendiment de la transmissió.

Altres aplicacions dels engranatges. Cal esmentar que els engranatges també poden utilitzar-se com a elements de bombes o compressors volumètrics. Aquest és el cas de la bomba d'oli que es pot trobar en un motor d'explosió, o del compressor Roots que es mostra a la figura 5.3. L'engranatge es troba tancat en una carcassa i, en girar, les dues rodes dentades, anomenades en aquest cas rotors, van transportant el fluid per la perifèria des de la cambra d'entrada a la de sortida.

El reflux a la zona central s'impedeix pel contacte entre els rotors, i per això el perfil dels rotors s'escull de manera que garanteixin l'estanquitat en el contacte.

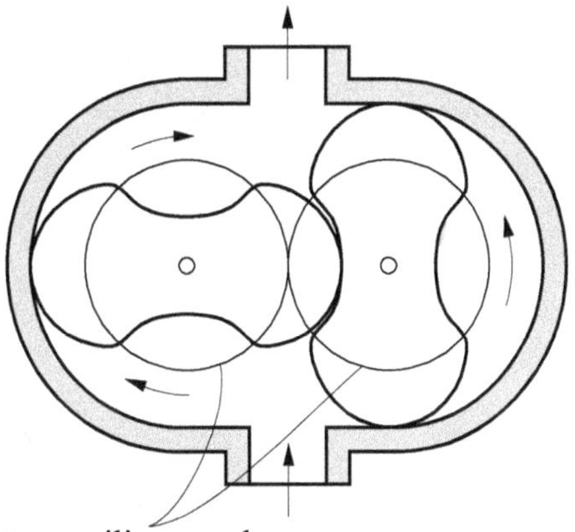
Engranatge auxiliar per a la
transmissió del moviment.

Fig. 5.3 Compressor volumètric Roots

Aquests perfils no acostumen a ser els més adequats per transmetre el moviment d'un rotor a l'altre, i per això se sol posar un engranatge auxiliar convencional.

[1] Lloc geomètric definit a cada roda de l'eix instantani de rotació i lliscament relatiu (centre instantani de rotació en el moviment pla).

Aquestes bombes o compressors generen un cabal proporcional a la velocitat de gir dels rotors. Així, doncs, si s'interposa la bomba en una conducció i es deixen girar lliurement els rotors, la bomba pot servir com a mesurador de cabal.

5.2 Perfils conjugats

La relació de transmissió entre eixos usualment ha de ser constant no només de mitjana –per exemple, considerant el quocient entre el nombre de voltes de cada eix per unitat de temps– sinó també en tot instant per tal d'evitar esforços i vibracions innecessaris. Si es confia la transmissió a un parell de perfils en contacte, aquests han de complir la condició d'engranament.

Condició d'engranament. Dos perfils plans 1 i 2 que formen un parell superior pla i giren, respectivament, al voltant dels punts O_1 i O_2, s'anomenen *conjugats* i es diu que compleixen la *condició d'engranament* si mantenen constant la relació de transmissió $\tau = \omega_2/\omega_1$. El centre instantani de rotació relatiu entre ambdós sòlids es troba (vegeu el capítol 4) a la intersecció de la línia de centres i la línia de pressió o d'empenta (Fig. 5.4).

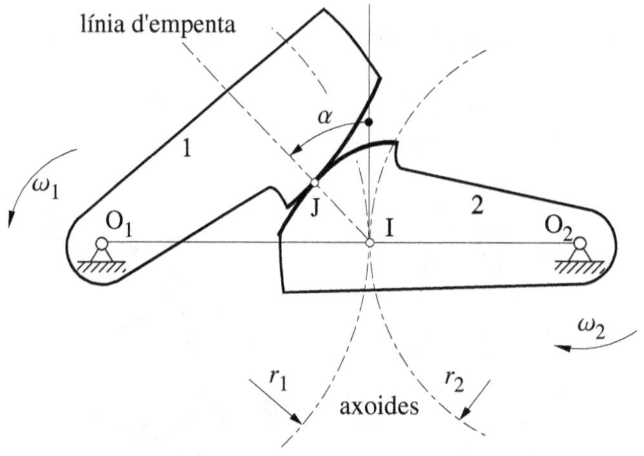

Fig. 5.4 Condició d'engranament

Per aconseguir un valor τ constant, I ha de ser un punt fix sobre la línia de centres. La relació de transmissió té el valor:

$$\tau = \frac{\omega_2}{\omega_1} = \frac{r_1}{r_2}$$

on r_1 i r_2 són les distàncies des dels centres O_1 i O_2 a I i són, per tant, els radis dels dos axoides del moviment relatiu.

El lloc geomètric dels punts que va ocupant el punt J de contacte a mesura que els perfils van girant s'anomena *línia d'engranament*.

En l'estudi d'engranatges, l'orientació de la línia d'empenta sol caracteritzar-se mitjançant l'angle α d'empenta que forma la línia de pressió amb la perpendicular a la línia de centres. Cal observar que aquesta definició de l'angle d'empenta α és diferent de la de l'angle de pressió β, definit a l'estudi del mecanisme lleva-palpador.

Velocitat de lliscament. La velocitat de lliscament entre els perfils en el contacte a J és un paràmetre que interessa minimitzar. Aquesta velocitat és proporcional a la distància entre J i I:

$$v_{\text{llisc}} = \left|\overline{\mathbf{IJ}}\right|[\omega_1 + \omega_2]$$

Així, doncs, per aconseguir el valor $v_{\text{llisc.}} = 0$, J hauria de trobar-se constantment sobre la línia de centres i els perfils conjugats serien dues circumferències de centres O_1 i O_2; en definitiva, un parell de rodes de fricció. Per limitar la velocitat de lliscament interessa una línia d'engranament curta, és a dir, que el punt J de contacte no s'allunyi molt de I.

Obtenció de perfils conjugats. Donat un perfil arbitrari i una determinada relació de transmissió, trobar un perfil conjugat és un cas particular de l'estudi del mecanisme lleva-palpador en el qual el palpador és el perfil inicial, la lleva el perfil buscat i la llei de desplaçament és $\varphi_2 = \tau\,\varphi_1$.

5.3 Dentat dels engranatges

A fi d'obtenir solucions viables per a la transmissió del moviment entre eixos mitjançant perfils, es confia la transmissió a una parella de perfils només durant una petita fracció de volta –angle de conducció. Per garantir la continuïtat en la transmissió es disposa d'una successió de parelles de perfils uniformement espaiats i de manera que, abans que el punt de contacte abandoni la superfície física d'una parella, s'iniciï el contacte amb la següent. El quocient entre l'angle de conducció i l'angle entre perfils successius s'anomena *coeficient de recobriment* i evidentment ha de ser superior a la unitat.

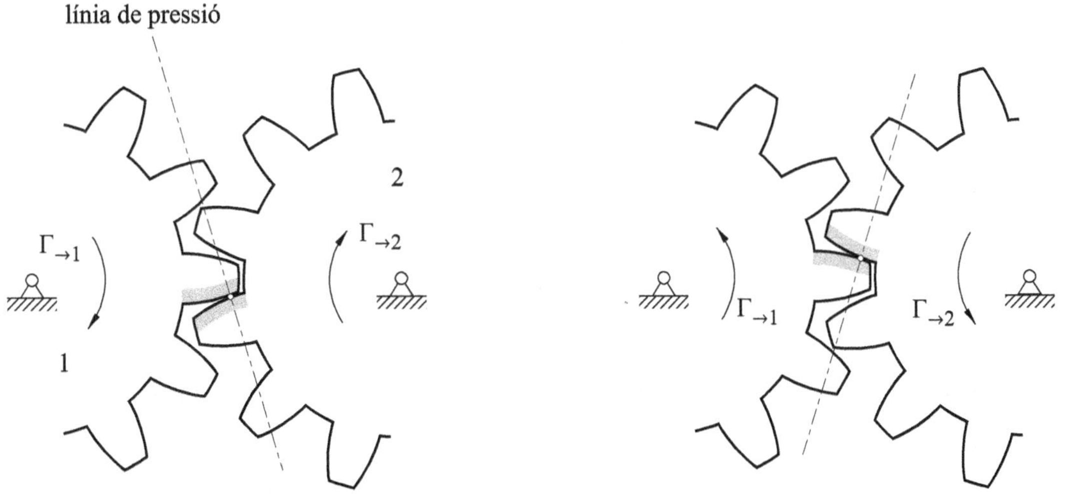

Fig. 5.5 Modes de funcionament d'un engranatge

En ser el parell superior un enllaç unilateral, una parella de perfils només pot transmetre forces en un sentit. Per aconseguir la transmissió de parells d'un eix a un altre en ambdós sentits s'han d'utilitzar dues famílies complementàries de perfils conjugats i llavors apareixen les dents característiques de les rodes dentades. Les dents han de tenir una certa amplada, per raons de resistència i per tal que els perfils dels flancs no arribin a tallar-se. Entre dues dents consecutives d'una roda ha de deixar-se l'espai suficient per permetre l'accés de les dents de l'altra roda.

Cada joc de flancs assegura la transmissió de parell en un sentit, com s'observa en la figura 5.5, en la qual s'han dibuixat els parells exteriors exercits sobre les rodes. És important observar que la línia de pressió canvia de direcció en invertir-se el sentit dels parells. Així, si en un automòbil s'aixeca el peu de l'accelerador i el motor passa a actuar com a fre, en els engranatges de la transmissió deixa d'utilitzar-se el joc de perfils corresponent a la propulsió del vehicle i es passa a emprar el joc invers. Com que aquesta segona família de perfils sol estar menys polida per l'ús que la primera, en reduir gas normalment s'incrementa el soroll de la transmissió.

Pas, mòdul i gruix. En les rodes cilíndriques, s'anomena pas p la distància entre dos punts homòlegs de dues dents consecutives, mesurada com l'arc sobre una circumferència de l'axoide. El pas coincideix per a les dues rodes de l'engranatge, ja que els axoides roden sense lliscar i, per tant, els arcs que els punts de contacte recorren sobre ells coincideixen. En una roda amb z dents

$$p = \frac{2\pi r}{z}$$

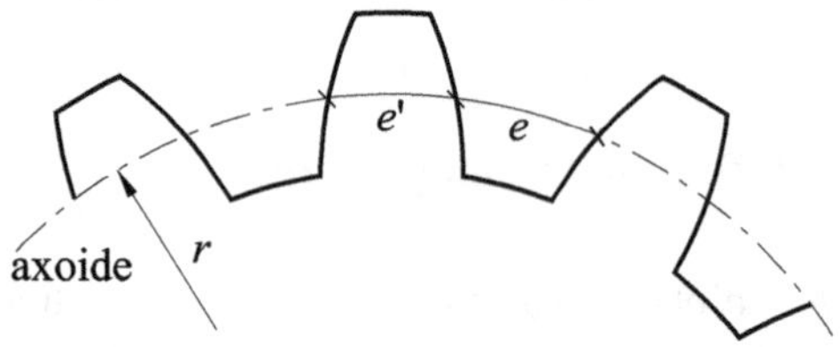

Fig. 5.6 Buit e i gruix e'

El pas és una mesura indicativa de la mida de les dents i l'arc d'axoide es reparteix entre l'arc corresponent a l'espai e buit entre dents i el corresponent al gruix e' de la dent (Fig. 5.6).

$$p = e + e' \tag{5.1}$$

Normalment en lloc del pas se sol utilitzar el mòdul m, expressat en mm:

$$m = \frac{p}{\pi} = \frac{2r}{z}$$

A fi d'obtenir rodes dentades intercanviables, els mòduls estan normalitzats. Els valors preferents segons la norma ISO 54-1996 són: 1, 1,25, 1,5, 2, 2,5, 3, 4, 5, 6, 8, 10, 12, 16, 20, 25, 32, 40 i 50.

En els engranatges cònics, el pas, el mòdul i el gruix es defineixen sobre la circumferència de l'axoide a l'extrem més gran de les rodes.

Dimensionament de les dents. A part de criteris de resistència, les dents han de dimensionar-se (en gruix i altura) tenint en compte els factors següents:

- Recobriment suficient en l'engranament: els flancs han de tenir longitud suficient per tal que abans que una parella d'ells perdi contacte entri en funcionament la parella següent, i així garantir la transmissió del gir.

- Joc de funcionament: per tal que la inversió del sentit dels parells transmesos sigui suau i sense xocs i que el joc entre eixos sigui petit, interessa que el joc entre la dent d'una roda i el forat de l'altra sigui mínim. Si la dent de la roda 1 encaixés perfectament en el buit de la roda 2 ($e'_1 = e_2$), es tindria joc nul. Com que, a més, les rodes han de tenir el mateix pas, de l'expressió 5.1 resulta que la condició d'engranament sense joc es pot expressar com

$$e_1 + e_2 = e_1' + e_2' = p$$

- Interferència entre dents. Si l'alçada de la dent respecte a l'axoide fos molt gran, el cap de la dent d'una roda interferiria amb la base de la dent de l'altra roda abans que pogués iniciar-se el contacte entre els flancs, i el sistema no es podria muntar o quedaria bloquejat.

Taula 5.1 Possibles configuracions d'engranatges en funció de la disposició dels eixos i de la relació de transmissió

Posició relativa dels eixos	Relació de transmissió	Tipus d'engranatge
Paral·lels	1 a 8 (màxim: 10)	Engranatge simple amb canvi en el sentit de rotació – Engranatge exterior Engranatge simple sense canvi en el sentit de rotació – Engranatge interior – Engranatge amb roda intermitja Eixos coaxials – Tren planetari
	> 8	– Engranatges simples en sèrie – Trens planetaris simples en sèrie – Tren planetari especial
Concorrents	1 a 6	– Engranatge simple
	6 a 40	– Engranatge cònic i engranatge paral·lel en sèrie
	> 40	– Engranatge cònic o de vis-sens-fi i engranatges paral·lels en sèrie
Perpendiculars però no concorrents	1 a 20	– Engranatge helicoïdal per a càrregues febles
	20 a 60	– Engranatge de vis-sens-fi
	60 a 250	– Engranatge de vis-sens-fi i engranatge paral·lel en sèrie
	> 250	– Engranatges de vis-sens-fi i engranatges paral·lels en sèrie. Cal fer atenció al rendiment global

Font: Henriot, 1968

Relació de transmissió en funció del nombre de dents. La relació de transmissió en un engranatge pot expressar-se en funció del nombre de dents de les rodes com

$$\tau = \frac{\omega_2}{\omega_1} = \pm \frac{z_1}{z_2}$$

Així, doncs, amb un parell de rodes dentades només poden aconseguir-se relacions de transmissió racionals, de manera que si es vol obtenir una relació no racional caldrà fer-ne una aproximació. A més, cal tenir en compte les limitacions constructives següents:

- El nombre de dents és limitat aproximadament entre un mínim de 10 i un màxim de 80 per a rodes cilíndriques.
- No és convenient utilitzar un pinyó molt petit amb una roda molt gran. La relació de transmissió usualment és compresa entre 1/8 i 8 per als engranatges cilíndrics i entre 1/6 i 6 per als cònics.

Si no és possible aconseguir la relació τ volguda amb aquestes restriccions, s'haurà de procedir a descompondre-la com a producte de relacions racionals i recórrer a un tren d'engranatges, com es veurà més endavant. A la taula 5.1 es donen possibles configuracions per aconseguir diferents relacions de transmissió, segons la disposició dels eixos.

5.4 Perfil d'evolvent

Generació. Pràcticament els únics perfils conjugats utilitzats en els engranatges cilíndrics són els anomenats *perfils d'evolvent*. Per entendre la seva generació podem imaginar que el moviment de dos eixos, 1 i 2, amb una certa relació de transmissió es podria aconseguir amb el sistema que es mostra a la figura 5.7. Es disposen dos rodets i un fil que, sense lliscar, es va enrotllant en un rodet i desenrotllant de l'altre. Els radis r_{b1}, r_{b2} de les politges es denominen *radis de base*, i per aconseguir la relació de transmissió τ volguda han de verificar:

$$\tau = \frac{\omega_2}{\omega_1} = \frac{r_{b1}}{r_{b2}} \tag{5.2}$$

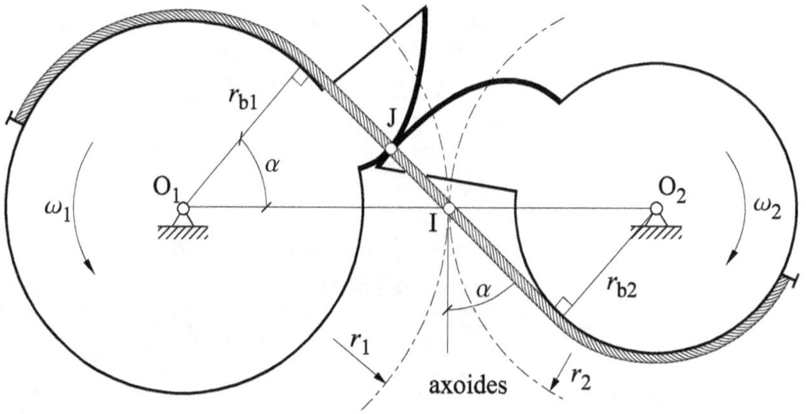

Fig. 5.7 Engranament de 2 perfils d'evolvent

A continuació s'escull un punt J qualsevol, fix al fil, i s'observa la seva trajectòria en les referències solidàries a cadascuna de les politges. Intuïtivament, s'enganxa a cada rodet una cartolina que s'estén més enllà dels radis de base i s'estudien les corbes que un traçador arrossegat per J aniria marcant sobre cada cartolina. Aquest punt sempre té, en les referències solidàries a les politges, velocitat perpendicular al fil i, per tant, les trajectòries de J respecte a aquestes referències són, en tot moment, perpendiculars al fil i tangents entre si en el punt J. El parell superior format pels perfils definits a partir de les corbes dibuixades pel traçador genera exactament el mateix moviment que el fil.

Avantatges del perfil d'evolvent. El perfil d'evolvent té propietats molt avantatjoses, totes elles deduïbles d'una anàlisi de la figura 5.7:

- La línia d'engranament és una recta –el tram lliure de la corda imaginària–, per la qual cosa l'angle d'empenta α és constant al llarg de l'engranament:

  $$\cos\alpha = \frac{r_{b1}}{r_1} = \frac{r_{b2}}{r_2}$$

  Així, doncs, la direcció de la força de contacte entre dents serà constant, cosa que evita vibracions i soroll.
- Encara que es variï la distància entre eixos, dos perfils qualssevol d'evolvent sempre són conjugats, és a dir, sempre engranen correctament i, a més, sempre amb la mateixa relació de transmissió donada per l'equació 5.2. En separar els dos rodets de la figura 5.7, si bé varien els radis dels axoides i l'angle α, la forma de les evolvents continua essent la mateixa, ja que només depèn dels radis de base r_{b1}, r_{b2}. Aquesta propietat permet gran versatilitat en els acoblaments entre rodes i en els procediments de tallat, i els petits errors de fabricació en la distància entre eixos no afecten desmesuradament la qualitat de l'engranament.

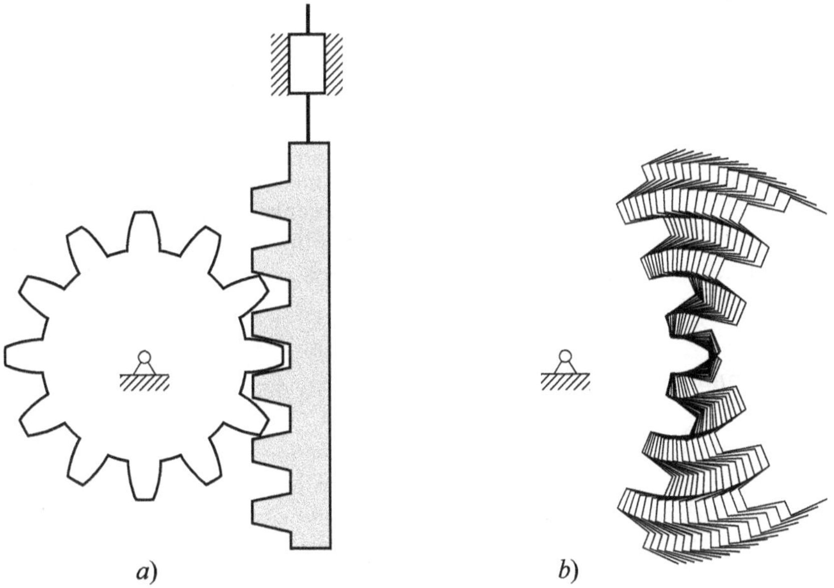

Fig. 5.8 a) Cremallera evolvent b) Utilització com a eina generadora

- En el cas d'un perfil de $r = \infty$ –cremallera– l'evolvent és una recta (Fig. 5.8.*a*). Aquesta cremallera, en tenir flancs rectes, resulta molt fàcil de construir, i pot emprar-se com eina generadora per a rodes amb dentat exterior. A la figura 5.8.*b* s'il·lustra el procés de tallat d'una roda amb una cremallera, observat des d'una referència fixa a la roda generada.

Pas de base. En una roda dentada amb perfil d'evolvent, el radi r de l'axoide no és una característica intrínseca de la roda sinó que, com s'ha dit, varia en funció de la distància entre eixos. És a dir, es tracta d'una característica de funcionament. Això fa que no es normalitzi el mòdul m mesurat sobre l'axoide, sinó el mòdul de base m_b mesurat sobre la circumferència de base, mòdul que sí que és una característica intrínseca d'una roda dentada amb perfil d'evolvent. Aquesta normalització s'aconsegueix normalitzant les característiques de la cremallera generadora, el seu mòdul m_c i la inclinació del flanc α_0, que coincideix amb l'angle d'empenta.

Com que el pas de la cremallera $-m_c-$ i de la roda mesurat a l'axoide $-m-$ han de coincidir:

$$\pi m_c = \pi m$$

i a partir de la relació entre el radi de base i el de l'axoide (Fig. 5.7):

$$r_b = r \cos\alpha_0$$

s'obté la relació entre el mòdul de base i el de la cremallera generadora:

$$\frac{2 r_b}{z} = \frac{2 r}{z} \cos\alpha_0 \quad ; \quad m_b = m_c \cos\alpha_0$$

L'angle usual de la cremallera és $\alpha_0 = 20°$.

Condicions per a l'engranament entre rodes dentades. Si dues rodes dentades tenen el mateix mòdul de base, tindran el mateix mòdul sobre l'axoide ja que, com es pot veure a la figura 5.7

$$m_b = \frac{2 r_b}{z} = \frac{2 r \cos\alpha}{z} = m \cos\alpha$$

Així, doncs, les rodes en principi podran engranar correctament amb independència de la distància entre eixos a partir d'una distància mínima que asseguri el contacte entre les dents. A mesura que la distància entre eixos disminueix, augmenta el recobriment i disminueixen el joc i l'angle de pressió, fins que s'arriba a la distància mínima possible, que correspon al funcionament amb joc nul.

5.5 Trens d'engranatges

Un sistema amb més d'un parell de rodes dentades s'anomena *tren d'engranatges*. La necessitat de fer servir més d'un engranatge pot quedar justificada pels motius següents:

- Obtenció d'una relació de transmissió impossible d'aconseguir amb un sol parell de rodes. És el cas d'un reductor 1/20 d'eixos paral·lels, relació de transmissió fora del rang aconsellable amb un únic engranatge.
- Poder disposar d'una gamma de relacions de transmissió. És el cas d'una caixa de canvis d'un vehicle.
- Limitacions de l'espai disponible. Per exemple, si s'ha de transmetre el moviment entre dos eixos paral·lels molt allunyats, amb només dues rodes dentades, aquestes tindrien una mida excessiva. És el cas d'un vehicle amb motor transversal i tracció total. La transmissió a les rodes posteriors s'efectua mitjançant un eix intermedi longitudinal i engranatges cònics.
- Transmissió del moviment d'un eix a diversos, simultàniament. Per exemple, el motor pas a pas d'un rellotge mecànic ha d'accionar simultàniament les tres agulles que assenyalen els segons, els minuts i les hores.
- Obtenció de mecanismes amb més d'un grau de llibertat. És el cas del diferencial emprat en els automòbils.

Trens d'engranatges d'eixos fixos. Donat un parell de rodes dentades, 1 (conductora) i 2' (conduïda), si a l'eix de la roda 2' es connecta una roda 2, que engrana amb una roda 3', i així successivament fins a una roda final *n*', s'obté un tren de *n*-1 engranatges d'eixos fixos (Fig. 5.9).

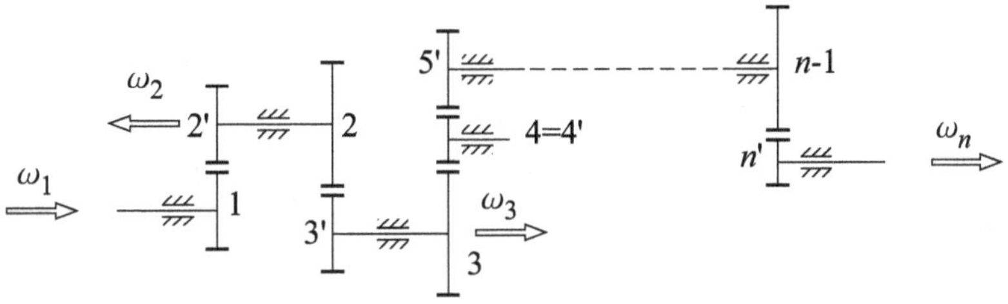

Fig. 5.9 Tren d'engranatges d'eixos fixos

Aquest tren d'engranatges equival a un únic engranatge amb una relació de transmissió:

$$\tau = \frac{\omega_n}{\omega_1} = \frac{\omega_{2'}}{\omega_1} \cdot \frac{\omega_{3'}}{\omega_2} \cdots \frac{\omega_{n'}}{\omega_{n-1}}$$

En funció del nombre de dents de les diverses rodes, el valor de τ és

$$\tau = \pm z_1 \frac{z_2}{z_{2'}} \frac{z_3}{z_{3'}} \cdots \frac{z_{n-1}}{z_{n'-1}} \frac{1}{z_{n'}} = \pm \frac{\prod z_{\text{conductores}}}{\prod z_{\text{conduïdes}}} \tag{5.3}$$

Si es fan servir engranatges amb eixos paral·lels, cal recordar que dues rodes engranant amb contacte exterior giren en sentits contraris. En conseqüència, s'invertirà el sentit de gir entre l'eix 1 d'entrada i l'eix *n* de sortida si hi ha un nombre imparell d'engranaments exteriors.

Quan la roda és, a la vegada, conduïda i conductora (és el cas de la roda 4 = 4' de la figura 5.9), el seu nombre de dents apareix simultàniament al numerador i al denominador de l'equació 5.3, de manera que no influeix en el valor final de τ. Aquest tipus de rodes intermèdies pot servir per invertir el sentit de gir o simplement per emplenar un buit entre dos eixos allunyats, i s'anomenen *rodes boges*.

Trens epicicloïdals simples. Un tren d'engranatges epicicloïdal o planetari és aquell en què alguna roda no gira al voltant d'un eix fix. Un tren epicicloïdal es diu que és simple si consta de 2 rodes i un braç portasatèl·lits coaxials. Els satèl·lits formen un tren d'eixos fixos al braç i transmeten el moviment entre les dues rodes coaxials.

La figura 5.10 mostra l'exemple més senzill de tren epicicloïdal simple, que és constituït pels elements següents:

a) Una roda central o planeta que gira al voltant del punt central O.
b) Un braç portasatèl·lits que gira al voltant de O i que en el seu extrem arrossega una roda (satèl·lits) que pot girar respecte al braç.
c) Una corona amb dentat interior que gira al voltant de O.

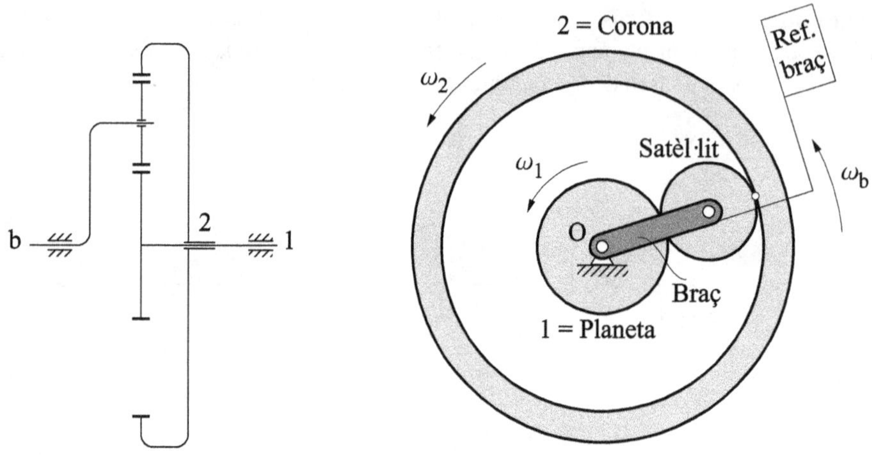

Fig. 5.10 Tren epicicloïdal simple

Si s'analitza el sistema des de la referència relativa Rb solidària al braç, no és més que un tren fix amb una roda boja intermèdia (el satèl·lit), en el qual el planeta i la corona giren en sentits oposats. Prenent el mateix conveni de signes per a les velocitats angulars absolutes ω_1, ω_b i ω_2 dels 3 elements (planeta, braç i corona):

$$\tau_b = \frac{\omega_2]_{Rb}}{\omega_1]_{Rb}} = \frac{\omega_2 - \omega_b}{\omega_1 - \omega_b} \ ; \quad \tau_b = -\frac{z_1}{z_2}$$

Aquesta equació pot interpretar-se com una equació cinemàtica d'enllaç que relaciona les velocitats ω_1, ω_b i ω_2 de 3 sòlids i que, per tant, elimina un grau llibertat. Els coeficients de les velocitats d'aquesta equació són constants, la qual cosa s'observa millor si es reescriu com la denominada *equació de Willis*:

$$\tau_b \omega_1 + (1 - \tau_b)\omega_b - \omega_2 = 0 \tag{5.4}$$

Així, doncs, el tren epicicloïdal simple té dos graus de llibertat, fet fàcil d'observar per inspecció visual.

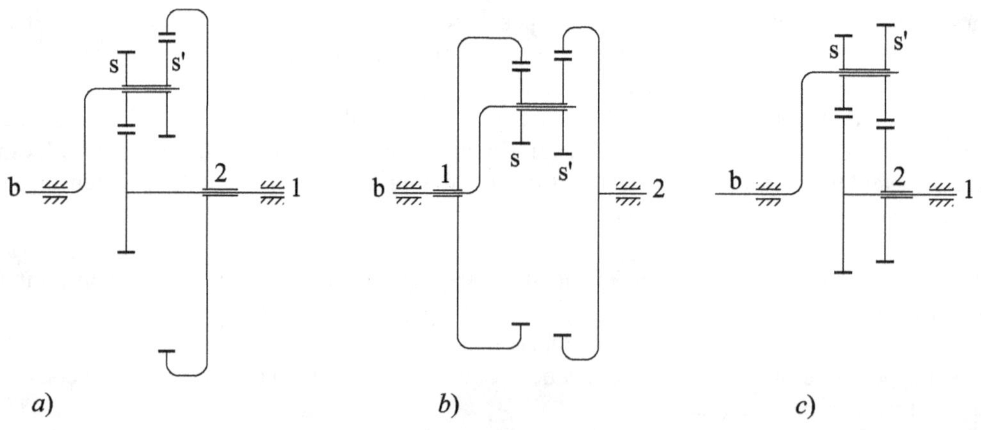

Fig. 5.11 Diverses variants constructives de trens epicicloïdals

Variants constructives de trens epicicloïdals simples. Hi ha diverses variants de la disposició constructiva de la figura 5.10 per tal de construir amb engranatges cilíndrics trens epicicloïdals. Totes aquestes variants s'analitzen de manera anàloga, a partir de l'observació des de la referència relativa braç.

La primera possibilitat (Fig. 5.11.*a*) consisteix a emprar dos satèl·lits solidaris (s, s'), amb un nombre de dents diferent (en comptes d'un únic satèl·lit), de manera que el valor de τ_b a l'equació de Willis 5.4 passa a ser:

$$\tau_b = \frac{\omega_2 - \omega_b}{\omega_1 - \omega_b} = -\frac{z_1}{z_2}\frac{z_{s'}}{z_s} \qquad (5.5)$$

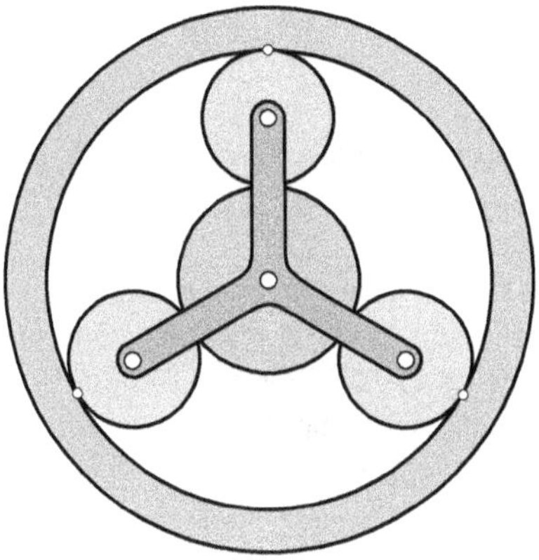

Fig. 5.12 Tren epicicloïdal amb 3 satèl·lits

També es pot reemplaçar el planeta 1 per una corona (Fig. 5.11.*b*) o bé la corona 2 per un planeta (Fig. 5.11.*c*). En aquests dos casos, el valor de τ_b és el de 5.5, però amb signe positiu.

Es poden obtenir altres variants de trens epicicloïdals simples fent més complex el tren de rodes fixes al braç.

Cal comentar també que, per raons d'equilibratge i millor distribució de la càrrega, se solen disposar diversos satèl·lits equiespaiats angularment (Fig. 5.12).

Funcionament d'un tren epicicloïdal com a sistema d'un grau de llibertat. El tren epicicloïdal simple que té dos graus de llibertat pot funcionar com un sistema d'un grau de llibertat immobilitzant algun dels tres eixos 1, 2 o 3 coaxials. A partir de l'equació 5.4, anul·lant la velocitat angular corresponent a l'eix immobilitzat, les relacions de transmissió que s'obtenen són

$$\tau_1 = \left(\frac{\omega_2}{\omega_b}\right)_{R1} = 1 - \tau_b \qquad \tau_b = \left(\frac{\omega_2}{\omega_1}\right)_{Rb} \qquad \tau_2 = \left(\frac{\omega_b}{\omega_1}\right)_{R2} = \frac{\tau_b}{\tau_b - 1}$$

on els subíndexs indiquen el membre immobilitzat. Imposant que τ_b sigui molt pròxim a la unitat, en immobilitzar 1 o 2 poden obtenir-se relacions de transmissió extremes, difícils d'aconseguir amb un tren fix de poques rodes.

Mecanisme diferencial. Un tren epicicloïdal simple en què $\tau_b = -1$ s'anomena *diferencial*. En aquest mecanisme, d'acord amb l'equació 5.4, la velocitat angular ω_b del braç porta-satèl·lits és la semisuma de les velocitats angulars dels elements 1, 2:

$$\tau_b = -1 \longrightarrow \omega_b = \frac{\omega_2 + \omega_1}{2}$$

El diferencial s'empra en els vehicles automòbils en l'etapa final de la transmissió, en la qual les rodes motrius no poden ser solidàries, ja que a les corbes la roda exterior ha de poder girar a una velocitat superior que la interior. El braç està connectat a la sortida de la caixa de canvis, i 1 i 2 són els semieixos que transmeten la rotació a les rodes. Així s'aconsegueix imposar la velocitat mitjana de rotació de les rodes –és a dir, la del punt central de l'eix del vehicle– i, al mateix temps, es permet la diferència de velocitats de les rodes en les corbes.

Normalment el diferencial es construeix amb engranatges cònics, millor que amb rodes cilíndriques, amb la qual cosa el braç porta-satèl·lits passa a ser una caixa porta-satèl·lits (Fig. 5.13).

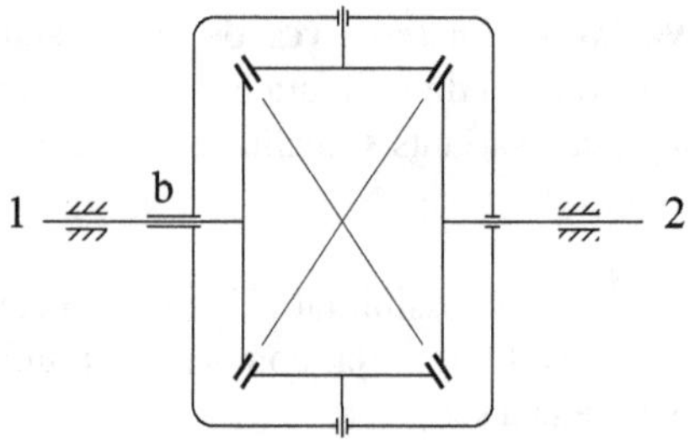

Fig. 5.13 Mecanisme diferencial

Trens epicicloïdals compostos. Connectant entre si diversos trens epicicloïdals simples 1, 2, ..., *n*, s'aconsegueix un tren epicicloïdal compost.

Per exemple, si en un tren epicicloïdal simple se n'hi afegeixen d'altres, de manera que cada tren addicional tingui dos eixos solidaris a eixos de trens anteriors, el tren compost resultant continua tenint dos graus de llibertat, ja que cada nou tren no afegirà nous graus de llibertat. Malgrat tot, escollint un eix d'entrada i un de sortida permanent, si ara es vol que el tren compost funcioni com un mecanisme d'un grau de llibertat, hi ha *n* possibles eixos per immobilitzar, i així es poden obtenir *n* possibles relacions de transmissió entre l'eix d'entrada i el de sortida.

D'aquesta manera es pot aconseguir una caixa de canvis de *n* relacions. Mentre no s'immobilitza cap membre, la caixa de canvis es troba en "punt mort", és a dir, no hi ha transmissió de parell entre els eixos d'entrada i de sortida. En immobilitzar el membre escollit, el mecanisme passa a tenir un sol grau de llibertat, és a dir, s'introdueix una relació de transmissió entre els eixos d'entrada i de sortida. Aquesta immobilització es pot efectuar amb progressivitat mitjançant un fre, eliminant la necessitat d'un embragatge. Per aquest motiu, els canvis automàtics utilitzen trens epicicloïdals compostos, en lloc dels trens d'eixos fixos tradicionals amb elements desplaçables.

Exemple 5.1 Estudi del tren epicicloïdal compost de la figura 5.14.

Aquest tren és format per dos trens simples d'eixos coaxials, 1, 2, 3 i 4, 5, 6. Les equacions de Willis per a aquests trens són:

$$\tau_2\omega_1 + (1-\tau_2)\omega_2 - \omega_3 = 0 \quad \text{amb} \quad \tau_2 = -\frac{z_1\, z_{s'}}{z_s\, z_3}$$

$$\tau'_2\omega_4 + (1-\tau'_2)\omega_5 - \omega_6 = 0 \quad \text{amb} \quad \tau'_2 = -\frac{z_4\, z_{s'''}}{z_{s''}\, z_6}$$

a més, $\omega_1 = \omega_4$ i $\omega_3 = \omega_5$.

Així, doncs, el tren té 2 graus de llibertat –6 velocitats generalitzades i 4 equacions d'enllaç cinemàtiques. Si s'eliminen les dues equacions trivials i es pren $\omega_1 = \omega_4 = \omega_{14}$ i $\omega_3 = \omega_5 = \omega_{35}$, les dues equacions d'enllaç són

$$\tau_2\omega_{14} + (1-\tau_2)\omega_2 - \omega_{35} = 0$$
$$\tau'_2\omega_{14} + (1-\tau'_2)\omega_{35} - \omega_6 = 0$$

Si es considera l'eix 2 com el d'entrada i l'eix 6 com el de sortida, per trobar la relació de transmissió $\tau = \omega_6/\omega_2$, cal establir una nova condició entre les velocitats angulars i així obtenir 3 equacions que permetin obtenir ω_{35}, ω_{14} i τ.

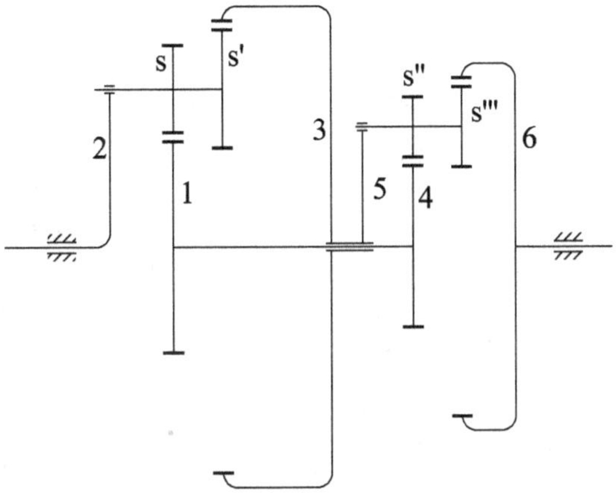

Fig. 5.14 Tren epicicloïdal compost

La condició més fàcil d'establir correspon a frenar un dels eixos intermedis, que dóna lloc a les relacions de transmissió següents:

$$\omega_{14} = 0 \Rightarrow \frac{\omega_6}{\omega_2} = (1-\tau_2)(1-\tau_2')$$

$$\omega_{35} = 0 \Rightarrow \frac{\omega_6}{\omega_2} = -\frac{\tau_2'(1-\tau_2)}{\tau_2}$$

Problemes

P 5-1 Determineu la velocitat angular de cadascun dels eixos i la relació de transmissió global dels següents trens d'eixos fixos.

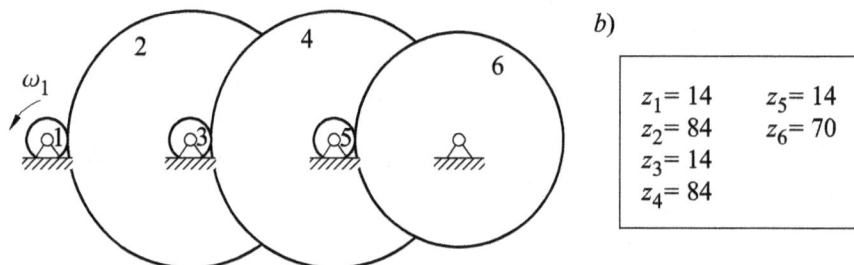

a)

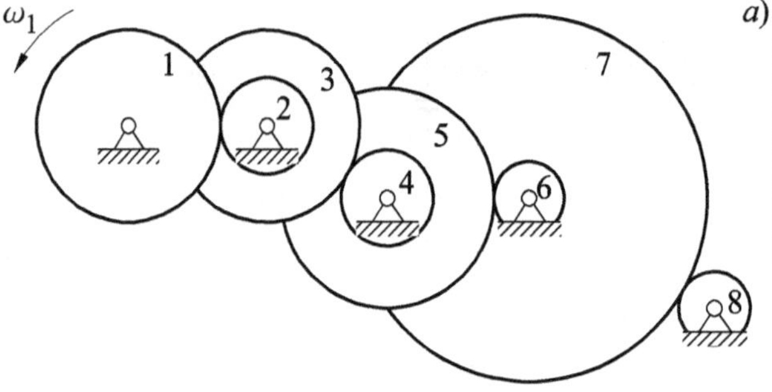

$z_1 = 50$	$z_5 = 57$
$z_2 = 25$	$z_6 = 19$
$z_3 = 50$	$z_7 = 95$
$z_4 = 25$	$z_8 = 19$

b)

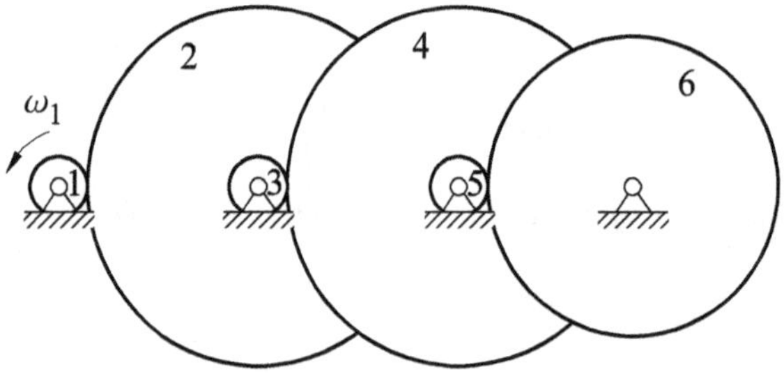

$z_1 = 14$	$z_5 = 14$
$z_2 = 84$	$z_6 = 70$
$z_3 = 14$	
$z_4 = 84$	

c)

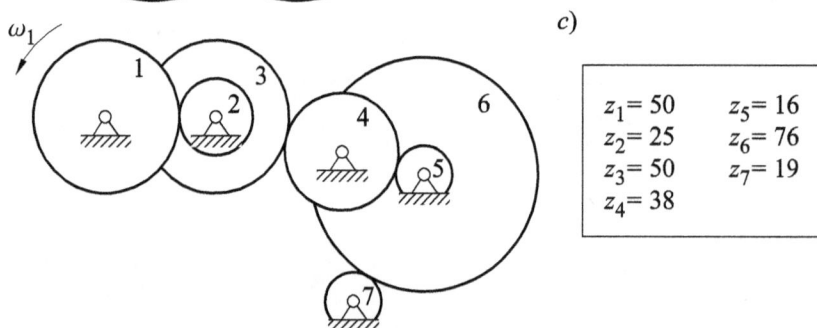

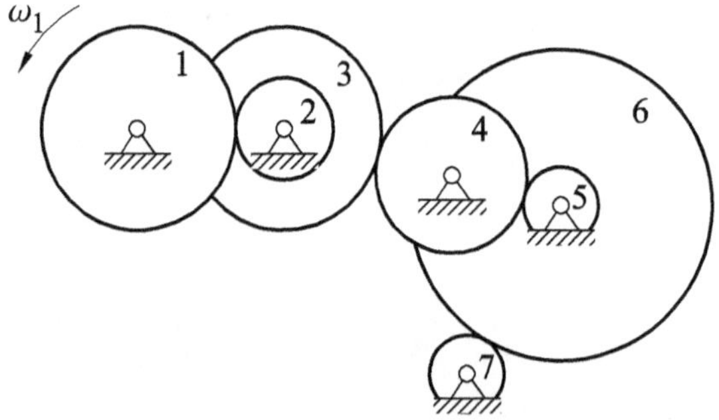

$z_1 = 50$	$z_5 = 16$
$z_2 = 25$	$z_6 = 76$
$z_3 = 50$	$z_7 = 19$
$z_4 = 38$	

P 5-2 Dissenyeu trens compostos d'eixos fixos revertits –l'eix d'entrada colineal amb l'eix de sortida– per a relacions de transmissió de *a*) $\tau = 18$ i *b*) $\tau = 23$. Estudieu la possibilitat que totes les rodes siguin del mateix pas.

P 5-3 Dissenyeu trens compostos d'eixos fixos per obtenir les relacions de transmissió *a*) $\tau = 1{,}33$, *b*) $\tau = 1{,}961$, *c*) $\tau = 3{,}12$ i *d*) $\tau = 1{,}63$.

P 5-4 En un canvi de marxes de dos eixos paral·lels es volen obtenir 5 relacions de transmissió $\tau = \omega_2/\omega_1$ distribuïdes segons la fórmula $\tau_{k+1} = 1{,}5\ \tau_k$, amb $\tau_1 = 0{,}4$.
Determineu 5 parelles de rodes dentades amb el mateix pas per aconseguir unes relacions de transmissió properes a les que es volen obtenir.

P 5-5 Determineu l'equació d'enllaç –equació de Willis– entre les velocitats angulars dels tres eixos alineats dels trens epicicloïdals següents. Quines relacions de transmissió s'estableixen entre cada dos eixos si el tercer és fix?

a)

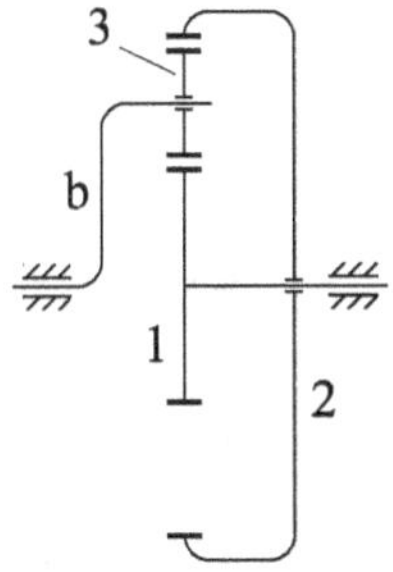

$z_1 = 40$
$z_2 = 80$
$z_3 = 20$

b)

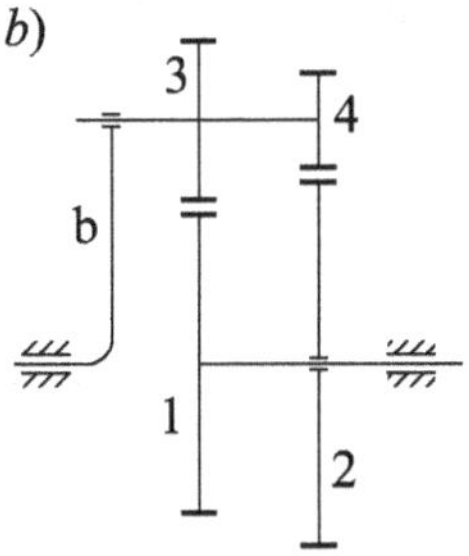

$z_1 = 50$
$z_2 = 60$
$z_3 = 30$
$z_4 = 20$

c)

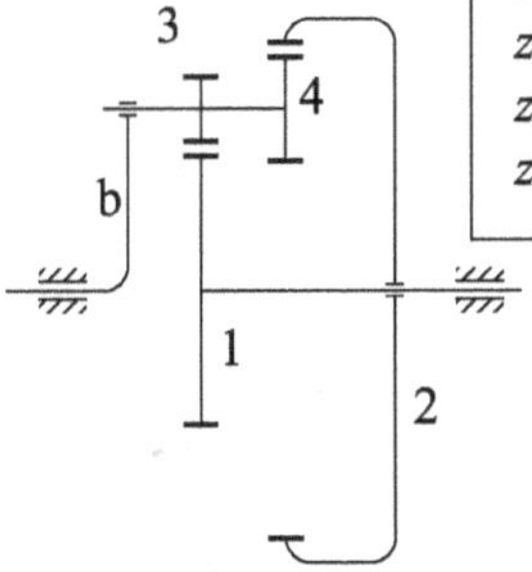

$z_1 = 40$
$z_2 = 90$
$z_3 = 20$
$z_4 = 30$

d)

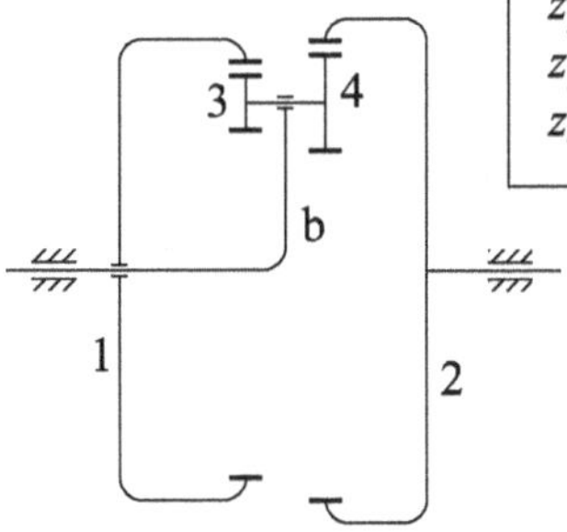

$z_1 = 70$
$z_2 = 80$
$z_3 = 20$
$z_4 = 30$

P 5-6 En els trens epicicloïdals compostos de la figura, determineu les equacions d'enllaç entre les velocitats angulars dels eixos alineats. Quines relacions de transmissió es poden obtenir en fixar cadascun d'ells?

a)

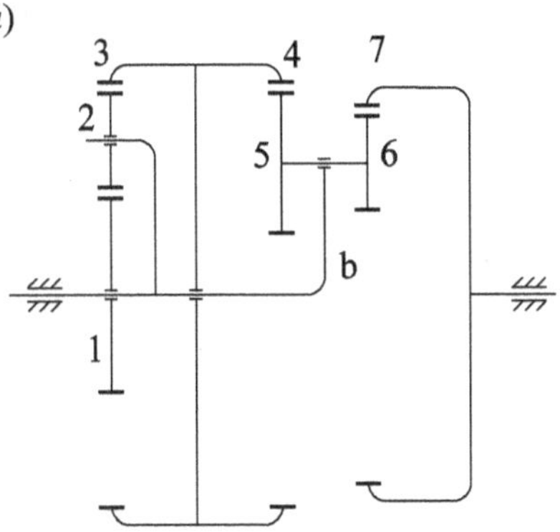

$z_1 = 40$ $z_5 = 30$
$z_2 = 20$ $z_6 = 20$
$z_3 = 80$ $z_7 = 70$
$z_4 = 80$

b)

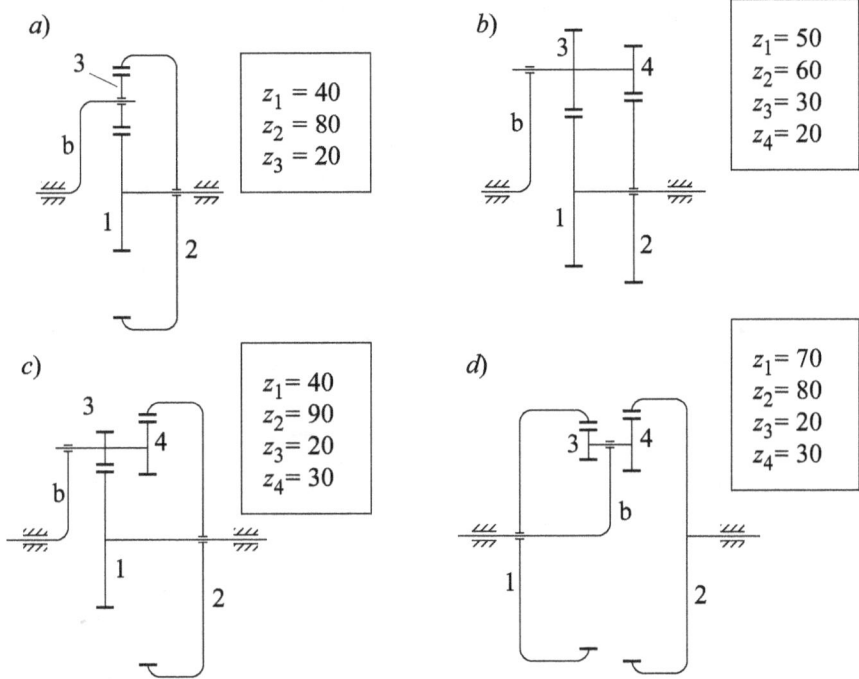

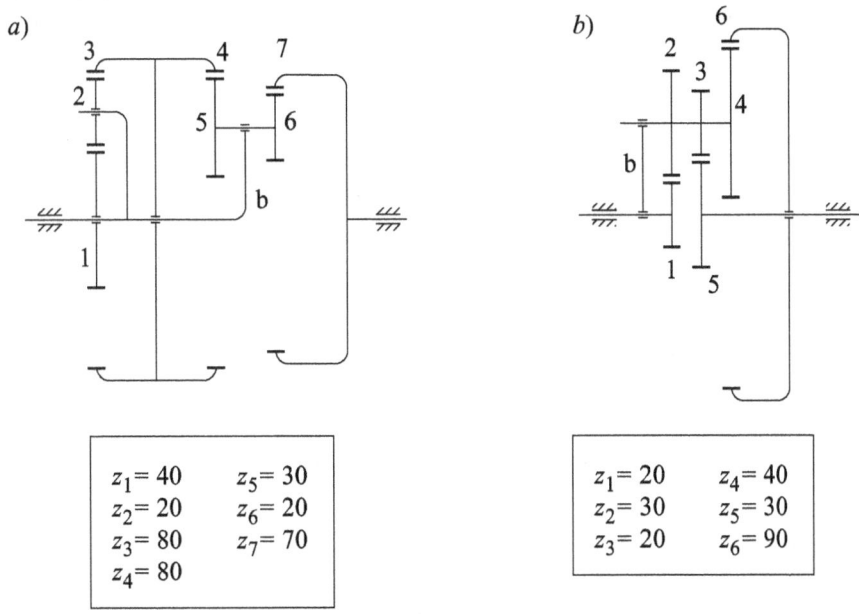

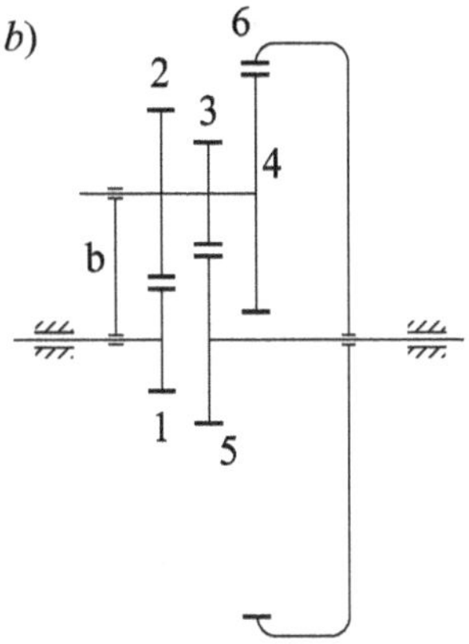

$z_1 = 20$ $z_4 = 40$
$z_2 = 30$ $z_5 = 30$
$z_3 = 20$ $z_6 = 90$

P 5-7 La barra de roscar d'un torn –que sincronitza la rotació del capçal amb l'avanç de l'eina– té un pas de 6 mm. Determineu un tren d'eixos fixos entre el capçal i la barra adequat per roscar *a*) M16 × 2,0 ; *b*) M20 × 2,5 i *c*) M24 × 3,0. Si la distància entre eixos és superior a la que es pot aconseguir amb les rodes dentades necessàries i disponibles, quina solució es pot adoptar?

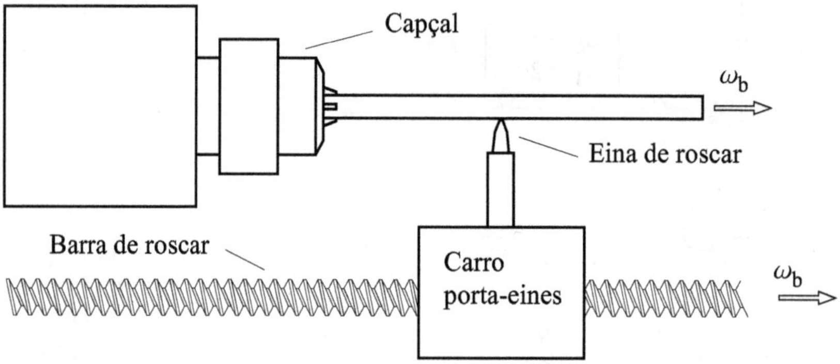

P 5-8 En el tren planetari de la figura, les rodes 3 i 4 engranen entre elles i, respectivament, amb les rodes 1 i 2. Determineu l'equació d'enllaç (equació de Willis) entre els tres eixos colineals i expresseu la velocitat angular del braç en funció de les altres. Quina és la velocitat angular de les rodes 3 i 4?

$z_1 = z_2 = 45$
$z_3 = z_4 = 15$

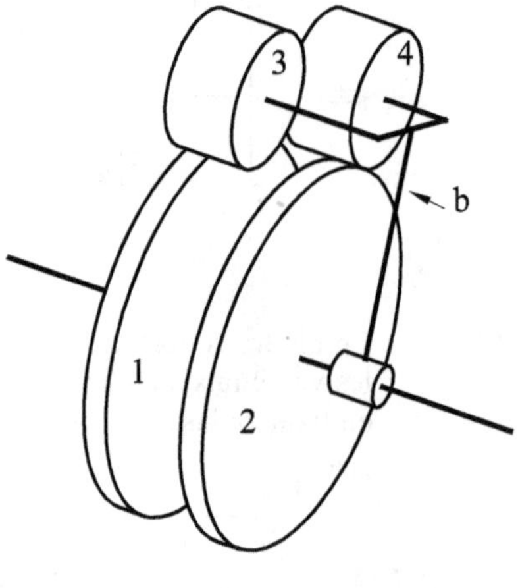

P 5-9 En el tren epicicloïdal compost de la figura, determineu les equacions d'enllaç entre les velocitats angulars dels eixos alineats. Quines relacions de transmissió es poden obtenir en fixar cadascun d'ells?

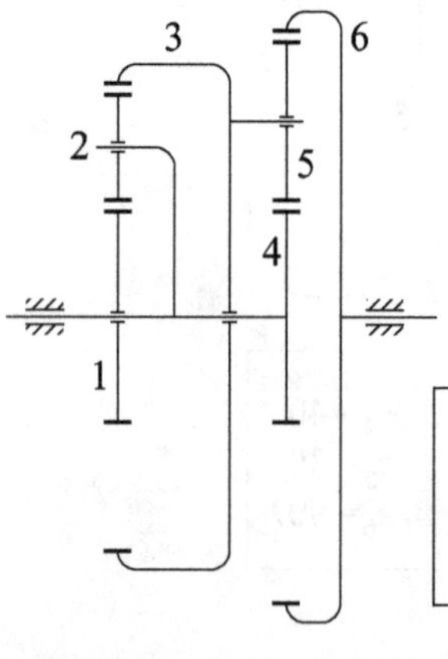

$z_1 = 40$	$z_4 = 40$
$z_2 = 20$	$z_5 = 30$
$z_3 = 80$	$z_6 = 100$

6 Anàlisi dinàmica

La dinàmica aplicada a l'estudi de mecanismes permet relacionar el seu moviment amb les forces. Aquesta relació porta a establir les equacions que regeixen el moviment, com també a determinar les forces i els moments que apareixen en els enllaços.

Els moviments d'un mecanisme solen ser controlats per accionaments, de manera que de forma exacta o en primera aproximació aquests moviments es consideren totalment coneguts. Per mitjà de les equacions de la dinàmica, s'obtenen aleshores les forces i els moments introduïts pels accionaments per tal de garantir aquests moviments. Amb aquest plantejament, els graus de llibertat del mecanisme són tots ells governats –o forçats–, i les equacions de la dinàmica que s'obtenen són de tipus algèbric. Aquest plantejament s'anomena *anàlisi dinàmica inversa* –o anàlisi cinetostàtica. L'*anàlisi estàtica* d'un mecanisme en repòs o d'una estructura no és més que un cas particular d'aquesta anàlisi en el qual totes les velocitats i acceleracions són nul·les.

Un plantejament més realista, i ineludible quan el mecanisme té graus de llibertat no forçats, consisteix a considerar que no tots els graus de llibertat del mecanisme evolucionen de manera coneguda i que allò realment conegut és la formulació de les forces i els moments introduïts pels accionaments funció de l'estat mecànic del sistema, del temps i d'altres variables. En aquest cas les coordenades emprades per descriure aquests graus de llibertat són incògnites i s'obtenen a partir de la resolució de les *equacions del moviment* del mecanisme, equacions diferencials lliures d'accions d'enllaç que, un cop integrades, proporcionen l'evolució temporal de les coordenades. Aquest plantejament condueix a l'anomenada *anàlisi dinàmica directa.*

Tant si es considera la presència de graus de llibertat no forçats en un sistema, com si no, els procediments que cal seguir per a l'obtenció de les equacions de la dinàmica són els mateixos. En aquest llibre analitzarem dos procediments: el procediment vectorial, basat en els *teoremes vectorials*, i el mètode de les *potències virtuals*, presentat en el capítol 8. A continuació es presenta un resum dels teoremes vectorials per al cas de sistemes de massa constant, i es planteja el procediment vectorial. La referència d'estudi es considera galileana en totes les anàlisis que es presenten.

6.1 Teoremes vectorials

Teorema de la quantitat de moviment. La versió general del teorema de la quantitat de moviment (TQM) per a un sistema mecànic estableix:

$$\sum \boldsymbol{F}_{\text{ext}} = \frac{\mathrm{d}\boldsymbol{p}}{\mathrm{d}t}$$, on $\boldsymbol{p}$ és el vector quantitat de moviment del sistema.

Per a sistemes mecànics formats per diversos membres, com ara un mecanisme, el vector quantitat de moviment es pot calcular segons

$$\boldsymbol{p} = m\boldsymbol{v}(\mathrm{G}) = \sum_{i=1}^{N} m_i \boldsymbol{v}(\mathrm{G}_i)$$

on G és el centre d'inèrcia del sistema, m és la massa total del sistema, G_i és el centre d'inèrcia de cada membre, m_i és la massa corresponent i N és el nombre de membres. L'expressió pràctica que es deriva del TQM és

$$\sum \boldsymbol{F}_{\text{ext}} = \sum_{i=1}^{N} m_i \boldsymbol{a}(\mathrm{G}_i) \qquad (6.1)$$

Cal recordar que, com a conseqüència del principi de l'acció i la reacció, només intervenen en el teorema les forces exteriors que actuen sobre el sistema. D'aquí la importància d'establir clarament quin és el sistema mecànic per al qual es planteja el teorema –delimitació del sistema.

Exemple 6.1 Un tren, format per 3 vagons que es poden moure lliurement en la direcció de la via horitzontal, s'estira amb la força horitzontal $\boldsymbol{F}_{\mathrm{A}}$.

- Prenent com a sistema tot el tren, l'única força exterior horitzontal és $\boldsymbol{F}_{\mathrm{A}}$ –coneguda– i l'acceleració és, per tant, $a=F_{\mathrm{A}}/\,3\,m$.
- Si es prenen com a sistema els vagons 2 i 3, la força exterior horitzontal –ara incògnita– és $F_{\mathrm{B}} = 2\,m\,a$.
- Considerant com a sistema únicament el vagó 1, les forces exteriors horitzontals són $\boldsymbol{F}_{\mathrm{A}}$ i $-\boldsymbol{F}_{\mathrm{B}}$ i es verifica que $F_{\mathrm{A}}+(-F_{\mathrm{B}}) = m\,a$.

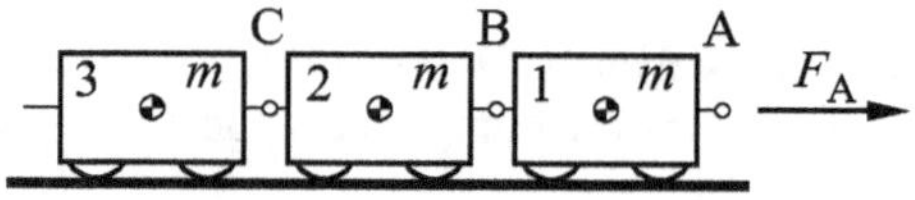

Fig. 6.1 Tren de vagonetes

Teorema del moment cinètic. La versió més general del teorema del moment cinètic referida a un punt B qualsevol, fix o mòbil (TMC a B), estableix

$$\sum \boldsymbol{M}_{\text{ext}}(\mathrm{B}) - \overline{\mathbf{BG}} \times m\,\boldsymbol{a}(\mathrm{B}) = \frac{\mathrm{d}\boldsymbol{L}(\mathrm{B})}{\mathrm{d}t} = \dot{\boldsymbol{L}}(\mathrm{B}) \qquad (6.2)$$

El vector moment cinètic $\boldsymbol{L}(\mathrm{B})$ per a un sistema multisòlid format per un conjunt de N membres, enllaçats o no, es calcula, tenint en compte l'additivitat i la descomposició baricèntrica del vector moment cinètic, segons l'expressió:

$$\boldsymbol{L}(\mathrm{B}) = \sum_{i=1}^{N} \left[\boldsymbol{L}(\mathrm{G}_i) + \overline{\mathbf{BG}_i} \times m_i \boldsymbol{v}_{\mathrm{RTB}}(\mathrm{G}_i) \right] \qquad (6.3)$$

on $\boldsymbol{v}_{\mathrm{RTB}}(\mathrm{G}_i)$ és la velocitat del centre d'inèrcia de cada membre *respecte de la referència que es trasllada amb B*, i $\boldsymbol{L}(\mathrm{G}_i)$ és el vector moment cinètic de cada membre respecte del seu centre d'inèrcia. Per a un membre rígid, el vector moment cinètic s'obté fent el producte de la matriu del seu tensor d'inèrcia a G_i $-\boldsymbol{I}_{\mathrm{G}i}-$ pel seu vector velocitat angular ω^i, $\boldsymbol{L}(\mathrm{G}_i) = \boldsymbol{I}_{\mathrm{G}i}\, \omega_i$.

Com en el TQM, el principi de l'acció i la reacció justifica que només hi intervinguin els moments exteriors al sistema.

D'aquesta versió general del teorema es deriva una expressió pràctica apta per a l'estudi de mecanismes i altres sistemes multisòlid:

$$\sum \boldsymbol{M}_{\text{ext}}(\text{B}) = \sum_{i=1}^{N} \left[\dot{\boldsymbol{L}}(\text{G}_i) + \overline{\mathbf{BG}_i} \times m_i \boldsymbol{a}(\text{G}_i) \right] \tag{6.4}$$

Demostració: Si es deriva l'expressió del càlcul de $\boldsymbol{L}(\text{B})$ (Eq. 6.3) s'obté:

$$\begin{aligned} \dot{\boldsymbol{L}}(\text{B}) &= \sum \dot{\boldsymbol{L}}(\text{G}_i) + \sum \frac{\text{d}\overline{\mathbf{BG}_i}}{\text{d}t} \times m_i \boldsymbol{v}_{\text{RTB}}(\text{G}_i) + \sum \overline{\mathbf{BG}_i} \times m_i \frac{\text{d}\boldsymbol{v}_{\text{RTB}}(\text{G}_i)}{\text{d}t} = \\ &\sum \dot{\boldsymbol{L}}(\text{G}_i) + \sum \boldsymbol{v}_{\text{RTB}}(\text{G}_i) \times m_i \boldsymbol{v}_{\text{RTB}}(\text{G}_i) + \sum \overline{\mathbf{BG}_i} \times m_i \boldsymbol{a}_{\text{RTB}}(\text{G}_i) \end{aligned} \tag{6.5}$$

El segon sumatori és nul perquè els seus termes són productes vectorials entre vectors paral·lels. D'altra banda, $\boldsymbol{a}_{\text{RTB}}(\text{G}_i) = \boldsymbol{a}(\text{G}_i) - \boldsymbol{a}(\text{B})$ i, en substituir en el tercer sumatori, s'obté

$$\begin{aligned} \sum \overline{\mathbf{BG}_i} \times m_i \boldsymbol{a}_{\text{RTB}}(\text{G}_i) &= \sum \overline{\mathbf{BG}_i} \times m_i \boldsymbol{a}(\text{G}_i) - \sum \overline{\mathbf{BG}_i} \times m_i \boldsymbol{a}(\text{B}) = \\ &\sum \overline{\mathbf{BG}_i} \times m_i \boldsymbol{a}(\text{G}_i) - \left[\sum \overline{\mathbf{BG}_i} m_i \right] \times \boldsymbol{a}(\text{B}) = \\ &\sum \overline{\mathbf{BG}_i} \times m_i \boldsymbol{a}(\text{G}_i) - \overline{\mathbf{BG}} m \times \boldsymbol{a}(\text{B}) \end{aligned} \tag{6.6}$$

En substituir l'expressió 6.6 a 6.5 i aquesta a 6.2, el terme $\overline{\mathbf{BG}} m \times \boldsymbol{a}(\text{B})$ se simplifica i s'obté l'expressió 6.4.

Exemple 6.2 Els tres corrons homogenis de la figura 6.2 són iguals, poden rodolar sense lliscar lliurement sobre el pla horitzontal i estan units mitjançant barres articulades d'inèrcia negligible. Es demana l'acceleració $\boldsymbol{a}$ del conjunt si s'estira la primera barra amb la força $\boldsymbol{F}$ horitzontal. Considerant tot el mecanisme com a sistema les forces exteriors són a més de $\boldsymbol{F}$, el pes i la força –vertical i horitzontal– en els punts de contacte de cada corró amb el terra. Aplicant l'expressió 6.4 amb el punt B sobre el terra, per a la direcció perpendicular al pla de la figura (vegeu l'annex 6.II)

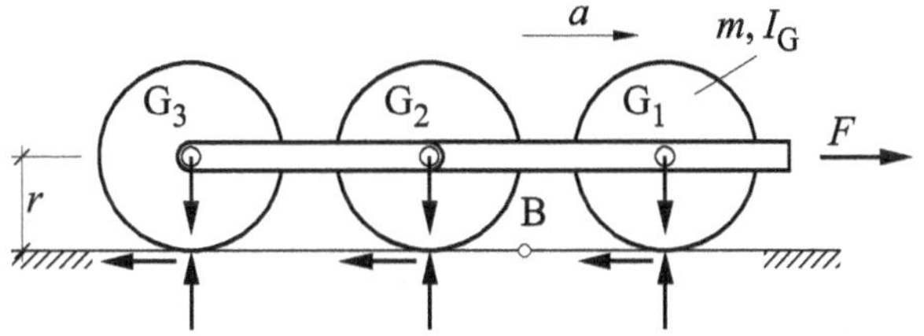

Fig. 6.2 Exemple 6.2

- la resultant del moment de les forces exteriors és fàcil comprovar que val $M_{\text{ext}}(\text{B}) = Fr$ i
- la derivada del moment cinètic de cada roda és $I_{\text{G}}(a/r)$, de manera que

$$F\,r = 3(I_{\text{G}} \frac{a}{r} + m\,a\,r) \qquad a = \frac{F}{3\left(m + I_{\text{G}}/r^2\right)}$$

6.2 Aplicació dels teoremes vectorials al plantejament de la dinàmica de mecanismes

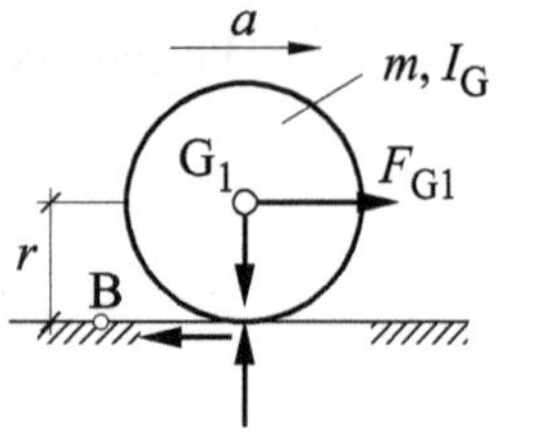

Fig. 6.3 Partició del sistema de la figura 6.2.

Els teoremes vectorials són d'aplicació general per a qualsevol sistema mecànic, ja sigui només un sol membre, un conjunt de membres o un mecanisme sencer.

En l'estudi d'un problema concret, l'aplicació dels teoremes vectorials a un sistema o altre depèn de la informació de la qual es disposa i de la que es vol obtenir. Per prendre una decisió, cal fer una inspecció visual més o menys complexa. Així, a l'exemple 6.2 s'ha aplicat el TMC a tot el sistema perquè es volia trobar l'acceleració del conjunt. Si el que interessa és trobar la força horitzontal a l'articulació G_1 es pot aplicar el TMC a B només al primer corró (Fig. 6.3) i aleshores s'obté $F_{G1} = (m + I_G / r^2)a = F/3$.

Si el que es vol és procedir sistemàticament i analitzar el comportament dinàmic de tots els membres d'un mecanisme, com també les forces i els moments als enllaços, és necessari recórrer a l'aplicació dels teoremes a cada membre per separat. Aquest plantejament s'expressa sovint per mitjà de l'anomenat *diagrama de cos lliure* de cada membre, en el qual es representen el membre i les forces i els moments exteriors que hi actuen.

El plantejament dels teoremes vectorials a cada membre d'un mecanisme porta a l'obtenció d'un sistema d'equacions algebricodiferencial; algèbric pel que fa a les forces i diferencial pel que fa al moviment lliure. Per a cada membre es poden plantejar sis equacions, i per al mecanisme sencer n'hi haurà sis pel nombre de membres. En el cas de mecanismes amb moviment pla, si es prescindeix de la determinació de les forces i els moments d'enllaç que garanteixen que el moviment sigui pla, se'n fan servir tres per a cada membre.

Anàlisi dinàmica inversa. En un sistema on tots els graus de llibertat són coneguts, ja sigui perquè són governats o perquè s'han resolt les equacions del moviment, el sistema restant d'equacions dinàmiques és lineal pel que fa a les forces, tal com es posa de manifest, per exemple, a les expressions 6.1 i 6.4. Això permet aïllar les variables de força i moment i obtenir un sistema d'equacions de la forma

$$\boldsymbol{C} \cdot \boldsymbol{F} = \boldsymbol{b} \tag{6.7}$$

on el vector $\boldsymbol{F}$ representa les forces i els moments desconeguts. La matriu $\boldsymbol{C}$ depèn de la configuració del mecanisme i el vector de termes independents $\boldsymbol{b}$ depèn de les forces conegudes, de l'estat mecànic del sistema –posicions i velocitats– i de les acceleracions –en darrer terme, depèn del temps. Aquest sistema d'equacions té solució si el sistema mecànic no té condicions d'enllaç redundants. Aquesta formulació és la mateixa tant per als valors globals com per als increments. Així, per exemple, l'increment de forces desconegudes $\Delta\boldsymbol{F}$ causat per un increment de forces conegudes que provoca un increment $\Delta\boldsymbol{b}$ del vector de termes independents és $\boldsymbol{C} \cdot \Delta\boldsymbol{F} = \Delta\boldsymbol{b}$.

Amb un plantejament parcial com el que s'ha exposat a l'inici de l'apartat, de fet el que s'obté per inspecció visual és una reducció del sistema 6.7 que permet obtenir directament una força o un moment o, en altres casos, un subconjunt d'ells.

Exemple 6.3 En el sistema de la figura 6.4 els dos blocs són iguals i estan units per mitjà d'una barra articulada de massa negligible. Un cilindre hidràulic governa la posició del bloc A aplicant-hi una força $\boldsymbol{F}_{\mathrm{C}}$. Es negligeixen també els frecs a les articulacions i als enllaços amb el suport. Es tracta de plantejar l'anàlisi dinàmica del mecanisme.

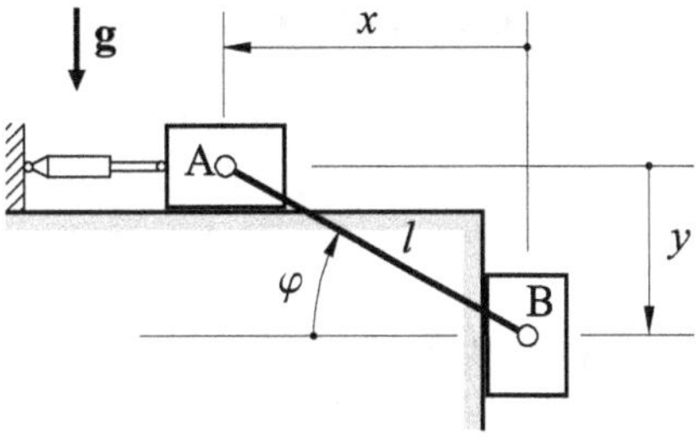

Fig. 6.4 Mecanisme d'un grau de llibertat governat

El moviment del mecanisme es descriu amb les tres coordenades generalitzades $\{x,\ y,\ \varphi\}^{\mathrm{T}}$ i té un grau de llibertat governat pel cilindre hidràulic; per tant, s'han d'establir dues equacions d'enllaç:

$$\begin{cases} x = l\cos\varphi \\ y = l\sin\varphi \end{cases} \quad \text{o alternativament} \quad \begin{cases} \tan\varphi = y/x \\ x^2 + y^2 = l^2 \end{cases} \tag{6.8}$$

A la figura 6.5 es mostren els diagrames de cos lliure dels dos blocs. En ells s'ha tingut en compte que la barra, en ser de massa negligible i sense frec a les articulacions, només transmet força en la seva direcció.

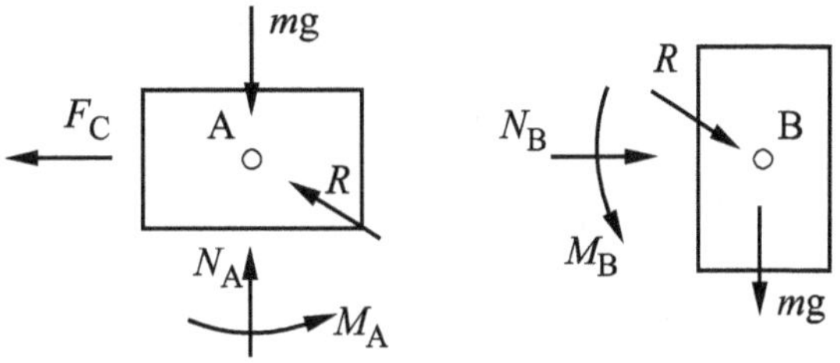

Fig. 6.5 Diagrama de cos lliure dels dos blocs de l'exemple 6.3

L'aplicació dels teoremes vectorials als blocs porta a l'obtenció de sis equacions dinàmiques, de les quals ja es dedueix que els moments d'enllaç M_{A} i M_{B} són nuls.

$$\begin{cases} R\cos\varphi + F_{\mathrm{C}} = m\ddot{x} \\ N_{\mathrm{A}} + R\sin\varphi - mg = 0 \\ M_{\mathrm{A}} = 0 \end{cases} \qquad \begin{cases} R\sin\varphi + mg = m\ddot{y} \\ N_{\mathrm{B}} + R\cos\varphi = 0 \\ M_{\mathrm{B}} = 0 \end{cases}$$

Si es prescindeix de les dues equacions trivials dels moments d'enllaç, el sistema d'equacions dinàmiques es pot expressar en forma matricial com

$$\begin{bmatrix} \cos\varphi & 0 & 0 & 1 \\ \sin\varphi & 1 & 0 & 0 \\ \sin\varphi & 0 & 0 & 0 \\ \cos\varphi & 0 & 1 & 0 \end{bmatrix} \begin{Bmatrix} R \\ N_{\mathrm{A}} \\ N_{\mathrm{B}} \\ F_{\mathrm{C}} \end{Bmatrix} = \begin{Bmatrix} m\ddot{x} \\ mg \\ m\ddot{y} - mg \\ 0 \end{Bmatrix} \tag{6.9}$$

Aquesta expressió és un sistema algèbric de quatre equacions lineals per a les forces d'enllaç i la força del cilindre. La seva resolució comporta la resolució prèvia del problema cinemàtic. Coneguda $x(t)$, controlada pel cilindre, l'anàlisi cinemàtica proporciona $y(t)$, $\varphi(t)$ i les seves derivades. Emprant el primer conjunt d'equacions d'enllaç, l'anàlisi de velocitats i d'acceleracions adopta la forma:

$$\begin{Bmatrix} \dot{y} \\ \dot{\varphi} \end{Bmatrix} = -\begin{bmatrix} 0 & l\sin\varphi \\ 1 & -l\cos\varphi \end{bmatrix}^{-1} \begin{Bmatrix} \dot{x} \\ 0 \end{Bmatrix} \;;\quad \begin{Bmatrix} \ddot{y} \\ \ddot{\varphi} \end{Bmatrix} = -\begin{bmatrix} 0 & l\sin\varphi \\ 1 & -l\cos\varphi \end{bmatrix}^{-1} \left(\begin{Bmatrix} \ddot{x} \\ 0 \end{Bmatrix} + \begin{bmatrix} 0 & 0 & l\dot{\varphi}\cos\varphi \\ 0 & 0 & l\dot{\varphi}\sin\varphi \end{bmatrix} \begin{Bmatrix} \dot{x} \\ \dot{y} \\ \dot{\varphi} \end{Bmatrix} \right) \tag{6.10}$$

Anàlisi dinàmica directa. Si el sistema mecànic té graus de llibertat no forçats, el principi de la determinació garanteix que del sistema d'equacions es poden aïllar les equacions del moviment, tantes com graus de llibertat no forçats tingui el mecanisme. Una vegada resoltes les equacions del moviment, es poden determinar les forces i els moments als enllaços, com també les forces i els moments desconeguts introduïts pels accionaments, sempre que el sistema no presenti redundàncies.

Exemple 6.4 Si en el mecanisme de l'exemple 6.3 se substitueix el cilindre hidràulic per una molla, el grau de llibertat del mecanisme passa a ser lliure. Suposant que la molla és lineal, de constant k, i que està distesa per a $x = x_0$, el conjunt d'equacions dinàmiques passa a ser

$$\begin{cases} R\cos\varphi + k(x_0 - x) = m\ddot{x} \\ N_A + R\sin\varphi - mg = 0 \\ M_A = 0 \end{cases} \qquad \begin{cases} R\sin\varphi + mg = m\ddot{y} \\ N_B + R\cos\varphi = 0 \\ M_B = 0 \end{cases}$$

I en forma matricial i prescindint de les dues equacions trivials dels moments d'enllaç

$$\begin{bmatrix} \cos\varphi & 0 & 0 \\ \sin\varphi & 1 & 0 \\ \sin\varphi & 0 & 0 \\ \cos\varphi & 0 & 1 \end{bmatrix} \begin{Bmatrix} R \\ N_A \\ N_B \end{Bmatrix} = \begin{Bmatrix} m\ddot{x} + k(x - x_0) \\ mg \\ m\ddot{y} - mg \\ 0 \end{Bmatrix} \tag{6.11}$$

De la tercera equació es pot aïllar R i substituir-la a la primera per obtenir-ne l'equació del moviment

$$R = m(\ddot{y} - g)/\sin\varphi \quad \rightarrow \quad m(\ddot{y} - g)\cot\varphi = m\ddot{x} + k(x - x_0)$$

que junt amb les equacions

$$\ddot{y} = -\frac{\ddot{x}}{\tan\varphi} - \frac{\dot{x}^2}{l\sin\varphi}\left(1 + \frac{1}{\tan^2\varphi}\right)$$

$$\varphi = \arccos x/l$$

obtingudes, respectivament, de l'anàlisi de velocitats i acceleracions (Eq. 6.10) i del sistema d'equacions d'enllaç 6.8, constitueixen un sistema mixt algèbricodiferencial en les variables x, y i φ. Aquests sistemes s'han de resoldre quasi sempre numèricament.

Un cop conegut el moviment per integració de l'equació del moviment, s'obtenen les forces d'enllaç a partir del sistema d'equacions dinàmiques 6.11. Ara les quatre equacions 6.11 no són linealment independents, i cal triar-ne tres de manera adequada per tal que formin un sistema d'equacions determinat pel que fa a les forces. En aquest cas, es poden prendre, per exemple, les tres darreres.

A l'annex 6.I es presenta un plantejament més global de l'anàlisi dinàmica, basada en els teoremes vectorials, de manera que les equacions dinàmiques i les de l'anàlisi cinemàtica s'agrupen en un únic sistema per tal de ser resoltes conjuntament. A l'annex 6.II es recullen algunes peculiaritats del plantejament dels teoremes vectorials a mecanismes amb moviment pla.

6.3 Torsor de les forces d'inèrcia de d'Alembert

Per a un sistema mecànic, els teoremes vectorials, referint el TMC a G, es poden reescriure com:

$$\sum \boldsymbol{F}_{\text{ext.}} - m\boldsymbol{a}(\text{G}) = 0 \quad , \quad \sum \boldsymbol{M}_{\text{ext.}}(G) - \dot{\boldsymbol{L}}(\text{G}) = 0 \qquad (6.12)$$

Si es defineixen $\mathcal{F} = -m\,\boldsymbol{a}(\text{G})$; $\mathcal{M}(\text{G}) = -\dot{\boldsymbol{L}}(\text{G})$ com una força –força d'inèrcia de d'Alembert– i un moment –moment de les forces d'inèrcia de d'Alembert o parell d'inèrcia de d'Alembert–, que constitueixen l'anomenat *torsor de les forces d'inèrcia de d'Alembert*, el plantejament de la dinàmica d'un sistema multisòlid per mitjà dels teoremes vectorials es pot expressar enunciant: *la suma de forces i la suma de moments, incloent-hi el torsor d'inèrcia de d'Alembert, és zero.*

Aquesta manera de plantejar els teoremes vectorials és totalment general, aplicable a un mecanisme, a grups de membres agrupats en subsistemes o a cada membre per separat. Quan s'utilitza el torsor de les forces d'inèrcia de d'Alembert, és usual incloure'l en els diagrames de cos lliure per tal d'escriure fàcilment les expressions 6.12.

Cal advertir sobre la possible confusió entre els diferents tipus de forces d'inèrcia que apareixen en la mecànica. Les forces d'inèrcia d'arrossegament i de Coriolis s'han de considerar quan es planteja la dinàmica en referències no galileanes. Són funció de la posició i de la velocitat de cada partícula material relatives a la referència no galileana, com també del moviment d'aquesta referència respecte del conjunt de les referències galileanes. Les forces d'inèrcia de d'Alembert s'introdueixen quan es reescriu la segona llei de Newton per a una partícula en la forma $\boldsymbol{F}(\text{P}) - m\,\boldsymbol{a}(\text{P}) = \boldsymbol{F}(\text{P}) + \mathcal{F}(\text{P})$, on $\mathcal{F}(\text{P}) = -m\,\boldsymbol{a}(\text{P})$ és la força d'inèrcia de d'Alembert de la partícula. En ambdós casos, cal remarcar que les forces d'inèrcia no descriuen cap interacció física. Això fa que, per exemple, no sigui aplicable el principi de l'acció i la reacció.

A l'annex 6.III es dedueix l'expressió del torsor de les forces d'inèrcia de d'Alembert a partir de la seva definició per a una partícula.

6.4 Equilibratge de mecanismes

En un mecanisme en moviment, apareixen components de força en els enllaços interns i en els suports amb l'exterior, sovint de magnitud elevada, a causa del comportament dinàmic dels membres del mecanisme. Aquestes forces poden provocar vibracions i influir negativament en la seva integritat mecànica –trencament i fatiga de peces, desgast en els elements d'enllaç, etc. Al mateix temps, el comportament dinàmic dels elements influeix en les forces i els moments que han de fer els actuadors per aconseguir el moviment volgut.

Cal minimitzar aquestes forces sempre que sigui possible. Els teoremes vectorials posen de manifest que això s'aconsegueix, en principi, si el centre d'inèrcia té l'acceleració més petita possible i el moment cinètic a G varia tan poc com sigui possible. Els procediments emprats per aconseguir aquest objectiu s'anomenen procediments d'equilibratge i les causes que fan allunyar-se'n són els desequilibris.

L'equilibratge implica el disseny dels membres, o conjunts de membres, amb una distribució adequada de massa. Les toleràncies de fabricació, el desgast, etc. poden fer necessari l'equilibratge experimental d'un sistema una vegada construït, ja sigui afegint-hi contrapesos o eliminant-ne material en els llocs adequats. L'equilibratge només es pot abordar de manera senzilla en casos concrets, com ara el dels rotors i el d'alguns mecanismes plans, per exemple, el quadrilàter articulat i el mecanisme pistó-biela-manovella com a més usuals.

Equilibratge de rotors. Un dels tipus d'element que es presenta sovint en les màquines és el rotor: element que gira amb una component de velocitat angular important al voltant d'un eix que li és fix –rotors de motors, bombes, turbines, ventiladors, rodes dentades, politges, rodes de vehicles, etc. La dinàmica del rotor en girar pot implicar l'aparició de components de força importants als enllaços, causades per la distribució particular de massa. Si bé en el disseny d'un rotor usualment es té en compte el seu equilibratge, sovint és necessari realitzar un equilibratge experimental posterior; és el cas de les rodes d'un automòbil. L'equilibratge de rotors s'estudia en una referència on l'eix de gir és fix i se suposa que el rotor gira amb velocitat angular ω = constant i és suportat mitjançant ròtules als seus extrems (Fig. 6.6). En els rotors rígids, es distingeixen dos tipus de desequilibris: l'estàtic i el dinàmic.

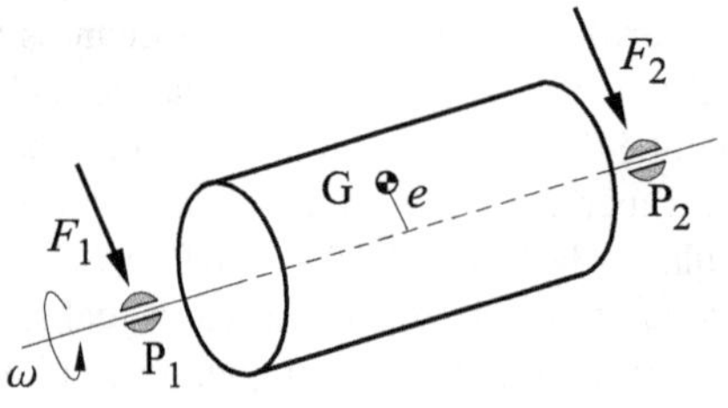

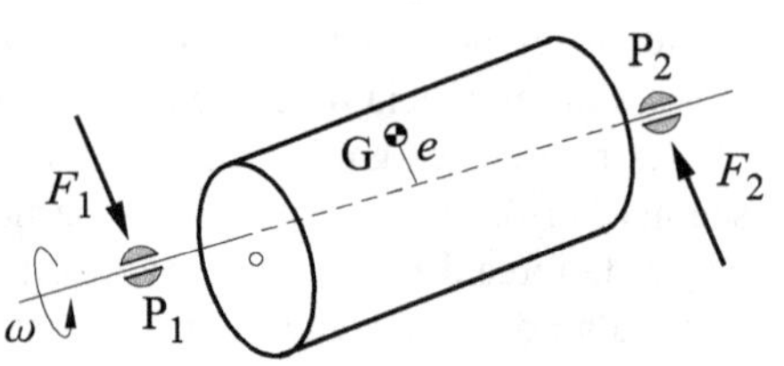

Fig. 6.6 a) Desequilibri estàtic *b) Desequilibri dinàmic*

Desequilibri estàtic. Es presenta quan el centre d'inèrcia G del rotor es troba fora del seu eix de gir (Fig. 6.6.*a*). L'aplicació del TQM al rotor posa de manifest que aquest fet provoca l'aparició de components de força F_1 i F_2 als suports de l'eix amb la mateixa direcció i sentit, que giren junt amb el rotor i que són les responsables de l'acceleració centrípeta de G: $F_1 + F_2 = \text{m e } \omega^2$, on m és la massa del rotor, e l'excentricitat del centre d'inèrcia i ω la seva velocitat angular en rad/s. Aquestes forces, en dependre de ω^2, poden assolir valors importants. Així, per exemple, per a un rotor que gira a $n = 3000\ \text{min}^{-1}$, si l'excentricitat e és 1 mm la resultant de les forces causades pel desequilibri és aproximadament 10 vegades el pes del rotor, $F_1 + F_2 \approx 10\, m\, g$.

El nom de desequilibri estàtic prové del fet que es posa de manifest fins i tot amb el rotor en repòs a causa de la tendència del centre d'inèrcia a ocupar la posició més baixa possible.

Desequilibri dinàmic. Es presenta quan l'eix de gir no és paral·lel a un eix central d'inèrcia –eix principal d'inèrcia a G (Fig. 6.6.*b*). El vector moment cinètic $\boldsymbol{L}(\text{G})$ gira junt amb el rotor però no té la direcció de l'eix de gir, i l'aplicació del TMC a G posa de manifest que la seva variació $\dot{\boldsymbol{L}}(\text{G})$ és perpendicular a l'eix. En aquest cas, les components de força que apareixen als suports també giren junt amb el rotor, tenen la mateixa direcció però poden tenir sentit contrari. Aquestes forces són les que creen el moment responsable de la variació del moment cinètic $\dot{\boldsymbol{L}}(\mathrm{G})$ i, en dependre de ω^2, poden assolir també valors importants.

$$\dot{\boldsymbol{L}}(\mathrm{G}) = \boldsymbol{M}_\mathrm{d} = \overline{\mathbf{GP}_1} \times \boldsymbol{F}_1 + \overline{\mathbf{GP}_2} \times \boldsymbol{F}_2$$

Es demostra que el moment causat pel desequilibri dinàmic és

$$M_\mathrm{d} = \left(I_{13}^2 + I_{23}^2\right)^{1/2} \omega^2 \tag{6.13}$$

on I_{13} i I_{23} són els productes d'inèrcia associats a l'eix de gir 3.

Equilibratge del quadrilàter articulat. En l'equilibratge d'un quadrilàter articulat clàssicament es planteja anul·lar la resultant de les forces transmeses als suports. Això vol dir forçar que la posició del centre d'inèrcia G del quadrilàter sigui fixa, independent de la seva configuració (vegeu l'annex 6.IV).

Equilibratge del mecanisme pistó-biela-manovella. En aquest mecanisme, la manovella gira al voltant d'un eix fix i, per tant, pot ser equilibrada mitjançant les tècniques per a l'equilibratge de rotors. El pistó, però, té moviment de translació alternatiu i la biela realitza un moviment complex. El plantejament tradicional de l'equilibratge d'aquest mecanisme consisteix a aconseguir que, la força d'enllaç que per causa de la seva inèrcia apareix al suport de la manovella, sigui la mínima possible (vegeu l'annex 6.IV).

Annex 6.I Plantejament global de l'anàlisi dinàmica per mitjà dels teoremes vectorials

Sigui un sistema mecànic definit per un conjunt de coordenades generalitzades $\boldsymbol{q}$ que permet posicionar cada membre per separat. En aplicar els teoremes vectorials a cada membre per separat s'obté un conjunt d'equacions amb un nombre de $6 \times \text{nombre de membres}$. Aquest conjunt d'equacions és lineal en les forces, moments i acceleracions. Si s'aïllen com a incògnites les forces i els moments d'enllaç així com les forces i els moments desconeguts introduïts pels accionaments, el sistema d'equacions dinàmiques s'expressa matricialment com

$$\boldsymbol{C}(\boldsymbol{q})\cdot\boldsymbol{F} = \boldsymbol{b}(\boldsymbol{q},\dot{\boldsymbol{q}},\ddot{\boldsymbol{q}},t) \tag{6.14}$$

on $\boldsymbol{C}(\boldsymbol{q})$ és una matriu del sistema, funció de les coordenades, $\boldsymbol{F}$ és el vector de forces i moments desconeguts i $\boldsymbol{b}$ és un vector funció de les coordenades i les seves derivades fins a ordre dos –és a dir, funció de l'estat mecànic i de les acceleracions– i del temps. Aquest vector recull els termes d'inèrcia de les equacions dinàmiques i els termes associats a forces i moments de formulació coneguda i es pot descompondre en

$$\boldsymbol{b}(\boldsymbol{q},\dot{\boldsymbol{q}},\ddot{\boldsymbol{q}},t) = -\boldsymbol{M}(\boldsymbol{q})\cdot\ddot{\boldsymbol{q}} + \boldsymbol{f}(\boldsymbol{q},\dot{\boldsymbol{q}},t) \tag{6.15}$$

on la matriu $\boldsymbol{M}$ no coincideix, en general, amb la matriu d'inèrcia associada al càlcul de l'energia cinètica. Si per a cada sòlid es fan servir coordenades inercials, la submatriu de $\boldsymbol{M}$ corresponent a un sòlid és

$$\begin{bmatrix} m & & & \\ & m & & 0 \\ & 0 & m & \\ & & & [I_G] \end{bmatrix}$$, on m és la massa del sòlid i $\boldsymbol{I}_G$ el seu tensor d'inèrcia.

Del conjunt d'equacions dinàmiques 6.14 es poden aïllar les equacions del moviment, tantes com graus de llibertat sense forçar tingui el sistema, si bé per resoldre'l cal considerar les relacions establertes entre les coordenades. Aquestes relacions, vistes a la cinemàtica, donen lloc a l'expressió

$$\boldsymbol{\phi}_q\cdot\ddot{\boldsymbol{q}} = -\dot{\boldsymbol{\phi}}_q\cdot\dot{\boldsymbol{q}} - \dot{\boldsymbol{\phi}}_t \tag{6.16}$$

En el cas que el sistema sigui no holònom, en l'obtenció d'aquesta equació cal afegir a l'equació de les velocitats, $\boldsymbol{\phi}_q\cdot\dot{\boldsymbol{q}} + \boldsymbol{\phi}_t = 0$, les condicions d'enllaç no holònomes.

El conjunt d'equacions dinàmiques 6.14 es pot combinar amb les equacions cinemàtiques 6.16 per formar un únic sistema d'equacions algebricodiferencial (Eq. 6.17) on les incògnites són forces i moments desconeguts, i les acceleracions associades a graus de llibertat. Aquest sistema d'equacions constitueix el model matemàtic del sistema mecànic.

$$\begin{bmatrix} \boldsymbol{M}(\boldsymbol{q}) & \boldsymbol{C}(\boldsymbol{q}) \\ \boldsymbol{\phi}_q & 0 \end{bmatrix}\cdot\begin{Bmatrix} \ddot{\boldsymbol{q}} \\ \boldsymbol{F} \end{Bmatrix} = \begin{Bmatrix} \boldsymbol{f}(\boldsymbol{q},\dot{\boldsymbol{q}},t) \\ -\dot{\boldsymbol{\phi}}_q\cdot\dot{\boldsymbol{q}} - \dot{\boldsymbol{\phi}}_t \end{Bmatrix} \tag{6.17}$$

Exemple 6.5 A l'exemple 6.3 de l'apartat 6.2, quan es considera el grau de llibertat forçat, és a dir, quan hi ha el cilindre hidràulic governant el moviment, les equacions dinàmiques 6.9 i les dues equacions d'enllaç 6.8, junt amb l'equació de govern de la coordenada x, són:

$$\begin{cases} -m\ddot{x} + R\cos\varphi + F_\mathrm{C} = 0 \\ -m\ddot{y} + R\sin\varphi = -mg \\ R\sin\varphi + N_\mathrm{A} = mg \\ R\cos\varphi + N_\mathrm{B} = 0 \end{cases}, \qquad \begin{cases} x - l\cos\varphi = 0 \\ y - l\sin\varphi = 0 \\ x - s(t) = 0 \end{cases}$$

De les equacions dinàmiques s'obtenen les matrius $\boldsymbol{M}(\boldsymbol{q})$ i $\boldsymbol{C}(\boldsymbol{q})$ i el vector $\boldsymbol{f}(\boldsymbol{q},\dot{\boldsymbol{q}},t)$. Ordenant les incògnites segons el vector $\{\ddot{x},\ddot{y},\ddot{\varphi},R,N_\mathrm{A},N_\mathrm{B},F_\mathrm{C}\}^\mathrm{T}$ són

$$\boldsymbol{M}(\boldsymbol{q}) = \begin{bmatrix} -m & 0 & 0 \\ 0 & -m & 0 \\ 0 & 0 & 0 \\ 0 & 0 & 0 \end{bmatrix}, \quad \boldsymbol{C}(\boldsymbol{q}) = \begin{bmatrix} \cos\varphi & 0 & 0 & 1 \\ \sin\varphi & 0 & 0 & 0 \\ \sin\varphi & 1 & 0 & 0 \\ \cos\varphi & 0 & 1 & 0 \end{bmatrix}, \quad \boldsymbol{f}(\boldsymbol{q},\dot{\boldsymbol{q}},t) = \begin{Bmatrix} 0 \\ mg \\ -mg \\ 0 \end{Bmatrix}$$

Derivant dues vegades respecte del temps el conjunt d'equacions d'enllaç s'obtenen les relacions cinemàtiques següents:

$$\begin{bmatrix} 1 & 0 & l\sin\varphi \\ 0 & 1 & -l\cos\varphi \\ 1 & 0 & 0 \end{bmatrix} \begin{Bmatrix} \ddot{x} \\ \ddot{y} \\ \ddot{\varphi} \end{Bmatrix} = - \begin{bmatrix} 0 & 0 & l\dot{\varphi}\cos\varphi \\ 0 & 0 & l\dot{\varphi}\sin\varphi \\ 0 & 0 & 0 \end{bmatrix} \begin{Bmatrix} \dot{x} \\ \dot{y} \\ \dot{\varphi} \end{Bmatrix} - \begin{Bmatrix} 0 \\ 0 \\ -\ddot{s}(t) \end{Bmatrix}$$

El sistema global queda finalment:

$$\left[\begin{array}{ccc|cccc} -m & 0 & 0 & \cos\varphi & 0 & 0 & 1 \\ 0 & -m & 0 & \sin\varphi & 0 & 0 & 0 \\ 0 & 0 & 0 & \sin\varphi & 1 & 0 & 0 \\ 0 & 0 & 0 & \cos\varphi & 0 & 1 & 0 \\ \hline 1 & 0 & l\sin\varphi & & & & \\ 0 & 1 & -l\cos\varphi & & \mathbf{0} & & \\ 1 & 0 & 0 & & & & \end{array}\right] \left\{\begin{array}{c} \ddot{x} \\ \ddot{y} \\ \ddot{\varphi} \\ \hline R \\ N_\mathrm{A} \\ N_\mathrm{B} \\ F_\mathrm{C} \end{array}\right\} = \left\{\begin{array}{c} 0 \\ mg \\ -mg \\ 0 \\ \hline -l\dot{\varphi}^2\cos\varphi \\ -l\dot{\varphi}^2\sin\varphi \\ \ddot{s}(t) \end{array}\right\}$$

Annex 6.II Aspectes que cal considerar en el cas de mecanismes amb moviment pla

En plantejar la dinàmica de mecanismes amb moviment pla, sovint es prescindeix de la determinació de les forces d'enllaç perpendiculars al pla del moviment i dels moments d'enllaç continguts en aquest pla, ja que es pressuposa que els elements d'enllaç són capaços de garantir-los. En aquest cas, només s'empren tres de les sis equacions que proporcionen els teoremes vectorials per a cada membre. Ara bé, quan interessa conèixer aquestes forces i moments; per exemple, a efecte del disseny dels enllaços, cal recórrer al plantejament complet dels teoremes. Cal remarcar que el seu valor usualment no és nul a causa dels fets següents:

- L'acció sobre el mecanisme de forces perpendiculars al pla del moviment o moments continguts en aquest pla.
- La pròpia estructura dels enllaços. En un parell de revolució, per exemple, les dues barres que uneix no són coplanàries (Fig. 6.7) i apareixen moments d'enllaç continguts en el pla del moviment a causa del moment que fan les forces de cada barra.
- L'existència d'algun membre del mecanisme amb la direcció normal al pla del moviment no central d'inèrcia (Fig. 6.8). El vector moment cinètic referit a G per a un membre és

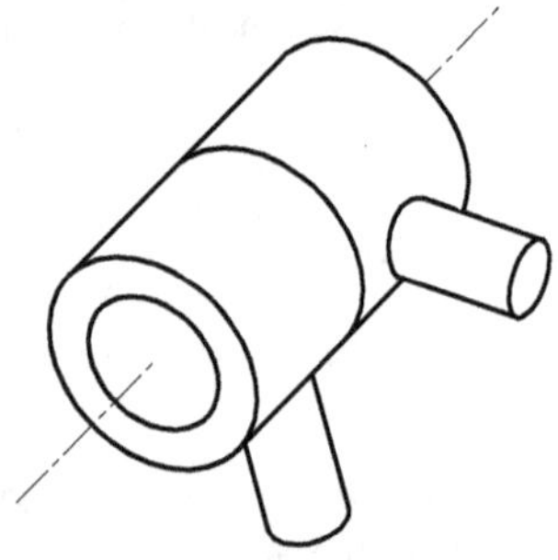

Fig. 6.7 Junta de revolució

$$\boldsymbol{L}(\mathrm{G}) = \boldsymbol{I}_{\mathrm{G}} \cdot \boldsymbol{\omega}^{\mathrm{s}} = \{I_{13}\omega, I_{23}\omega, I_{33}\omega\}^{\mathrm{T}}$$

i només en el cas que la direcció 3 sigui central d'inèrcia ($I_{13} = I_{23} = 0$) els vectors $\boldsymbol{L}(\mathrm{G})$ i $\dot{\boldsymbol{L}}(\mathrm{G})$ són perpendiculars al pla del moviment, condició necessària perquè el moviment del membre no requereixi moments en el pla.

$$\boldsymbol{L}(\mathrm{G}) = \{0, 0, I_{33}\omega\}^{\mathrm{T}} \rightarrow \dot{\boldsymbol{L}}(\mathrm{G}) = \{0, 0, I_{33}\alpha\}^{\mathrm{T}} = \sum \boldsymbol{M}_{\mathrm{ext}}(\mathrm{G}) \,, \quad \text{on } \alpha = \dot{\omega}$$

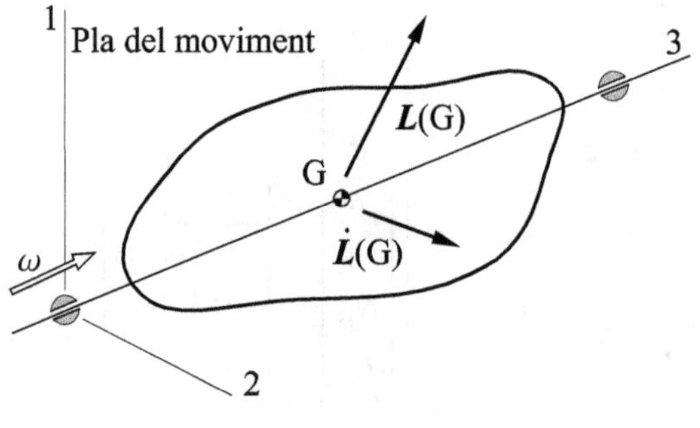

Fig. 6.8 Moment cinètic en un rotor

Annex 6.III Torsor de les forces d'inèrcia de d'Alembert

El principi de d'Alembert estableix que la suma de forces sobre una partícula, inclosa l'anomenada *força d'inèrcia de d'Alembert*, és zero: $\boldsymbol{F}(\mathrm{P}) - m\,\boldsymbol{a}(\mathrm{P}) = \boldsymbol{F}(\mathrm{P}) + \mathcal{F}(\mathrm{P}) = 0$

En el cas d'un sistema mecànic general, el torsor de forces d'inèrcia de d'Alembert referit a G és $\mathcal{F} = -m\,\boldsymbol{a}(\mathrm{G})$, $\mathcal{M}(\mathrm{G}) = -\dot{\boldsymbol{L}}(\mathrm{G})$. Per comprovar-ho, cal aplicar la definició de torsor. La resultant és

$$\mathcal{F} = \sum_{i=1}^{n} -m(\mathrm{P}_i)\boldsymbol{a}(\mathrm{P}_i) = \sum_{i=1}^{n} -m(\mathrm{P}_i)\left[\boldsymbol{a}_{\mathrm{RTG}}(\mathrm{P}_i) + \boldsymbol{a}(\mathrm{G})\right] =$$

$$-\frac{\mathrm{d}^2}{\mathrm{d}t^2}\left[\sum_{i=1}^{n} m(\mathrm{P}_i)\overline{\mathbf{GP}_i}\right] - \left[\sum_{i=1}^{n} m(\mathrm{P}_i)\right]\boldsymbol{a}(\mathrm{G}) = -m\,\boldsymbol{a}(\mathrm{G})$$

on RTG indica la referència que es trasllada amb G respecte a la d'estudi i m és la massa total del sistema. El primer sumatori és nul per causa de la definició del centre d'inèrcia.

Pel que fa al moment resultant –parell d'inèrcia de d'Alembert:

$$\mathcal{M}(\mathrm{G}) = \sum_{i=1}^{n} \overline{\mathbf{GP}_i} \times -m(\mathrm{P}_i)\boldsymbol{a}(\mathrm{P}_i) = \sum_{i=1}^{n} \overline{\mathbf{GP}_i} \times -m(\mathrm{P}_i)\left[\boldsymbol{a}_{\mathrm{RTG}}(\mathrm{P}_i) + \boldsymbol{a}(\mathrm{G})\right] =$$

$$-\sum_{i=1}^{n} \overline{\mathbf{GP}_i} \times m(\mathrm{P}_i)\boldsymbol{a}_{\mathrm{RTG}}(\mathrm{P}_i) - \left[\sum_{i=1}^{n} \overline{\mathbf{GP}_i} m(\mathrm{P}_i)\right] \times \boldsymbol{a}(\mathrm{G}) = -\dot{\boldsymbol{L}}(\mathrm{G})$$

ja que de nou $\sum_{i=1}^{n} m(\mathrm{P}_i)\overline{\mathbf{GP}_i} = 0$ i, per altra banda,

$$\dot{\boldsymbol{L}}(\mathrm{G}) = \frac{\mathrm{d}}{\mathrm{d}t}\left[\sum_{i=1}^{n} \overline{\mathbf{GP}_i} \times m(\mathrm{P}_i)\boldsymbol{v}_{\mathrm{RTG}}(\mathrm{P}_i)\right] =$$

$$\sum_{i=1}^{n} \frac{\mathrm{d}\overline{\mathbf{GP}_i}}{\mathrm{d}t} \times m(\mathrm{P}_i)\boldsymbol{v}_{\mathrm{RTG}}(\mathrm{P}_i) + \sum_{i=1}^{n} \overline{\mathbf{GP}_i} \times m(\mathrm{P}_i)\boldsymbol{a}_{\mathrm{RTG}}(\mathrm{P}_i) =$$

$$\sum_{i=1}^{n} \overline{\mathbf{GP}_i} \times m(\mathrm{P}_i)\boldsymbol{a}_{\mathrm{RTG}}(\mathrm{P}_i)$$

on el primer sumatori és nul en tractar-se de productes vectorials entre vectors paral·lels. Cal remarcar que, en aquest desenvolupament, en cap etapa s'ha imposat al sistema de partícules la condició de sòlid rígid i, per tant, el concepte de torsor de les forces d'inèrcia de d'Alembert és aplicable a qualsevol sistema mecànic.

Annex 6.IV Mètodes d'equilibratge

Equilibratge experimental d'un rotor. El desequilibri estàtic d'un rotor es quantifica mitjançant la magnitud $u = me$, tal que $F_1 + F_2 = u\omega^2$ (Fig. 6.6.a). Evidentment, si a un rotor perfectament equilibrat s'afegeix una massa puntual m_p, situada a una distància r de l'eix de gir, el desequilibri estàtic introduït és $u = m_p r$, ja que $F_1+F_2=m_p r\omega^2$.

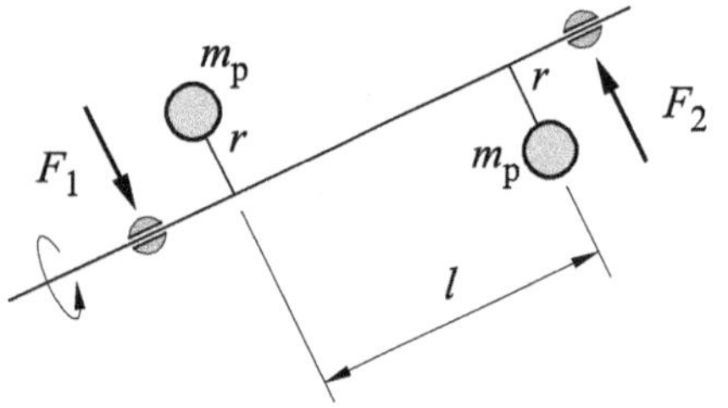

Fig. 6.9 Model equivalent d'un desequilibri dinàmic

El moment causat pel desequilibri dinàmic (Eq. 6.13) es pot fer igual al moment que produiria un rotor format per dues masses puntuals iguals situades en el pla axial perpendicular a $\boldsymbol{M}_d$, tal com s'indica a la figura 6.9, a partir de les quals

$$M_d = (m_p r)\omega^2 l = u\omega^2 l$$

El desequilibri dinàmic es quantifica mitjançant aquest desequilibri u i la distància l, que usualment es pren igual a la distància entre suports.

Normalment els dos desequilibris, estàtic i dinàmic, es presenten conjuntament i donen lloc a una força giratòria en cadascun dels suports que es pot associar a un desequilibri $u=F/\omega^2$ situat en el pla radial del suport.

L'experiència ha portat a definir el *grau de qualitat d'equilibratge* de servei d'un rotor com $G = e\omega$. Per a un desequilibri estàtic, e correspon a l'excentricitat del centre d'inèrcia i ω és la velocitat de rotació; així, doncs, G és la velocitat del centre d'inèrcia. La taula 6.1 presenta els graus de qualitat d'equilibratge admissibles per a diferents tipus de rotors de màquines segons la funció que hagin de realitzar. La informació prové de la norma ISO 1940 sobre l'equilibratge de rotors.

Per a l'aplicació al cas general del grau de qualitat d'equilibrat, aquest es multiplica per la massa m del rotor i per la seva velocitat angular ω, i s'obté així una força màxima admissible $Gm\omega=me\omega^2$ atribuïble a un desequilibri màxim admissible $u=Gm/\omega$, que es reparteix entre els dos suports funció de la distribució de massa del rotor i de la capacitat de càrrega dels suports.

Per corregir el desequilibri, es parteix de mesures experimentals de la vibració produïda pels rotors en muntatges específics –màquines d'equilibrar– o muntats en el lloc de treball –equilibratge *in situ*– i les tècniques utilitzades es poden subdividir en dos grups:

- Tècniques basades en la localització del centre d'inèrcia del rotor, feta per la seva tendència a ocupar la posició més baixa possible, i correcció posterior d'aquesta posició per addició o substracció de massa. Aquestes tècniques només permeten corregir el desequilibri estàtic.
- Tècniques basades en la mesura de l'efecte produït en els suports per la rotació del rotor desequilibrat. Aquestes tècniques permeten corregir simultàniament els dos tipus de desequilibri i, quan és possible, són preferibles a les anteriors per corregir el desequilibri estàtic ja que permeten una precisió més elevada.

Taula 6.1 Grau de qualitat admissible

Grau de qualitat *G* (mm/s)	Tipus de rotors. Exemples
4000	Cigonyals de motors marins dièsel lents amb nombre imparell de cilindres i muntats rígidament a la bancada.
1600	Cigonyals de grans motors de dos temps muntats rígidament a la bancada.
630	Cigonyals de grans motors de quatre temps muntats rígidament a la bancada. Cigonyals de motors marins dièsel muntats amb elements elàstics a la bancada.
250	Cigonyals de motors dièsel ràpids de quatre cilindres muntats rígidament a la bancada.
100	Cigonyals de motors dièsel ràpids de sis cilindres o més. Motors sencers (de gasolina o dièsel) per a automòbils, camions i locomotores.
40	Cigonyals de motors ràpids de quatre temps (gasolina o dièsel), de sis cilindres o més i muntats amb elements elàstics a la bancada. Cigonyals de motors per a automòbils, camions i locomotores. Rodes d'automòbil, politges i arbres de transmissió.
16	Arbres de transmissió amb requeriments especials. Components de maquinària trituradora. Components de maquinària agrícola. Components individuals de motors per a automòbils, camions i locomotores. Cigonyals de motors de sis cilindres o més amb requeriments especials.
6,3	Components de màquines de producció. Engranatges en turbines per propulsió marina. Volants d'inèrcia. Rodets de bombes. Components de màquines eina. Rotors de motors elèctrics de mida normal. Components de motors amb requeriments especials.
2,5	Turbines de gas i de vapor. Rotors rígids de turbogeneradors. Turbocompressors. Accionaments en màquines eina. Rotors de motors elèctrics mitjans i grans amb requeriments especials. Rotors de motors elèctrics petits. Bombes accionades per turbines.
1	Accionaments en magnetòfons i reproductors. Accionaments en màquines rectificadores. Rotors de motors elèctrics petits amb requeriments especials.
0,4	Eixos, discs i rotors en rectificadores de precisió. Giròscops.

Font: Norma ISO 1940

El mètode d'equilibratge més freqüent és el dels *coeficients d'influència.*

Si un rotor perfectament equilibrat es fa girar al voltant del seu eix amb velocitat constant no requereix forces exteriors i, per tant, no genera vibracions en els suports ni, a través d'ells, a l'exterior. Si s'introdueix a aquest mateix rotor un desequilibri, en fer-lo girar a velocitat constant es generen vibracions en els seus suports –forces i/o moments– i a l'exterior. Al desequilibri introduït, per una massa m descentrada –suposada puntual– localitzada en un determinat pla normal a l'eix –pla d'equilibratge–, s'hi associa el nombre complex $\boldsymbol{u} = m\, s\, e^{j\alpha}$. A la vibració d'un punt –de freqüència igual a la de gir del rotor– $v = v_0 \cos(\omega t + \varphi)$ s'hi associa el nombre complex $\boldsymbol{v}$. L'angle de fase φ es mesura, per exemple, considerant $t = 0$ l'instant en el qual un punt fix al rotor –testimoni– passa per un punt fix del terra (Fig. 6.10).

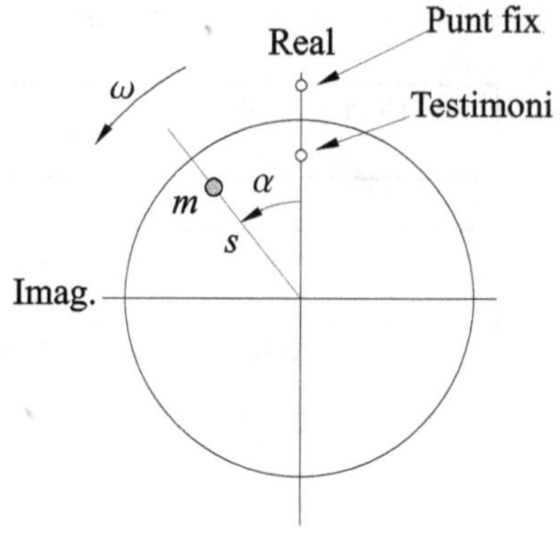

Fig. 6.10 Representació del desequilibri introduït

El quocient entre $\boldsymbol{v}$ i $\boldsymbol{u}$, $\boldsymbol{c} = \boldsymbol{v}/\boldsymbol{u}$, s'anomena *coeficient d'influència del desequilibri* en la vibració del punt considerat i es considera independent del desequilibri i funció del pla d'equilibratge, del punt de mesura i de la velocitat de gir.

El procés per equilibrar mitjançant els coeficients d'influència és el següent:

a) Es mesura la vibració produïda pel rotor en un conjunt de punts –els suports o altres punts– a una o més velocitats de gir i s'obté un conjunt de n mesures de vibració inicial $\boldsymbol{v}_i$ que es voldria que fossin nul·les. $\boldsymbol{V} = \{\boldsymbol{v}_1, \boldsymbol{v}_2, \ldots, \boldsymbol{v}_n\}^{\mathrm{T}}$

b) S'introdueixen un a un l desequilibris $\boldsymbol{u}_j$ en plans diferents; per a cadascun d'ells es repeteixen les mesures de vibració $\boldsymbol{V}' = \{\boldsymbol{v}_1', \boldsymbol{v}_2', \ldots, \boldsymbol{v}_n'\}^{\mathrm{T}}$ –en els mateixos punts i a les mateixes velocitats anteriors– i a partir dels increments de vibració es calculen els coeficients d'influència

$$\boldsymbol{v}_i' - \boldsymbol{v}_i = \boldsymbol{c}_{ij} \boldsymbol{u}_j \text{ que defineixen la matriu d'influència } \boldsymbol{C} = [\boldsymbol{c}_{ij}]$$

c) Es planteja l'expressió de la vibració $\boldsymbol{V}'' = \{\boldsymbol{v}_1'', \boldsymbol{v}_2'', \ldots, \boldsymbol{v}_n''\}^{\mathrm{T}}$ en introduir un conjunt de l desequilibris $\boldsymbol{m}_j$ de correcció $\boldsymbol{M} = \{\boldsymbol{m}_1, \boldsymbol{m}_2, \ldots, \boldsymbol{m}_n\}^{\mathrm{T}}$ i s'intenta determinar $\boldsymbol{M}$ perquè $\boldsymbol{V}''$ sigui nul·la o mínima. En forma matricial, l'expressió de la vibració és $\boldsymbol{V}'' = \boldsymbol{V} + \boldsymbol{C}\,\boldsymbol{M}$

Observacions:

- es pot plantejar el procediment sense eliminar els desequilibris successius que es van introduint en el rotor.
- el procediment es pot reiterar a fi de millorar la precisió, que queda limitada fonamentalment per la precisió en l'obtenció de les dades experimentals i per la no-linealitat.

L'equilibratge en un pla, un dels més habituals, usualment es fa servir quan el rotor només té un suport –parell de revolució– i la distribució és prou plana –roda d'un cotxe, ventilador, etc. En aquest cas,

$$\left.\begin{aligned} \boldsymbol{v}' - \boldsymbol{v} &= \boldsymbol{c}\,\boldsymbol{u} \\ \boldsymbol{v} + \boldsymbol{c}\,\boldsymbol{m} &= 0 \end{aligned}\right\} \to \boldsymbol{m} = \frac{-\boldsymbol{v}}{\boldsymbol{v}' - \boldsymbol{v}} \boldsymbol{u}$$

L'equilibratge en dos plans, també molt habitual, és emprat usualment en els rotors rígids. Es disposa de dos plans d'equilibratge, A i B, d'on posar i treure massa, i de dos punts de mesura, 1 i 2, situats usualment en els suports, encara que no és necessari. El procés d'equilibratge porta a

$$\left.\begin{aligned} &\boldsymbol{v}_1' - \boldsymbol{v}_1 = \boldsymbol{c}_{1\mathrm{A}} \boldsymbol{u}_{\mathrm{A}} \;;\; \boldsymbol{v}_2' - \boldsymbol{v}_2 = \boldsymbol{c}_{2\mathrm{A}} \boldsymbol{u}_{\mathrm{A}} \\ &\boldsymbol{v}_1'' - \boldsymbol{v}_1 = \boldsymbol{c}_{1\mathrm{B}} \boldsymbol{u}_{\mathrm{B}} \;;\; \boldsymbol{v}_2'' - \boldsymbol{v}_2 = \boldsymbol{c}_{2\mathrm{B}} \boldsymbol{u}_{\mathrm{B}} \\ &\boldsymbol{V} + \boldsymbol{C}\,\boldsymbol{M} = 0 \end{aligned}\right\} \to \begin{Bmatrix} \boldsymbol{m}_{\mathrm{A}} \\ \boldsymbol{m}_{\mathrm{B}} \end{Bmatrix} = -\begin{bmatrix} \boldsymbol{c}_{1\mathrm{A}} & \boldsymbol{c}_{1\mathrm{B}} \\ \boldsymbol{c}_{2\mathrm{A}} & \boldsymbol{c}_{2\mathrm{B}} \end{bmatrix}^{-1} \begin{Bmatrix} \boldsymbol{v}_1 \\ \boldsymbol{v}_2 \end{Bmatrix}$$

Equilibratge de rotors flexibles. Un rotor rígid equilibrat genera un mínim de vibracions –teòricament nul– per a tot el rang de velocitats d'operació. Si després d'un equilibrat en dos plans un rotor genera petites vibracions a la velocitat d'equilibratge però vibracions elevades a altres velocitats, no es pot considerar un rotor rígid i cal procedir a mètodes específics d'equilibratge.

Equilibratge d'un quadrilàter articulat. En el quadrilàter de la figura 6.11 es defineixen les coordenades angulars que descriuen el moviment de cada barra, φ_i, i les coordenades polars, r_i i β_i, que situen els centres d'inèrcia de cada barra G_i.

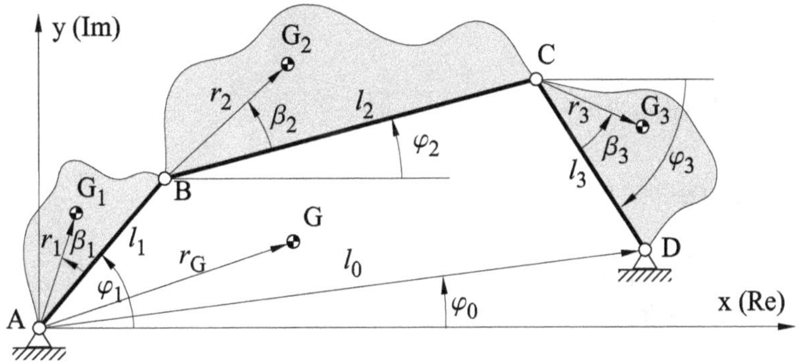

Fig. 6.11 Quadrilàter articulat

En ell es poden establir la posició del centre d'inèrcia G del conjunt, i l'equació vectorial d'enllaç:

$$\begin{aligned} m\boldsymbol{r}_G &= m_1\overline{\mathbf{AG}_1} + m_2\overline{\mathbf{AG}_2} + m_3\overline{\mathbf{AG}_3} = \\ &\quad m_1\boldsymbol{r}_1 + m_2[\boldsymbol{l}_1 + \boldsymbol{r}_2] + m_3[\boldsymbol{l}_1 + \boldsymbol{l}_2 + \boldsymbol{r}_3], \text{ on } m \text{ és la massa total.} \\ \boldsymbol{l}_0 &= \boldsymbol{l}_1 + \boldsymbol{l}_2 + \boldsymbol{l}_3 \end{aligned} \tag{6.18}$$

Fent ús de la representació complexa dels vectors en el pla del moviment, de la segona equació de 6.18 es pot aïllar un dels versors complexos, per exemple l'associat a φ_2

$$e^{j\varphi_2} = \frac{l_0 e^{j\varphi_0} - l_1 e^{j\varphi_1} - l_3 e^{j\varphi_3}}{l_2}$$

i substituir-lo a la primera. D'aquesta manera s'obté una equació que només depèn de les variables φ_1 i φ_3:

$$\begin{aligned} m\boldsymbol{r}_G = &\left[m_1 r_1 e^{j\beta_1} + m_2 l_1 - \frac{m_2 r_2 l_1}{l_2} e^{j\beta_2} \right] e^{j\varphi_1} + \\ &\left[-\frac{m_2 r_2 l_3}{l_2} e^{j\beta_2} - m_3 l_3 + m_3 r_3 e^{j\beta_3} \right] e^{j\varphi_3} + \\ &\left[\frac{m_2 r_2 l_0}{l_2} e^{j\beta_2} + m_3 l_0 \right] e^{j\varphi_0} \end{aligned} \tag{6.19}$$

A partir d'aquesta equació i tenint en compte que el darrer terme és constant, una possibilitat per fixar G és anul·lar els coeficients dels versors associats a les rotacions φ_1 i φ_3. Aquests coeficients depenen de les masses i les longituds dels membres i de les posicions dels seus centres d'inèrcia. Aquesta anul·lació permet obtenir les quatre equacions escalars 6.20 (separant-ne la part real i la part imaginària) per tal de determinar nou paràmetres.

$$
\begin{aligned}
& m_1 r_1 \cos\beta_1 + m_2 l_1 - \frac{m_2 r_2 l_1}{l_2}\cos\beta_2 = 0 \\
& m_1 r_1 \sin\beta_1 - \frac{m_2 r_2 l_1}{l_2}\sin\beta_2 = 0 \\
& \frac{m_2 r_2 l_3}{l_2}\cos\beta_2 + m_3 l_3 - m_3 r_3 \cos\beta_3 = 0 \\
& \frac{m_2 r_2 l_3}{l_2}\sin\beta_2 - m_3 r_3 \sin\beta_3 = 0
\end{aligned}
\qquad (6.20)
$$

Si es considera fixada la distribució de massa de la biela 2, els paràmetres per determinar a partir de 6.20 són els desequilibris dels membres 1 i 3: m_1r_1, β_1, m_2r_2 i β_2.

En resum, dissenyant adequadament les manovelles i els balancins és possible equilibrar totalment el quadrilàter articulat pel que fa al moviment del seu centre d'inèrcia. Així, doncs, s'anul·la la resultant de les forces exteriors als suports causades per la inèrcia del sistema, però no cadascuna d'elles. Es poden plantejar procediments d'equilibratge on s'imposin altres condicions.

Aquest procediment és també aplicable al sistema pistó-biela-manovella, però ara, més que anul·lar la resultant de les forces als suports, l'objectiu és minimitzar la força d'enllaç que hi ha a l'articulació de la manovella amb el seu suport. Per això es presenta tot seguit el plantejament clàssic de l'equilibratge d'aquest mecanisme.

Equilibratge del mecanisme pistó-biela-manovella. Per establir procediments d'equilibratge cal determinar l'acceleració del centre d'inèrcia de cada membre. En el cas de la biela, la determinació s'acostuma a simplificar substituint-la per un sistema equivalent (Fig. 6.12) format per dues masses puntuals, m_A i m_B, amb la intenció que una es mogui juntament amb el pistó i que l'altra ho faci amb la manovella. Aquesta equivalència és possible gràcies als dos plans de simetria (1-2, 1-3) que normalment presenta una biela, de manera que G es troba en el pla diametral que conté els centres A i B de les articulacions. L'articulació B amb el pistó, usualment més petita, s'anomena *cap de la biela* i l'articulació A amb la manovella s'anomena *peu de la biela*.

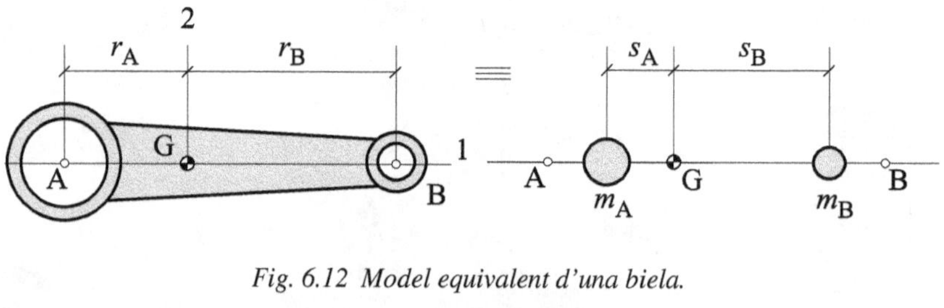

Fig. 6.12 Model equivalent d'una biela.

Per tal que el sistema de les dues masses sigui equivalent a la biela, s'han de complir les relacions següents:

$$m = m_A + m_B \ , \ m_A s_A = m_B s_B \ , \ I_G = m_A s_A^2 + m_B s_B^2 \tag{6.21}$$

Si s'escull $s_B = r_B$, és a dir, se situa la massa m_B a l'articulació amb el pistó, de les expresions 6.21 es poden aïllar els altres paràmetres:

$$s_A = \frac{I_G}{m\, r_B} \ , \quad m_A = \frac{m^2 r_B^2}{I_G + m\, r_B^2} \ , \quad m_B = \frac{m\, I_G}{I_G + m\, r_B^2}$$

En una biela clàssica, m_A se situa a prop de l'articulació A. Això permet acceptar en un estudi aproximat que la massa m_A se situï just sobre l'articulació A. En aquest cas, per determinar m_A i m_B s'empren tan sols les dues primeres igualtats de 6.21 i s'accepta que el moment d'inèrcia difereixi del real.

$$m_A = \frac{m\, r_B}{r_A + r_B} \ , \quad m_B = \frac{m\, r_A}{r_A + r_B}$$

La massa m_A fixa a la manovella junt amb aquesta constitueixen un sòlid que es pot equilibrar fent coincidir, mitjançant un contrapès, el seu centre d'inèrcia amb l'articulació fixa a O.

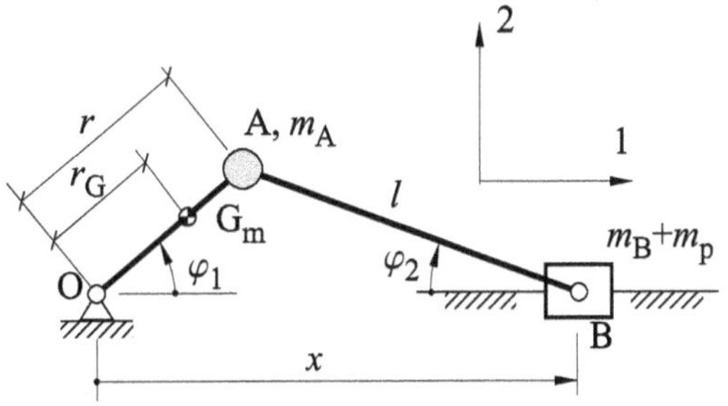

Fig. 6.13 Model equivalent del mecanisme pistó-biela-manovella

L'acceleració del pistó es troba a partir de les equacions d'enllaç

$$\left.\begin{aligned} x &= r\cos\varphi_1 + l\cos\varphi_2 \\ r\sin\varphi_1 &= l\sin\varphi_2 \end{aligned}\right\} \ \rightarrow \ x = r\cos\varphi_1 + l\left(1 - \frac{r^2}{l^2}\sin^2\varphi_1\right)^{1/2}$$

La coordenada x és una funció periòdica de l'angle φ_1, que es pot descompondre en sèrie de Fourier:

$$x = c_0 + c_1\cos\varphi_1 + c_2\cos 2\varphi_1 + c_3\cos 3\varphi_1 + c_4\cos 4\varphi_1 + \ldots \quad \text{, amb}$$

$$c_0 = l\left(1 - \frac{r^2}{4l^2} + \frac{3r^4}{64l^4} + \ldots\right) \ , \quad c_1 = r \ , \quad c_2 = l\left(\frac{r^2}{4l^2} - \frac{r^4}{16l^4} + \ldots\right)$$

$$c_3 = 0 \ , \quad c_4 = l\left(\frac{r^4}{64l^4} + \ldots\right)$$

Atès que $r/l \ll 1$ en els mecanismes pistó-biela-manovella usuals, els coeficients corresponents als harmònics d'ordre elevat decreixen ràpidament. Si s'aproxima x fins al seu segon harmònic i es considera $\dot{\varphi}_1 = \text{constant}$, l'expressió per a l'acceleració del pistó i la massa m_B és

$$\ddot{x} = -\dot{\varphi}_1^2 \left(r\cos\varphi_1 + 4c_2 \cos 2\varphi_1 \right)$$

i la força provinent de l'articulació O per aconseguir aquesta acceleració és

$$\boldsymbol{F}(\mathrm{B}) = -\begin{Bmatrix} (m_\mathrm{B} + m_\mathrm{p})\dot{\varphi}_1^2 \left(r\cos\varphi_1 + 4c_2 \cos 2\varphi_1 \right) \\ 0 \end{Bmatrix}$$

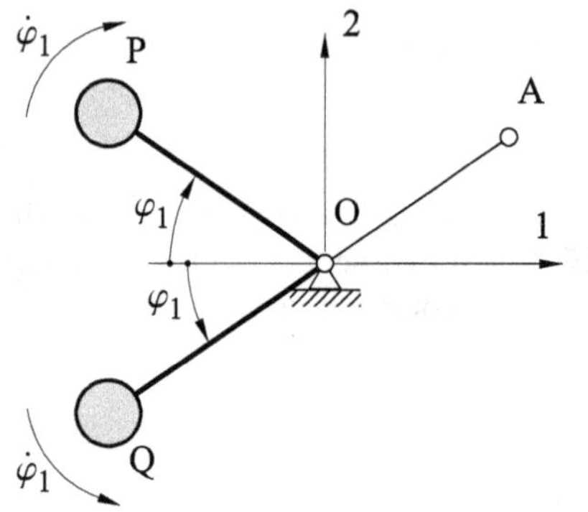

Fig. 6.14 Sistema de contrapesos contrarotants

El terme funció de cos φ_1 s'anomena *força primària* i el terme funció de cos 2 φ_1, *força secundària.* La força primària podria eliminar-se totalment emprant un sistema de dues masses iguals contrarotants equivalents al desequilibri (m_B + m_p)r/2, una que girés juntament amb la manovella i l'altra en sentit contrari (Fig. 6.14) mantenint la simetria respecte a la direcció 1, de manera que exercicin sobre l'articulació la força

$$\boldsymbol{F}_1 = \begin{Bmatrix} -(m_\mathrm{B} + m_\mathrm{p})r\dot{\varphi}_1^2 \cos\varphi_1 \\ 0 \end{Bmatrix}$$

Es podria procedir de la mateixa manera per contrarestar la força secundària, però en aquest cas les dues masses contrarotants han d'equivaler a un desequilibri (m_B + m_p)c_2/2 i girar a una velocitat angular $2\dot{\varphi}_1$.

Aquests procediments d'equilibratge, emprats en alguns motors, compliquen força el mecanisme ja que requereixen una transmissió de la manovella a les masses contrarotants –normalment per mitjà d'engranatges.

A la pràctica, només s'introdueix un únic desequilibri a la manovella, el valor i localització del qual s'estableixen segons un criteri d'optimització referit a la força d'enllaç al suport de la manovella.

Cas dels motors multicilíndrics. Un motor multicilíndric no és més que un conjunt de mecanismes pistó-biela-manovella col·locats en paral·lel, de manera que les manovelles constitueixen un únic membre –el cigonyal. Els trets fonamentals de l'equilibratge d'un motor multicilíndric són:

- Els colzes del cigonyal, que actuen com les manovelles de cada pistó-biela-manovella, tenen entre ells angles escollits especialment per tal de minimitzar l'acceleració del centre d'inèrcia.
- Els colzes del cigonyal s'han de disposar al llarg d'aquest de manera que no s'introdueixin moments transversals que induirien als suports reaccions no volgudes.

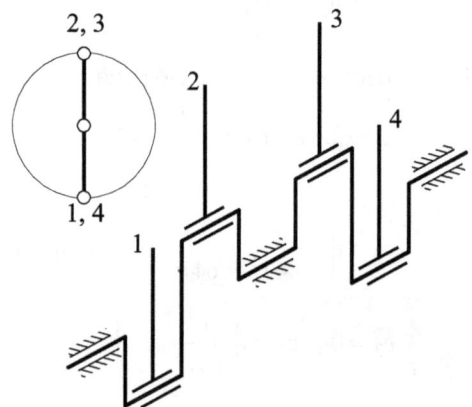

Fig. 6.15 Cigonyal d'un motor policilíndric

Problemes

P 6-1 En l'estructura articulada de la figura –torre d'alta tensió–, determineu les variacions de les tensions de les barres i de les forces d'enllaç a les articulacions A, B i F causades per l'aplicació dels sistemes de càrregues indicats.

a) $P_1 = P_2 = P_3 = 100$ kN
b) $P_1 = P_2 = 100$ kN ; $P_3 = 0$
c) $P_1 = P_3 = 100$ kN ; $P_2 = 0$

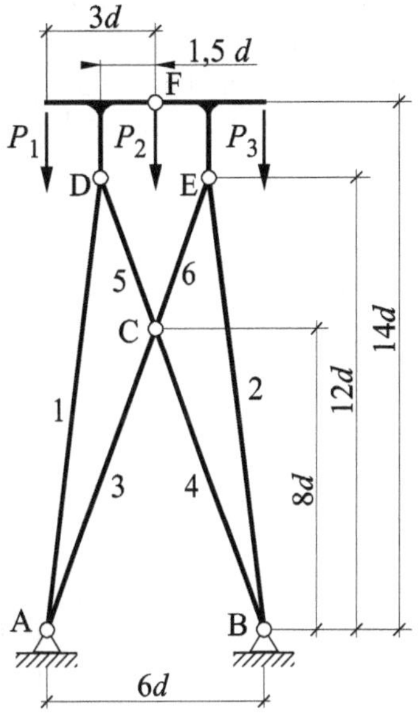

P 6-2 A la cadira plegable de tisora de la figura, es considera que el frec a les articulacions C, D i E és negligible i que el contacte a les potes és puntual. Determineu l'increment de les forces d'enllaç causat pel sistema de forces exteriors indicat si la força horitzontal a les potes davanteres és nul·la.

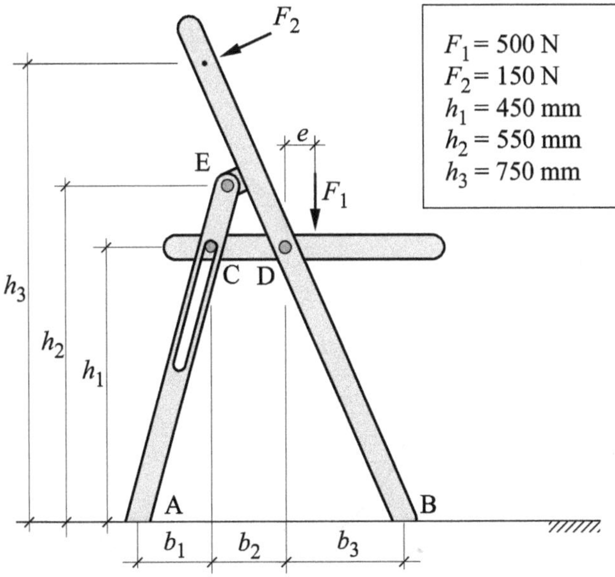

$F_1 = 500$ N	$b_1 = 125$ mm
$F_2 = 150$ N	$b_2 = 125$ mm
$h_1 = 450$ mm	$b_3 = 200$ mm
$h_2 = 550$ mm	$e = 50$ mm
$h_3 = 750$ mm	

P 6-3 A la làmpada de la figura, el frec a les articulacions es considera negligible. Determineu:

a) La força de la molla per tal que les diferents configuracions assolibles siguin d'equilibri.
b) Les forces a les articulacions en les condicions anteriors.
c) La massa mínima del peu perquè no bolqui.
d) Les constants d'una molla de comportament lineal adequada.

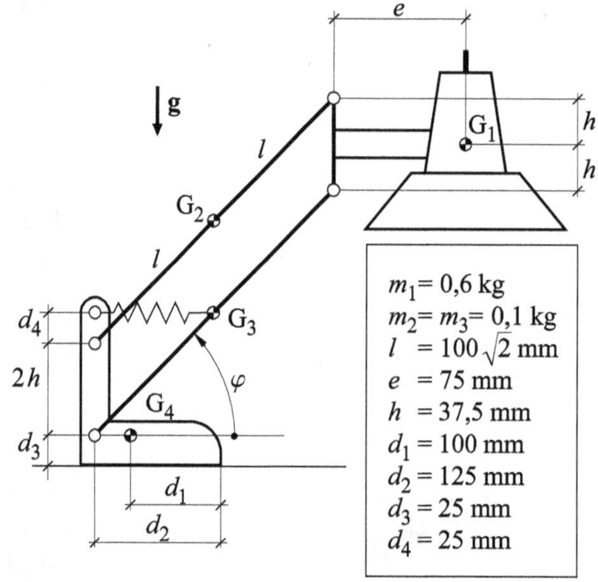

P 6-4 Les rodes 1 i 2 del mecanisme de la figura poden girar a l'entorn dels seus centres fixos O_1 i O_2 i estan unides mitjançant un enllaç guia-botó. Les rodes estan equilibrades i els seus moments d'inèrcia respecte de l'eix de gir són I_1=10^{-5} kg m^2 i I_2=10^{-4} kg m^2. Si els frecs són negligibles i la roda 1 gira amb velocitat angular $\dot{\varphi}_1 = 100\pi$ rad/s:

a) Determineu el parell motor que actua sobre la roda 1 i la força al parell guia-botó. Empreu les coordenades generalitzades que cregueu oportunes.
b) Feu l'aplicació numèrica per a φ_1=0° per a φ_1=180° i per a les configuracions extremes de la roda 2.

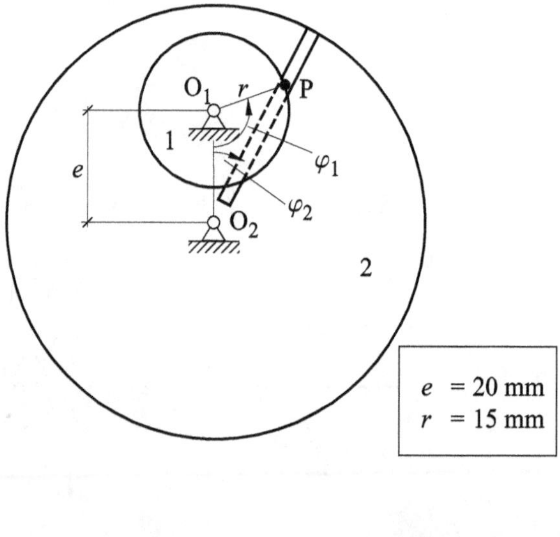

P 6-5 En el manipulador de la figura, les coordenades x i φ estan governades per actuadors a fi de realitzar una maniobra amb velocitats constants $\dot{\varphi} = 0{,}1\ \text{rad/s}$ i $\dot{x} = 10\ \text{mm/s}$. La inèrcia de les barres 1 i 2, com també el frec als enllaços, es consideren negligibles.

a) Determineu les forces a les articulacions A_1 i A_2.

b) Feu l'aplicació numèrica per a la configuració $x = 400$ mm i φ=60°.

c) Representeu l'evolució del parell motor i la tensió de la barra 2 si la maniobra es realitza des de $x = 250$ mm i $\varphi = 15°$ durant 10 s.

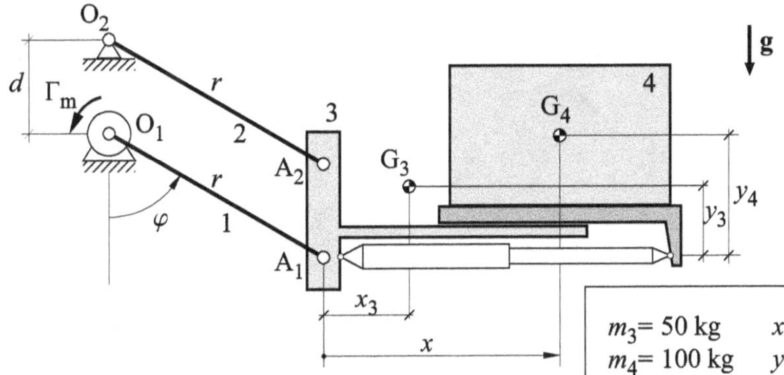

m_3= 50 kg x_3 = 150 mm
m_4= 100 kg y_3 = 100 mm
d = 150 mm y_4 = 200 mm
r = 400 mm

P 6-6 El mecanisme de lleva de la figura ha d'accionar la vàlvula de manera que aquesta quedi en repòs per a $0 \le \varphi \le 240°$ i assoleixi la seva màxima obertura de 5 mm per a $\varphi = 300°$.

a) Determineu una corba de Bézier adequada per a descriure la llei d'obertura de la vàlvula.

Si la compressió de la molla és tal que la força que fa es pot considerar constant,

b) quina és la força de contacte lleva-palpador?

c) per a quina velocitat de rotació de la lleva s'inicia la pèrdua de contacte lleva-palpador?

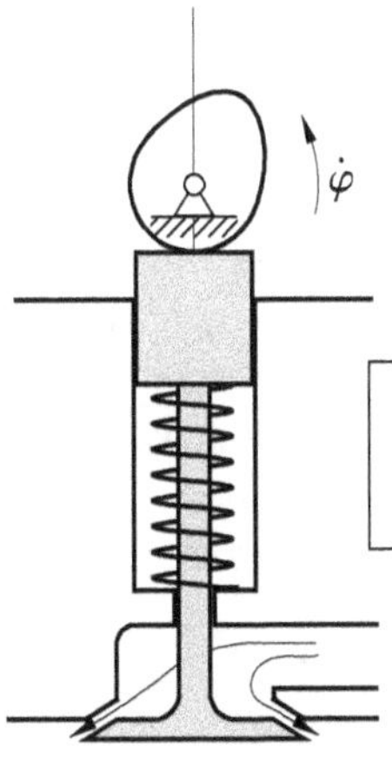

F_0= 500 N
m = 0,2 kg

P 6-7   L'esquema de la figura representa una porta posterior d'un vehicle. El grup molla-amortidor PQ en facilita l'accionament: la molla actua de contrapès i l'amortidor alenteix els moviments ràpids. Determineu la força que hauria de fer la molla per mantenir la porta en equilibri en les diferents configuracions i suggeriu les característiques d'una molla –tensió inicial i rigidesa– adequada.

$$d_1 = 200 \text{ mm} \qquad m = 30 \text{ kg}$$
$$d_2 = 150 \text{ mm} \qquad -30° < \varphi < 45°$$
$$d_3 = 600 \text{ mm}$$
$$d_4 = 700 \text{ mm}$$
$$d_5 = 60 \text{ mm}$$

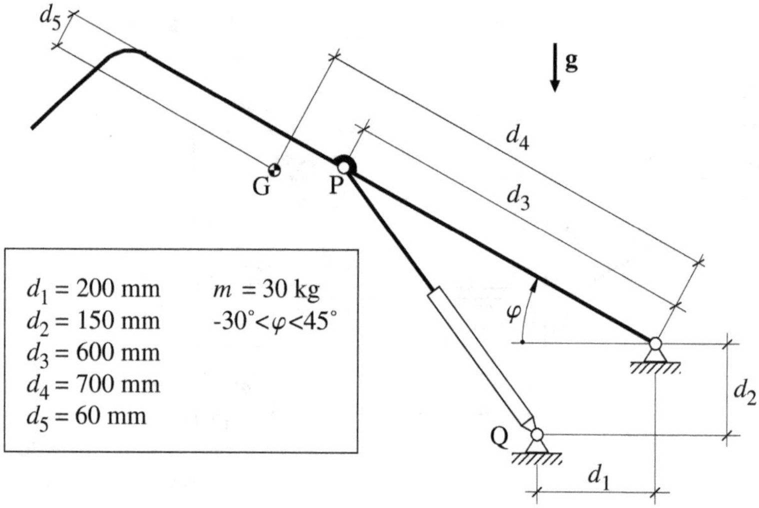

P 6-8   La figura mostra l'esquema d'una escala desplegable de sostremort accessible a través de la trapa PQ. L'escala és unida al terra del sostremort per mitjà de la barra articulada BD i del piu A respecte al qual pot lliscar. Determineu:

a) La inclinació de l'escala quan està totalment desplegada (AD=100 mm).

b) La força vertical que cal fer per desplegar l'escala i les forces d'enllaç que s'originen –es negligeixen les resistències passives, la massa de la barra BD i les acceleracions.

$$l = 0,75 \text{ m}$$
$$s = 0,55 \text{ m}$$
$$m = 25 \text{ kg}$$

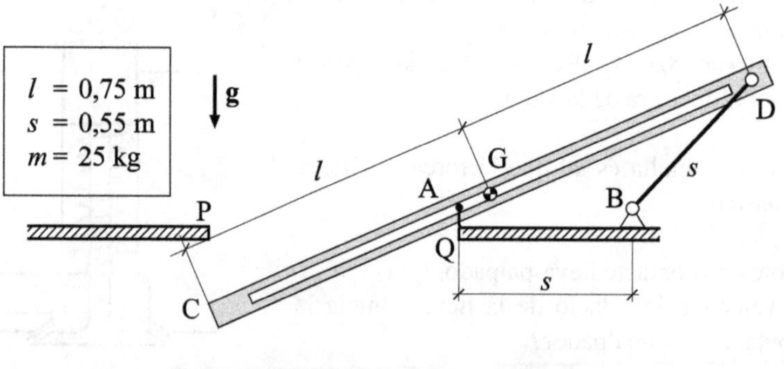

P 6-9 El mecanisme de la figura representa una taula plegable que pot passar de la posició vertical arrambada a la paret a la posició horitzontal. Per tal de moure-la, se li aplica una força que li és perpendicular, situada en el centre de l'aresta A. Determineu aquesta força i les forces d'enllaç generades amb les hipòtesis següents: inèrcia de les barres BE i CD, frecs i acceleracions negligibles. (Suggeriment: empreu un conjunt adequat de coordenades generalitzades i establiu les equacions d'enllaç entre elles.)

$$l_1 = 350 \text{ mm}$$
$$l_2 = 280 \text{ mm}$$
$$l_3 = 70 \text{ mm}$$
$$d = 140 \text{ mm}$$
$$m = 10 \text{ kg}$$

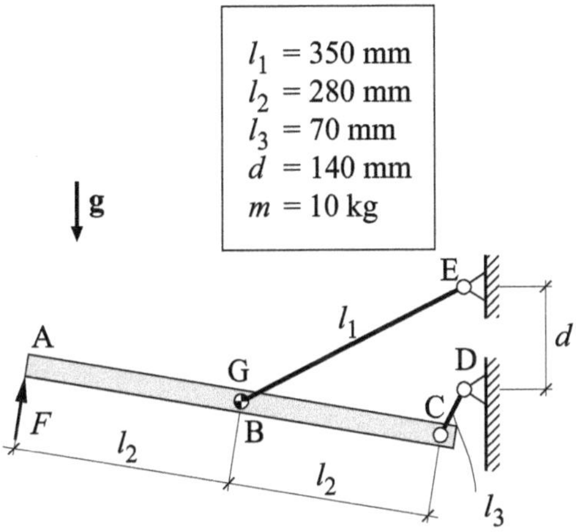

Quan la taula està horitzontal, se la deixa de manera que l'aresta C es recolzi a la paret (barra CD vertical). Quines són ara les forces d'enllaç?

P 6-10 Els dos discos de la figura poden girar lliurement al voltant de l'articulació fixa O i són accionats pel passador P que llisca dins de les ranures de cada disc.

Determineu la força que ha d'actuar sobre el passador per tal d'aconseguir que l'angle φ segueixi la llei temporal següent:

$$\varphi(t) = \frac{\pi}{4} + \frac{\pi}{12} \cos t$$

$$b = 150 \text{ mm}$$
$$e = 200 \text{ mm}$$
$$I_O = 1 \text{ kg m}^2$$

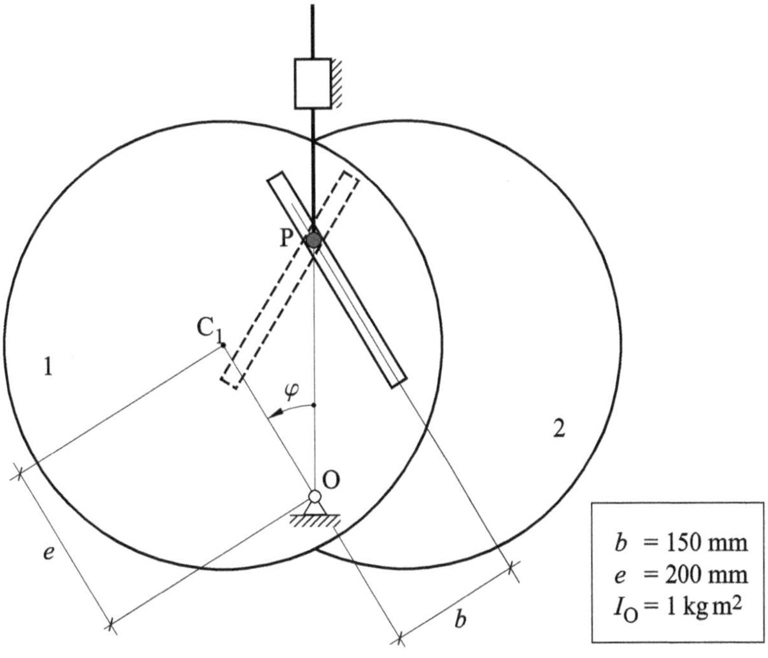

7 Resistències passives. Mecanismes basats en el frec

Les forces que apareixen en el contacte entre sòlids –parell cinemàtic– es poden classificar en forces d'enllaç i en resistències passives. Així com les forces d'enllaç tenen sempre el valor necessari per impedir algun moviment, les resistències passives només s'hi oposen sense arribar a impedir-lo.

Tant les forces d'enllaç com les resistències passives es caracteritzen mitjançant un torsor: el torsor de les forces d'enllaç i el torsor de les resistències passives.

Les resistències passives en els parells cinemàtics estan associades als tres moviments relatius entre dos sòlids que mantenen contacte: el *lliscament*, el *rodolament* i el *pivotament*. El lliscament té lloc quan els punts de contacte tenen velocitat relativa entre ells. El pivotament entre dos sòlids amb contacte puntual és la rotació relativa al voltant de l'eix normal a les superfícies en el punt de contacte. El rodolament entre dos sòlids en contacte puntual o lineal és la rotació relativa al voltant d'un eix tangent a les superfícies en el punt de contacte.

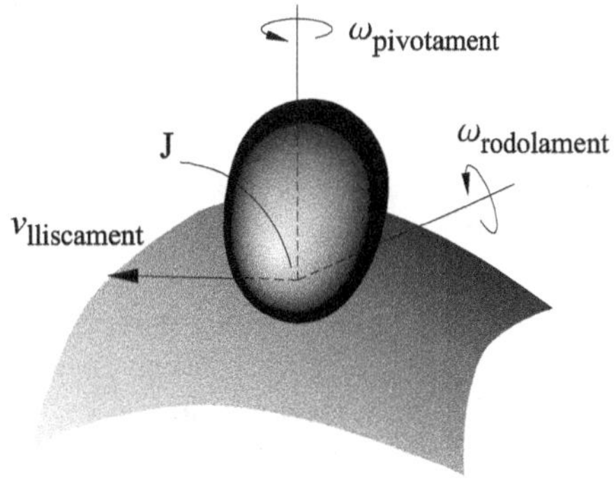

Fig. 7.1 Moviments relatius entre dos sòlids

En les màquines apareixen altres resistències passives que s'oposen al moviment dels seus membres i que no provenen dels parells cinemàtics. Un cas usual són les resistències passives associades al moviment de sòlids dins de fluids, per exemple la resistència a l'avanç dels vehicles provinent de la interacció amb l'aire.

Si el moviment relatiu associat a una resistència passiva s'anul·la, les forces i/o els moments corresponents són substituïts per les forces i/o els moments d'enllaç capaços d'impedir aquest moviment relatiu. És per això que es diu que el torsor de les forces d'enllaç i de les resistències passives associades amb un contacte entre sòlids són complementaris.

Les forces d'enllaç són sempre una incògnita del problema dinàmic, mentre que les resistències passives han de ser de formulació coneguda a priori –funció de l'estat mecànic i/o explícitament de les forces d'enllaç– per mitjà dels models matemàtics. En aquest capítol s'estudien alguns d'aquests models.

Sempre que hi ha moviment relatiu entre sòlids apareixen resistències passives en general no volgudes ja que dissipen energia mecànica dels sistemes. Un bon nombre de mecanismes, però, basen el seu funcionament en el frec –origen principal de les resistències passives–, com és el cas dels frens i embragatges, entre d'altres.

7.1 Resistència al lliscament

Les forces tangencials entre superfícies de sòlids directament en contacte –superfícies seques– provenen de fenòmens físics complexos, com ara la rugositat de les superfícies, l'adhesió, la formació de microsoldadures i la creació d'enllaços intermoleculars. Això fa que s'hagin d'establir models que formulin aquestes forces de forma simplificada. El model més usual és el de frec sec de Coulomb. Quan entre les superfícies sòlides hi ha lubricant el model de frec viscós dóna una aproximació raonable de la força tangencial.

Model de frec sec. L'experiència posa de manifest que, en un contacte puntual, lineal o superficial entre superfícies seques, poden aparèixer forces tangencials de valor limitat que tendeixen a impedir el lliscament. Si aconsegueixen evitar-lo són forces d'enllaç ja que valen el que calgui per garantir la condició cinemàtica $\boldsymbol{v}_{\text{llisc}} = 0$. La resultant d'aquestes forces s'anomena *força de frec*.

Si les forces tangencials no aconsegueixen evitar el lliscament, deixen de ser forces d'enllaç i passen a ser resistències passives. En aquest cas, la resultant s'anomena *força de fricció*. El pas de no-lliscament a lliscament –de força de frec a força de fricció– correspon a la condició límit de l'enllaç establert pel frec.

El model de frec sec estableix que, en un punt de contacte i en absència de lliscament, el mòdul de la força de frec $\boldsymbol{F}_{\text{frec}}$ està condicionat a $|\boldsymbol{F}_{\text{frec}}| \leq \mu_{\text{e}} N$, essent N la força normal de repulsió en el punt de contacte i μ_{e} un coeficient adimensional que es considera constant per a una parella de superfícies en contacte i que s'anomena *coeficient de frec estàtic*.

En presència de lliscament, la força de fricció és oposada –mateixa direcció i sentit contrari– a la velocitat relativa de lliscament i el seu mòdul és $|\boldsymbol{F}_{\text{fricció}}| = \mu_{\text{d}} N$ on μ_{d} és un coeficient adimensional que s'anomena *coeficient de frec dinàmic*. Se sol considerar constant i normalment el seu valor és més petit que μ_{e}. A la taula 7.1 es mostren alguns valors de frec sec estàtic que es poden trobar a la bibliografia. L'àmplia dispersió de valors es deu a la gran diversitat de factors que hi influeixen: rugositat, tractament superficial, estat químic, netedat, pressió, etc. La introducció d'una capa prima de lubrificant entre les superfícies metàl·liques divideix el coeficient de frec per dos o més.

Consideracions que cal fer en l'estudi de mecanismes amb frec sec. El fet que la força tangencial pugui ser tant d'enllaç –incògnita dinàmica– com de fricció –de formulació coneguda– presenta fortes dificultats a l'hora de resoldre la dinàmica dels mecanismes. Es desconeix, en principi, si hi ha lliscament o no i, per tant, es desconeix l'existència o no d'un enllaç. Usualment es planteja l'estudi dinàmic suposant que no hi ha lliscament i es ressegueix el valor de la força d'enllaç. Si aquesta en algun instant resulta més gran que $\mu_{\text{e}}N$, es replanteja el problema considerant que hi ha lliscament i aleshores es ressegueix la velocitat de lliscament. Si aquesta s'anul·la, cal passar al plantejament inicial –absència de lliscament.

Aquest procediment es complica enormement en els mecanismes amb més d'un parell cinemàtic amb frec i amb més d'un grau de llibertat, ja que el nombre de models cinemàtics possibles pot ser elevat (Fig. 7.2).

Taula 7.1 Coeficients de frec estàtics obtinguts de diferents fonts

Elements en contacte	En sec	Capa prima de lubricant
Fusta - Fusta	0,35 - 0,5	
Fusta - Metall	0,2 - 0,6	
Cuiro - Fusta	0,25 - 0,5	
Cuiro - Metall	0,3 - 0,6	
Cautxú - Formigó/Asfalt	0,6 - 0,9	
Cautxú - Fusta	0,5	
Acer - Acer	0,4 - 0,6	0,03 - 0,2
Acer - Bronze	0,35	0,18
Acer - Fundició	0,23	0,13
Fundició - Bronze	0,22	0,08
Fundició - Fundició	0,15	0,065
Acer - Grafit	0,1	
Acer - Teflon®	0,05	
Acer - Clorur de polivinil	0,5	
Acer - Nylon®	0,3	
Acer - Poliestirè	0,5	

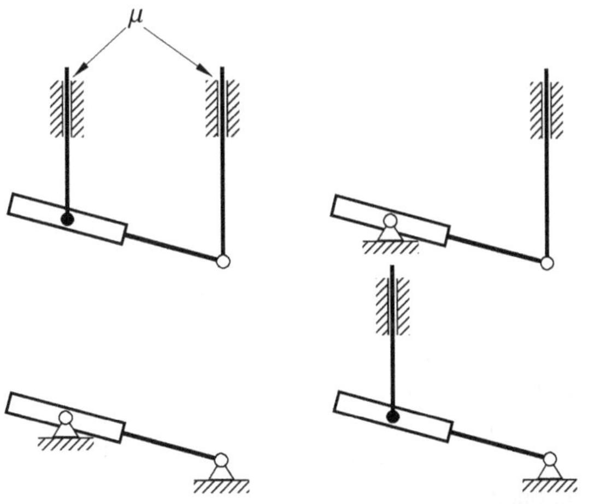

Fig. 7.2 Possibles models cinemàtics en un mecanisme de 2 graus de llibertat amb dues guies amb frec

Si les velocitats del mecanisme evolucionen de manera contínua, és previsible que no es presentin simultàniament condicions límit per a més d'un enllaç. No obstant això, si es produeix un canvi sobtat a causa de l'inici del moviment o d'una batzegada, cal analitzar totes les possibilitats –amb la garantia que només una pot ser bona si el problema està ben formulat, ja que el mecanisme real només pot evolucionar d'una única manera.

Els enllaços introduïts pel frec poden ser redundants i donar lloc a indeterminació. El cas més evident és el d'un mecanisme en repòs amb més parells amb frec que graus de llibertat.

El fet que usualment $\mu_d < \mu_e$ i que μ_d pot ser funció decreixent de la velocitat de lliscament per algun marge de valors dóna lloc a fenòmens vibratoris de vegades buscats, com és el cas dels instruments musicals de corda amb arc, i de vegades no volguts, com és el cas del grinyol de les frontisses o de l'avanç polsant d'un carro portaeines d'una màquina-eina.

Fenomen de deriva. El fet que la força de fricció tingui sentit contrari a la velocitat de lliscament i el seu valor acotat, es pot aprofitar per facilitar el lliscament entre membres d'un mecanisme mitjançant el fenomen de la deriva, que permet disminuir la força de fricció en una direcció determinada.

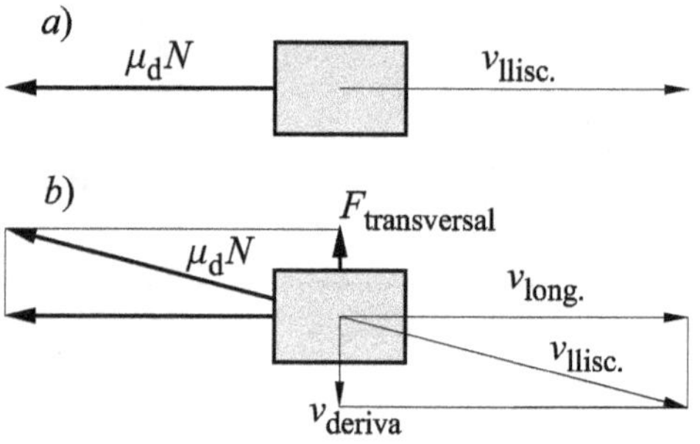

Fig. 7.3 Moviment de deriva

Es considera un sòlid que es mou amb $\boldsymbol{v}_{llisc.}$ respecte d'una superfície, impulsat per elements que fan la força necessària. Sobre el sòlid actua una força de fricció en la direcció de la velocitat de lliscament i de sentit contrari a aquesta (Fig. 7.3.*a*), $\boldsymbol{F}_{fric} = -\mu_d N (\boldsymbol{v}_{llisc} / v_{llisc})$. En la direcció transversal al moviment no hi ha força de fricció, per tant, el bloc pot iniciar el moviment transversal –derivar– en aquesta direcció aplicant-hi una força pràcticament nul·la. Una vegada s'ha iniciat el moviment de deriva (Fig. 7.3.*b*), hi ha una component de la força de fricció que s'hi oposa, de valor

$$F_{transversal} = \mu_d N \frac{v_{deriva}}{\sqrt{v_{long.}^2 + v_{deriva}^2}}$$

però que es pot fer tan petita com es vulgui augmentant la velocitat longitudinal de lliscament.

El fenomen de la deriva explica, per exemple, la pèrdua de control que es té en un vehicle si es fan patinar les rodes motrius. Si en una corba es fan patinar les rodes motrius, la força de fricció esdevé longitudinal i el vehicle no pot seguir la trajectòria corba perquè no hi ha força transversal.

El fenomen de la deriva es pot aprofitar, per exemple, per desplaçar un eix amb serratge dins d'un allotjament de manera suau i sense necessitat d'aplicar-hi una gran força. Si es fa girar l'eix es pot aconseguir que la component de la velocitat relativa entre la guia i l'eix en la direcció d'avanç sigui petita, enfront de la velocitat de lliscament total i, per tant, que la força de fricció que s'oposa a l'avanç també ho sigui.

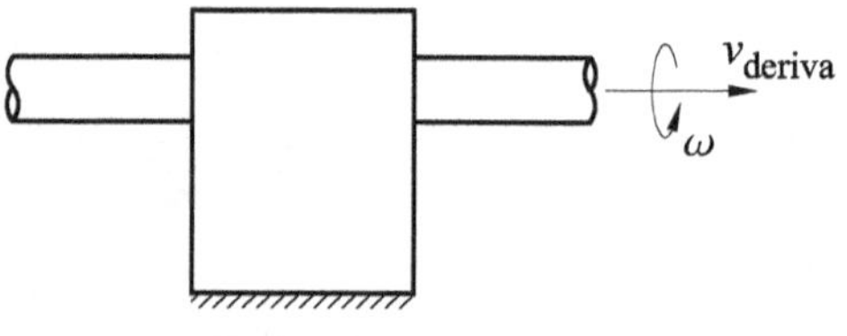

Fig. 7.4 Deriva en una guia

Una aplicació menys tecnològica que l'anterior, però no per això menys pràctica, és l'aprofitament que es fa del fenomen de la deriva per tal d'obrir una ampolla de cava.

Model de frec viscós. Quan entre els sòlids en contacte hi ha lubricant –capa fluida–, una aproximació raonable de la força tangencial és la que proporciona el model de frec viscós amb una força proporcional a la velocitat de lliscament $\boldsymbol{F}_{\text{fricció}} = -c\boldsymbol{v}_{\text{llisc}}$, on c és una constant.

Segons aquest model, la força tangencial és sempre de fricció i, per tant, de formulació coneguda. En absència de velocitat de lliscament la força tangencial és nul·la. En aquest model la força no presenta discontinuïtats com succeeix en el cas del model de frec sec.

En molts casos, per aconseguir un model realista caldria considerar una formulació de frec sec però amb la força tangencial funció de la velocitat relativa (Fig. 7.5).

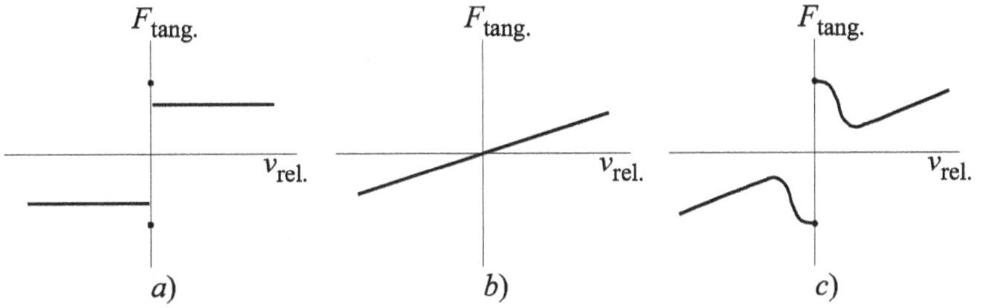

Fig. 7.5 Gràfics de la força tangencial funció de la velocitat relativa segons: a) model de frec sec, b) de frec viscós i c) de frec sec amb $F = f(v_{rel})$

7.2 Resistència al pivotament i al rodolament

La velocitat angular relativa entre dos sòlids, en contacte puntual, es pot descompondre en una component normal a les superfícies en el punt de contacte i una component tangencial. La component normal s'anomena velocitat angular de pivotament i la tangencial velocitat angular de rodolament. Si el contacte és lineal al llarg d'una recta, la velocitat angular en la direcció d'aquesta recta s'anomena també velocitat angular de rodolament.

L'experiència posa de manifest que, en un contacte puntual entre sòlids, a part de la resistència al lliscament hi ha resistència al pivotament i resistència al rodolament. Aquests fenòmens no es poden explicar considerant el contacte puntual, ja que en aquesta situació es tindria $\boldsymbol{M}_{\text{e}}(\text{J}) = 0$. Per tal de donar-ne una explicació, cal considerar que en realitat el contacte es produeix en una zona a l'entorn d'un punt a causa de la deformació dels sòlids. En aquesta zona es té una distribució de forces normals i si hi ha frec també una distribució de forces tangencials.

Resistència al rodolament. La distribució de pressions en la zona de contacte pot donar lloc a moments en el pla tangent respecte al punt teòric de contacte –parell de rodolament– a causa de la no-simetria produïda per fenòmens diversos, com ara l'adhesió i la histèresi dels materials, que tendeixen a fer disminuir la pressió, o fins i tot a fer-la negativa, on el contacte tendeix a desaparèixer. Usualment s'admet una formulació semblant a la del frec sec:

- En absència de rodolament, hi ha un moment d'enllaç $\boldsymbol{M}_{\text{r}}$ suficient per garantir-ho sotmès a la condició $|\boldsymbol{M}_{\text{r}}| \leq M_{\text{re}}$ (M_{re}és el moment de rodolament estàtic).

- En presència de rodolament, hi ha un moment $\boldsymbol{M}_\mathrm{r}$ tal que la seva projecció sobre ω_rod –velocitat angular de rodolament–, és oposada a aquesta velocitat i de mòdul $|\boldsymbol{M}_\mathrm{r}| = M_\mathrm{rd}$ (M_rd és el moment de rodolament dinàmic). En la majoria de contactes amb rodolament amb moviment pla, les curvatures de les superfícies fan que el moment de rodolament $\boldsymbol{M}_\mathrm{r}$ tingui la direcció perpendicular al pla del moviment –direcció de la ω.

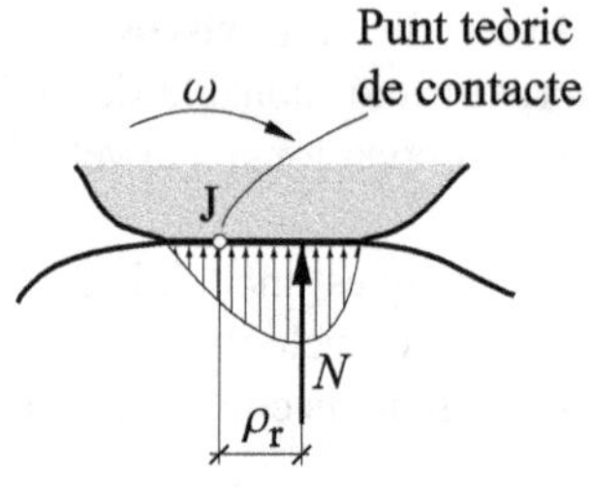

Fig. 7.6 Distribució de pressions en el punt de contacte

Aquests moments se solen prendre com a funció de la resultant de les forces normals N de contacte $M_\mathrm{re} = \rho_\mathrm{re} N$, $M_\mathrm{rd} = \rho_\mathrm{rd} N$, on ρ_re i ρ_rd són coeficients que depenen del material i de les curvatures de les superfícies. Aquests coeficients tenen dimensions de longitud i tenen el significat de distància entre la recta d'acció de la força normal –recta respecte de la qual el moment resultant de les forces normals és nul– i el punt teòric de contacte (Fig. 7.6).

Resistència al pivotament. La distribució de pressions en la zona de contacte –que apareix a causa de la deformació dels sòlids– dóna lloc, en presència de frec, a una distribució de forces tangencials que fan un moment respecte al punt teòric de contacte en la direcció normal a la superfície de contacte –parell de pivotament. Per a aquest moment s'accepta un formulisme semblant al cas del rodolament de la forma:

- En absència de pivotament, hi ha un moment d'enllaç $\boldsymbol{M}_\mathrm{p}$ suficient per garantir-ho, sotmès a la condició $|\boldsymbol{M}_\mathrm{p}| \leq M_\mathrm{pe}$ (M_pe és el moment de pivotament estàtic).
- En presència de pivotament, hi ha un moment $\boldsymbol{M}_\mathrm{p}$ de sentit oposat a ω_piv –velocitat angular de pivotament– i de mòdul $|\boldsymbol{M}_\mathrm{p}| = M_\mathrm{pd}$ (M_pd és el moment de pivotament dinàmic).

Aquests moments se solen prendre com a funció de la resultant de les forces normals N de contacte $M_\mathrm{pe} = \rho_\mathrm{pe} N$, $M_\mathrm{pd} = \rho_\mathrm{pd} N$, on ρ_pe i ρ_pd són longituds que depenen del coeficient de frec, de la forma de la zona de contacte i de la distribució de pressions al seu interior.

7.3 Falcament. Con de frec

Falcament. Les forces d'enllaç provinents del frec sec estan limitades a ser inferiors a $\mu_\mathrm{e} N$. Així, en general, un enllaç originat per les forces de frec es trenca per sobre d'uns certs valors de les forces exteriors que actuen sobre els sòlids enllaçats. Es pot donar la situació, però, que les forces exteriors facin créixer la força normal N de manera que el límit $\mu_\mathrm{e} N$ sigui sempre superior al necessari per tal de mantenir l'enllaç. En aquest cas, es diu que hi ha falcament i l'enllaç no es trencarà sigui quin sigui el valor de les forces exteriors. El falcament és el fenomen que apareix en serjants, engranatges de vis-sens-fi, alguns mecanismes de seguretat d'ascensors, escales de mà, mordasses per cordes, etc.

Con de frec. En un contacte puntual amb frec, la força d'enllaç que pot existir té una direcció continguda dintre d'un con de semiobertura $\varphi = \arctan \mu$, anomenat *con de frec*. Si existeix una força d'enllaç normal N, pot existir una força d'enllaç tangencial de valor màxim μN. En el plantejament de distribucions de forces en un pla, aquest con passa a ser el triangle de frec (Fig. 7.7). El con de frec és útil per estudiar condicions límit i falcament en els enllaços. En un sòlid amb un contacte puntual amb frec en un punt J, si les forces exteriors, diferents de la de contacte en aquest punt, són equivalents a una força resultant única que passa per J continguda dins del con de frec, aquesta sempre podrà ser equilibrada per la força de contacte a J i hi haurà falcament. El trencament de l'enllaç es produirà quan la direcció d'aquesta resultant quedi fora del con de frec.

El llindar de lliscament, o lliscament imminent, és l'estat en el qual les forces de frec arriben al seu valor màxim sense, però, iniciar-se el lliscament. De manera semblant es poden definir el llindar de pivotament i el de rodolament.

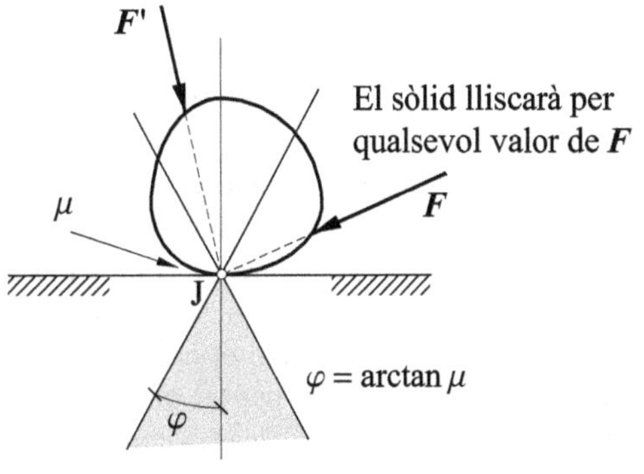

Fig. 7.7 Con de frec en un contacte puntual

Exemple 7.1 Estudiar per quines situacions de G –centre d'inèrcia de l'escala més la persona– l'escala recolzada en els punts A i B de la figura no rellisca (Fig. 7.8).

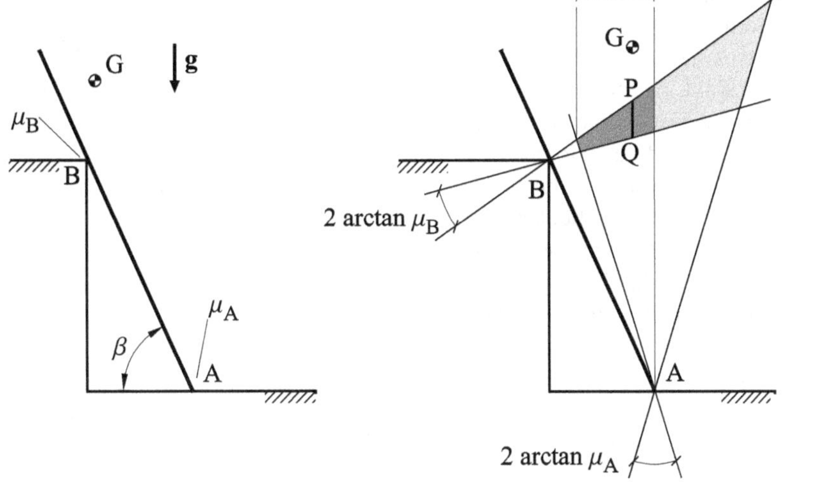

Fig. 7.8 Escala de mà recolzada. Intersecció dels cons de frec dels enllaços a A i B

Les condicions necessàries i suficients per tal que l'escala es mantingui en repòs –deixant de banda, de moment, la unilateralitat dels enllaços– és que es compleixi $\Sigma \boldsymbol{F}_{ext} = 0$ i $\Sigma \boldsymbol{M}_{ext}(\mathrm{O}) = 0$ per algun punt O. En actuar sobre l'escala només 3 forces exteriors –les dues de contacte i el pes–, la segona condició comporta que les línies d'acció de les tres forces concorrin en un punt. Si es dibuixen els cons de frec en els dos punts de contacte es delimita la zona on es poden tallar les dues forces de contacte si no hi ha lliscament (zona grisa de la figura 7.8). Així, doncs, per tal que es tallin les tres forces en un mateix punt, cal que el centre d'inèrcia G estigui situat sobre la vertical d'aquesta zona.

En aquesta situació, la primera condició, $\Sigma \boldsymbol{F}_{ext} = 0$, es verifica sempre ja que es disposa de dues forces d'enllaç per equilibrar el pes.

Per tal d'evitar que l'enllaç a B deixi d'actuar –enllaç unilateral– cal, a més, que el centre d'inèrcia quedi a l'esquerra de la vertical del punt A, com es pot veure prenent moments respecte d'aquest punt.

Aquest sistema, quan es manté en repòs, és redundant i, per tant, hi ha indeterminació en les forces d'enllaç. Per a la solució indicada a la figura 7.8, qualsevol parella de forces de contacte a A i B que es tallin en un punt del segment PQ mantindrà el sistema en repòs. És fàcil comprovar que si el frec a B és negligible, la solució és conceptualment la mateixa –el segment PQ queda reduït a un punt i la indeterminació s'elimina. En el cas que sigui a A on el frec és negligible, cal un con de frec a B de semiobertura superior a β per tal que la força d'enllaç a B pugui ser vertical –com ho són el pes i la força a A– i així poder verificar la condició per tal que l'escala es mantingui en repòs.

7.4 Contacte multipuntual

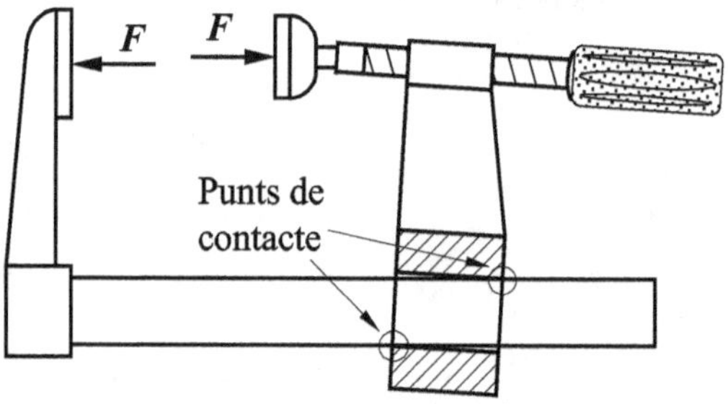

Fig. 7.9 Punts de contacte en la guia d'un serjant

El contacte entre membres pot estendre's a una línia o superfície –contactes multipuntuals lineals o superficials– i, en aquest cas, amb la hipòtesi de sòlid rígid, la distribució de pressions és indeterminada, ja que només es pot conèixer el torsor de les forces exteriors que actuen sobre un sòlid. En moltes ocasions, però, cal conèixer aquesta distribució de pressions tant per determinar els esforços dels elements com per avaluar la distribució de forces tangencials de frec, i en particular, dels seus moments. Per tal de determinar aquestes distribucions de pressions en l'àmbit del sòlid rígid, es poden fer diverses hipòtesis: la d'*existència de joc a l'enllaç*, la de *serratge entre les superfícies* i, per a superfícies amb fricció intensa, la de la *superfície rodada*.

Hipòtesi de joc. Si entre les superfícies en contacte no hi ha precompressió, se suposa un joc i que les forces d'enllaç normals es concentren en els punts que les altres forces exteriors posarien en contacte, com és el cas de la guia d'un serjant que s'il·lustra a la figura 7.9.

Frec en guies. Sovint es presenten parells guia-corredora, en què la mínima o nul·la precompressió, en principi a fi de tenir un lliscament suau, justifica la hipòtesi de joc per al seu estudi. Aquest és el cas de carros sobre guies, calaixos, sistemes de fixació, etc.

Si les forces exteriors que actuen sobre la corredora, diferents de les de contacte amb la guia, són equivalents a la força $\boldsymbol{F}$ (Fig. 7.10), el contacte amb la guia s'estableix en els punts A i B i el lliscament està condicionat a la no-existència de falcament. Els cons de frec en els punts A i B delimiten la zona on es poden tallar les forces de contacte quan no hi ha lliscament. Si la recta d'acció de $\boldsymbol{F}$ talla aquesta zona, existeixen forces d'enllaç $\boldsymbol{F}_A$ i $\boldsymbol{F}_B$ que es tallen amb $\boldsymbol{F}$ i, per tant, verifiquen $\Sigma \boldsymbol{M}_{ext} = 0$. Per altra banda, $\boldsymbol{F}_A$ i $\boldsymbol{F}_B$ són de mòdul arbitrari i poden garantir que $\Sigma \boldsymbol{F}_{ext} = 0$. En resum,

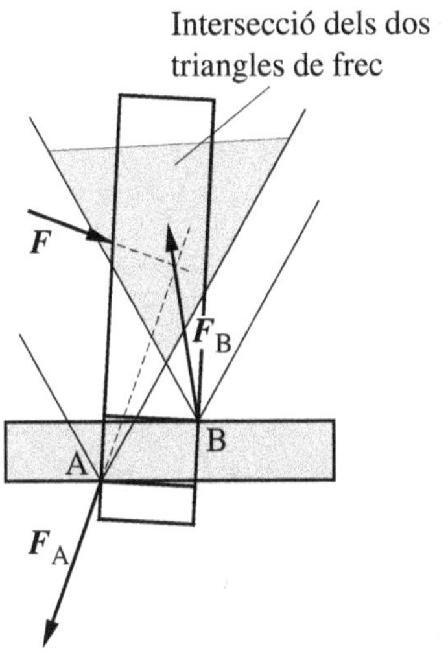

Fig. 7.10 Triangles de frec en una guia

si la força $\boldsymbol{F}$ talla la zona esmentada –intersecció dels dos triangles de frec– sempre existeixen dues forces d'enllaç que garanteixen les condicions d'equilibri, es produeix falcament i la corredora no llisca respecte a la guia. Per evitar això cal dissenyar corredores llargues accionades per forces poc allunyades de l'eix.

Frec en coixinets. En el contacte entre un coixinet i un buló de radi r, si es fa la hipòtesi que la resistència al rodolament entre els dos sòlids és nul·la i que les forces exteriors al buló, diferents de la de contacte, són equivalents a una força $\boldsymbol{F}$, l'equilibri $-\Sigma \boldsymbol{F}_{ext} = 0$ i $\Sigma \boldsymbol{M}_{ext} = 0$– requereix que el punt de contacte J estigui sobre la recta d'acció de $\boldsymbol{F}$ (Fig. 7.11). En aquesta situació, hi haurà lliscament entre el buló i el coixinet sempre que la resultant $\boldsymbol{F}$ estigui fora del triangle de frec que es pot definir en el contacte a J. L'envoltant de tots els triangles de frec que es poden definir sobre el coixinet en anar variant el punt J constitueix l'anomenat *cercle de frec*. Les forces aplicades sobre el buló que siguin equivalents a una resultant que talli el cercle de frec el falcaran, mentre que aquelles que no el tallin provocaran el lliscament del buló respecte del coixinet. El radi e d'aquest cercle és

$$e = r \sin\alpha = r\frac{\tan\alpha}{\sqrt{1+\tan^2\alpha}} = \frac{r\mu}{\sqrt{1+\mu^2}}$$

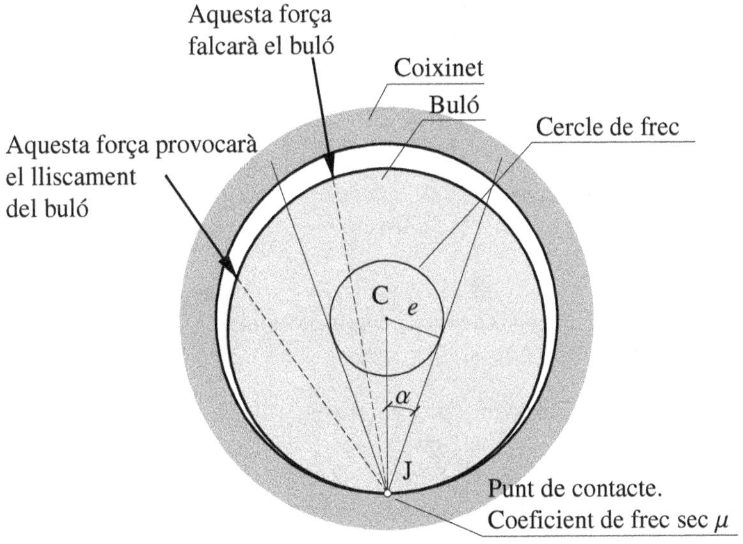

Fig. 7.11 Cercle de frec

L'existència del cercle de frec pràcticament impossibilita l'equilibratge estàtic per procediments estàtics d'un rotor horitzontal suportat amb coixinets de fricció. Aquest pot quedar en repòs en qualsevol posició angular sempre que l'excentricitat del seu centre d'inèrcia G no superi el radi del cercle de frec –la força exterior, en aquest cas, és el pes. Un exemple numèric justifica l'afirmació inicial: un eix de 20 mm de diàmetre i un coeficient de frec de 0,2 porten a un radi del cercle de frec de 1,96 mm, valor inadmisible com a excentricitat de G en un equilibrat.

Hipòtesi de serratge. Si entre les superfícies en contacte hi ha un cert serratge o precompressió, o la hipòtesi de joc no és acceptable, es pot suposar una distribució de pressions simple que descrigui l'efecte de l'elasticitat normal de les superfícies i la unilateralitat, si es presenta. Aquest pot ser el cas d'un bloc es que recolza sobre un pla (Fig. 7.12), en el qual se suposa una distribució de pressió lineal.

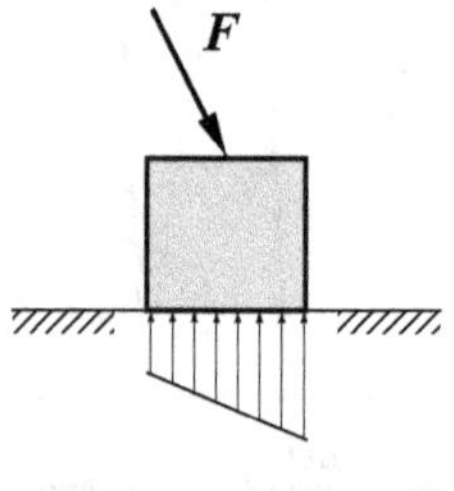

Fig. 7.12 Distribució de pressions en un parell pla

Hipòtesi de la superfície rodada. Si les superfícies en contacte estan destinades a una fricció intensa, com és el cas dels frens, embragatges i coixinets, per determinar la distribució de pressions es pot fer servir la teoria de les superfícies rodades. En ella se suposa que les superfícies es desgasten en la direcció normal a una velocitat δ, proporcional a la velocitat de lliscament v_{llisc} en el punt i a la força tangencial per unitat de superfície $\mu\, p$ causada pel frec (Eq. 7.1). Amb aquesta hipòtesi, el desgast de les superfícies és proporcional a l'energia dissipada pel frec.

$$\delta = k\,(\mu\, p)\, v_{\text{llisc}} \tag{7.1}$$

En el cas que els sòlids als quals pertanyen les dues superfícies en contacte no tinguin altres enllaços entre ells, es pot considerar la velocitat de desgast uniforme. En el cas que hi hagi altres enllaços entre els dos sòlids, la velocitat de desgast està condicionada per aquests enllaços i coincideix amb la component normal a les superfícies de la velocitat relativa dels punts de contacte –prescindint evidentment de la condició d'impenetrabilitat dels cossos.

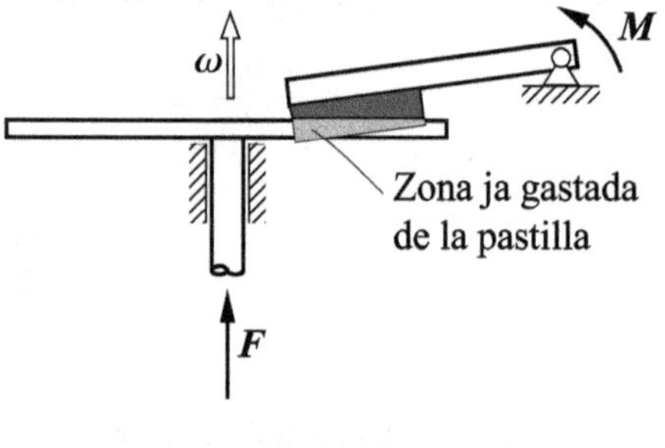

Fig. 7.13 Distribució del desgast condicionat pels enllaços

Les superfícies en contacte amb fricció intensa apareixen en frens, embragatges i coixinets de fricció i poden ser:

- Cilíndriques en embragatges centrífugs, frens de tambor i coixinets radials.
- Planes en frens de disc, embragatges de disc i coixinets axials.
- Còniques en altres embragatges i frens.

Contacte entre dos cons. Es consideren dos cons amb velocitat angular relativa no nul·la i que mantenen contacte (Fig. 7.14). La hipòtesi de la superfície rodada permet expressar la velocitat de desgast perpendicular a la superfície de contacte com $\delta = k\,(\mu\, p)\cdot(\omega_{\text{rel}}\,\rho)$. Si els dos cons tenen moviment relatiu de translació, es pot considerar que aquesta velocitat és δ_0 constant.

Per tal d'analitzar el parell de les forces de frec entre els dos cons, cal determinar la distribució de pressions:

$$p = \frac{\delta_0}{k\,\mu(\omega_{\text{rel}}\rho)} = \frac{k'}{\rho}$$

La integral, sobre tota la superfície de contacte, d'aquesta pressió projectada sobre la direcció axial és la força axial de contacte N entre els cons (Fig. 7.14):

$$N = \int_{r_1}^{r_2} p \sin\alpha \, ds = \int_{r_1}^{r_2} \frac{k'}{\rho} \sin\alpha \left(2\pi\rho \frac{d\rho}{\sin\alpha} \right) = k' 2\pi (r_2 - r_1) \Rightarrow k' = \frac{N}{2\pi(r_2 - r_1)}$$

La distribució de pressions normals obtinguda permet calcular el moment de les forces de frec respecte a l'eix de gir.

$$M = \int_{r_1}^{r_2} \mu \, p \, \rho \left(2\pi\rho \frac{d\rho}{\sin\alpha} \right) = \int_{r_1}^{r_2} \mu \frac{k'}{\rho} \rho \left(2\pi\rho \frac{d\rho}{\sin\alpha} \right) = \frac{\mu N}{\sin\alpha} \frac{(r_2 + r_1)}{2} \tag{7.2}$$

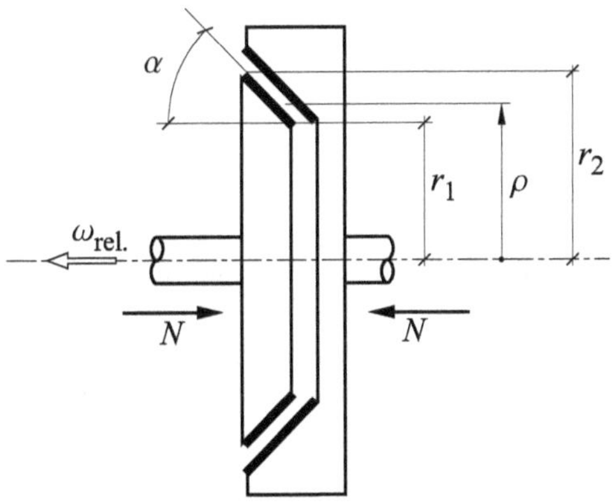

Fig. 7.14 Fregament entre dos cons coaxials

En aquesta expressió es pot observar que el moment obtingut és equivalent al que es tindria si el frec estigués concentrat en el radi mitjà.

Si les superfícies no estiguessin rodades i per algun motiu la pressió entre les dues superfícies fos constant, s'obtindria

$$N = \int_{r_1}^{r_2} p_0 \sin\alpha \left(2\pi\rho \frac{d\rho}{\sin\alpha} \right) \Rightarrow p_0 = \frac{N}{\pi(r_2^2 - r_1^2)}$$

i el moment axial de les forces de frec tindria l'expressió

$$M = \int_{r_1}^{r_2} \mu \, p_0 \, \rho \left(2\pi\rho \frac{d\rho}{\sin\alpha} \right) = \frac{2}{3} \mu N \frac{1}{\sin\alpha} \frac{(r_2^3 - r_1^3)}{(r_2^2 - r_1^2)} \tag{7.3}$$

El cas de dos discos en contacte frontal correspon al cas vist fent $\alpha = \pi/2$.

Contacte lateral entre una sabata i un tambor. En aquesta situació, la velocitat de desgast de la sabata està condicionada per l'articulació A (Fig. 7.15). La velocitat relativa normal a les superfícies en un punt P de contacte és la component en aquesta direcció de la velocitat absoluta del punt P de la sabata –la velocitat del punt P del tambor és perpendicular a la normal– i, per tant, és proporcional a la distància entre A i P en la direcció perpendicular a la normal, $d = s \sin\alpha$.

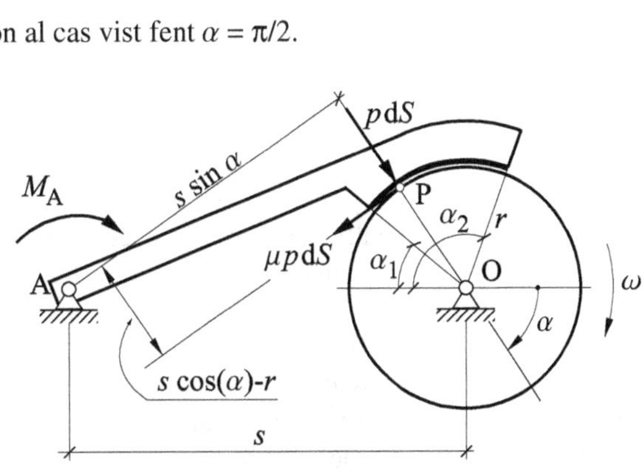

Fig. 7.15 Fregament entre una sabata i un tambor

Així, doncs, la velocitat de desgast en els diferents punts de contacte es pot expressar com a funció de l'angle α com $\delta = k'\, s \sin\alpha$ i fent ús de l'expressió 7.1 la pressió és

$$p = \frac{k'\, s \sin\alpha}{k\, \mu(\omega\, r)} = k'' \sin\alpha$$

El moment resultant respecte a A d'aquestes pressions i de les forces de frec que actuen sobre el tambor ha de coincidir amb el moment resultant, M_A, respecte d'aquest mateix punt de les forces exteriors que actuen sobre la sabata.

$$M_A = \int_{\alpha_1}^{\alpha_2} p(s\sin\alpha + \mu(s\cos\alpha - r))(r\, b\, d\alpha) = \\ = k''\left[\int_{\alpha_1}^{\alpha_2} \sin\alpha(s\sin\alpha + \mu(s\cos\alpha - r))(r\, b\, d\alpha)\right] \quad (7.4)$$

on b és l'amplada de la sabata.

Si el tambor gira en sentit contrari, el signe del terme associat al frec $\mu(s \cos \alpha - r)$ és negatiu.

A partir d'aquesta expressió (7.4) es pot trobar k'' funció de M_A i posteriorment calcular el moment de frenat M_O –moment respecte a O de les forces de frec que actuen sobre el tambor– que té per expressió:

$$M_O = \int_{\alpha_1}^{\alpha_2} \mu p\, r(r\, b\, d\alpha) = \int_{\alpha_1}^{\alpha_2} \mu k'' \sin\alpha\, r^2 b d\alpha = \mu k'' r^2 b(\cos\alpha_1 - \cos\alpha_2) \quad (7.5)$$

En aquests frens es pot presentar falcament en situacions com, per exemple, la de la figura 7.15 si el tambor gira en sentit contrari i el frec és suficient. Amb el plantejament realitzat, el falcament es produeix si la integral de 7.4 no és positiva.

7.5 Mecanismes basats en el frec

La fricció entre dues peces és, en general, no volguda ja que produeix desgast, escalfament de les peces i pèrdua d'energia. D'altra banda, les forces que intervenen en el fenomen de frec sec tenen característiques –limitació del seu valor màxim, dependència d'aquest valor màxim de la força normal entre les superfícies en contacte així com la possibilitat de falcament– que les fan útils en molts mecanismes com són, per exemple, transmissions per corretja, transmissions per rodes de fricció, embragatges, frens, mecanismes d'escapament, sistemes de seguretat, fusibles mecànics, etc.

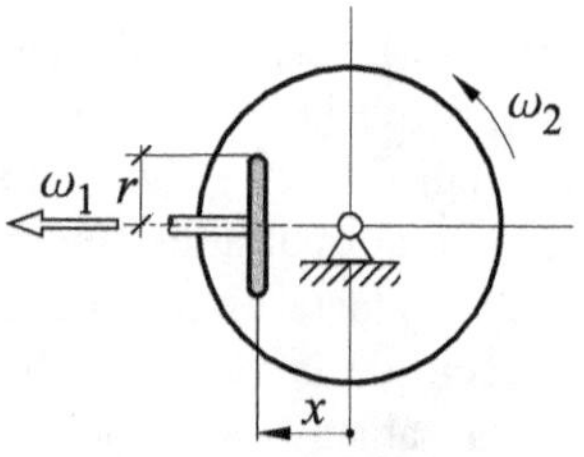

Fig. 7.16 Transmissió per rodes de fricció amb la relació de transmissió regulable

Rodes de fricció. Els mecanismes de transmissió basats en el frec –transmissió per corretja i per rodes de fricció– presenten característiques que en ocasions poden ser avantatjoses enfront de transmissions per cadena o per rodes dentades, com ara la limitació del parell transmissible –fusible mecànic–, la facilitat i simplicitat de construcció i muntatge –reducció de costos– i la possibilitat d'aconseguir relacions de transmissió variables contínues que no es podrien aconseguir d'altra manera (Fig. 7.16 i Fig. 7.17). Per contra, són sistemes dels quals no es pot esperar una relació de transmissió precisa ni constant –a causa del lliscament– i que presenten sempre un escalfament i un desgast inherents al propi funcionament, ja que el contacte s'estén a un conjunt de punts en part amb moviment relatiu.

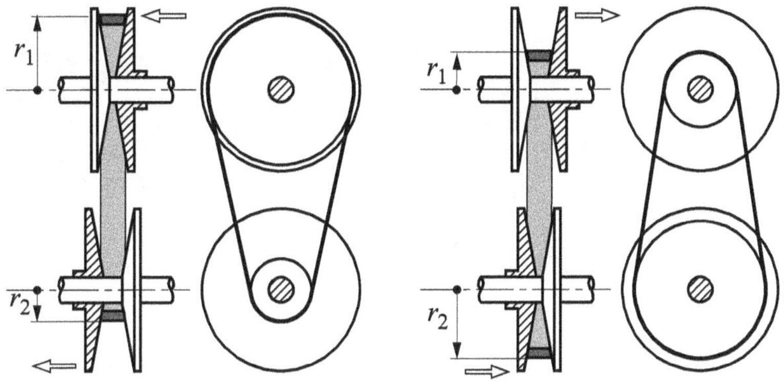

Fig. 7.17 Sistema de transmissió per corretja amb relació de transmissió τ regulable contínuament

Embragatges. Els embragatges són elements que permeten unir –embragar– o separar –desembragar– dues parts d'una cadena cinemàtica per tal que hi hagi transmissió o no de moviment i de forces. En general, els embragatges uneixen dos eixos giratoris (Fig. 7.18). Hi ha una distinció molt clara entre els embragatges que actuen per *tancament de forma* i els que actuen per *fricció*.

Els embragatges que actuen per tancament de forma són constituïts per dos elements, cadascun d'ells fix a un dels eixos, amb formes complexes que encaixen entre elles: dents, estriats, pius, etc. Per tal que la unió es pugui realitzar, almenys sense batzegades, cal que la velocitat angular relativa entre els dos eixos que s'han d'embragar sigui nul·la.

En els embragatges que actuen per fricció, la unió entre els dos elements es fa per mitjà de les forces de frec en les superfícies de contacte. Les possibles disposicions d'aquestes superfícies de contacte donen lloc als diferents tipus d'embragatges: embragatges de disc, cònics o centrífugs (Fig. 7.18).

El sistema d'accionament de l'embragatge –hidràulic, mecànic, magnètic, ...– és l'encarregat de fer augmentar progressivament el valor de la pressió entre les superfícies en contacte. D'aquesta manera, en el procés d'embragament, el parell transmès augmenta de manera contínua a partir d'un valor nul. Si el parell transmès per l'embragatge accelera prou el segon eix fins anul·lar-ne la velocitat angular relativa, la unió es mantindrà, no ja per un parell de fricció sinó per un parell d'enllaç. Es poden distingir, per tant, dues funcions realitzades per l'embragatge en el procés d'embragament:

- Accelerar un eix de manera suau fins a sincronitzar les velocitats angulars. En aquest procés hi ha fricció, escalfament i desgast entre les superfícies.
- Mantenir l'enllaç mitjançant forces de frec. Mentre l'enllaç es manté –velocitat relativa nul·la– no hi ha desgast de les superfícies.

En ocasions els embragatges de fricció s'utilitzen com a pas previ a l'actuació d'un embragatge per tancament de forma per tal d'igualar les velocitats dels dos eixos. Aquest és el cas dels sincronitzadors d'una caixa de canvis d'automòbil.

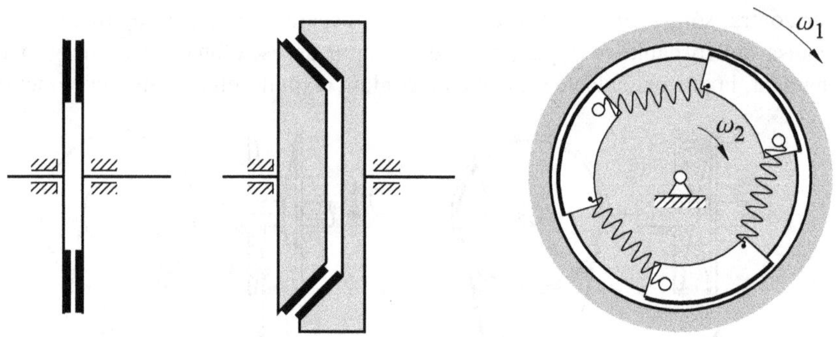

Fig. 7.18 Tipus d'embragatges més usuals: de disc, cònic i centrífug

Frens. Els frens són elements que serveixen per alentir, aturar i mantenir en repòs els elements d'una màquina. Si el fre actua entre dos elements amb moviment relatiu de rotació, pot ser considerat com un embragatge amb un dels elements fix a la bancada. Hi ha, però, diferències importants entre els frens i els embragatges que porten a solucions constructives diferenciades:

- En els frens, un element no gira respecte de la bancada. Aquest és el que usualment es desplaça mitjançant un sistema d'accionament fins a contactar amb l'altre element giratori. Així, en un fre de disc l'element fix és normalment un sector anular desplaçable (Fig. 7.19) i en un fre de tambor la sabata, que pot ser exterior (Fig. 7.15) o interior (Fig. 7.18), articulada en un punt fix.
- En els embragatges usualment hi ha fricció durant un temps relativament curt, mentre que en els frens el lliscament es pot produir durant molt més temps. Per aquesta raó el disseny dels frens ha de facilitar l'evacuació de la calor generada.

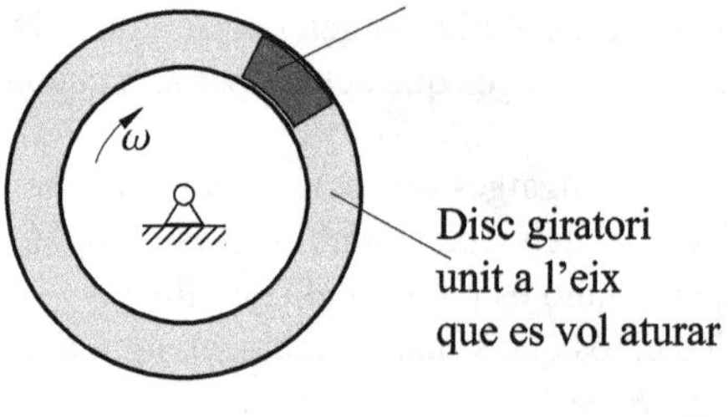

Fig. 7.19 Fre de disc

El parell màxim de frec, tant en frens com en embragatges, es pot determinar a partir de les equacions 7.2, 7.3 i 7.5 de l'apartat 7.4.

Usualment s'utilitza més d'un element fix per obtenir distribucions de forces que no carreguin innecessàriament els elements del mecanisme. Per exemple, en un fre de disc es disposen dues pastilles que actuen com a grapa flotant, i així l'acció de frenar no sotmet el disc a flexió.

Hi ha també frens que actuen per tancament de forma que no serveixen per aturar una màquina sinó per mantenir-la en repòs una vegada un fre de fricció l'ha aturada.

Frens de cinta i transmissions per corretja. En el contacte entre una cinta flexible plana –corretja plana– i un tambor –politja–, si es negligeix la inèrcia de la corretja, se suposa aquesta infinitament flexible i hi ha lliscament o s'està en situació de lliscament imminent, la relació entre les tensions T_1 i T_2 de les dues branques de la corretja i el moment respecte a O transmès a la politja ve donat per les expressions següents:

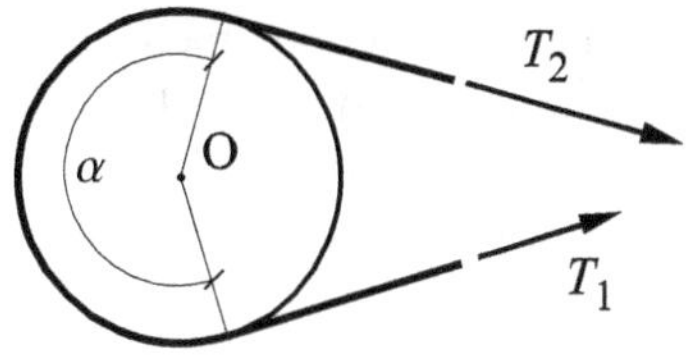

Fig. 7.20 Transmissió per frec entre una corretja i una politja

$$\frac{T_2}{T_1} = e^{\mu\alpha} \qquad M(\mathrm{O}) = r(e^{\mu\alpha} - 1)T_1 \tag{7.6}$$

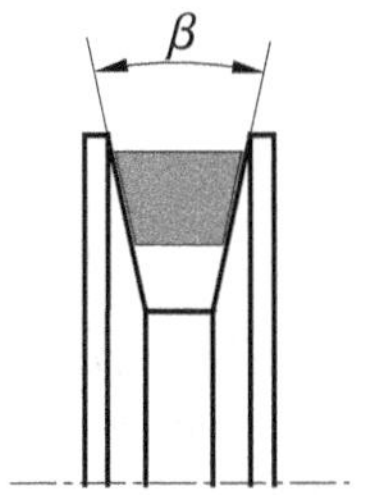

Fig. 7.21 Corretja trapezoïdal

Sovint es fan servir corretges que tenen secció trapezoïdal –corretges trapezoïdals. El contacte entre la corretja i la politja es realitza en els costats de la ranura de la politja i, fent les mateixes hipòtesis que en el cas de la corretja plana, la relació de tensions és

$$\frac{T_2}{T_1} = e^{\mu\alpha/\sin\beta}$$

Aquesta expressió posa de manifest que una corretja trapezoïdal es comporta com una corretja plana amb un coeficient de frec aparent $\mu' = \mu / \sin\beta$. L'angle β sovint és aproximadament de 35° de manera que el coeficient de frec aparent és μ'=3,33 μ i, per tant, amb la mateixa tensió a una branca de la corretja es pot transmetre un moment molt superior a la politja.

Fre de cinta. Un fre de cinta és constituït per una cinta que frega sobre un tambor en rotació que es vol alentir o mantenir en repòs. Mitjançant algun sistema auxiliar –manual, mecànic, elèctric, etc.– s'actua sobre la tensió de la cinta per tal de modificar el parell de frenada. La disposició més simple és aquella en què una de les branques de la cinta té l'extrem fixat mentre que sobre l'altra es fa la força necessària per tal de frenar (Fig. 7.22). El parell de frenada que es pot fer, en aquest cas, sobre el tambor és M(O)=F r ($e^{\mu\alpha}$ - 1).

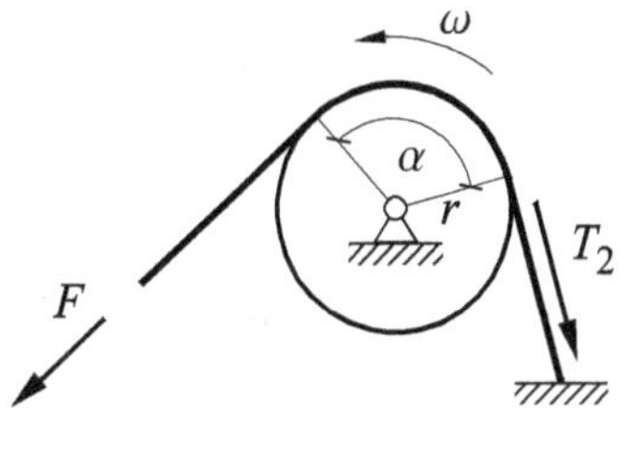

Fig. 7.22 Fre de cinta

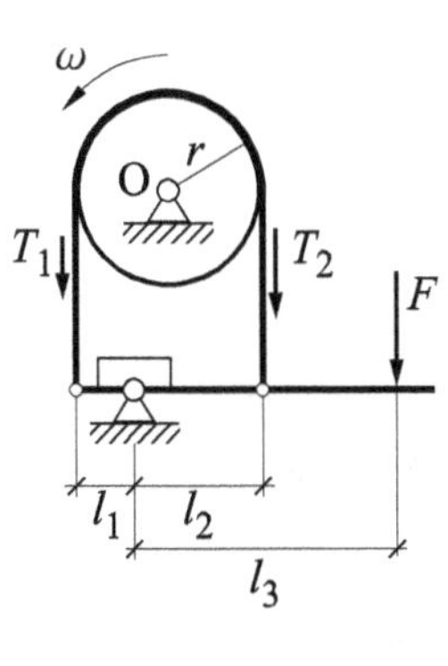

Fig. 7.23 Disposició per un fre de cinta

Es poden presentar moltes altres disposicions de frens de cinta, com ara la de la figura 7.23. En aquest cas el parell de frenada és

$$M(\mathrm{O}) = \frac{l_3(e^{\mu\pi} - 1)}{l_1 - l_2 e^{\mu\pi}} Fr$$

i si $l_1 - l_2 e^{\mu\pi} \leq 0$ es produeix falcament.

Transmissió de moviment. És usual la transmissió de moviment entre eixos mitjançant corretges no dentades. Aquests tipus de transmissions no garanteixen totalment la relació de transmissió, però són simples de construcció i muntatge, tenen un cost reduït i permeten una gran flexibilitat pel que fa a la disposició espacial dels eixos, si bé usualment aquests són paral·lels.

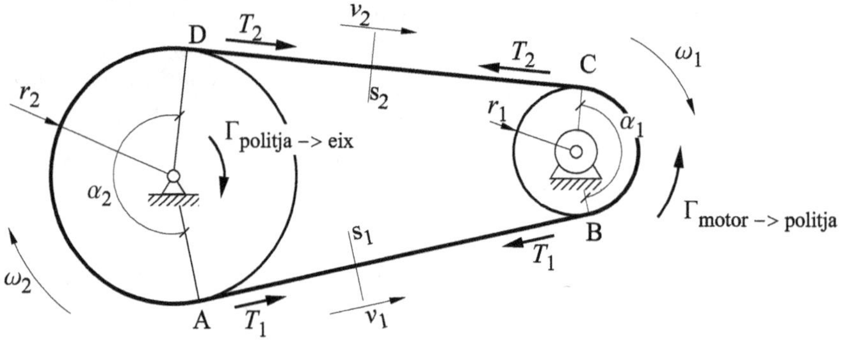

Fig. 7.24 Transmissió per corretja

Un paràmetre de muntatge molt important és la *tensió de muntatge* T de la corretja –tensió en les dues branques de la corretja quan el sistema està en repòs sense transmetre parell. Quan el sistema està transmetent parell, una de les branques es tensa fins a T_2 i l'altra es destensa fins a T_1 (Fig. 7.24). Si se suposa que la corretja té comportament elàstic lineal, es compleix $T_1 + T_2 = 2\,T$ ja que el que s'escurça una branca és el que s'allarga l'altra. Negligint els efectes dinàmics de la rotació de la corretja sobre les politges que disminueixen la força normal entre ambdues, el parell màxim –lliscament imminent de la corretja– que es pot transmetre en cadascuna de les politges és $\Gamma = r\,(e^{\mu\alpha} - 1)\,T_1$, que es pot escriure com a funció de la tensió de muntatge com

$$\Gamma = 2\,T\,r\frac{e^{\mu\alpha} - 1}{e^{\mu\alpha} + 1} \tag{7.7}$$

Si el coeficient de frec és el mateix a les dues politges, lliscarà abans aquella en què α sigui menor –la petita en els muntatges usuals com el de la figura 7.24– i serà, per tant, la que limitarà el parell transmissible. Per tal d'augmentar l'angle α i garantir una certa tensió de muntatge, se solen posar rodes intermèdies boges (Fig. 7.25).

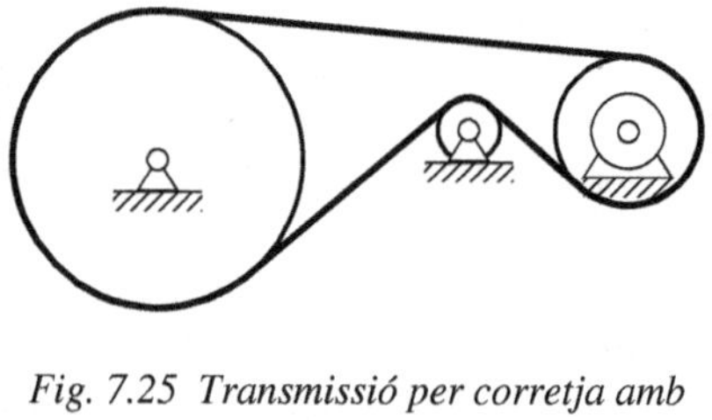

Fig. 7.25 Transmissió per corretja amb tensor

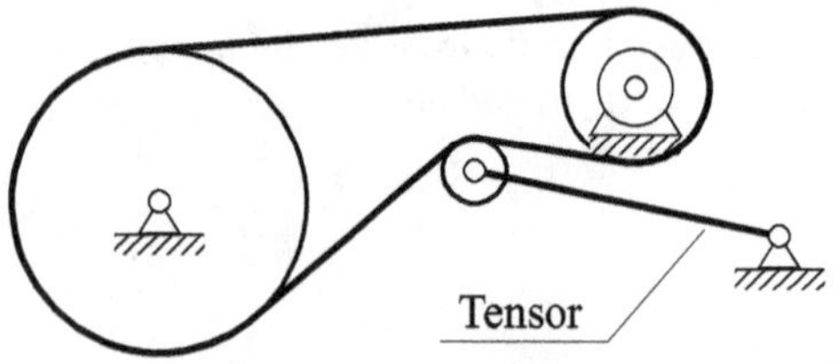

Fig. 7.26 Tensor accionat per una molla

Una altra solució per augmentar el parell màxim que es pot transmetre és la incorporació a la branca menys tensada de la corretja d'un tensor (Fig. 7.26), que ja sigui per gravetat o per l'acció d'una molla en manté constant la tensió i igual a la tensió de muntatge T. El parell màxim que es pot transmetre en aquesta situació és $\Gamma = T\,r\,(e^{\mu\alpha}\text{-}1)$, superior al que es pot transmetre sense tensor (Eq. 7.7).

La diferència de tensió entre les dues branques de la corretja fa que la velocitat d'aquesta en elles no sigui la mateixa. Sense tensió, la densitat lineal de la corretja és m / l –on m és la massa i l la longitud– i si es defineix el mòdul d'elasticitat de la corretja, $e = T / (\Delta l / l)$, la densitat amb una tensió T és $m / (\Delta l / l) = m / (l\,(1 + T/e))$. En règim estacionari, ha de passar la mateixa quantitat en massa de corretja per les seccions s_1 i s_2 (Fig. 7.24), per tant,

$$\frac{m}{l(1+T_1/e)}v_1 = \frac{m}{l(1+T_2/e)}v_2 \quad \text{d'on}$$

$$\frac{v_1}{v_2} = \frac{1+T_1/e}{1+T_2/e} \approx 1 - \frac{T_2 - T_1}{e} = 1 - \psi \quad \text{amb} \quad \psi = \frac{T_2 - T_1}{e} \tag{7.8}$$

La politja conductora 1 arrossega per frec la corretja, de manera que –sense consideracions dinàmiques en la direcció de la corretja– la celeritat dels punts perifèrics de la politja no pot ser inferior a la celeritat dels punts de la corretja.

$$v(P_{\text{politja1}}) \geq v(P_{\text{corretja}})$$

I si no hi ha lliscament en tots els punts de contacte, aquesta condició porta a

$$\omega_1 r_1 = v_2 \tag{7.9}$$

De manera anàloga, la corretja arrossega per frec la politja conduïda 2, de manera que

$$v(P_{\text{politja2}}) \leq v(P_{\text{corretja}}) \quad \text{i}$$

$$\omega_2 r_2 = v_1 \tag{7.10}$$

Substituint 7.9 i 7.10 a 7.8 s'obté la relació de transmissió

$$\tau = \frac{\omega_2}{\omega_1} = \frac{v_1}{r_2}\frac{r_1}{v_2} \approx \frac{r_1}{r_2}(1-\psi)$$

Annex 7.I Frec en els parells helicoïdals

La superfície helicoïdal de la rosca es considera generada per un segment de l'eix 2 que fa un moviment helicoïdal d'eix 3 i pas p –rosca de perfil rectangular– (Fig. 7.27). La normal a la cara de la rosca en el punt P és perpendicular a l'eix 2 i, per tant, és continguda en el pla 1-3.

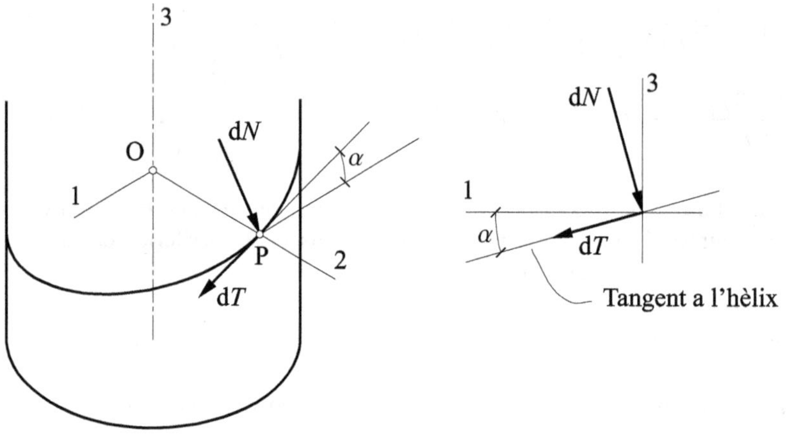

Fig. 7.27 Forces en una hèlix rectangular

Considerant que el cargol manté contacte per la cara superior –i, per tant, N és cap avall– i que tendeix a cargolar-se en el sentit de l'hèlix –i, per tant T, és cap a l'esquerra–, les forces de contacte en el punt P s'expressen en la base indicada com

$$\boldsymbol{F}(\mathrm{P}) = \begin{Bmatrix} -\mathrm{d}N\sin\alpha + \mathrm{d}T\cos\alpha \\ 0 \\ -\mathrm{d}N\cos\alpha - \mathrm{d}T\sin\alpha \end{Bmatrix}$$

Suposant que la rosca té un nombre sencer de voltes i que les forces de contacte es distribueixen uniformement, el seu torsor respecte a un punt de l'eix és

$$\begin{cases} F_3 = -N\cos\alpha - T\sin\alpha \\ M_3 = (N\sin\alpha - T\cos\alpha)r \end{cases}$$

on N i T són les integrals esteses a tota la superfície de la rosca de dN i dT. Les altres components del torsor són nul·les. Si sobre el cargol actuen, a part de les forces a la rosca, una força $\boldsymbol{F}$ i un moment $\boldsymbol{M}$ segons l'eix 3 i aquest no s'accelera o és d'inèrcia negligible, es té

$$\begin{aligned} \sum \boldsymbol{F}_{ext} &= 0 \Rightarrow F = -F_3 = N\cos\alpha + T\sin\alpha \\ \sum \boldsymbol{M}_{ext} &= 0 \Rightarrow M = -M_3 = -(N\sin\alpha - T\cos\alpha)r \end{aligned} \qquad (7.11)$$

Condició de falcament per força. Si sobre el cargol s'aplica només una força axial ($F \neq 0, M = 0$) de 7.11, s'obté $T \cos \alpha - N \sin \alpha = 0$; $T = N \tan \alpha$. Per tant, no s'aconsegueix la condició de lliscament si $\tan \alpha < \mu$, és a dir, si $\tan \alpha < \mu$, per molt que es premi el cargol aquest no es cargola.

Condició de falcament per parell. Si sobre el cargol només s'aplica un parell axial ($F = 0, M \neq 0$) de 7.11, s'obté $T \sin \alpha + N \cos \alpha = 0$. Com que el cargol tendeix a cargolar-se $T > 0$ i per tant el contacte s'ha d'establir per la cara inferior de la rosca de manera que

$$N \cos \alpha + T \sin \alpha = 0 \quad ; \quad T = N / \tan \alpha$$

En aquest cas, no s'aconsegueix la condició de lliscament si $1/\tan \alpha < \mu$, situació que no es dóna en rosques de fixació i transmissió de potència ja que usualment $\tan \alpha \approx 0{,}05$.

Si el cargol tendeix a descollar-se les forces $\mathrm{d}T$ canvien de sentit i en comptes de 7.11 s'obté

$$\begin{aligned} F &= N\cos\alpha - T\sin\alpha \\ M &= (-N\sin\alpha - T\cos\alpha)r \end{aligned} \tag{7.12}$$

Quan la cara de la rosca en contacte és la inferior, el signe de N canvia i s'obtenen dues expressions semblants a les anteriors.

Relació entre F i M. En condicions de lliscament, immediat o real, les forces tangencials són $\mathrm{d}T = \mu\, \mathrm{d}N$ i suposant el frec uniforme i integrant es té $T = \mu N$. A partir de les expressions 7.11 i 7.12 i les corresponents al contacte per la cara inferior, les relacions entre F i M i amb $\theta = \arctan \mu$ són:

$$\left.\begin{array}{l} \text{Cargolar i cara de contacte superior} \\ \text{Descargolar i cara de contacte inferior} \end{array}\right\} M = \frac{-\tan\alpha + \mu}{1 + \mu\tan\alpha} Fr = -\tan(\alpha - \theta)Fr$$

$$\left.\begin{array}{l} \text{Cargolar i cara de contacte inferior} \\ \text{Descargolar i cara de contacte superior} \end{array}\right\} M = -\frac{\tan\alpha + \mu}{1 - \mu\tan\alpha} Fr = -\tan(\alpha + \theta)Fr \tag{7.13}$$

En resum, si F i M tendeixen a produir al cargol:

- el mateix moviment $\quad M = -\tan(\alpha - \theta)\, F\, r$
- moviments contraris $\quad M = -\tan(\alpha + \theta)\, F\, r$

Exemple 7.2 Determinar el mínim coeficient de frec perquè una rosca rectangular de diàmetre 16 mm i pas $p = 5$ mm sigui irreversible –es pot collar fent un parell però no es pot descollar fent una força axial.

- El falcament per força requereix $\mu > \tan \alpha = p / 2\pi r = 0{,}1$; $\alpha = 5{,}71°$
- El falcament per parell requereix $\mu > 1/\tan \alpha = 10$

Així, doncs, si el frec en aquesta rosca és $0{,}1 < \mu < 10$ es pot collar amb un parell però una força axial no el descolla.

Exemple 7.3 Si el coeficient de frec a la rosca de l'exemple anterior és $\mu = 0{,}6$ i sobre el cargol actua la força $F = -100$ N, com s'indica a la figura 7.28 –negativa perquè el seu sentit és oposat al d'avanç–, quin parell cal per cargolar-lo i per descargolar-lo?

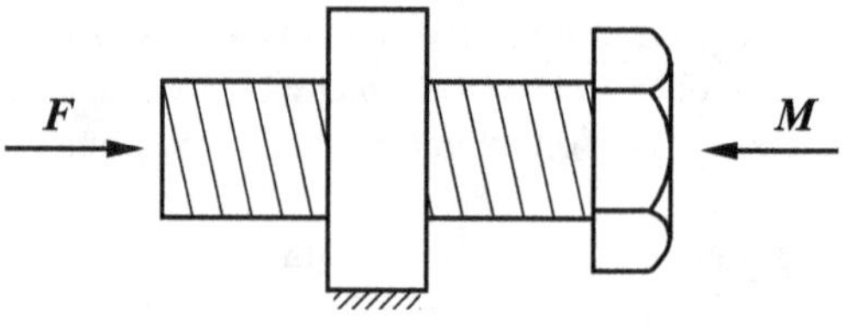

Fig. 7.28 Cargol

La cara de contacte és la inferior i, a partir de les expressions 7.13:

$$\text{Cargolar} \quad M_C = -\tan(\alpha+\theta)Fr = -\tan(5{,}71+30{,}96)(-100)8 = 596\,\text{N mm}$$
$$\text{Descargolar} \quad M_D = -\tan(\alpha-\theta)Fr = -\tan(5{,}71-30{,}96)(-100)8 = -377\,\text{N mm}$$

Rosca trapezoïdal o triangular. Si la superfície helicoïdal es genera amb un segment rectilini contingut en el pla 2-3 i que forma un angle β amb l'eix 2 s'obté un perfil de rosca trapezoïdal o triangular (Fig. 7.29). La normal a la cara de la rosca en el punt P és ara perpendicular a $\boldsymbol{s}$ i a la tangent a l'hèlix continguda en el pla 1-3. Si $\boldsymbol{t} = \{\cos\alpha,\, 0,\, \sin\alpha\}^{\mathrm{T}}$ és el versor tangent a l'hèlix i $\boldsymbol{s} = \{0,\, \cos\beta,\, \sin\beta\}^{\mathrm{T}}$ és el versor en la direcció del segment generatriu, el versor normal exterior a la superfície superior de la rosca és

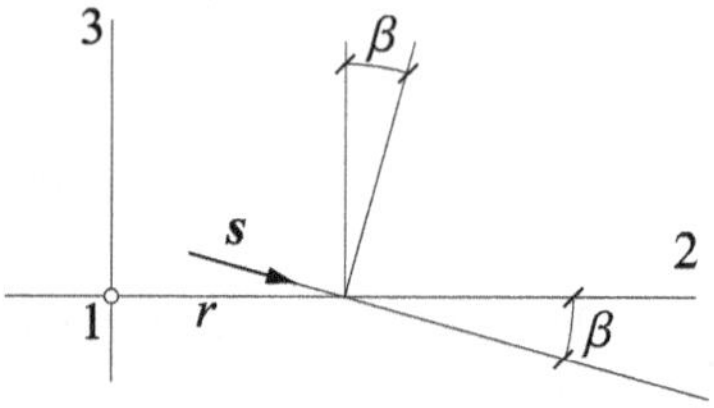

Fig. 7.29 Rosca trapezoïdal

$$\boldsymbol{n} = \frac{\boldsymbol{t}\times\boldsymbol{s}}{|\boldsymbol{t}\times\boldsymbol{s}|} = \frac{1}{\sqrt{\cos^2\beta + \sin^2\beta\cos^2\alpha}}\begin{Bmatrix}\cos\beta\sin\alpha \\ \sin\beta\cos\alpha \\ \cos\beta\cos\alpha\end{Bmatrix}$$

Considerant la mateixa situació pel que fa a les forces que en el cas inicial, les forces de contacte s'expressen en la base 123 com:

$$\boldsymbol{F}(\mathrm{P}) = \begin{Bmatrix}\cos\alpha \\ 0 \\ -\sin\alpha\end{Bmatrix}\mathrm{d}T - \frac{1}{\sqrt{\cos^2\beta + \sin^2\beta\cos^2\alpha}}\begin{Bmatrix}\cos\beta\sin\alpha \\ \sin\beta\cos\alpha \\ \cos\beta\cos\alpha\end{Bmatrix}\mathrm{d}N$$

i seguint els passos anteriors s'arriba a

$$\left.\begin{aligned} F &= -F_3 = N k\cos\alpha + T\sin\alpha \\ M &= -M_3 = (-N k\sin\alpha + T\cos\alpha)r \end{aligned}\right\} \quad \text{amb} \quad k = \frac{\cos\beta}{\sqrt{\cos^2\beta + \sin^2\beta\cos^2\alpha}}$$

A partir d'aquest punt, tots els resultats presentats per a la rosca plana són aplicables a la rosca trapezoïdal o triangular simplement definint un coeficient de frec efectiu $\mu_{\text{efec}} = \mu / k$. Per a una situació usual, $\tan\alpha \approx 0{,}05$, $\beta = 30°$ i $\mu_{\text{efec}} = 1{,}15\,\mu$.

Notes:

- En tot l'estudi de rosques a esquerres –hèlix de sentit contrari a l'estudiat– només canvia el signe dels moments.
- Per a cargols de fixació, s'utilitza el perfil de rosca triangular normalitzat amb $\beta = 30°$. Els altres perfils s'utilitzen per a la transmissió de moviment, és a dir, com a parells cinemàtics.
- Una rosca pot tenir més d'un filet –materialització de la superfície helicoïdal. Aquest fet no afecta l'estudi realitzat.

Problemes

P 7-1 En el mecanisme de la figura, els dos blocs iguals estan units per una barra articulada de massa negligible. En els contactes bloc-guia hi ha frec sec de coeficient μ i a les articulacions el frec és negligible.

a) Determineu la força F necessària per iniciar el moviment a partir del repòs.

b) Feu l'aplicació numèrica per a la configuració φ = 45°, amb μ = 0,2.

c) Estudieu la possibilitat de bolcada dels blocs.

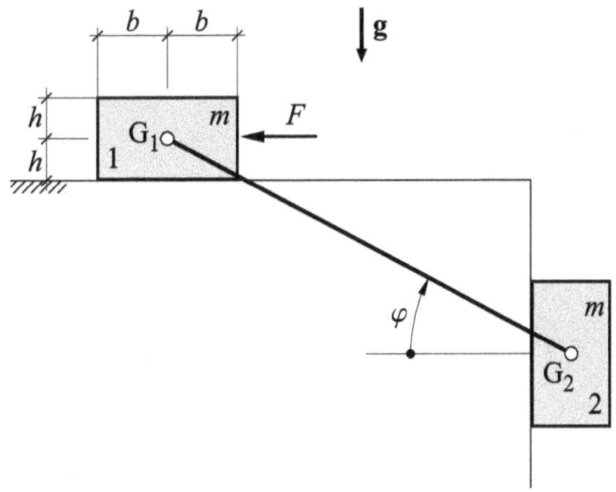

P 7-2 El bloc de la figura és guiat per una barra d'eix fix i per una rodeta que recolza sobre una guia fixa. Les resistències passives associades a la rodeta es consideren negligibles. Per tal de fer avançar el bloc amb velocitat constant v –perpendicularment al pla del dibuix– amb la barra fixa cal fer una força axial F_0. Si la velocitat de rotació de la barra és n, determineu:

a) El nou valor de la força axial.

b) L'increment de força en el punt de contacte rodeta-guia.

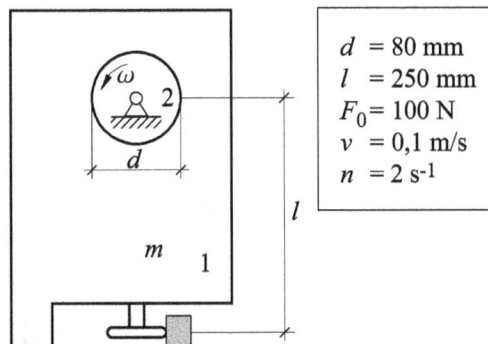

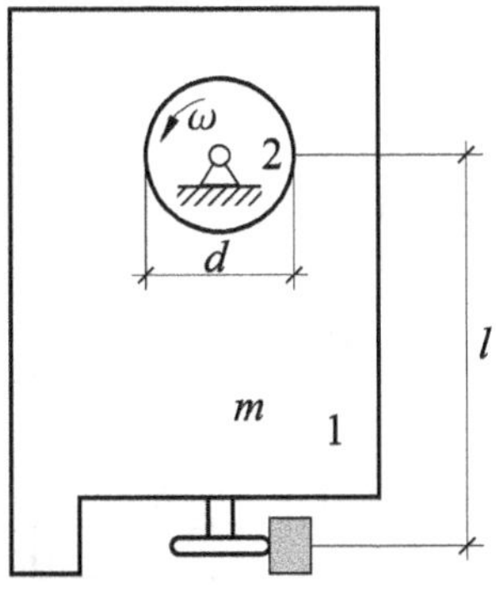

d = 80 mm
l = 250 mm
F_0 = 100 N
v = 0,1 m/s
n = 2 s^{-1}

P 7-3 Amb l'eix en repòs, cal una força $\boldsymbol{F} = 0{,}5\, m\, \mathbf{g}$ per tal de fer baixar el volant. El motor aplica un parell Γ_m sobre l'eix durant 1 s i a continuació s'atura. El volant es considera equilibrat i l'eix del motor d'inèrcia negligible. Determineu quina distància baixa el volant:

a) durant el primer segon,

b) fins que queda en repòs.

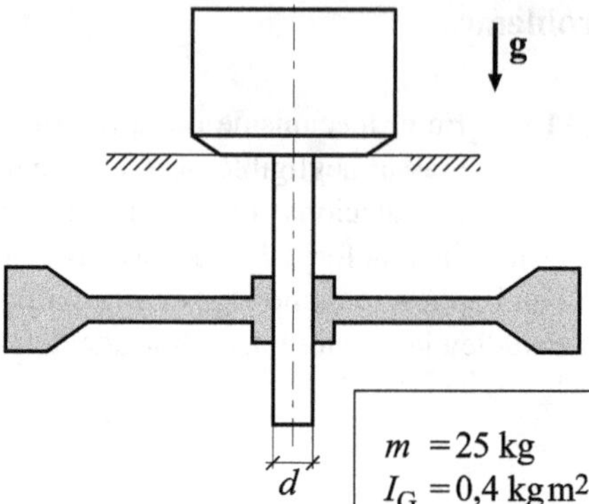

$m = 25$ kg
$I_G = 0{,}4$ kgm^2
$d = 80$ mm
$\Gamma_m = 12$ Nm
$g = 10$ m/s^2

P 7-4 Un volant equilibrat, de massa m i moment d'inèrcia I_G, és roscat sobre una barra vertical fixa de pas p –parell helicoïdal. A la superfície de contacte hi ha frec sec de coeficient μ. Determineu l'acceleració de caiguda si la rosca és de secció:

a) Rectangular.

b) Triangular d'angle entre cares $2\beta = 60°$.

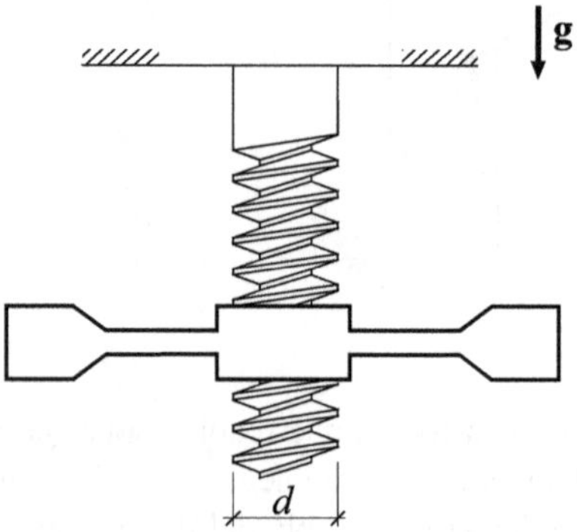

$m = 10$ kg
$I_G = 0{,}2$ kgm^2
$d = 100$ mm
$\mu = 0{,}1$
pas = 100 mm

P 7-5 La grapa en forma de tenalla de la figura està prevista per agafar per l'interior i alçar tubs de massa m. Determineu, en funció del diàmetre $2b$:

a) El coeficient de frec mínim entre el tub i les sabates.

b) La tensió de la barra QR.

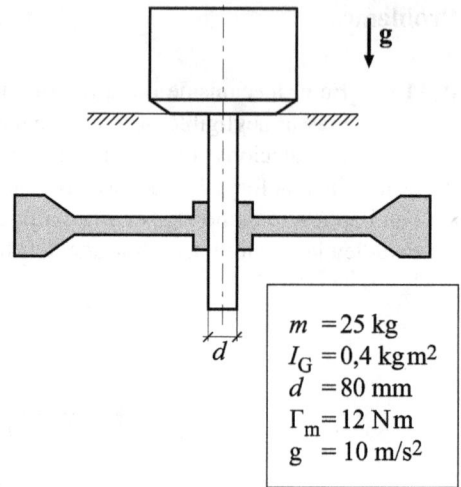

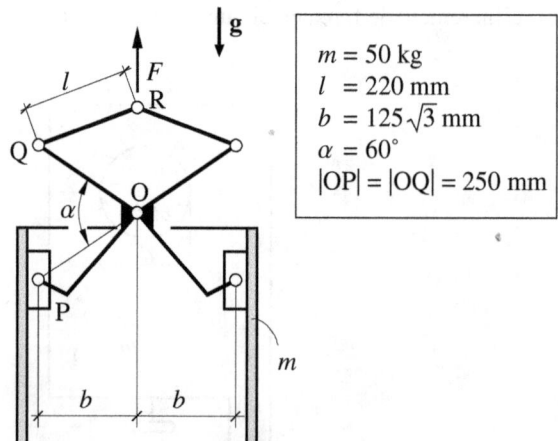

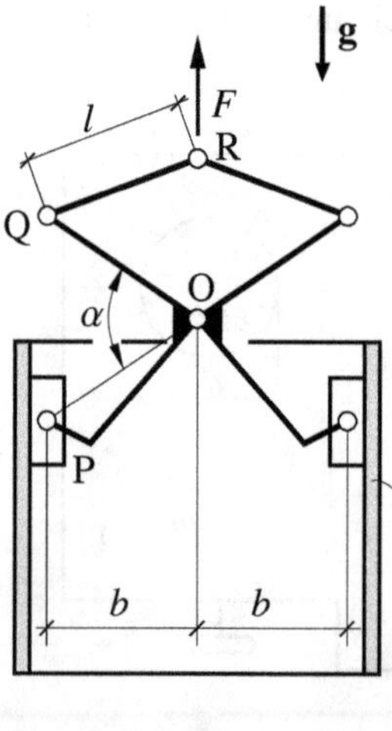

$m = 50$ kg
$l = 220$ mm
$b = 125\sqrt{3}$ mm
$\alpha = 60°$
$|OP| = |OQ| = 250$ mm

P 7-6 La grapa en forma de tenalla de la figura ha de permetre alçar la caixa de massa m. Determineu, en funció de l'amplada $2b$:

a) El coeficient de frec mínim entre la caixa i les sabates.

b) La tensió de la barra QR.

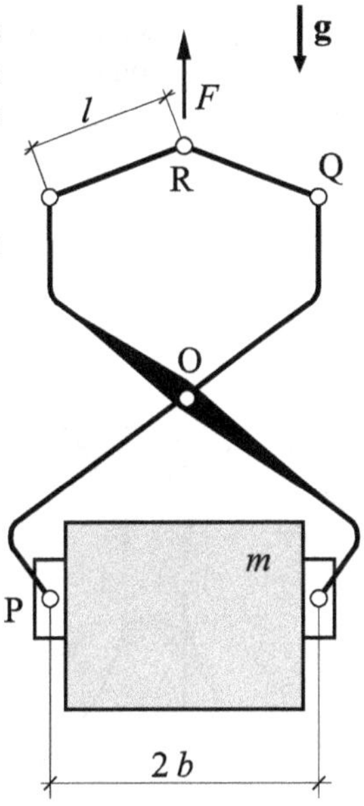

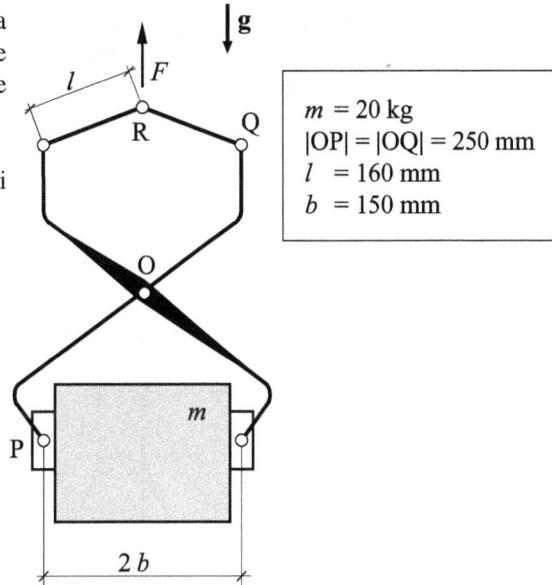

m = 20 kg
|OP| = |OQ| = 250 mm
l = 160 mm
b = 150 mm

P 7-7 Determineu l'amplada màxima e del braç del serjant si cal garantir que premi adequadament, amb un coeficient de frec $\mu = 0{,}15$ entre la guia i el braç.

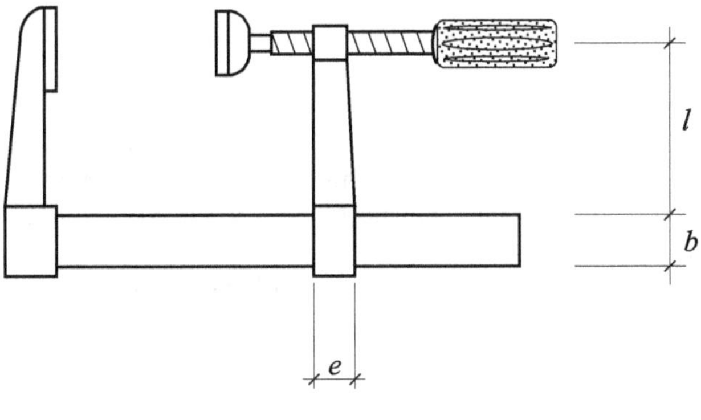

l = 80 mm
b = 20 mm
μ = 0,15

P 7-8 El suport de la figura pot lliscar respecte de la guia a fi d'ajustar la seva alçada i queda retingut pel frec guia-suport. Determineu el coeficient de frec mínim que garanteix la retenció –negligiu el pes del suport.

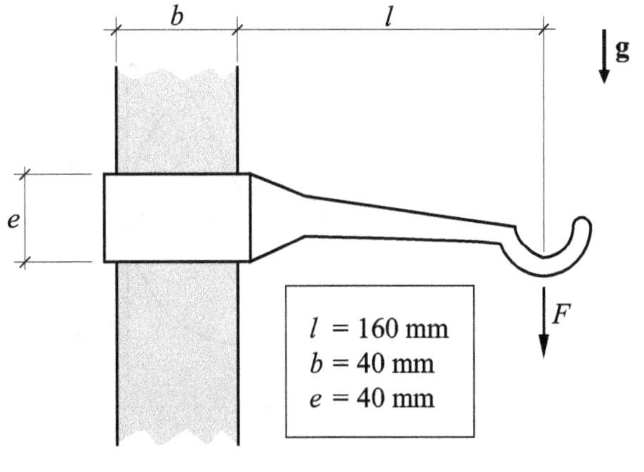

l = 160 mm
b = 40 mm
e = 40 mm

P 7-9 La grapa de la figura està prevista per sostenir barres de secció rectangular. Les lleves són de perfil circular de centre C i, quan no subjecten cap barra, unes molles les mantenen en contacte. La massa de les lleves, com també les constants de les molles, són negligibles. Determineu el mínim coeficient de frec perquè quedin retingudes barres de diferents amplades.

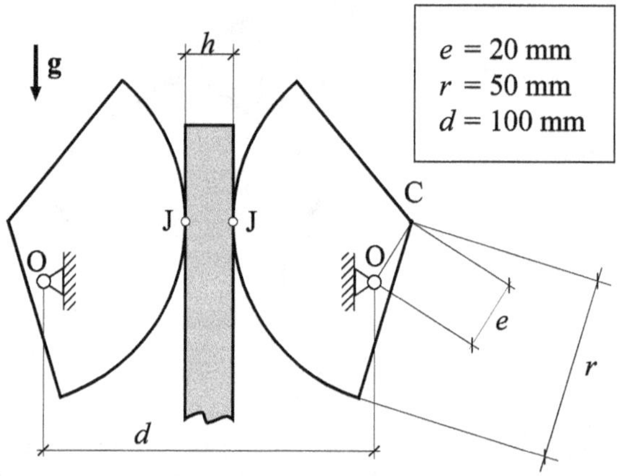

P 7-10 La grapa de la figura està prevista per sostenir barres de secció rectangular, les lleves són de perfil espiral exponencial $\rho(\varphi) = 32\ e^{-0,2\varphi}$ mm i quan no subjecten cap barra unes molles les mantenen en contacte. La massa de les lleves, com també les constants de les molles, són negligibles. Determineu el mínim coeficient de frec perquè quedin retingudes barres de diferents amplades.
Nota: En una espiral logarítmica l'angle α entre el radi i la tangent en un punt és constant i tal que $\tan \alpha = 1/a$.

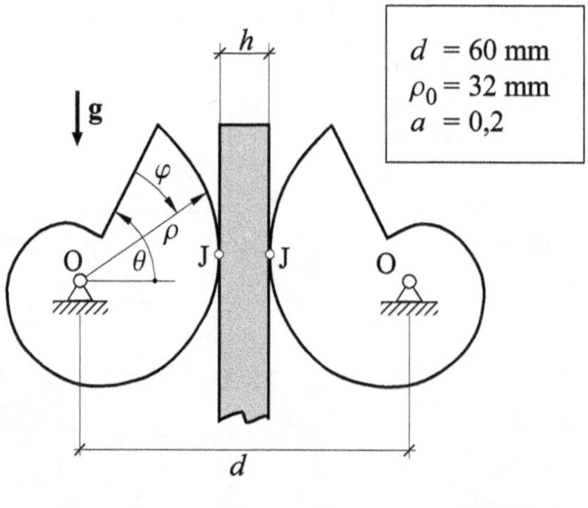

P 7-11 La barra de la figura és suportada per un eix –pivot– fix, horitzontal i de diàmetre d. L'ajust entre l'eix i el forat de la barra és amb joc –sense serratge– i el coeficient de frec sec entre les superfícies en contacte és μ. Determineu la inclinació φ màxima que es pot donar a la barra de manera que, deixada en repòs, s'hi quedi.

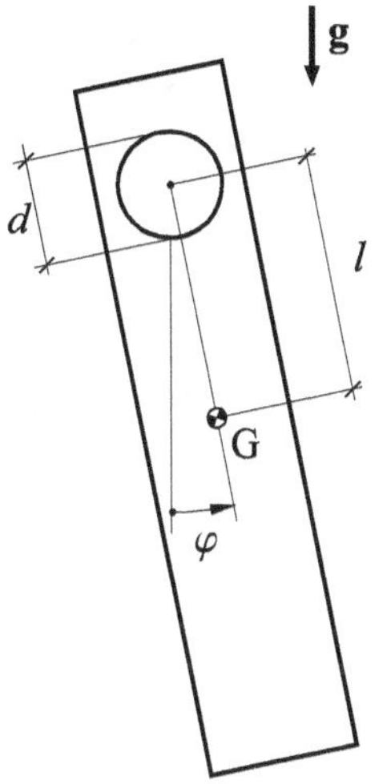

d = 100 mm
l = 200 mm
μ = 0,5

P 7-12 El dispositiu representat ha de ser autoblocador per a la força F; per gran que sigui aquesta no s'ha de produir lliscament a fi de bloquejar el moviment de la corretja cap a la dreta. Determineu el valor mínim que ha de tenir el coeficient de frec en els punts de contacte P i Q.

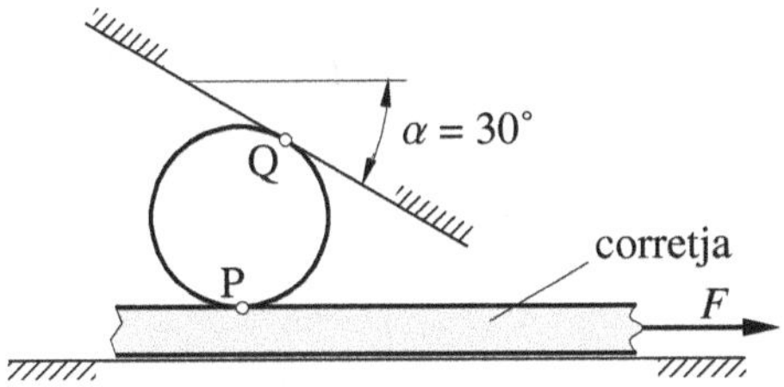

P 7-13 Per al mecanisme de roda lliure de la figura, determineu la distància a per tal de garantir el falcament si ω_2 tendeix a ser inferior que ω_1.

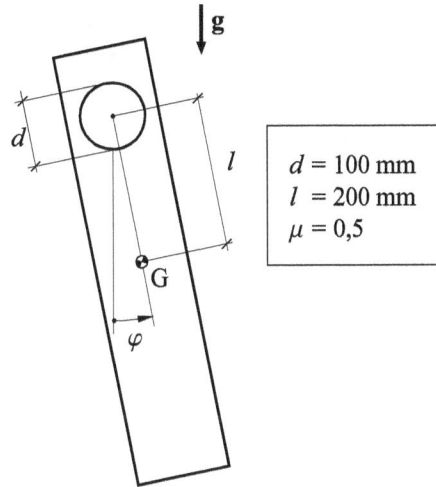

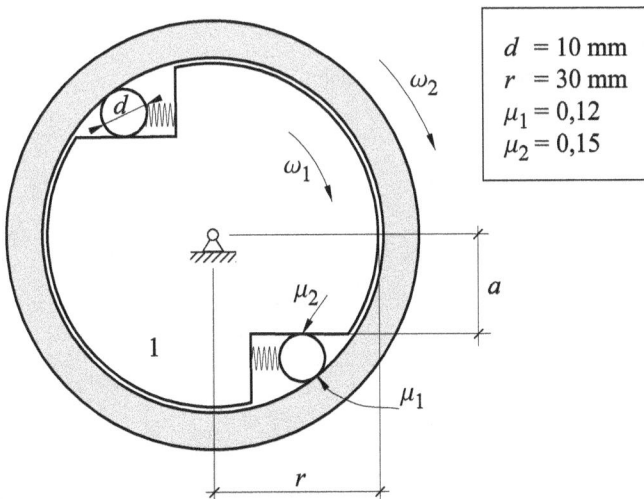

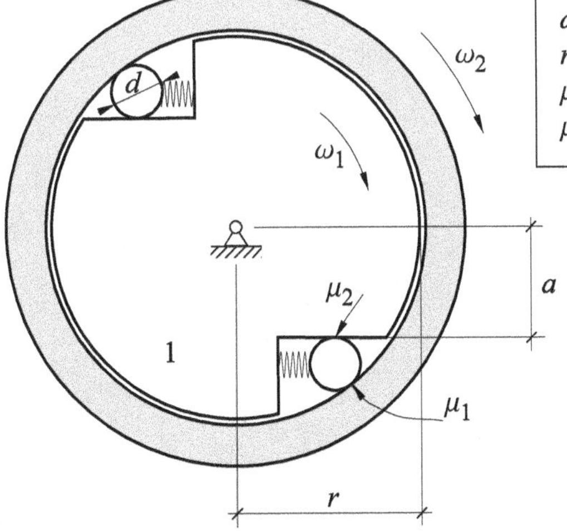

d = 10 mm
r = 30 mm
μ_1 = 0,12
μ_2 = 0,15

P 7-14 Per a la clau Stillson de la figura que s'utilitza per descargolar un tub fix, determineu:

a) El coeficient de frec mínim en els punts A i B perquè no hi hagi lliscament.

b) Les forces en aquests punts i en l'articulació C.

Nota: En el punt D no hi ha contacte.

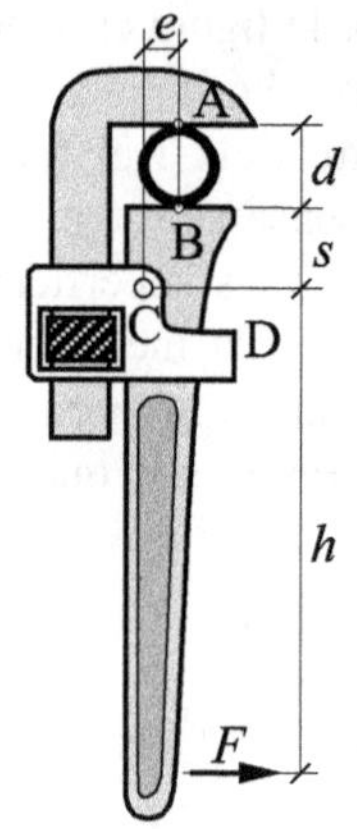

$$e = 20 \text{ mm}$$
$$d = 48 \text{ mm}$$
$$s = 38 \text{ mm}$$
$$h = 380 \text{ mm}$$
$$F = 400 \text{ N}$$

P 7-15 En l'ascensor de la figura, el coeficient de frec entre el cable i la politja és μ i les altres resistències passives són negligibles. Determineu el parell màxim que es pot aplicar a la politja sense que el cable hi rellisqui i l'acceleració en aquesta situació.

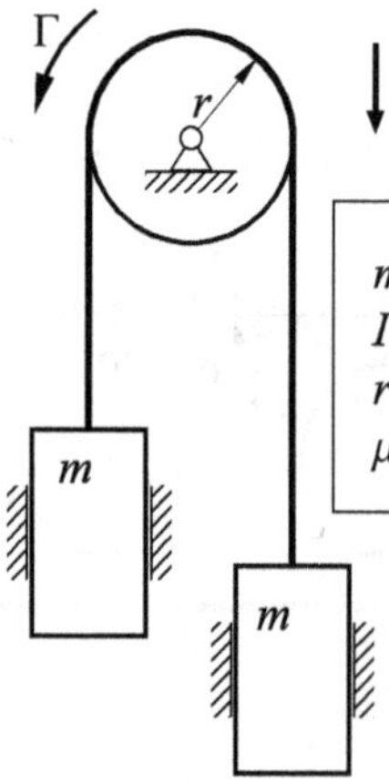

$$m = 100 \text{ kg}$$
$$I = 1 \text{ kg m}^2$$
$$r = 0,2 \text{ m}$$
$$\mu = 0,2$$

P 7-16 El cable situat al voltant dels tres tubs horitzontals fixos té un coeficient de frec sec μ amb ells. Determineu:

a) L'acceleració dels blocs.

b) El mínim coeficient de frec necessari per evitar el lliscament.

$$m_1 = 200 \text{ kg}$$
$$m_2 = 100 \text{ kg}$$
$$\mu = 0,1$$

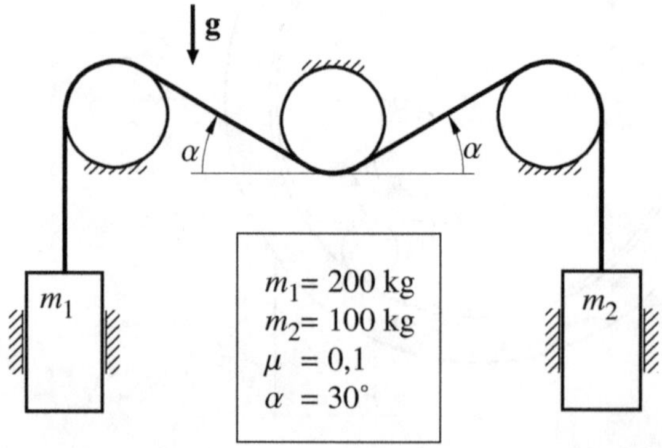

P 7-17 La porta corredissa és muntada sobre dos corrons de radi r_c que es mouen sobre una guia horitzontal. El coeficient de rodolament d'aquests corrons és ρ_{rod} i el seu coeficient de frec sec amb la guia és μ. Determineu la força horitzontal al pom P necessària per accionar la porta si:

a) Ambdós corrons rodolen sobre la guia.

b) Un corró és bloquejat i llisca sobre la guia.

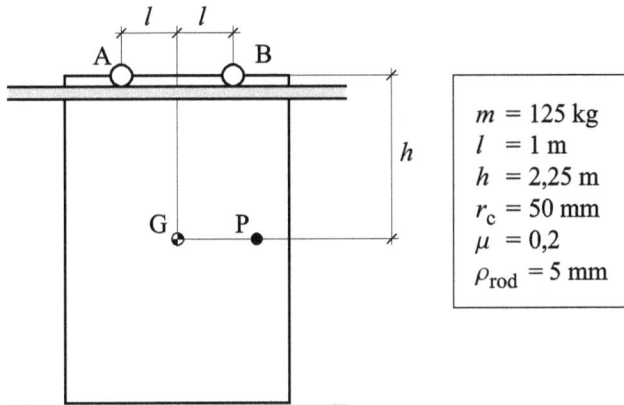

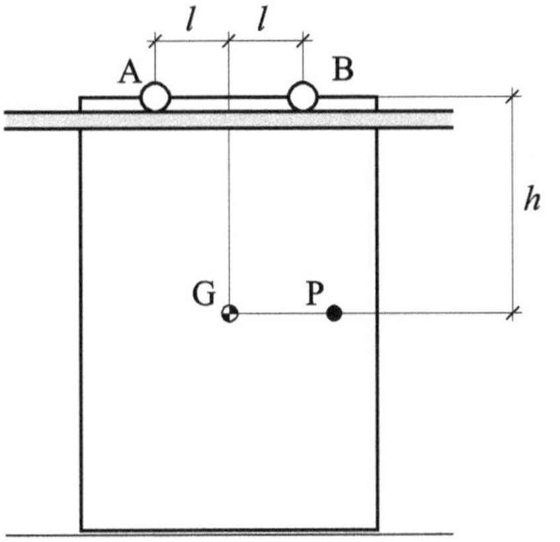

m = 125 kg
l = 1 m
h = 2,25 m
r_c = 50 mm
μ = 0,2
ρ_{rod} = 5 mm

8 Mètode de les potències virtuals

El mètode de les potències virtuals permet plantejar l'anàlisi dinàmica d'un mecanisme de manera selectiva, és a dir, sense haver de plantejar un nombre elevat d'equacions dinàmiques per tal d'aïllar posteriorment allò que interessa. Per exemple, permet determinar directament una equació del moviment del mecanisme sense haver d'emprar altres equacions per eliminar accions d'enllaç, com succeeix sovint en emprar els teoremes vectorials. Així mateix, permet determinar l'expressió d'aquella força o moment d'enllaç del mecanisme que interessa sense haver de plantejar l'estudi de tot el conjunt de forces.

Ara bé, si el que interessa és justament fer una anàlisi de totes les forces i els moments d'enllaç del mecanisme, és més avantatjós plantejar els teoremes vectorials a cada membre per separat i resoldre el sistema d'equacions lineal que s'obté, usualment per mitjà de mètodes numèrics. Intentar determinar totes les forces i els moments d'enllaç aplicant el mètode de les potències virtuals pot ser llarg i complex si no se sistematitza utilitzant les equacions de Lagrange.

En aquest mètode, apareix un vector associat a la velocitat *–velocitat virtual–* que en altres àmbits s'associa a un desplaçament –desplaçament virtual. En aquest cas, el mètode s'anomena *mètode dels treballs virtuals*.

8.1 Fonaments del mètode

El mètode de les potències virtuals parteix del fet que, en una referència galileana, la suma de forces sobre una partícula P, inclosa la força d'inèrcia de d'Alembert $\mathcal{F}(\mathrm{P})$, és igual a zero:

$$\boldsymbol{F}(\mathrm{P}) + \mathcal{F}(\mathrm{P}) = 0 \quad \text{amb} \quad \mathcal{F}(\mathrm{P}) = -m\,(\mathrm{P})\,\boldsymbol{a}(\mathrm{P})$$

Si es multiplica escalarment aquesta equació vectorial per un vector arbitrari $\boldsymbol{v}^*(\mathrm{P})$, s'obté una única equació escalar:

$$\boldsymbol{F}(\mathrm{P})\cdot\boldsymbol{v}^*(\mathrm{P}) + \mathcal{F}(\mathrm{P})\cdot\boldsymbol{v}^*(\mathrm{P}) = 0$$

Al vector escollit se li dóna significat de velocitat, i aleshores els termes de l'equació escalar tenen significat de potència. Ara bé, aquest vector no té per què correspondre a la velocitat real de la partícula, i per això s'anomena *velocitat virtual* (notació amb *). La potència obtinguda així s'anomena *potència virtual* de les forces que actuen sobre la partícula.

Per al conjunt de partícules d'un sistema mecànic es compleix

$$\sum_{\text{sist.}}\left[\boldsymbol{F}(\mathrm{P})\cdot\boldsymbol{v}^*(\mathrm{P})+\boldsymbol{\mathcal{F}}(\mathrm{P})\cdot\boldsymbol{v}^*(\mathrm{P})\right]=0 \tag{8.1}$$

Aquesta és l'expressió bàsica del mètode de les potències virtuals i es pot enunciar de la manera següent: *La potència virtual del conjunt de forces que actuen sobre un sistema mecànic, incloses les forces d'inèrcia de d'Alembert, és nul·la.* Escollint adequadament les velocitats virtuals es poden obtenir les equacions del moviment o les equacions per a la determinació de forces i moments desconeguts.

En l'anàlisi estàtica de sistemes mecànics –estructures i mecanismes en repòs–, les forces d'inèrcia de d'Alembert són òbviament nul·les i l'expressió 8.1 queda simplificada ja que només inclou les forces d'interacció exteriors i interiors, i les forces d'inèrcia d'arrossegament si la referència d'estudi no és galileana.

S'anomena *moviment virtual* la distribució de velocitats virtuals emprades en una aplicació del mètode de les potències virtuals. Els moviments virtuals s'han d'escollir de manera que, en principi, depenguin d'una única velocitat generalitzada virtual –variable independent. Així, aquesta surt factor comú del sumatori de les potències virtuals i es pot eliminar, i s'obté una relació entre les forces que hi intervenen.

Exemple 8.1 Sobre el pistó de la figura 8.1 actua la força $\boldsymbol{F}_\mathrm{P}$ i es vol determinar la força $\boldsymbol{F}_\mathrm{Q}$ que cal aplicar a la manovella per mantenir el mecanisme en repòs.

El sistema que s'estudia està en equilibri; per tant, les forces d'inèrcia de d'Alembert són nul·les. Prenent com a velocitats virtuals les velocitats reals si la manovella girés amb velocitat angular ω^*, és fàcil veure que $v^*(\mathrm{P})=\omega^*\, l$ i $v^*(\mathrm{Q})=\omega^*\, l_1$, de manera que l'equació 8.1 en aquest cas és

$$F_\mathrm{Q}\omega^* l_1 - F_\mathrm{P}\omega^* l = 0\,,\ \left(F_\mathrm{Q}l_1 - F_\mathrm{P}l\right)\omega^* = 0 \rightarrow F_\mathrm{Q} = F_\mathrm{P}\frac{l}{l_1}$$

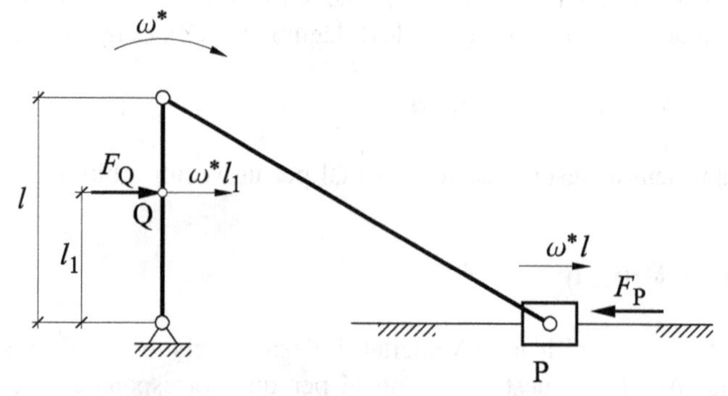

Fig. 8.1 Distribució de velocitats virtuals en un pistó

8.2 Tipus de moviments virtuals

Hi ha dos tipus de moviments virtuals: els moviments virtuals compatibles amb els enllaços i els no compatibles amb els enllaços. Els primers s'empren per a l'obtenció d'equacions del moviment i de les forces i moments desconeguts introduïts per accionaments. Els segons s'empren per a la determinació de forces i moments d'enllaç.

Moviments virtuals compatibles amb els enllaços. Són moviments virtuals que compleixen les restriccions cinemàtiques imposades pels enllaços i les equacions cinemàtiques constitutives dels membres; en particular, les velocitats virtuals associades a les particules d'un sòlid rígid verifiquen l'expressió $\boldsymbol{v}^*(\mathrm{B}) = \boldsymbol{v}^*(\mathrm{A}) + \omega^* \times \overline{\mathbf{AB}}$, on ω^* és la velocitat angular virtual del sòlid. Per tant, poden ser tractats de la mateixa manera que els moviments reals cinemàticament possibles. Així, la velocitat d'un punt P del sistema es pot expressar com

$$\boldsymbol{v}(\mathrm{P}) = \sum_{i=1}^{n} \boldsymbol{b}_i(\mathrm{P}) u_i \tag{8.2}$$

amb $\boldsymbol{b}_i(\mathrm{P})$ coeficients per a cada punt funció de les coordenades q_i.
u_i velocitats generalitzades independents (normalment $u_i = \dot{q}_i$).
n nombre de graus de llibertat.

i les velocitats virtuals dels moviments virtuals compatibles amb els enllaços es poden expressar

$$\boldsymbol{v}^*(\mathrm{P}) = \sum_{i=1}^{n} \boldsymbol{b}_i(\mathrm{P}) u_i^*, \text{ on } u_i^* \text{ són variables independents o graus de llibertat virtuals.}$$

Normalment s'escullen aquests moviments de manera que només depenguin d'un únic grau de llibertat u_i^* i aleshores es consideren associats a aquest u_i

$$\boldsymbol{v}^*(\mathrm{P})\Big]_{u_i} = \boldsymbol{b}_i(\mathrm{P}) u_i^* \tag{8.3}$$

Amb aquests moviments virtuals, les úniques incògnites que poden aparèixer a les equacions són les forces desconegudes, diferents de les d'enllaç, exteriors i interiors, i les forces d'inèrcia de d'Alembert. Les forces d'enllaç no hi intervenen, ja que la seva potència en aquest tipus de moviments és nul·la. Per demostrar-ho, cal analitzar el contacte puntual, amb lliscament i sense, com a enllaç bàsic, ja que qualsevol altre tipus d'enllaç es pot considerar una superposició d'aquests. La potència, virtual o real, d'una parella de forces d'acció i reacció no depèn de la referència ja que únicament és funció de la variació de la distància –independent de la referència– entre els punts d'aplicació com es demostra a la nota adjunta.[1] Si s'analitza aquest enllaç des de la referència solidària al sòlid 1 es té que:

- La potència associada a les forces sobre el sòlid 1 és nul·la en ser-ho la velocitat del punt d'aplicació J_1.

[1] La potència d'una parella de forces d'acció i reacció que actuen sobre dos punts A i B separats una distància ρ és:

$$\boldsymbol{F}(\mathrm{A})\boldsymbol{v}(\mathrm{A}) + \boldsymbol{F}(\mathrm{B})\boldsymbol{v}(\mathrm{B}) = \boldsymbol{F}\,\boldsymbol{v}(\mathrm{A}) - \boldsymbol{F}\,\boldsymbol{v}(\mathrm{B}) = \boldsymbol{F}(\boldsymbol{v}(\mathrm{A}) - \boldsymbol{v}(\mathrm{B})) = \boldsymbol{F}\frac{\mathrm{d}\overline{\mathbf{BA}}}{\mathrm{d}t} = \pm F \frac{\mathrm{d}\overline{\mathbf{BA}}}{\mathrm{d}t}\Bigg]_{\text{direcció de AB}} = \pm F\dot{\rho}$$

- Quan hi ha lliscament (Fig. 8.2.*a*) la força d'enllaç sobre el sòlid 2 té potència nul·la en ser ortogonal a la velocitat del punt d'aplicació J_2.
- Quan no hi ha lliscament (Fig. 8.2.b) la força d'enllaç sobre el sòlid 2 també té potència nul·la en ser nul·la la velocitat del punt d'aplicació J_2.

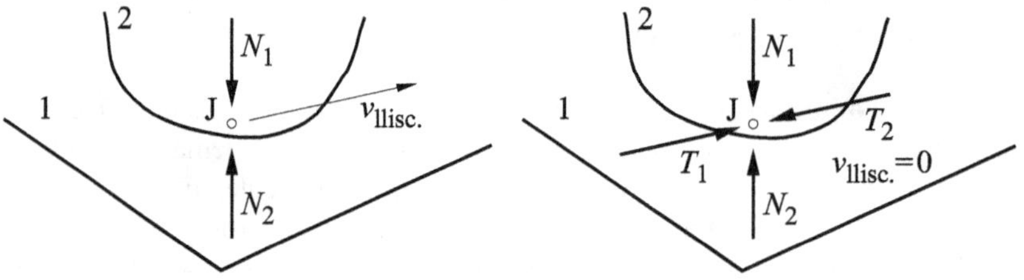

Fig. 8.2 a) Contacte amb lliscament b) Contacte sense lliscament

A cada equació 8.1 obtinguda aplicant el moviment virtual associat a un grau de llibertat (Eq. 8.3) es pot treure aquest factor comú i eliminar-lo. Amb aquest procediment s'obtenen directament tantes equacions lliures de moviments virtuals com graus de llibertat té el sistema.

Si el grau de llibertat descrit per u_i és un grau de llibertat no forçat, no governat per cap accionament, l'equació obtinguda s'anomena *equació del moviment* per aquest grau de llibertat. En sistemes de més d'un grau de llibertat, les equacions del moviment obtingudes no estan en general desacoblades, és a dir, cadascuna d'elles pot incloure diversos graus de llibertat i les seves derivades.

Si el grau de llibertat és governat per algun tipus d'accionament, s'obté l'expressió de la força o del moment introduïts per aquest, per tal de garantir el control del grau de llibertat. Quan un grau de llibertat és governat per més d'un accionament –per exemple, els trens automotors amb tracció elèctrica tenen més d'un motor–, l'expressió que s'obté correspon al torsor de les accions de tots els accionaments i el valor de cadascun queda indeterminat.

Exemple 8.2 En el mecanisme elevador de la figura 8.3 l'únic element de massa no negligible és el bloc. La determinació de la força F_{C0} que ha de fer el cilindre hidràulic per mantenir el bloc en repòs es pot realitzar mitjançant un moviment virtual compatible amb els enllaços. En aquest cas, aquest moviment virtual compatible amb els enllaços és únic en tractar-se d'un sistema d'un grau de llibertat. Amb aquest moviment virtual, si v^* és la velocitat virtual del punt C, la velocitat virtual de G és $2v^*$. L'expressió bàsica del mètode de les potències virtuals 8.1 és

$$F_{C0}v^* - mg\,2v^* = 0 \quad \text{d'on} \quad F_{C0} = 2mg$$

Si la força del cilindre hidràulic F_C no és la calculada, el bloc es mou i, per aplicar el mètode de les potencies virtuals, cal ara

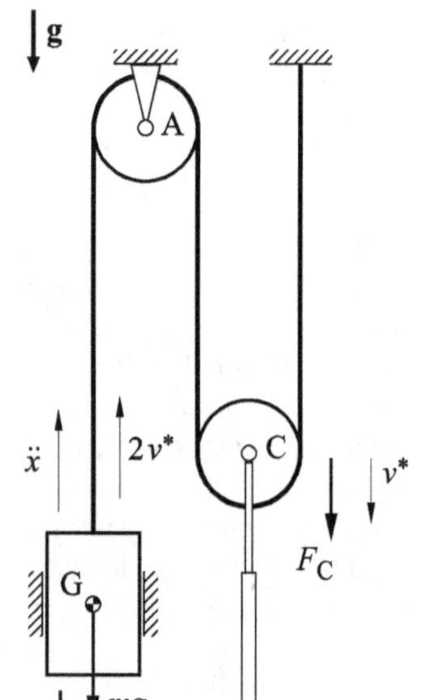

Fig. 8.3 Mecanisme elevador

considerar la força d'inèrcia de d'Alembert del bloc $m\ddot{x}$ de manera que l'expressió 8.1 passa a ser

$$F_C v^* - mg\,2v^* - m\ddot{x}\,2v^* = 0$$

d'on $\ddot{x} = \dfrac{F_C}{2m} - g$ és l'equació del moviment.

Moviments virtuals no compatibles amb els enllaços. Per determinar forces i moments d'enllaç cal escollir moviments virtuals que no verifiquin la restricció associada a la força o al moment d'enllaç per determinar –es diu que es trenca l'enllaç. Això permet que la potència virtual de la força o el moment aparegui a l'equació i pugui així ser aïllada. Dins del que és possible, cal escollir el moviment virtual de manera que només aparegui com a incògnita la força o el moment per determinar.

Exemple 8.3 Si en l'exemple anterior es vol determinar, pel mètode de les potències virtuals, la força en l'anclatge de la politja fixa al sostre –punt A–, cal prescindir de l'enllaç que representa aquest anclatge –trencar-lo– però no oblidar la força que fa F_A, tal com es representa a la figura 8.4. El moviment virtual compatible amb tots els enllaços que queden té dos graus de llibertat, igual que el moviment real si en el sistema no hi hagués l'anclatge. Així, doncs, el moviment virtual que s'ha d'emprar no és únic i caldrà triar-lo d'entre les dues opcions independents següents:

a) $v^*(A) = v^*;\ v^*(G) = 2v^*;\ v^*(C) = 0$

$$F_A v^* - mg2v^* - m\ddot{x}2v^* = 0; \qquad F_A = 2m(g + \ddot{x})$$

b) $v^*(A) = v^*;\ v^*(G) = 0;\ v^*(C) = v^*$

$$F_A v^* - F_C v^* = 0; \qquad F_A = F_C$$

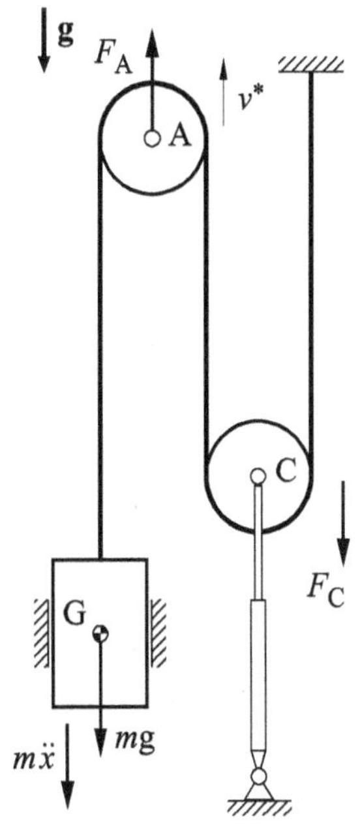

Fig. 8.4 Mecanisme elevador

Puntualitzacions. Cal remarcar que:

- Fer un moviment virtual no vol dir modificar el moviment real del sistema ni, per tant, el sistema de forces d'inèrcia de d'Alembert.
- Si el sistema que s'estudia presenta enllaços amb resistències passives, les forces i els moments que les descriuen tenen associada, en principi, una potència virtual no nul·la per als moviments virtuals compatibles amb els enllaços. Les resistències passives als enllaços sovint es formulen en funció de les forces d'enllaç i això obliga a determinar posteriorment aquestes forces per tal d'obtenir equacions lliures de forces d'enllaç.
- La potència d'una parella de forces d'acció i reacció i, en conseqüència, la de tot el conjunt de forces interiors d'un sistema –conjunt de parelles d'acció i reacció– no és zero, en principi, i és independent de la referència des de la qual es determina (vegeu la nota 1 de la pàgina 193). Aquest fet s'ha de tenir en compte tant en l'aplicació del mètode de les potències virtuals com en la del teorema de l'energia. Són exemples d'aquest fet la potència desenvolupada per un motor i la potència dissipada per les resistències passives, ambdues no nul·les en general i independents de la referència d'estudi.

8.3 Potència associada a un torsor de forces sobre un sòlid rígid

En l'estudi de mecanismes, és usual emprar el model de sòlid rígid per a representar els seus membres. Els sistemes de forces que actuen sobre un sòlid rígid es poden descriure per mitjà del seu torsor referit a un punt. Així, hi ha el torsor de les forces gravitatòries, el torsor de les forces d'enllaç per a cada enllaç actuant sobre el sòlid, el torsor de les forces d'inèrcia de d'Alembert, etc. La potència d'aquests diferents sistemes de forces, tant potència real com virtual –amb moviments virtuals compatibles amb les condicions constitutives del sòlid rígid–, es pot determinar mitjançant el seu torsor.

Sigui un sistema de forces $\boldsymbol{F}(\mathrm{P})$ que actuen sobre punts P d'un sòlid rígid; el seu torsor definit en un punt B del sòlid és

$$\boldsymbol{F}_{\mathrm{R}} = \sum_{\text{sist.}} \boldsymbol{F}(\mathrm{P})$$
$$\boldsymbol{M}_{\mathrm{R}}(\mathrm{B}) = \sum_{\text{sist.}} \overline{\mathbf{BP}} \times \boldsymbol{F}(\mathrm{P})$$

Si es té en compte que per a un moviment virtual compatible amb les condicions contitutives d'un sòlid rígid $\boldsymbol{v}^*(\mathrm{P}) = \boldsymbol{v}^*(\mathrm{B}) + \boldsymbol{\omega}^* \times \overline{\mathbf{BP}}$, la potència virtual es pot calcular d'acord amb

$$P^* = \sum_{\text{sist.}} \boldsymbol{F}(\mathrm{P})\cdot \boldsymbol{v}^*(\mathrm{P}) = \sum_{\text{sist.}} \boldsymbol{F}(\mathrm{P})\cdot \boldsymbol{v}^*(\mathrm{B}) + \sum_{\text{sist.}} \boldsymbol{F}(\mathrm{P})\cdot \left(\boldsymbol{\omega}^* \times \overline{\mathbf{BP}}\right) =$$
$$\left[\sum_{\text{sist.}} \boldsymbol{F}(\mathrm{P})\right]\cdot \boldsymbol{v}^*(\mathrm{B}) + \boldsymbol{\omega}^* \cdot \left[\sum_{\text{sist.}} \overline{\mathbf{BP}} \times \boldsymbol{F}(\mathrm{P})\right] = \boldsymbol{F}_{\mathrm{R}} \cdot \boldsymbol{v}^*(\mathrm{B}) + \boldsymbol{M}_{\mathrm{R}}(\mathrm{B})\cdot \boldsymbol{\omega}^* \qquad (8.4)$$

Cal remarcar que el concepte de torsor és aplicable a qualsevol sistema de forces sobre qualsevol sistema mecànic –multisòlid o no. En canvi, l'expressió de la potència del torsor només és aplicable quan es tracta d'un torsor sobre un sòlid rígid en el cas que el moviment virtual sigui compatible amb les condicions constitutives del sòlid rígid, és a dir, quan no es trenqui el sòlid. Si aquest no fos el cas, caldria determinar prèviament el torsor sobre cadascuna de les parts trencades i realitzar el càlcul com si es tractés de diferents sòlids rígids.

Exemple 8.4 En el diferencial d'un automòbil (Fig. 8.5) entre les velocitats angulars relatives a la carcassa dels seus tres eixos es verifica $\omega_\mathrm{m}=3(\omega_1+\omega_2)$, essent ω_m la velocitat angular de l'eix que prové del motor i ω_1 i ω_2 les velocitats angulars de cadascuna de les rodes motrius. En el seu estudi, se suposa que el règim és estacionari –sense acceleracions angulars dels eixos– i que estan equilibrats dinàmicament, o bé que les inèrcies són negligibles si el règim no és estacionari. D'aquesta manera, les forces d'inèrcia de d'Alembert donen potència nul·la i, per tant, no apareixen a l'expressió 8.1.

Es vol determinar, en funció del parell motor Γ_m:
a) Els parells Γ_1 i Γ_2 sobre l'eix de cadascuna de les rodes.
b) El parell Γ_E d'enllaç que la carcassa rep del xassís.

a) El mecanisme té 2 graus de llibertat –ω_1, ω_2 i ω_m són tres velocitats generalitzades relacionades amb l'equació d'enllaç $\omega_\mathrm{m}=3(\omega_1+\omega_2)$–; per tant, es poden plantejar dos moviments virtuals independents compatibles amb els enllaços. Si es prenen ω_1 i ω_2 com a graus de llibertat, el moviment virtual associat a cadascun d'ells a partir de l'expressió 8.1 dóna lloc a:

$$\omega_1^* \neq 0,\ \omega_2^* = 0,\ \rightarrow\ \omega_m^* = 3\omega_1^*$$

$$\Gamma_m\omega_m^* - \Gamma_1\omega_1^* - \Gamma_2\omega_2^* = 0$$

$$\Gamma_m 3\omega_1^* - \Gamma_1\omega_1^* = (3\Gamma_m - \Gamma_1)\omega_1^* = 0 \Rightarrow \Gamma_1 = 3\Gamma_m$$

$$\omega_1^* = 0,\ \omega_2^* \neq 0,\ \rightarrow\ \omega_m^* = 3\omega_2^*$$

$$\Gamma_m\omega_m^* - \Gamma_1\omega_1^* - \Gamma_2\omega_2^* = 0$$

$$\Gamma_m 3\omega_2^* - \Gamma_2\omega_2^* = (3\Gamma_m - \Gamma_2)\omega_2^* = 0 \Rightarrow \Gamma_2 = 3\Gamma_m$$

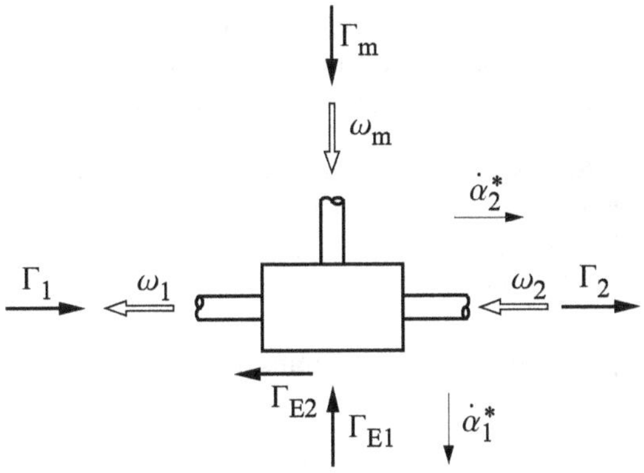

Fig. 8.5 Moviments virtuals en un diferencial d'automòbil

b) Per tal de determinar el moment d'enllaç cal realitzar moviments virtuals que trenquin l'enllaç corresponent, és a dir, que no hi siguin compatibles. Cada moviment virtual proporcionarà una component del moment d'enllaç, Γ_{E1} en la direcció longitudinal i Γ_{E2} en la direcció transversal del vehicle.

Si es fa un moviment $\dot{\alpha}_1^*$ de rotació de tot el diferencial –com si fos un sòlid rígid– a l'entorn de l'eix longitudinal, es trenca l'enllaç que impedeix aquesta rotació de la carcassa i l'equació 8.1 dóna lloc a:

$$\Gamma_m\dot{\alpha}_1^* - \Gamma_{E1}\,\dot{\alpha}_1^* = 0 \Rightarrow \Gamma_{E1} = \Gamma_m$$

De manera semblant, amb un moviment virtual $\dot{\alpha}_2^*$ de rotació a l'entorn de l'eix transversal s'obté:

$$\Gamma_1\dot{\alpha}_2^* + \Gamma_2\dot{\alpha}_2^* - \Gamma_{E2}\,\dot{\alpha}_2^* = 0 \Rightarrow \Gamma_{E2} = \Gamma_1 + \Gamma_2 = 6\Gamma_m$$

Si bé la determinació del moment d'enllaç es pot fer fàcilment a partir de l'aplicació del teorema del moment cinètic a tot el diferencial, la determinació dels moments a les rodes a partir dels teoremes vectorials no és trivial ni directa.

8.4 Càlcul de la potència virtual en casos concrets

Torsors d'inèrcia de d'Alembert d'un sòlid rígid. La potència virtual associada a les forces d'inèrcia de d'Alembert d'un sòlid rígid es calcula a partir del torsor d'aquestes, definit de manera general a l'apartat 6.3 i fent ús de l'expressió 8.4. En el cas particular de moviment pla, i si el moviment virtual està definit en el mateix pla, la potencia virtual del parell d'inèrcia de d'Alembert és $P^* = I_G \cdot \alpha \cdot \omega^*$. I_G és el moment d'inèrcia en la direcció perpendicular al pla del moviment, α és l'acceleració angular i ω^* és la velocitat angular virtual.

Torsors d'enllaç sobre un sólid rígid. La potència associada a totes les forces d'un enllaç, accions i reaccions, és nul·la en els moviments virtuals compatibles amb l'enllaç. Si per trencament de l'enllaç o per alguna altra raó cal calcular la potència associada a les forces que actuen només sobre un dels sòlids enllaçats, aquesta en general no és nul·la; cal caracteritzar el torsor i aplicar-hi l'expressió 8.4.

Camps de forces uniformes sobre un sòlid rígid, com ara l'aproximació uniforme de l'atracció gravitatòria terrestre. El torsor del sistema de forces gravitatòries definit al centre d'inèrcia és una resultant no nul·la i un moment resultant nul; per tant, $P^* = m\,\mathbf{g} \cdot \mathbf{v}^*(\mathrm{G})$.

Elements que introdueixen forces entre els seus extrems en la direcció que defineixen: molles, amortidors i accionaments de desplaçament. El més directe és calcular la potència virtual des de la referència solidària a un dels dos membres que uneix l'element (Fig. 8.6), ja que aleshores només intervé en el càlcul la velocitat virtual d'aproximació o d'allunyament dels extrems de l'element:

$P^* = \pm F\dot{\rho}^*$, on ρ és la distància entre els extrems de l'element.

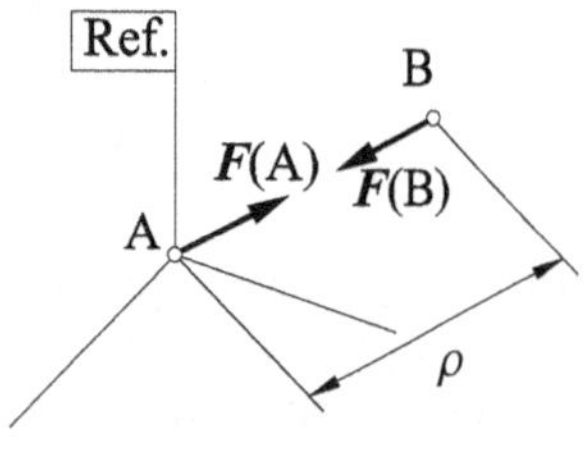

Fig. 8.6

Com que $\dot{\rho}^*$ és positiva quan la distància ρ augmenta, la potència virtual és positiva si la força es defineix positiva de repulsió, i és negativa si la força es defineix positiva d'atracció. Així, per exemple, per a una molla de comportament lineal de constant k, la força d'atracció entre els extrems funció de la distància ρ entre ells és $F = T_0 + k(\rho - \rho_0)$ on T_0 és la força d'atracció per a la distància ρ_0 entre extrems, i la potència associada a les dues forces, una a cada extrem, de la molla és $P^* = -(T_0 + k(\rho - \rho_0))\dot{\rho}^*$.

Elements que introdueixen un parell, segons l'eix de l'articulació, entre dos sòlids rígids units mitjançant un parell de revolució: molles i amortidors torsionals, motors i actuadors rotatius. El més directe també és calcular la potència virtual des de la referència solidària a un dels dos membres:

$$P^* = \pm \Gamma \omega^*$$

on ω^* és la rotació virtual relativa entre els dos membres relacionats –entre el rotor i l'estator en el cas d'un motor. El signe dependrà de si Γ i ω^* tenen el mateix sentit o no.

Si com a exemple es pren un amortidor torsional de comportament lineal de constant c, el parell que introdueix entre els sòlids rígids que uneix és $\Gamma=-c\omega$, on ω és la velocitat angular relativa i el signe negatiu correspon al fet que el parell d'esmorteïment li és oposat. En aquest cas, la potència virtual associada als dos parells de l'amortidor, cadascun actuant sobre un sòlid, és $P^* = -c\,\omega\,\omega^*$.

8.5 Exemple d'aplicació

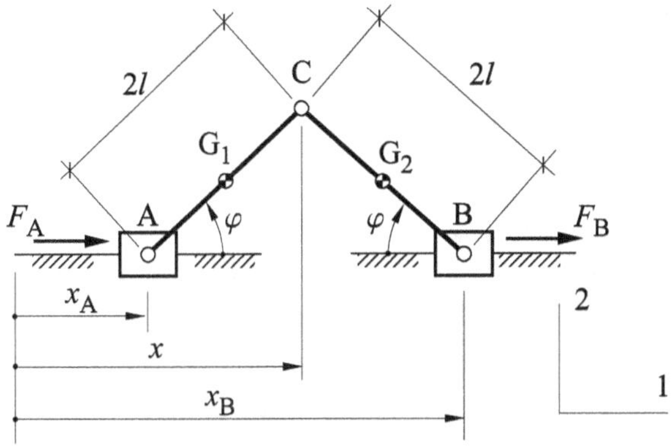

Fig. 8.7 Mecanisme de barres

El mecanisme esquematitzat a la figura 8.7 consisteix en dues corredores articulades, A i B, que es mouen sobre una mateixa guia. Les dues corredores s'articulen a les barres iguals AC i BC, les quals s'enllacen entre si per mitjà de l'articulació C. El moviment d'ambdues corredores és governat pels corresponents actuadors, que introdueixen les forces F_A i F_B, respectivament. Cada barra és de massa m i té un moment d'inèrcia I respecte de l'eix perpendicular al pla del moviment que passa per G i que és central d'inèrcia. Es negligeixen la inèrcia de les corredores i el frec a les guies i articulacions.

El mecanisme té dos graus de llibertat i per descriure el seu moviment s'empren les quatre coordenades $\{x, x_A, x_B, \varphi\}$. El triangle ABC és isòsceles i, per tant, l'angle que orienta cadascuna de les barres és el mateix. Es volen determinar les forces F_A i F_B i la força d'enllaç a l'articulació C, emprant el mètode de les potències virtuals.

S'escullen, com a coordenades independents, x i φ, ja que, per causa de la simetria del mecanisme, són les que proporcionen expressions més compactes. Les dues equacions d'enllaç que s'estableixen, i les seves derivades, són

$$\begin{cases} x_A = x - 2l\cos\varphi & \rightarrow \quad \dot{x}_A = \dot{x} + 2l\dot{\varphi}\sin\varphi \\ x_B = x + 2l\cos\varphi & \rightarrow \quad \dot{x}_B = \dot{x} - 2l\dot{\varphi}\sin\varphi \end{cases}$$

$\dot{x}_A$ i $\dot{x}_B$ són les velocitats de les corredores A i B, i les velocitats dels punts C, G_1 i G_2 a la base indicada són:

$$\boldsymbol{v}(C) = \begin{Bmatrix} \dot{x} \\ 2l\dot{\varphi}\cos\varphi \end{Bmatrix}, \quad \boldsymbol{v}(G_1) = \begin{Bmatrix} \dot{x} + l\dot{\varphi}\sin\varphi \\ l\dot{\varphi}\cos\varphi \end{Bmatrix}, \quad \boldsymbol{v}(G_2) = \begin{Bmatrix} \dot{x} - l\dot{\varphi}\sin\varphi \\ l\dot{\varphi}\cos\varphi \end{Bmatrix}$$

Els torsors respectius de les forces d'inèrcia de d'Alembert per a cada barra definits als seus centres d'inèrcia són

$$\mathcal{F}(G_1) = -m\boldsymbol{a}(G_1) = -m\begin{Bmatrix} \ddot{x} + l\ddot{\varphi}\sin\varphi + l\dot{\varphi}^2\cos\varphi \\ l\ddot{\varphi}\cos\varphi - l\dot{\varphi}^2\sin\varphi \end{Bmatrix}, \quad \mathcal{M}(G_1) = \begin{Bmatrix} 0 \\ 0 \\ -I\ddot{\varphi} \end{Bmatrix}$$

$$\mathcal{F}(G_2) = -m\boldsymbol{a}(G_2) = -m\begin{Bmatrix} \ddot{x} - l\ddot{\varphi}\sin\varphi - l\dot{\varphi}^2\cos\varphi \\ l\ddot{\varphi}\cos\varphi - l\dot{\varphi}^2\sin\varphi \end{Bmatrix}, \quad \mathcal{M}(G_2) = \begin{Bmatrix} 0 \\ 0 \\ I\ddot{\varphi} \end{Bmatrix}$$

Per determinar les forces F_A i F_B dels actuadors es realitzen dos moviments virtuals compatibles amb els enllaços, un per a la coordenada x i l'altre per a la coordenada φ. L'esquema de la figura 8.8 recull el sistema de forces que intervé en aquests moviments.

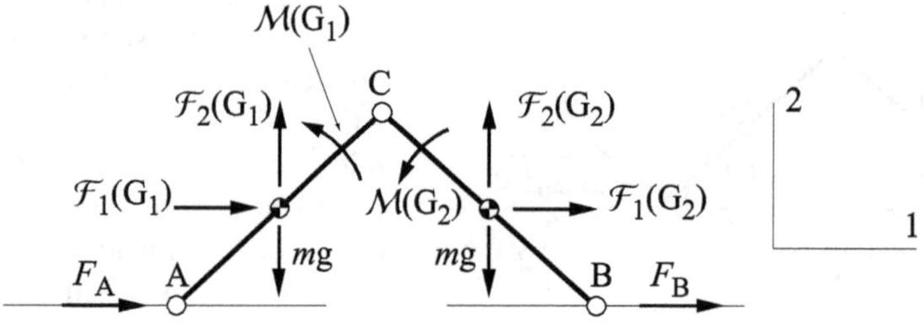

Fig. 8.8 Sistema de forces que intervé en els moviments virtuals compatibles amb els enllaços

- Moviment virtual $\dot{x}^* \neq 0$, $\dot{\varphi}^* = 0$. El mecanisme es trasllada mantenint φ = constant i, per tant, tots els punts tenen la mateixa velocitat virtual $\dot{x}^*$. L'expressió de la suma de potències virtuals és

$$(F_A + F_B)\dot{x}^* - m\left(\ddot{x} + l\ddot{\varphi}\sin\varphi + l\dot{\varphi}^2\cos\varphi\right)\dot{x}^* - m\left(\ddot{x} - l\ddot{\varphi}\sin\varphi - l\dot{\varphi}^2\cos\varphi\right)\dot{x}^* = 0$$

i d'aquí s'obté

$$F_A + F_B = 2m\ddot{x} \tag{8.5}$$

equació que també es troba de manera trivial, donada la simetria del mecanisme, en aplicar el teorema de la quantitat de moviment a tot el mecanisme.

- Moviment virtual $\dot{x}^* = 0$, $\dot{\varphi}^* \neq 0$. El mecanisme es mou simètricament i C es desplaça sobre una recta vertical fixa. Les velocitats virtuals dels punts on hi ha forces aplicades són

$$\boldsymbol{v}^*(\mathrm{A}) = \begin{Bmatrix} 2l\dot{\varphi}^*\sin\varphi \\ 0 \end{Bmatrix}, \quad \boldsymbol{v}^*(\mathrm{B}) = \begin{Bmatrix} -2l\dot{\varphi}^*\sin\varphi \\ 0 \end{Bmatrix}$$

$$\boldsymbol{v}^*(\mathrm{G}_1) = \begin{Bmatrix} l\dot{\varphi}^*\sin\varphi \\ l\dot{\varphi}^*\cos\varphi \end{Bmatrix}, \quad \boldsymbol{v}^*(\mathrm{G}_2) = \begin{Bmatrix} -l\dot{\varphi}^*\sin\varphi \\ l\dot{\varphi}^*\cos\varphi \end{Bmatrix}$$

L'expressió de la suma de potències virtuals és

$$(F_A - F_B)2l\dot{\varphi}^*\sin\varphi - m\left(\ddot{x} + l\ddot{\varphi}\sin\varphi + l\dot{\varphi}^2\cos\varphi\right)l\dot{\varphi}^*\sin\varphi +$$
$$m\left(\ddot{x} - l\ddot{\varphi}\sin\varphi - l\dot{\varphi}^2\cos\varphi\right)l\dot{\varphi}^*\sin\varphi - 2m\left(l\ddot{\varphi}\cos\varphi - l\dot{\varphi}^2\sin\varphi\right)l\dot{\varphi}^*\cos\varphi -$$
$$2mg\,l\dot{\varphi}^*\cos\varphi - 2I\ddot{\varphi}\dot{\varphi}^* = 0$$

i, simplificant aquesta expressió, s'obté finalment

$$\left(I + ml^2\right)\ddot{\varphi} = (F_A - F_B)l\sin\varphi - mg\,l\cos\varphi \tag{8.6}$$

Amb les dues expressions obtingudes, 8.5 i 8.6, és simple aïllar les dues forces F_A i F_B:

$$F_A = m\ddot{x} + \frac{1}{2l\sin\varphi}\left(I + ml^2\right)\ddot{\varphi} + \frac{1}{2}mg\frac{1}{\tan\varphi}$$

$$F_B = m\ddot{x} - \frac{1}{2l\sin\varphi}\left(I + ml^2\right)\ddot{\varphi} - \frac{1}{2}mg\frac{1}{\tan\varphi}$$

Les forces F_A i F_B es poden trobar amb altres moviments virtuals, per exemple, si es prenen com a coordenades independents x_A i x_B les expressions de les velocitats són més complicades però cada moviment virtual associat a un grau de llibertat dóna directament una de les forces buscades.

Per determinar les dues components de la força d'enllaç a l'articulació C cal fer moviments virtuals en els quals es vulneri la condició d'enllaç en la direcció de la component buscada, de manera que aquesta tingui associada una potència virtual no nul·la i aparegui a l'expressió 8.4.

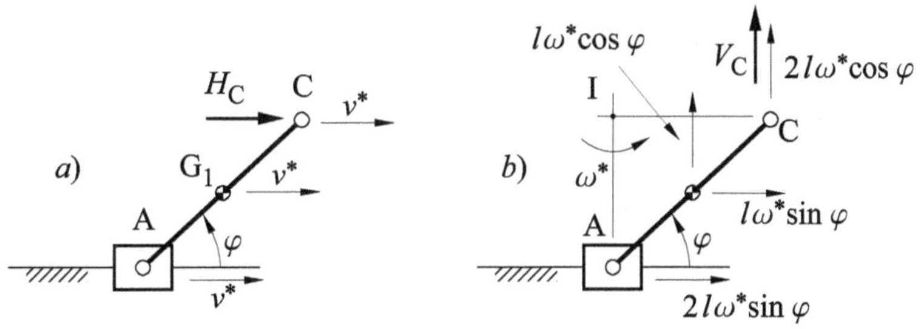

Fig. 8.9 Moviments virtuals per determinar la força d'enllaç a C. a) horitzontal i b) vertical

- Per obtenir la component horitzontal H_C es pot fer un moviment de translació de la part esquerra del mecanisme segons l'eix 1 positiu trencant l'enllaç a C (Fig. 8.9.*a*):

$$F_A v^* - m\left(\ddot{x} + l\ddot{\varphi}\sin\varphi + l\dot{\varphi}^2\cos\varphi\right)v^* + H_C v^* = 0$$

d'on:

$$H_C = m\left(\ddot{x} + l\ddot{\varphi}\sin\varphi + l\dot{\varphi}^2\cos\varphi\right) - F_A$$

- Per obtenir la component vertical V_C es pot mantenir en repòs la part dreta i fer un moviment virtual de la part esquerra del mecanisme tal que A es mogui horitzontalment i C verticalment. Així, la barra AC gira al voltant del punt I, que és el seu centre instantani de rotació associat al moviment virtual (Fig. 8.9.*b*). L'expressió de la potència virtual és

$$F_A 2l\omega^*\sin\varphi - m\left(\ddot{x} + l\ddot{\varphi}\sin\varphi + l\dot{\varphi}^2\cos\varphi\right)l\omega^*\sin\varphi -$$

$$m\left(l\ddot{\varphi}\cos\varphi - l\dot{\varphi}^2\sin\varphi\right)l\omega^*\cos\varphi - mg\,l\omega^*\cos\varphi - I\ddot{\varphi}\omega^* + V_C 2l\omega^*\cos\varphi = 0$$

d'on: $$V_C = \frac{\left(I + ml^2\right)\ddot{\varphi}}{2l\cos\varphi} + \left(\frac{m\ddot{x}}{2} - F_A\right)\tan\varphi + \frac{mg}{2}$$

De la mateixa manera que per a les forces F_A i F_B dels actuadors, les components de la força d'enllaç H_C i V_C es poden trobar amb altres moviments virtuals. En aquest cas, és evident que, per exemple, es poden permutar els moviments virtuals de la part dreta i esquerra del mecanisme. L'elecció d'un o altre moviment virtual es regeix per l'interès que a l'expressió obtinguda apareguin unes o altres forces conegudes a priori.

8.6 Forces generalitzades

En fer un moviment virtual compatible amb els enllaços associat a una velocitat generalitzada u_i independent, l'expressió bàsica del mètode de les potències virtuals 8.1 es pot reescriure com:

$$\sum_{\text{sist.}}\left[\boldsymbol{F}(\text{P})\cdot\boldsymbol{b}_i(\text{P})\right]u_i^* + \sum_{\text{sist.}}\left[\boldsymbol{\mathcal{F}}(\text{P})\cdot\boldsymbol{b}_i(\text{P})\right]u_i^* = 0$$

Els escalars

$$F^*\Big]_{u_i} = \sum_{\text{sist.}}\left[\boldsymbol{F}(\text{P})\cdot\boldsymbol{b}_i(\text{P})\right]\ ,\quad \mathcal{F}^*\Big]_{u_i} = \sum_{\text{sist.}}\left[\boldsymbol{\mathcal{F}}(\text{P})\cdot\boldsymbol{b}_i(\text{P})\right]$$

que, multiplicats per la velocitat virtual u_i^* donen la potència virtual, s'anomenen *forces generalitzades* associades al moviment virtual compatible amb els enllaços definit pel grau de llibertat u_i.

Les forces generalitzades es defineixen per als diferents tipus de forces de les quals provenen. Així, per a una determinada velocitat generalitzada es defineix la força generalitzada de les forces gravitatòries, la força generalitzada de les forces d'inèrcia de d'Alembert, la d'un actuador, la de les resistències passives, etc.

Així, doncs, el mètode de les potències virtuals per a moviments compatibles amb els enllaços es pot enunciar de nou com que *la suma de forces generalitzades associades a un grau de llibertat és nul·la*:

$$\mathcal{F}^*\Big]_{u_i} + \sum\left(F^*\Big]_{u_i}\right) = 0 \qquad i = 1,\ldots,n$$

Per al conjunt de graus de llibertat, s'obté el sistema de n equacions:

$$\left\{\mathcal{F}^*\right\} + \sum\left\{F^*\right\} = 0\ ;\quad \boldsymbol{\mathcal{F}}^* + \Sigma\boldsymbol{F}^* = 0 \tag{8.7}$$

La velocitat de cada punt P d'un sistema es pot expressar com:

$$\boldsymbol{v}(\text{P}) = \sum_{i=1}^{n}\frac{\partial\boldsymbol{v}(\text{P})}{\partial u_i}u_i$$

Així, doncs, els coeficients $\boldsymbol{b}_i(\text{P})$ de 8.2 són $\boldsymbol{b}_i(\text{P})=\partial\boldsymbol{v}(\text{P})/\partial u_i$.

Si s'empren com a velocitats generalitzades independents les derivades temporals de les coordenades generalitzades independents, $u_i = \dot{q}_i$, les expressions de les forces generalitzades, que ara és usual associar a les coordenades i no a les velocitats, són

$$F^*\Big]_{q_i} = \sum_{\text{sist.}}\left[\boldsymbol{F}(\mathrm{P})\cdot\frac{\partial \boldsymbol{v}(\mathrm{P})}{\partial \dot{q}_i}\right] \quad , \quad \mathcal{F}^*\Big]_{q_i} = \sum_{\text{sist.}}\left[\boldsymbol{\mathcal{F}}(\mathrm{P})\cdot\frac{\partial \boldsymbol{v}(\mathrm{P})}{\partial \dot{q}_i}\right] \tag{8.8}$$

Per als sistemes holònoms descrits mitjançant un conjunt de n coordenades generalitzades independents q_i, la velocitat d'un punt P descrit pel vector de posició $\boldsymbol{r}(\mathrm{P})$ és

$$\boldsymbol{v}(\mathrm{P}) = \frac{\mathrm{d}\boldsymbol{r}(\mathrm{P})}{\mathrm{d}t} = \sum_{i=1}^{n}\frac{\partial \boldsymbol{r}(\mathrm{P})}{\partial q_i}\dot{q}_i$$

de manera que les forces generalitzades associades a les coordenades generalitzades emprades es poden determinar també amb les expressions

$$F^*\Big]_{q_i} = \sum_{\text{sist.}}\left[\boldsymbol{F}(\mathrm{P})\cdot\frac{\partial \boldsymbol{r}(\mathrm{P})}{\partial q_i}\right] \quad , \quad \mathcal{F}^*\Big]_{q_i} = \sum_{\text{sist.}}\left[\boldsymbol{\mathcal{F}}(\mathrm{P})\cdot\frac{\partial \boldsymbol{r}(\mathrm{P})}{\partial q_i}\right] \tag{8.9}$$

Exemple 8.5 A l'exemple presentat a l'apartat 8.5 es poden definir diferents forces generalitzades, com ara la força generalitzada gravitatòria F_g^*, la força generalitzada dels actuadors F_a^*, o la força generalitzada de d'Alembert $\mathcal{F}^*$. Per a cadascuna de les coordenades que s'han escollit com a independents, x i φ, aquestes són

Per a x: $\quad F_\mathrm{g}^*\Big]_x = 0 \quad ; \quad F_\mathrm{a}^*\Big]_x = F_\mathrm{A} + F_\mathrm{B} \quad ; \quad \mathcal{F}^*\Big]_x = -2m\ddot{x}$

Per a φ: $\quad F_\mathrm{g}^*\Big]_\varphi = -2mgl\cos\varphi \quad ; \quad F_\mathrm{a}^*\Big]_\varphi = (F_\mathrm{A} - F_\mathrm{B})2l\sin\varphi$

$$\mathcal{F}^*\Big]_\varphi = -2\left(I + ml^2\right)\ddot{\varphi} - 2m\ddot{x}l\sin\varphi$$

Annex 8.I Plantejament global del mètode de les potències virtuals

Sigui un sistema mecànic descrit per un conjunt $\{q_i\}$ de coordenades generalitzades, per a l'estudi del qual s'utilitzen com a velocitats generalitzades les seves derivades temporals $\dot{q}_i$. Les coordenades generalitzades no tenen per què ser independents, de manera que entre elles es poden establir m_c equacions d'enllaç geomètriques i, si el sistema és no holònom, s'estableixen també equacions d'enllaç addicionals entre les seves derivades.

Si es planteja el conjunt de moviments virtuals associats a les coordenades q_i es poden vulnerar condicions d'enllaç i, per tant, en les equacions derivades de les potencies virtuals poden aparèixer forces i moments d'enllaç. En el cas que s'empri un conjunt de coordenades que descrigui la configuració de cada membre per separat, es vulneren totes les equacions d'enllaç.

Si es prescindeix, a l'establir els moviments virtuals, de les condicions d'enllaç vulnerades, però no de les forces d'enllaç implicades, tots els moviments virtuals passen a ser compatibles amb els enllaços restants i l'expressió 8.7, considerant forces de formulació coneguda F_c i forces desconegudes F_d –entre elles les d'enllaç associades als enllaços eliminats–, és

$$\mathcal{F}^* + \boldsymbol{F}_\text{c}^* + \boldsymbol{F}_\text{d}^* = 0 \qquad (8.10)$$

– El vector $\mathcal{F}^*$, per causa de la linealitat de la dinàmica pel que fa a les acceleracions, es pot escriure

$$\mathcal{F}^* = -\boldsymbol{M}(\boldsymbol{q})\cdot\ddot{\boldsymbol{q}} + \boldsymbol{g}(\boldsymbol{q},\dot{\boldsymbol{q}})$$

on la matriu $\boldsymbol{M}$, funció de la configuració, en general no coincideix amb la matriu d'inèrcia associada al càlcul de l'energia cinètica.

– El vector $\boldsymbol{F}_\text{c}^*$ depèn, en principi, de l'estat mecànic del sistema $(\boldsymbol{q},\dot{\boldsymbol{q}})$ i del temps:

$$\boldsymbol{F}_\text{c}^* = \boldsymbol{h}(\boldsymbol{q},\dot{\boldsymbol{q}},t)$$

– El vector $\boldsymbol{F}_\text{d}^*$, per causa de la linealitat de la dinàmica pel que fa a les forces, es pot expressar com

$$\boldsymbol{F}_\text{d}^* = -\boldsymbol{A}(\boldsymbol{q})\cdot\boldsymbol{F}$$

on el vector $\boldsymbol{F}$ conté totes les forces i els moments desconeguts.

Per altra banda, a partir de les equacions geomètriques d'enllaç, i les condicions addicionals si el sistema és no holònom, s'obté

$$\boldsymbol{\phi}_q\ddot{\boldsymbol{q}} = -\dot{\boldsymbol{\phi}}_q\dot{\boldsymbol{q}} - \dot{\boldsymbol{\phi}}_t \qquad (8.11)$$

Combinant els sistemes 8.10 i 8.11 s'obté un sistema global, algebricodiferencial, anàleg a l'obtingut a partir del plantejament vectorial

$$\begin{bmatrix} \boldsymbol{M}(\boldsymbol{q}) & \boldsymbol{A}(\boldsymbol{q}) \\ \boldsymbol{\phi}_q & 0 \end{bmatrix} \begin{Bmatrix} \ddot{\boldsymbol{q}} \\ \boldsymbol{F} \end{Bmatrix} = \begin{Bmatrix} \boldsymbol{g}(\boldsymbol{q},\dot{\boldsymbol{q}}) + \boldsymbol{h}(\boldsymbol{q},\dot{\boldsymbol{q}},t) \\ -\dot{\boldsymbol{\phi}}_q\cdot\dot{\boldsymbol{q}} - \dot{\boldsymbol{\phi}}_t \end{Bmatrix}$$

En aquest, les incògnites són les acceleracions i les forces i els moments desconeguts. El sistema té solució sempre que no existeixin enllaços redundants, el sistema no es trobi en una configuració singular i, si el sistema té resistències passives de formulació funció de les forces d'enllaç, s'hagi previst la determinació d'aquestes prescindint de les condicions d'enllaç adequades.

Aquest plantejament es pot sistematitzar analíticament de manera semblant a les equacions de Lagrange. S'inicia el procediment prescindint, a tots els efectes, de totes les equacions d'enllaç per tal que el conjunt de coordenades generalitzades $\{q_i\}$ sigui independent i el sistema holònom. Pot arribar a prescindir-se de tots els enllaços si el conjunt de coordenades generalitzades descriu la configuració de tots els membres per separat.

Amb aquesta situació, la força generalitzada d'inèrcia de d'Alembert es pot calcular a partir de l'energia cinètica del sistema

$$E_{\mathrm{c}} = \frac{1}{2}\dot{\boldsymbol{q}}^{\mathrm{T}} \cdot \boldsymbol{M}(\boldsymbol{q}) \cdot \dot{\boldsymbol{q}}$$

$$\mathcal{F}_i^* = -\left[\frac{\mathrm{d}}{\mathrm{d}t}\frac{\partial E_{\mathrm{c}}}{\partial \dot{q}_i} - \frac{\partial E_{\mathrm{c}}}{\partial q_i}\right]$$

i el vector de forces generalitzades d'inèrcia es pot escriure

$$\mathcal{F}^* = -\boldsymbol{M}(\boldsymbol{q}) \cdot \ddot{\boldsymbol{q}} - \left[\sum_{i=1}^{n} \frac{\partial}{\partial q_i} \boldsymbol{M}(\boldsymbol{q}) \cdot \dot{q}_i\right] \cdot \dot{\boldsymbol{q}} + \frac{1}{2}\dot{\boldsymbol{q}}^{\mathrm{T}} \cdot \frac{\partial}{\partial q} \boldsymbol{M}(\boldsymbol{q}) \cdot \dot{\boldsymbol{q}}$$

A partir del plantejament del conjunt d'equacions 8.1 per a tot q_i i tenint en compte que aquests no són independents s'obté

$$\begin{bmatrix} \boldsymbol{M}(\boldsymbol{q}) & \boldsymbol{\phi}_q^{\mathrm{T}} \\ \boldsymbol{\phi}_q & 0 \end{bmatrix} \begin{Bmatrix} \ddot{\boldsymbol{q}} \\ \boldsymbol{\lambda} \end{Bmatrix} = \begin{Bmatrix} -\left[\sum_{i=1}^{n} \frac{\partial}{\partial q_i} \boldsymbol{M}(\boldsymbol{q}) \cdot \dot{q}_i\right] \cdot \dot{\boldsymbol{q}} + \frac{1}{2}\dot{\boldsymbol{q}}^{\mathrm{T}} \cdot \frac{\partial}{\partial q} \boldsymbol{M}(\boldsymbol{q}) \cdot \dot{\boldsymbol{q}} + \boldsymbol{h}(\boldsymbol{q}, \dot{\boldsymbol{q}}, t) \\ -\dot{\boldsymbol{\phi}}_q \cdot \dot{\boldsymbol{q}} - \dot{\boldsymbol{\phi}}_t \end{Bmatrix}$$

on $\boldsymbol{\lambda}$ és el vector de multiplicadors de Lagrange. Cada multiplicador és associat a una condició d'enllaç i la relació entre aquests i les forces d'enllaç s'obté a partir de:

$$\boldsymbol{\phi}_q^{\mathrm{T}} \boldsymbol{\lambda} = \boldsymbol{F}_{\mathrm{E}}^*$$

on $\boldsymbol{F}_{\mathrm{E}}^*$ és la força generalitzada coresponent als enllaços descrits per les equacions $\boldsymbol{\phi}(\boldsymbol{q}) = 0$

Problemes

P 8-1 Determineu per al manipulador de la figura:

a) El parell motor Γ i la força de l'actuador lineal *F*.

b) Les forces i els moments d'enllaç a l'articulació O i al parell prismàtic.

Particularitzeu els resultats per als valors i les funcions temporals φ(t) i ρ'(t) donades, a fi d'obtenir una representació gràfica i analitzar els resultats obtinguts.

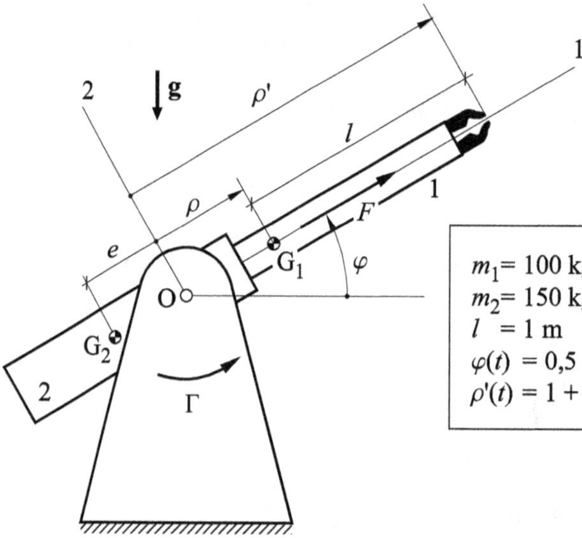

m_1= 100 kg	I_{G1}= 40 kgm^2
m_2= 150 kg	I_{G2}= 80 kgm^2
l = 1 m	e = 0,2 m
$\varphi(t)$ = 0,5 + 0,2 sin πt rad	
$\rho'(t)$ = 1 + 0,5 cos πt m	

P 8-2 El sistema de la figura és previst per impulsar planxes sobre una superfície horitzontal. La politja 1 de l'eix motor és d'inèrcia negligible i la 2 és solidària al corró. La placa s'ha de moure amb velocitat constant.

a) Si la corretja de transmissió no patina respecte a les politges, determineu el màxim parell motor Γ_m –horari i antihorari– que es pot aplicar sense que el corró rellisqui respecte a la planxa. El coeficient de frec entre la planxa i el corró és μ.

b) Si la corretja és plana i el seu coeficient de frec amb les politges és μ_c, determineu la tensió *F* mínima per garantir la situació anterior.

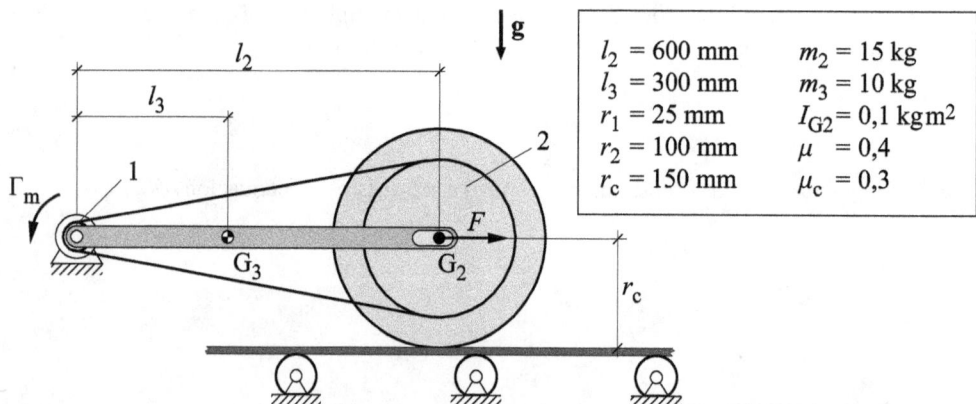

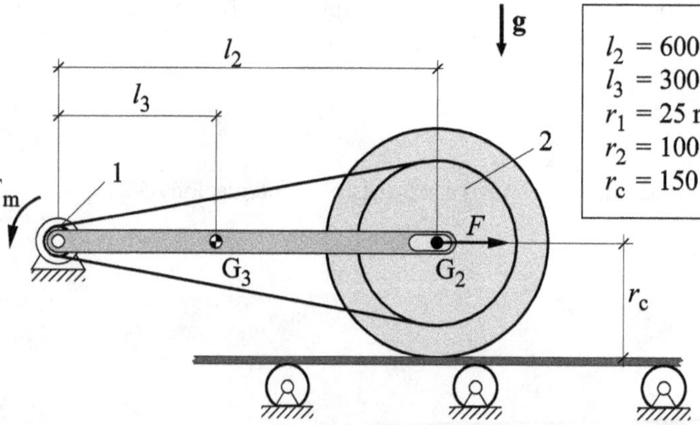

l_2 = 600 mm	m_2 = 15 kg
l_3 = 300 mm	m_3 = 10 kg
r_1 = 25 mm	I_{G2}= 0,1 kgm^2
r_2 = 100 mm	μ = 0,4
r_c = 150 mm	μ_c = 0,3

P 8-3 En el tren epicicloïdal amb rodes de fricció de la figura, la roda 1 i el suport 3 estan articulats a la carcassa i la corona exterior és fixa. Si s'estima que el frec a cadascuna de les articulacions és Γ_f independent del moviment i de l'estat de càrrega del tren:

a) Determineu el parell Γ_m que cal aplicar a la roda 1 per causa dels frecs citats.

b) Com es modificaria aquest parell si el suport estigués articulat a la roda 1 i aquesta a la carcassa?

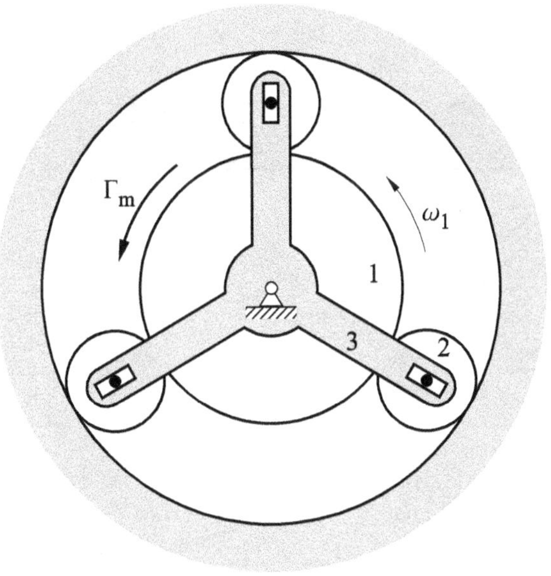

r_1 = 240 mm
r_2 = 180 mm
Γ_f = 0,1 Nm

P 8-4 Un carretó de compres disposa de dues rodes d'orientació fixa i d'una tercera roda que pot modificar l'orientació gràcies a una articulació d'eix vertical –roda *caster*–. La distància entre l'eix de l'articulació vertical i l'eix de la roda és *e*. En ambdues articulacions hi ha frec no negligible que es pot caracteritzar per uns parells Γ_V i Γ_H, respectivament. A les altres articulacions el frec és negligible i les rodes no llisquen respecte del terra. Si el carretó es troba en repòs en un pla horitzontal, determineu el torsor a P de les forces exteriors que cal aplicar-li per iniciar:

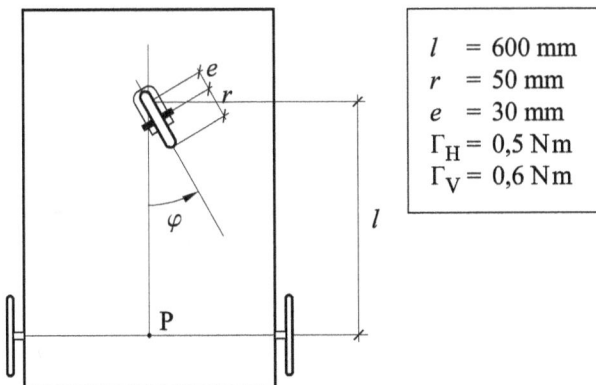

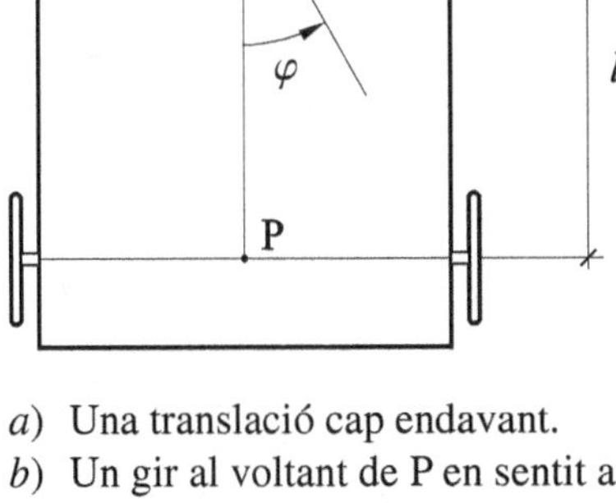

l = 600 mm
r = 50 mm
e = 30 mm
Γ_H = 0,5 Nm
Γ_V = 0,6 Nm

a) Una translació cap endavant.

b) Un gir al voltant de P en sentit antihorari.

P 8-5 El mecanisme de la figura serveix per posicionar angularment la barra. La lleva té el perfil adequat perquè els centres dels corrons –de 5 mm de diàmetre– descriguin la corba de radi $\rho(\varphi) = 25(1+|0{,}1\sin(4\varphi)|)$ mm. Les molles, de constant $k = 10$ N/mm, tenen una compressió inicial $T_0 = 25$ N per a $\varphi = 0°$. Determineu el parell necessari per canviar de posició.

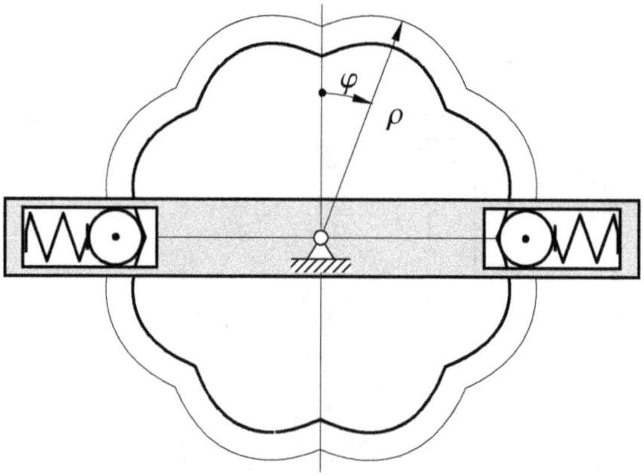

P 8-6 L'esquema de la figura correspon a un interruptor basculant. La molla, de constant k_0, és sotmesa a una compressió T_0 per $\varphi = 0°$. Determineu la força vertical F –que es manté a una distància s de O– que cal fer per accionar l'interruptor.

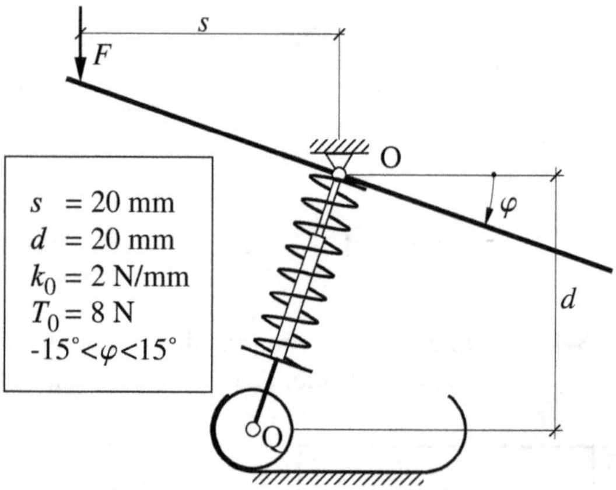

P 8-7 Les barres 1 i 2 de la figura es mantenen en contacte pels seus extrems, que són esfèrics de radi r i centres C_1 i C_2, respectivament. Determineu:

a) L'equació d'enllaç entre les coordenades s_1 i s_2 així com els seus marges de variació.

b) La relació entre les forces F_1 i F_2 si el frec i les inèrcies són negligibles.

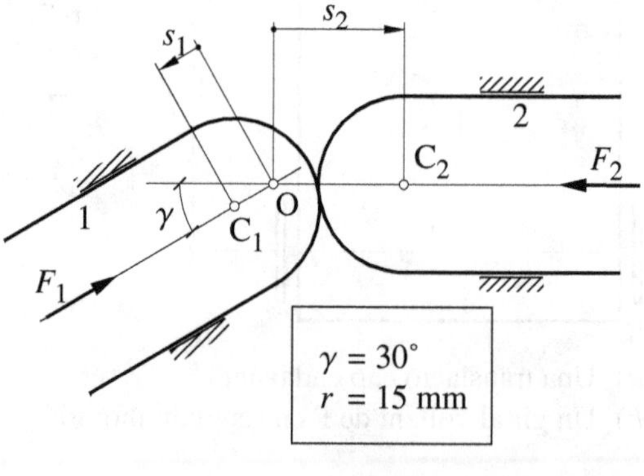

P 8-8 Les barres 1 i 2 de la figura es mantenen en contacte a través de dues superfícies cilíndriques de secció circular de radis r_1 i r_2 i centres C_1 i C_2. Determineu:

a) L'equació d'enllaç entre les coordenades s_1 i s_2.

b) La relació entre les forces F_1 i F_2 si el frec és negligible i el sistema està en repòs.

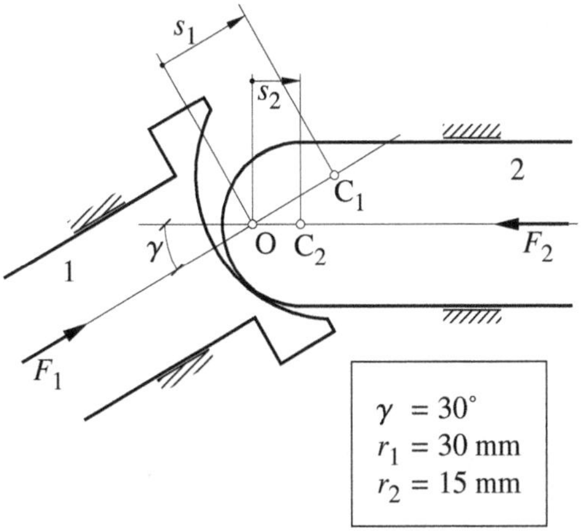

P 8-9 En el gat de la figura, el frec a les articulacions és negligible. Determineu:

a) El parell d'accionament Γ si el frec al cargol és negligible.

b) El mínim coeficient de frec al cargol perquè sigui irreversible.

c) El parell d'accionament –per pujar i baixar– amb el frec anterior.

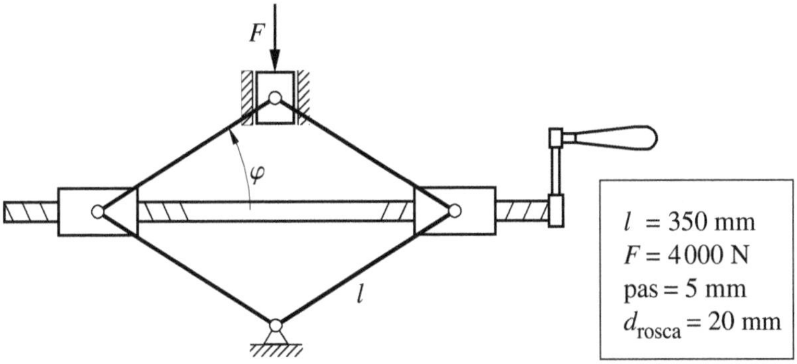

P 8-10 La figura mostra les barres d'accionament de les dues sabates articulades iguals d'un fre. Determineu la relació que han de complir les longituds de les barres per tal que la resultant de les forces de les dues sabates sobre el tambor sigui nul·la.

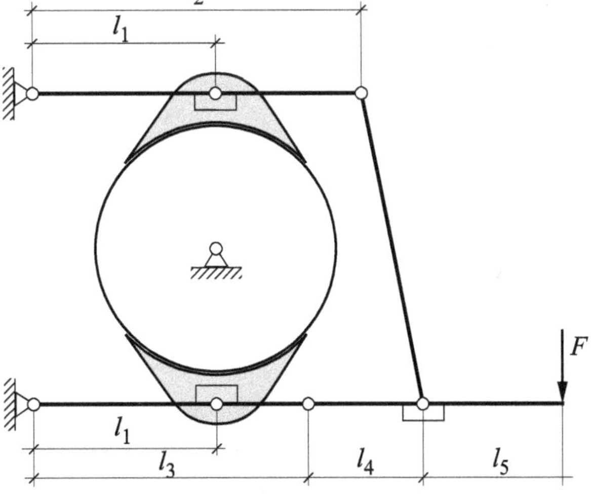

9 Treball i potència en màquines

L'energia que apareix en tots els àmbits de la física: mecànica, electricitat, fisicoquímica, etc., és un nexe d'unió entre aquests i també amb altres camps, com ara l'economia i el medi ambient.

La relació d'una màquina amb l'entorn es pot concretar en dos punts: la tasca que realitza, i que comporta una manipulació mecànica de l'entorn, i un balanç energètic, que es realitza comptabilitzant: *a*) energia subministrada, *b*) energia útil per a la realització de la tasca encomanada, *c*) energia dissipada en les resistències passives, necessària però no aprofitable i *d*) energia mecànica de la màquina, cinètica més potencial.

L'energia subministrada pot provenir de diferents fonts –electricitat, combustibles, vent, etc. L'energia dissipada usualment ho és en forma de calor i l'energia útil ho pot ser per realitzar tasques diverses: deformar materials en una premsa, comprimir un gas en un compressor, moure un generador elèctric en un aerogenerador, etc.

9.1 Teorema de l'energia

El teorema de l'energia aplicat a un sistema mecànic planteja el balanç següent entre dos estats mecànics 1 i 2:

$$\Delta E_{\mathrm{c}}]_1^2 = \sum W]_1^2$$

on $\Delta E_{\mathrm{c}}]_1^2$ és la variació de l'energia cinètica i $\Sigma\, W\,]_1^2$ és el treball realitzat per totes les forces tant exteriors aplicades sobre el sistema com interiors a ell.

Càlcul de l'energia cinètica. L'energia cinètica és la magnitud additiva

$$E_{\mathrm{c}} = \frac{1}{2}\sum m(\mathrm{P})\boldsymbol{v}^2(\mathrm{P})$$

on $m(\mathrm{P})$ és la massa de la partícula P i $\boldsymbol{v}(\mathrm{P})$ és la seva velocitat. Per calcular-la cal sumar l'energia cinètica de tots els components del sistema. Per a un sistema multisòlid format per un conjunt de N membres, enllaçats o no, l'energia cinètica es calcula, tenint en compte la seva additivitat i la descomposició baricèntrica, segons l'expressió:

$$E_c = \sum_{i=1}^{N}\left(E_{ci_{\text{translació}}} + E_{ci_{\text{rotació}}}\right) = \sum_{i=1}^{N}\left(\frac{1}{2}m_i v^2(G_i) + E_{cRTG_i}\right)$$

on $v(G_i)$ és la velocitat del centre d'inèrcia de cada membre i E_{cRTGi} és l'energia cinètica de cada membre a la referència que es trasllada amb el seu centre d'inèrcia –energia cinètica de rotació. Si el membre és un sòlid rígid, la seva energia cinètica de rotació es calcula amb l'expressió:

$$E_{cRTG_i} = \frac{1}{2}\omega_i^{\mathrm{T}}\left[\boldsymbol{I}_{G_i}\right]\omega_i$$

essent ω_i la velocitat angular i $\boldsymbol{I}_{Gi}$ el tensor d'inèrcia respecte al centre d'inèrcia. Per a sòlids amb moviment pla, aquesta expressió es calcula de forma simplificada com $E_{cRTGi} = \frac{1}{2} I_G\, \omega^2$, on I_G és el moment d'inèrcia a G per a la direcció perpendicular al pla del moviment.

Càlcul del treball. El treball fet per una força $\boldsymbol{F}$(P) aplicada en un punt P és

$$W]_1^2 = \int_1^2 \boldsymbol{F}(\mathrm{P})\cdot \mathrm{d}\boldsymbol{s}(\mathrm{P}) = \int_1^2 \boldsymbol{F}(\mathrm{P})\cdot \boldsymbol{v}(\mathrm{P})\,\mathrm{d}t$$

La primera integral és al llarg de la trajectòria que P recorre per anar de la posició 1 a la 2 i la segona és al llarg del temps emprat per anar d'1 a 2.

Exemple 9.1 El corró de la figura 9.1 parteix del repòs i, arrossegat per la força horitzontal F constant, rodola sense lliscar sobre el pla horitzontal. La seva energia cinètica és

$$E_c = \frac{1}{2}m(\omega r)^2 + \frac{1}{2}I_G\omega^2 = \frac{1}{2}(mr^2 + I_G)\omega^2$$

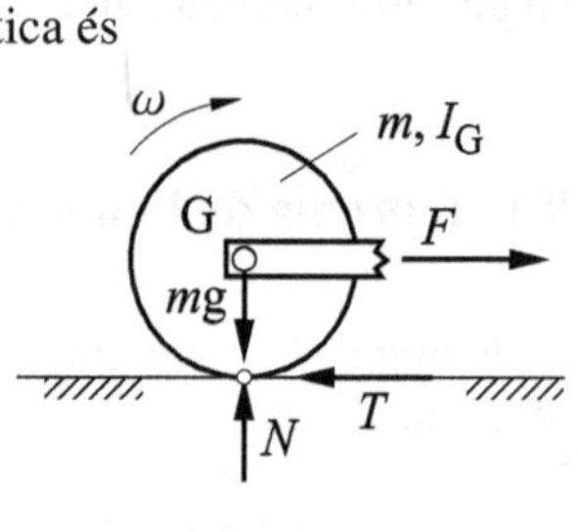

Fig. 9.1 Corró

i l'increment d'energia cinètica des de l'estat inicial és

$$\Delta E_c]_1^2 = \frac{1}{2}(mr^2 + I_G)\omega^2$$

De les forces que actuen sobre el corró només F fa treball

$$W]_1^2 = \int_1^2 F\,\mathrm{d}s(\mathrm{G}) = F\Delta s$$

essent Δs el camí recorregut pel centre del corró. El pes $m\boldsymbol{g}$ no fa treball perquè en tot instant és perpendicular a la velocitat de G, $m\boldsymbol{g}\cdot\boldsymbol{v}(\mathrm{G}) = 0$ i les forces d'enllaç en el punt de contacte J perquè estan aplicades en cada instant a un punt de velocitat nul·la –el corró no llisca.

Així doncs el teorema de l'energia estableix que

$$F\Delta s = \frac{1}{2}(mr^2 + I_G)\omega^2 = \frac{1}{2}(m + \frac{I_G}{r^2})v^2$$

Energia mecànica. Si en el teorema de l'energia es fa la distinció entre forces que deriven de potencial –conservatives– i forces no conservatives, i el treball fet per les primeres s'escriu com $W_c = -\Delta E_p]_1^2$, on E_p és la seva energia potencial, s'obté

$$\Delta E_c\big]_1^2 = -\Delta E_p\big]_1^2 + W_{nc}\big]_1^2 \quad\rightarrow\quad \Delta(E_c + E_p)\big]_1^2 = W_{nc}\big]_1^2 \quad\rightarrow\quad \Delta E_m\big]_1^2 = W_{nc}\big]_1^2$$

La suma $E_c + E_p = E_m$ –energia mecànica del sistema– és funció únicament de l'estat mecànic del sistema, de les posicions pel que fa a l'energia potencial i de les posicions i velocitats pel que fa a l'energia cinètica. W_{nc} –treball de les forces no conservatives– no és funció de l'estat mecànic del sistema i es pot interpretar com l'increment de l'energia mecànica causat tant pels fenòmens mecànics com pels no mecànics que intervenen en l'evolució del sistema en passar de l'estat 1 al 2. Així, doncs, els fenòmens no mecànics –en els quals intervenen magnituds diferents de massa, espai i temps– es manifesten en el context de la mecànica com forces no conservatives que realitzen un treball associat a l'energia que intercanvien. Així, per exemple, en un motor elèctric la interacció elèctrica entre l'estator i el rotor es manifesta en la mecànica com el parell motor que realitza un treball funció de l'energia elèctrica subministrada al motor.

Elecció del sistema. En aplicar el teorema de l'energia, com en tota anàlisi dinàmica, cal fer molta atenció a la definició del sistema que s'estudia i especificar-ne correctament tant el contingut com la interacció amb l'exterior. El contingut intervé en el càlcul de l'energia cinètica i del treball de les forces interiors, com també en el de les forces d'inèrcia si la referència d'estudi no és galileana. La interacció amb l'exterior intervé en el càlcul del treball de les forces exteriors i de l'energia intercanviada.

9.2 Principi de conservació de l'energia

El principi de conservació de l'energia estableix, per a tota evolució d'un sistema entre dos estats,

$$\text{Energia}_{\text{rebuda de l'exterior}} = \text{Energia}_{\text{cedida a l'exterior}} + \text{Energia}_{\text{acumulada a l'interior}}$$

Per exemple, en una màquina equipada amb un motor elèctric (Fig. 9.2), el principi de conservació de l'energia aplicat al sistema format per la màquina més el motor es pot expressar com

$$\begin{aligned} E_{\text{elèctrica subministrada}} = {} & \Delta E_{\text{m mot.}} + \Delta E_{\text{m màq.}} + \Delta E_{\text{tèrmica mot.}} + \\ & \Delta E_{\text{tèrmica màq.}} + E_{\text{dissipada mot.}} + E_{\text{dissipada màq.}} + E_{\text{útil}} \end{aligned} \tag{9.1}$$

ja que al sistema se li subministra energia elèctrica, que es converteix en energia mecànica –per exemple, cinètica– i en altres –per exemple, tèrmica, a causa de les resistències passives. Part d'aquesta energia tèrmica pot romandre al sistema i augmentar-ne la temperatura –$\Delta E_{\text{tèrmica}}$– i part és lliurada a l'exterior –$E_{\text{dissipada}}$.

Com que l'experiència posa de manifest que un motor elèctric només és capaç de transformar una part de l'energia elèctrica que se li subministra en energia mecànica, en forma de treball –$W_{\text{mot.}}$– fet pel parell que l'eix fa sobre l'exterior, el principi de la conservació de l'energia aplicat al sistema motor (Fig. 9.3) es pot escriure com

$$E_{\text{elèctrica subministrada}} = W_{\text{motor}} + \Delta E_{\text{m mot.}} + \Delta E_{\text{tèrmica mot.}} + E_{\text{dissipada en el motor}} \tag{9.2}$$

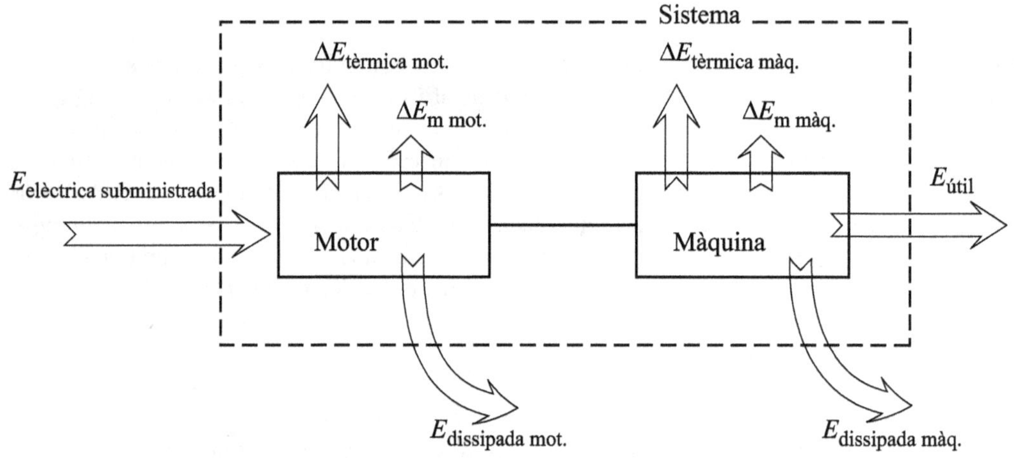

Fig. 9.2 Fluxos d'energia en un sistema format per una màquina i un motor

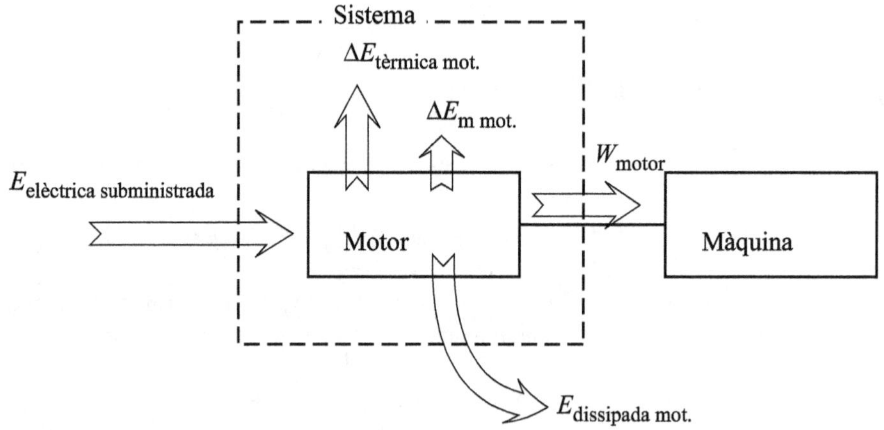

Fig. 9.3 Fluxos d'energia considerant com a sistema el motor

Així, doncs, igualant les dues equacions 9.1 i 9.2 i reagrupant s'obté

$$W_{\text{motor}} = \Delta E_{\text{m màq.}} + \Delta E_{\text{tèrmica màq.}} + E_{\text{dissipada màq.}} + E_{\text{útil}} \tag{9.3}$$

L'expressió 9.3 es pot escriure directament considerant el sistema màquina (Fig. 9.4).

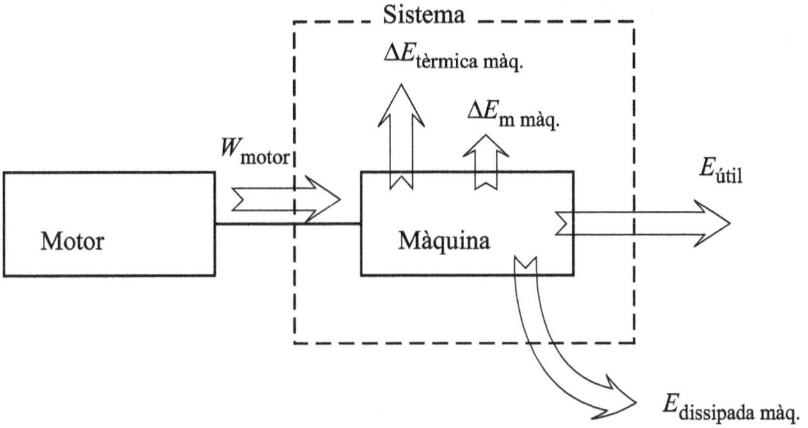

Fig. 9.4 Fluxos d'energia considerant com a sistema la màquina

En l'àmbit de les màquines, cal pensar que el teorema de l'energia és una aplicació del principi de la conservació de l'energia, de manera que:

- En utilitzar el teorema de l'energia no cal incloure necessàriament tots els fenòmens no mecànics a través del treball fet per les forces no conservatives, sinó que tots o alguns es poden incloure directament a través de l'energia que tenen associada.
- En el principi de la conservació de l'energia, una part de l'energia emmagatzemada pot ser mecànica en forma d'energia cinètica i/o potencial i una part de l'energia intercanviada pot ser mecànica, en forma de treball fet per forces.

Així, per exemple, en un motor de combustió interna el principi de la conservació de l'energia estableix:

$$E_{\text{combustible}} = \Delta E_{\text{m}} + \Delta E_{\text{tèrmica}} + E_{\text{dissipada}} + W_{\text{motor}}$$

expressió que es pot rescriure aplicant el teorema de l'energia.

$$\Delta E_{\text{c}} = E_{\text{combustible}} + W_{\text{forces conservatives}} - W_{\text{motor}} - \Delta E_{\text{tèrmica}} - E_{\text{dissipada}}$$

9.3 Versió diferencial del teorema de l'energia

Sovint és útil expressar el teorema de l'energia en versió diferencial

$\dot{E}_{\text{c}} = \sum P$, on $P = \dot{W}$ és la potència associada a cadascuna de les forces.

Per a un sòlid rígid, la derivada temporal de l'energia cinètica és

$$\dot{E}_{\text{c}} = \frac{\text{d}}{\text{d}t}\left(\frac{1}{2}mv^2(\text{G}) + \frac{1}{2}\boldsymbol{\omega}^{\text{T}} \cdot [\boldsymbol{I}_{\text{G}}] \cdot \boldsymbol{\omega}\right) = m\boldsymbol{v}(\text{G}) \cdot \boldsymbol{a}(\text{G}) + \left([\boldsymbol{I}_{\text{G}}] \cdot \boldsymbol{\omega}\right) \cdot \boldsymbol{\alpha}$$

De nou, la derivada de l'energia cinètica associada a la rotació es calcula de forma simplificada per a un sòlid amb moviment pla com $I_G \omega \alpha$.

Càlcul de la potència. La potència associada a una força $\boldsymbol{F}$(P) aplicada en un punt P és

$$P = \boldsymbol{F}(\mathrm{P}) \cdot \boldsymbol{v}(\mathrm{P}), \text{ on } \boldsymbol{v}(\mathrm{P}) \text{ és la velocitat de P.}$$

La potència associada a un sistema de forces que actuen sobre un sòlid rígid i caracteritzades mitjançant el seu torsor en el punt O –força resultant $\boldsymbol{F}$ i moment resultant $\boldsymbol{M}$(O)– és, tal com es demostra al capítol 8,

$$P = \boldsymbol{F} \cdot \boldsymbol{v}(\mathrm{O}) + \boldsymbol{M}(\mathrm{O}) \cdot \boldsymbol{\omega}$$

En màquines amb funcionament cíclic, s'acostuma a treballar amb magnituds amitjanades en un cicle. Així, per exemple, la potència d'un motor –magnitud característica de tots els motors– és la potència mitjana al llarg d'un cicle.

En sistemes d'un grau de llibertat i sense resistències passives funció de les forces d'enllaç, l'aplicació d'aquesta versió del teorema de l'energia dóna l'equació del moviment –és totalment equivalent a aplicar el mètode de les potències virtuals amb un moviment virtual compatible amb els enllaços. Si en lloc d'aplicar aquesta versió del teorema de l'energia, s'aplica la versió integrada, s'obté una integral primera de l'equació del moviment.

Exemple 9.2 En el corró de l'exemple 9.1 la derivada de l'energia cinètica és $\dot{E}_c = (mr^2 + I_G)\omega\alpha$ i la potència associada a la força és $P = \boldsymbol{F} \cdot \boldsymbol{v}(\mathrm{G}) = F\,\omega\, r$ de manera que l'aplicació de la versió diferencial del teorema de l'energia porta a l'equació

$$Fr = (mr^2 + I_G)\alpha$$

Aquesta expressió és, de fet, una equació diferencial de segon ordre en la coordenada φ que descriu l'angle girat pel corró, $\ddot{\varphi} = \alpha$. Per tant, és l'equació del moviment del corró. L'equació trobada en l'exemple 9.1 és una equació diferencial de primer ordre en φ, ja que $\Delta s = \varphi\, r$ i

$$Fr = \frac{1}{2}(mr^2 + I_G)\dot{\varphi}$$

L'equivalència entre el teorema de l'energia i el principi de la conservació de l'energia és vàlida evidentment en versió diferencial.

9.4 Rendiment

En una màquina o subconjunt –reductor, motor, etc.– es defineix el rendiment η com el quocient entre la potència considerada útil i la potència subministrada:

$$\eta = \frac{P_{\text{útil}}}{P_{\text{subministrada}}}$$

Per a un període determinat de funcionament entre dos estats 1 i 2, el rendiment mitjà és

$$\eta = \frac{E_{\text{útil}}\big]_1^2}{E_{\text{subministrada}}\big]_1^2}$$

En un motor elèctric, considerant la potència elèctrica com a subministrada i la potència mecànica com a útil, el rendiment electromecànic és

$$\eta_{\text{electromecànic}} = \frac{P_{\text{mecànica del motor}}}{P_{\text{elèctrica subministrada}}}, \text{ on } P_{\text{mecànica del motor}} = \Gamma_{\text{motor}}\,\omega_{\text{motor}}$$

i el rendiment mecànic de la màquina que acciona si, per exemple és un elevador, és

$$\eta_{\text{mecànic}} = \frac{\Delta E_{\text{p càrrega}}}{W_{\text{motor}}}$$

Així, doncs, el rendiment global de l'elevador, calculat a partir de l'energia elèctrica subministrada i el treball útil realitzat és

$$\eta = \frac{\Delta E_{\text{p càrrega}}}{E_{\text{ elèctrica subministrada}}}$$

En ocasions, i segons la definició que se'n faci, el rendiment d'una màquina pot ser superior a 1; aquest és el cas d'una bomba de calor si el rendiment es defineix com,

$$\eta_{\text{bomba}} = \frac{E_{\text{tèrmica subministrada per la bomba}}}{E_{\text{elèctrica consumida}}}$$

En altres casos, el rendiment pot ser nul, per exemple, en un vehicle que surt d'un punt (estat 1) i retorna al punt de partida (estat 2), si es defineix el rendiment

$$\eta_{\text{vehicle}} = \frac{\Delta E_{\text{m}}\big]_1^2}{E_{\text{combustible consumit}}\big]_1^2}$$

Les resistències passives de les màquines, que s'oposen als seus moviments, són una de les causes principals del rendiment no unitari d'aquestes i estan causades per fenòmens diversos:

- Fricció entre les superfícies de contacte en els enllaços.
- Histèresi en la deformació dels sòlids.
- Viscositat en el moviment dels fluids –lubricants, refrigerants, etc.
- Avanç de sòlids dins de fluids –resistències aerodinàmiques, etc.

Totes elles es descriuen amb models adequats. Així, per exemple, per a la fricció entre superfícies seques s'utilitza el model de frec sec de Coulomb i les resistències passives que ocasiona són funció de les forces i/o els moments que actuen sobre la màquina –càrrega de la màquina– ja que aquestes modifiquen les forces d'enllaç i, com a conseqüència d'això, les forces tangencials. Les resistències passives també poden ser funció de la velocitat; aquest és el cas, per exemple, de les resistències aerodinàmiques proporcionals al quadrat de la velocitat del sòlid respecte al fluid.

Les resistències passives realitzen un treball negatiu que correspon a potència no útil P_{rp} però que és necessari subministrar a la màquina perquè funcioni. En una màquina en què tota la potència perduda es pugui considerar associada a resistències passives es pot escriure la relació

$$\eta = \frac{P_{\text{útil}}}{P_{\text{sub.}}} = \frac{P_{\text{sub.}} - P_{\mathrm{rp}}}{P_{\text{sub.}}} = 1 - \frac{P_{\mathrm{rp}}}{P_{\text{sub.}}}$$

El rendiment d'una màquina, igual com les resistències passives, pot dependre de la seva càrrega i de la seva velocitat. Evidentment, però, la dependència no és la mateixa.

Així, per exemple, en una màquina accionada per un motor de parell Γ_{m} i velocitat ω_{m} que funciona en règim estacionari, si s'expressa la potència dissipada en funció de les resistències passives reduïdes a l'eix del motor Γ_{rp} (vegeu l'apartat 9.5) es pot escriure

$$P_{\mathrm{rp}} = (1-\eta)P_{\text{sub.}} = (1-\eta)\Gamma_{\mathrm{m}}\omega_{\mathrm{m}} = \Gamma_{\mathrm{rp}}\omega_{\mathrm{m}}$$
$$(1-\eta)\Gamma_{\mathrm{m}} = \Gamma_{\mathrm{rp}}$$

Si es fa la hipòtesi que el rendiment és independent de la càrrega –el parell motor és funció directa d'aquesta– les resistències passives creixen amb ella. Si la hipòtesi que es fa és que les resistències passives són independents de la càrrega, aleshores el rendiment augmenta a mesura que ho fa la càrrega.

$$\eta = 1 - \frac{\Gamma_{\mathrm{rp}}}{\Gamma_{\mathrm{m}}}$$

Si les hipòtesis anteriors no s'ajusten prou a la realitat o la màquina no està en règim estacionari, es pot preveure la utilització d'un rendiment funció de la velocitat o, d'una manera més detallada, d'un model adequat de les diverses resistències passives presents i incloure-les a través del treball associat.

9.5 Inèrcia i força reduïdes a una coordenada

És usual caracteritzar el comportament inercial d'una màquina d'un grau de llibertat mitjançant la seva inèrcia reduïda; així, per exemple, es té la inèrcia reduïda a la rotació de l'eix –o simplement a l'eix– d'un motor o la inèrcia reduïda a la rotació de l'eix d'entrada d'un reductor.

Sovint també s'empra el concepte de força reduïda per globalitzar i simplificar un plantejament, com per exemple la força de tracció reduïda al moviment de l'enganxall –o simplement a l'enganxall– d'un tractor ferroviari o les resistències passives d'un vehicle reduïdes al seu moviment d'avanç.

Inèrcia reduïda. En un sistema mecànic d'un grau de llibertat, si es pren com a tal la derivada $\dot{q}$ de la coordenada generalitzada q, l'expressió de l'energia cinètica és

$$E_c = \frac{1}{2} m(q) \dot{q}^2 \qquad (9.4)$$

on $m(q)$ rep el nom d'*inèrcia reduïda a la coordenada q*.

Si la coordenada generalitzada emprada és un angle, la inèrcia reduïda té dimensions de moment d'inèrcia, i si és una coordenada lineal, té dimensions de massa. Cal remarcar que, en principi, la inèrcia reduïda és funció de la configuració.

Exemple 9.3 En un reductor com el de la figura 9.5 de relació de transmissió τ, el moment axial d'inèrcia de l'eix 1 d'entrada és I_1 i el de l'eix 2 de sortida és I_2. L'energia cinètica del reductor és

$$E_c = \frac{1}{2} I_1 \omega_1^2 + \frac{1}{2} I_2 \omega_2^2 = \frac{1}{2}(I_1 + \tau^2 I_2)\omega_1^2 = \frac{1}{2}(\frac{I_1}{\tau^2} + I_2)\omega_2^2$$

Així, doncs, la inèrcia del reductor és

reduïda a l'eix 1 $\quad I_{red.\,1} = I_1 + \tau^2 I_2$

reduïda a l'eix 2 $\quad I_{red.\,2} = I_1/\tau^2 + I_2$

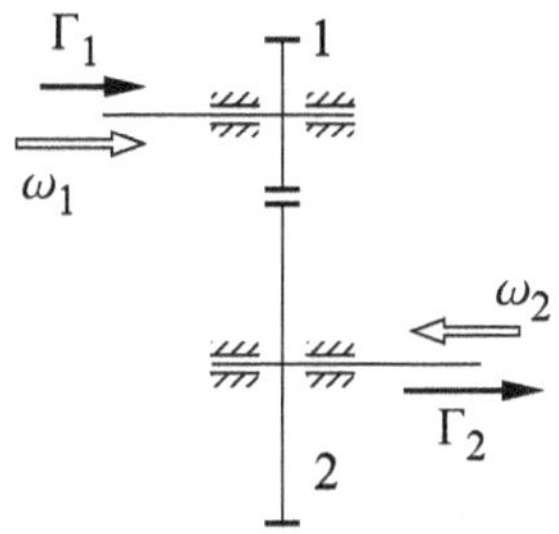

Fig. 9.5 Reductor d'una etapa

Força reduïda. Per a un conjunt de forces aplicades a punts d'un sistema d'un grau de llibertat, la força reduïda a la coordenada generalitzada q és aquell factor que, multiplicat per la seva derivada temporal $\dot{q}$, dóna la potència del conjunt de forces.

$$\sum(\boldsymbol{F}(\mathrm{P}) \cdot \boldsymbol{v}(\mathrm{P})) = F_{red.}(q, \dot{q})\dot{q}$$

Si la coordenada generalitzada independent és un angle, la força reduïda té unitats de moment i sol anomenar-se *parell reduït*. Si és una coordenada lineal, té dimensions de força.

Exemple 9.4 En el reductor de l'exemple anterior, sobre l'eix 1 actua el parell Γ_1, provinent del motor, i sobre l'eix 2 el parell Γ_2, provinent de la màquina que acciona. La potència d'aquests dos parells és

$$P = \Gamma_1 \omega_1 - \Gamma_2 \omega_2 = (\Gamma_1 - \tau \Gamma_2)\omega_1 = (\frac{\Gamma_1}{\tau} - \Gamma_2)\omega_2$$

de manera que per a aquests dos parells el parell reduït és:

a l'eix d'entrada $\quad \Gamma_{red.\,1} = \Gamma_1 - \tau\, \Gamma_2$

a l'eix de sortida $\quad \Gamma_{red.\,2} = \Gamma_1/\tau - \Gamma_2$

En una màquina d'un grau de llibertat, si les forces que hi actuen diferents de les d'enllaç no són funció d'aquestes, l'equació del moviment es pot determinar a partir de la inèrcia reduïda i de la força reduïda. Derivant l'expressió 9.4 de la inèrcia reduïda

$$\dot{E}_c = \frac{d}{dt}\left(\frac{1}{2}m(q)\dot{q}^2\right) = \frac{1}{2}m_q(q)\dot{q}^3 + m(q)\ddot{q}\dot{q} \quad \text{amb} \quad m_q(q) = \frac{\partial m(q)}{\partial q}$$

i aplicant el teorema de l'energia, $\dot{E}_c = \sum P = F_{red.}(q,\dot{q})\dot{q}$, l'equació del moviment queda

$$m(q)\ddot{q} + \frac{1}{2}m_q(q)\dot{q}^2 = F_{red.}(q,\dot{q}) \tag{9.5}$$

En el reductor que hem pres com a exemple en aquest apartat l'equació del moviment pot ser, en funció que es prengui la velocitat de l'eix 1 o de l'eix 2 com a independent,

$$\left(I_1 + \tau^2 I_2\right)\dot{\omega}_1 = \Gamma_1 - \tau\Gamma_2$$

$$\left(I_1/\tau^2 + I_2\right)\dot{\omega}_2 = \Gamma_1/\tau - \Gamma_2$$

És interessant observar que, si la inèrcia reduïda és constant i la força reduïda només és funció de la velocitat $F_{red.}(\dot{q})$ –hipòtesis acceptables en un bon nombre de casos–, l'equació 9.5 és integrable per separació de variables

$$m\ddot{q} = F_{red.}(\dot{q}) \; ; \quad m\frac{d}{dt}\dot{q} = F_{red.}(\dot{q}), \text{ d'on}$$

$$\int dt = m\int \frac{1}{F_{red.}(\dot{q})}d\dot{q}$$

de manera que es té el temps necessari per assolir una determinada velocitat.

Exemple 9.5 El jou escocès de la figura 9.6 té la manovella equilibrada, de manera que el seu centre d'inèrcia es troba sobre l'articulació O fixa. Per estudiar la seva cinemàtica es pren el vector de coordenades generalitzades $\boldsymbol{q}=\{x, \varphi\}^T$. Les equacions d'enllaç geomètrica i cinemàtica són

$$x = r\cos\varphi$$

$$\dot{x} = -r\dot{\varphi}\sin\varphi$$

L'energia cinètica del mecanisme funció de $\dot{\boldsymbol{q}}$ és

$$E_c = \frac{1}{2}m\dot{x}^2 + \frac{1}{2}I_G\dot{\varphi}^2$$

La potència desenvolupada pel parell Γ i la força F aplicada a la tija es pot expressar com

$$P = -F\dot{x} + \Gamma\dot{\varphi}$$

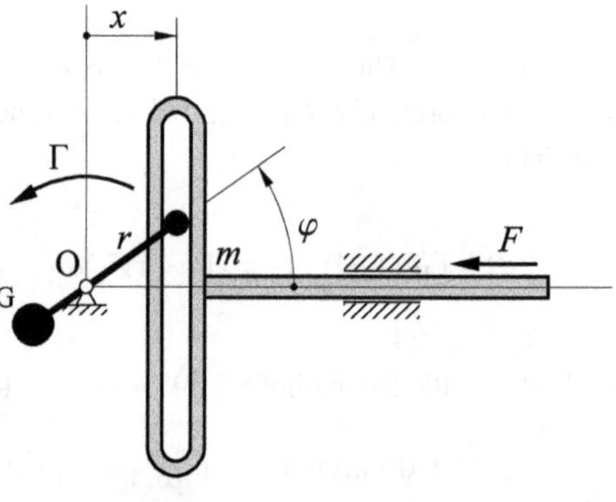

Fig. 9.6 Jou escocès

Si es pren φ com a coordenada independent, l'expressió de l'energia cinètica i de la potència adopten la forma:

$$E_c = \frac{1}{2}(I_G + mr^2 \sin^2 \varphi)\dot{\varphi}^2 \ ; \quad P = (Fr \sin\varphi + \Gamma)\dot{\varphi}$$

Així, doncs, la inèrcia reduïda $m(\varphi)$ i la força reduïda $F_{red.}(\varphi)$, ambdues per a la coordenada φ, tenen l'expressió:

$$m(\varphi) = I_G + mr^2 \sin^2 \varphi \ ; \quad F_{red.}(\varphi) = \Gamma + Fr \sin\varphi$$

En aquest cas, en ser la coordenada independent angular, $m(\varphi)$ té unitats de moment d'inèrcia i $F(\varphi)$ de moment. L'equació del moviment 9.5, si les resistències passives són negligibles, és

$$(I_G + mr^2 \sin^2 \varphi)\ddot{\varphi} + (mr^2 \sin\varphi \cos\varphi)\dot{\varphi}^2 = \Gamma + Fr \sin\varphi$$

9.6 Règim de funcionament de les màquines. Grau d'irregularitat

Es defineix el règim de funcionament d'una màquina com la seva manera de funcionar al llarg del temps. Així, es distingeix entre règim *permanent* o *intermitent* segons si la màquina funciona constantment o no durant el període d'observació.

Si el règim és permanent es diu que és *estacionari*, des del punt de vista mecànic, si les velocitats o les seves propietats estadístiques es mantenen al llarg del temps. En cas contrari, es diu que és *transitori*.

Un règim estacionari és *cíclic* si les variables d'estat de la màquina es repeteixen periòdicament.

Sovint es considera que una màquina té un règim determinat en funció de l'estudi que se'n vol realitzar i del temps d'estudi que es consideri. Així, per exemple, el funcionament d'un ascensor al llarg d'un dia es considera en règim intermitent, mentre que si es vol estudiar un viatge de l'ascensor es considerarà que hi ha un transitori d'arrancada –acceleració–, un règim estacionari –velocitat constant– i un transitori d'aturada –frenada.

Grau d'irregularitat. En un règim estacionari, el grau d'irregularitat δ és un indicador de la variació de les velocitats a l'entorn del valor mitjà. Per a una màquina d'un grau de llibertat, i fent ús de la velocitat generalitzada $\dot{q}$, el grau d'irregularitat es pot definir com

$$\delta = \frac{\sigma_{\dot{q}}}{\mu_{\dot{q}}}, \text{ on } \sigma_{\dot{q}} \text{ és la desviació estàndard i } \mu_{\dot{q}} \text{ la mitjana de } \dot{q}.$$

En els estudis clàssics per a màquines rotatives amb funcionament cíclic, es defineix el grau d'irregularitat de la manera següent:

$$\delta = \frac{\omega_{\text{màx.}} - \omega_{\text{mín.}}}{\omega_{\text{mitjana}}} \tag{9.6}$$

amb $\omega_{\text{mitjana}} = 2\,\pi\, n$, essent n la freqüència de gir de l'eix principal de la màquina, i $\omega_{\text{màx.}}$ i $\omega_{\text{mín.}}$ les velocitats angulars màxima i mínima d'aquest eix en una volta.

Aquest grau d'irregularitat apareix típicament en màquines amb funcionament cíclic, accionades per motors de parell variable al llarg del cicle, com per exemple els motors d'explosió, o en màquines amb càrrega variable al llarg del cicle, com per exemple en les premses.

Càlcul del grau d'irregularitat d'un sistema d'un grau de llibertat amb funcionament cíclic. Per a la determinació estricta del grau d'irregularitat cal conèixer l'evolució de $\dot{q}$ al llarg d'un cicle, ja sigui com a funció del temps, $\dot{q}(t)$, o com a trajectòria en el pla de fases, $f(q,\dot{q})=0$.

Un procediment utilitzat sovint en el disseny per a la determinació aproximada del grau d'irregularitat segons l'expressió 9.6 consisteix a suposar que la inèrcia reduïda és aproximadament constant –m– i aplicar el teorema de l'energia entre els estats d'energia cinètica màxima i mínima. D'aquesta manera, s'iguala l'increment d'energia cinètica entre aquests estats amb la màxima variació d'energia $\Delta E_{\text{màx.}}$ en un cicle i s'obté

$$\begin{aligned}\Delta E_{\text{màx.}} &= \frac{1}{2}m(\dot{q}^2_{\text{màx.}} - \dot{q}^2_{\text{mín.}}) = \frac{1}{2}m(\dot{q}_{\text{màx.}} + \dot{q}_{\text{mín.}})(\dot{q}_{\text{màx.}} - \dot{q}_{\text{mín.}}) \approx \\ &\approx m\dot{q}_{\text{mitjana}}(\dot{q}_{\text{màx.}} - \dot{q}_{\text{mín.}}) = m\dot{q}^2_{\text{mitjana}}\delta \end{aligned} \tag{9.7}$$

d'on $$\delta \approx \frac{\Delta E_{\text{màx.}}}{m\dot{q}^2_{\text{mitjana}}}$$

9.7 Volants

La introducció d'un volant en una cadena cinemàtica pot tenir, en principi, els objectius i efectes següents:

1. Regularitzar les velocitats, forces i parells, és a dir, disminuir-ne el grau d'irregularitat.
2. Disposar d'una certa capacitat per emmagatzemar energia a curt termini.
3. Emmagatzemar elevades quantitats d'energia per utilitzar a llarg termini.
4. Modificar el comportament vibratori de la cadena.

El primer es basa en l'efecte dinàmic d'augmentar la inèrcia de la cadena i, per tant, disminuir les acceleracions.

El segon efecte es basa en l'augment d'energia cinètica de la cadena que permet intercanvis, més o menys ràpids i elevats, d'energia amb modificacions moderades de les velocitats. En ocasions la cadena cinemàtica sense el volant podria no tenir prou energia cinètica per afrontar una demanda exterior d'energia necessària per continuar el funcionament, per exemple en premses, motors de combustió i compressors.

Aquests dos punts se solen considerar en règims estacionaris cíclics, si bé això no és estrictament necessari.

El tercer efecte es basa en la capacitat del volant d'acumular una quantitat d'energia suficient per garantir el funcionament de la cadena durant un temps, afrontant les pèrdues per resistències passives i demandes exteriors d'energia –acumulador cinètic. En aquest punt, el volant té clarament un règim transitori ja que comença amb molta energia cinètica i acaba amb molt poca. Són exemples d'aplicació dels volants com a acumuladors d'energia alguns vehicles avui per avui experimentals i els vehicles de joguina amb motor d'inèrcia.

L'estudi del comportament vibratori de la cadena cinemàtica cal realitzar-lo en el context de les vibracions mecàniques, tema que no s'inclou en aquest text.

Dinàmica d'una cadena cinemàtica amb volant. A fi d'estudiar l'efecte d'un volant en una cadena cinemàtica amb règim cíclic, a la figura 9.7 es presenta l'esquema d'un motor i la màquina accionada, entre els quals s'ha introduït un volant.

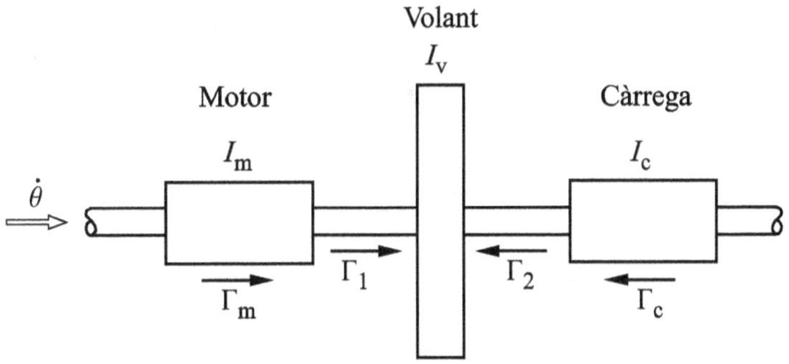

Fig. 9.7 Esquema d'una cadena motor-volant-càrrega

Γ_1, Γ_2	Parells que l'eix esquerre i l'eix dret fan sobre el volant, respectivament.
Γ_m	Parell motor reduït per a la rotació del volant.
Γ_c	Parell de càrrega reduït per a la rotació del volant.
I_m, I_c	Inèrcies reduïdes del motor i de la càrrega per a la rotació del volant.
I_v	Moment d'inèrcia del volant respecte a l'eix de gir.

Aplicant el teorema de l'energia a tota la cadena cinemàtica, s'obté l'equació del moviment:

$$\frac{\mathrm{d}}{\mathrm{dt}}\left(\frac{1}{2}(I_m(\theta)+I_v+I_c(\theta))\dot{\theta}^2\right)=(\Gamma_m-\Gamma_c)\dot{\theta}$$

$$\frac{1}{2}(I_{m_\theta}+I_{c_\theta})\dot{\theta}^2+(I_m(\theta)+I_v+I_c(\theta))\ddot{\theta}=\Gamma_m-\Gamma_c \qquad \text{amb} \quad \begin{cases} I_{m_\theta}=\dfrac{\partial I_m(\theta)}{\partial\theta} \\ I_{c_\theta}=\dfrac{\partial I_c(\theta)}{\partial\theta} \end{cases}$$

d'on

$$\ddot{\theta}=\frac{(\Gamma_m-\Gamma_c)-\frac{1}{2}(I_{m_\theta}+I_{c_\theta})\dot{\theta}^2}{(I_m(\theta)+I_v+I_c(\theta))}$$

Aplicant el teorema de l'energia al motor, a la càrrega i al volant s'obtenen els parells Γ_1 i Γ_2.

$$\Gamma_1 = \Gamma_m - I_m(\theta)\ddot{\theta} - \frac{1}{2} I_{m\theta}\dot{\theta}^2$$

$$\Gamma_2 = \Gamma_1 - I_v\ddot{\theta} = \Gamma_c + I_c(\theta)\ddot{\theta} + \frac{1}{2} I_{c\theta}\dot{\theta}^2$$

De l'expressió de $\ddot{\theta}$ es pot veure que, en introduir un volant de moment d'inèrcia important respecte a les inèrcies reduïdes $I_m(\theta)$ i $I_c(\theta)$, es disminueix l'acceleració angular $\ddot{\theta}$; per tant, la fluctuació de velocitat angular disminueix i, en conseqüència, ho fa el grau d'irregularitat.

En disminuir l'acceleració angular $\ddot{\theta}$, el parell Γ_1 que el motor fa sobre el volant tendeix a igualar-se al parell motor Γ_m i el de la dreta Γ_2 al parell resistent de la càrrega Γ_c. Cal observar que Γ_1 no tendeix a igualar-se amb Γ_2 ja que, si bé $\ddot{\theta}$ és petit, el moment d'inèrcia I_v és gran i, per tant, el producte dels dos no és negligible. Encara que el parell motor Γ_m sigui fluctuant, com per exemple en un motor alternatiu, el parell que rep la càrrega Γ_c ho és només en funció de l'acceleració $\ddot{\theta}$ de l'eix. El cas contrari es pot presentar en una premsa on el parell resistent Γ_c presenta fluctuacions molt importants i, en canvi, pot ser accionada per un motor de parell Γ_m sensiblement constant si s'aconsegueix una acceleració angular petita.

Directament del teorema de l'energia es pot raonar la necessitat d'un volant i, fins i tot, fer un càlcul estimatiu senzill de la inèrcia requerida. Aquest raonament es basa en el fet que, en ser $\Delta E_c = \sum W$, si la inèrcia és gran es poden presentar fluctuacions d'energia importants, ja sigui a causa del motor o de la càrrega, sense que la variació de la velocitat hagi de ser gran.

Exemple 9.6 Com a exemple, es planteja el càlcul del moment d'inèrcia estimat per al volant d'una punxonadora. El seu eix ha de girar a una velocitat mitjana de n voltes per segon, amb un grau d'irregularitat no superior a δ. Realitza una operació per volta que dura una fracció de volta i que requereix una energia E_d. Com s'ha vist, per al càlcul del grau d'irregularitat la variació màxima d'energia s'aproxima per $m\,\omega^2{}_{mitjana}\delta$ (Eq. 9.7), de manera que

$$m = \frac{E_d}{(2\pi n)^2 \delta}$$

és aproximadament la inèrcia reduïda a la rotació de l'eix adequada per als elements mòbils de la màquina. A partir d'aquesta inèrcia, es pot calcular el moment d'inèrcia del volant simplement per diferència amb la inèrcia reduïda mitjana de la resta de la cadena cinemàtica, que en càlculs conservadors a vegades es negligeix.

9.8 Corbes característiques velocitat-força de les màquines

En els sistemes d'un grau de llibertat, siguin motors o màquines conduïdes, els seus paràmetres dinàmics es poden caracteritzar, com s'ha vist, per la inèrcia i la força reduïdes a una coordenada. Sovint la inèrcia reduïda és sensiblement constant i la força reduïda només és funció de la velocitat; en algunes ocasions aquesta funció de la velocitat depèn d'un paràmetre de control. Aquest és el cas, per exemple, d'un motor elèctric, en el qual la inèrcia reduïda a l'eix és constant i el parell motor és funció de la velocitat, fixada la tensió d'alimentació.

A la figura 9.8 es representa, per a un motor elèctric, la relació entre la velocitat angular i el parell emprant la tensió com a paràmetre. Les corbes que s'obtenen són les corbes característiques velocitat-parell motor.

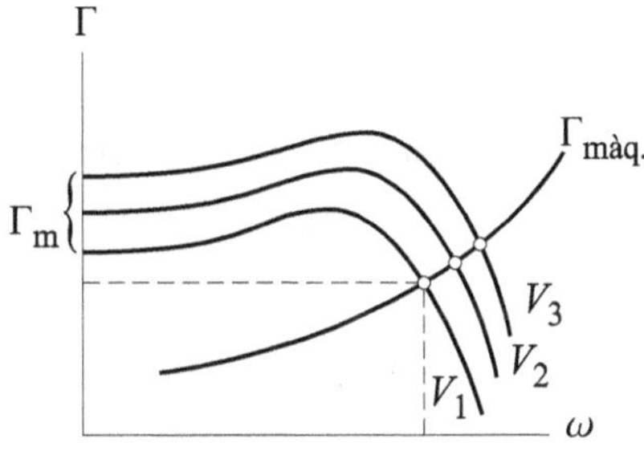

Fig. 9.8 Exemples de corbes característiques

Per a una màquina conduïda, la corba característica velocitat-parell ve donada pel parell necessari per accionar la màquina en règim estacionari –acceleració negligible. Aquest parell, anomenat *parell resistent*, és del mateix mòdul i sentit oposat al parell reduït de totes les forces i els moments que s'oposen al moviment de la màquina.

Si en el mateix gràfic (Fig. 9.8) es dibuixen el parell motor i el parell resistent, és evident que els punts d'intersecció d'ambdós parells –que es poden determinar analíticament si se'n coneixen les funcions analítiques– corresponen a règim estacionari ja que, en igualar-se els dos parells, l'acceleració és nul·la. En aquest gràfic es posa de manifest com es modifica la velocitat en variar el paràmetre de control; en aquest cas, la tensió d'alimentació del motor.

També es pot observar que el funcionament al voltant d'aquestes velocitats és estable; si per alguna raó la velocitat disminueix, el parell motor serà més gran que el parell resistent, de manera que la màquina es tornarà a accelerar. Si per alguna raó la màquina s'embala, el parell resistent serà més gran que el parell motor i la màquina es frenarà.

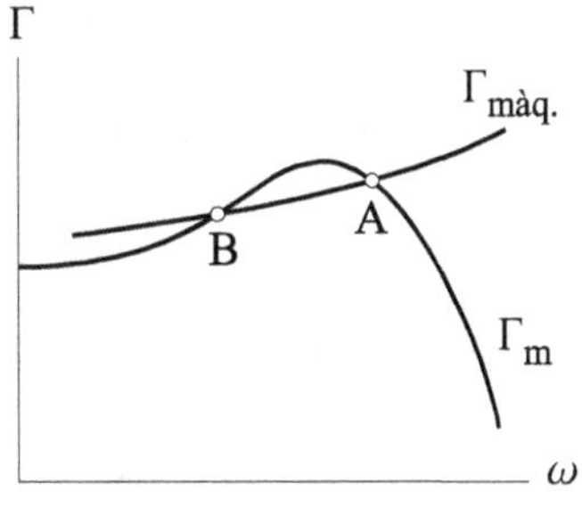

Fig. 9.9 Intersecció inestable (punt B) d'una corba característica d'un motor i d'una màquina

La intersecció de les corbes característiques del motor i de la màquina podria ser com la que es representa al punt B de la figura 9.9. En aquest cas, la velocitat seria inestable: si la velocitat de la màquina disminueix per sota d'aquesta, la màquina s'acabarà s'aturant i si augmenta ho farà fins al punt A.

Les corbes característiques s'han presentat utilitzant exemples del cas més usual, en què el moviment és de rotació. Cal no oblidar, però, les situacions amb moviment de translació, com és el cas dels cilíndres hidràulics, que fan una força funció de la velocitat que depèn de l'obertura de la vàlvula de comandament.

Problemes

P 9-1 En una màquina, cal una potència a l'eix d'entrada $P_{màq.} = 2$ kW i una velocitat de rotació $n_{màq.} = 100$ min^{-1}. Es disposa d'un motor que gira a $n_{mot.} = 750$ min^{-1} i d'un reductor de rendiment $\eta = 0{,}8$. Determineu:

a) La potència i el parell motor.

b) El parell a l'eix d'entrada a la màquina.

P 9-2 Una màquina és accionada per un motor a través d'un reductor. El motor gira a $n_{mot.} = 3000$ min^{-1} i subministra una potència $P_{mot.} = 1$ kW. El rendiment del reductor és $\eta = 0{,}8$ i la relació de reducció és $i = 10$. Determineu la potència i el parell a l'eix d'entrada de la màquina.

P 9-3 La inèrcia d'una màquina reduïda a la rotació de l'eix d'entrada és $I = 5$ kg m^2. Les resistències passives reduïdes a aquesta rotació equivalen a un parell resistent $\Gamma_{rp} = 5$ N m. En el moment d'accelerar, el motor subministra a la màquina un parell $\Gamma_m = 20$ N m. Determineu:

a) L'acceleració de l'eix d'entrada.

Una vegada aconseguida la velocitat de règim $n = 1200$ min^{-1} el motor passa a subministrar el parell necessari per mantenir-la. En aquestes condicions determineu:

b) La potència del motor.

P 9-4 Un vehicle amb una determinada marxa té una relació de transmissió $\tau = 0{,}2$ entre l'eix del motor i l'eix de les rodes, que són de diàmetre $d = 0{,}6$ m. El rendiment de la transmissió –caixa de canvis, diferencial, etc.– és $\eta = 0{,}75$. En un cert instant, el motor gira a $n_{mot.} = 3000$ min^{-1} i genera un parell $\Gamma_m = 100$ N m. Determineu:

a) El parell a l'eix de les rodes.

b) Les resistències passives diferents de les de la transmissió, reduïdes a la velocitat d'avanç si aquesta és constant i el vehicle es mou en terreny horitzontal.

P 9-5 En un automòbil de quatre marxes, les relacions de transmissió per a cada marxa $\tau = \omega_{secundari}/\omega_{primari}$ són: $\tau_1 = 11/42$, $\tau_2 = 16/37$, $\tau_3 = 22/31$, $\tau_4 = 26/27$. L'eix secundari actua sobre els eixos de les rodes (paliers) a través d'un engranatge cònic de relació de transmissió $\tau_c = 12/37$ i un diferencial. El diàmetre de les rodes és $d_r = 600$ mm.

Les característiques inercials del vehicle són:

- Massa total: $m_t = 800$ kg
- Moment d'inèrcia axial de cada roda: $I_r = 0{,}36$ kg m^2
- Moment d'inèrcia de l'eix primari: $I_1 = 0{,}025$ kg m^2
- Moment d'inèrcia de l'eix secundari: $I_2 = 0{,}025$ kg m^2
- Moment d'inèrcia del diferencial + paliers: $I_3 = 0{,}025$ kg m^2

Nota: I_1 inclou la inèrcia reduïda de les rodes dentades del secundari que estan permanentment engranades amb les del primari.

Determineu, per a cada marxa:

a) La inèrcia del vehicle reduïda a la rotació del motor.

b) L'acceleració del vehicle en una pujada del 2% si el parell motor és $\Gamma_m = 100$ N m i les resistències passives són negligibles.

P 9-6 Un motor acciona, a través d'un reductor de relació de reducció $i = 3$, una màquina que necessita a l'eix d'entrada un parell $\Gamma_{\text{màq.}} = 100$ N m a $n_{\text{màq.}} = 500$ min^{-1}. El rendiment electromecànic del motor és $\eta_{\text{mot.}} = 0{,}9$ i el del reductor és $\eta_{\text{red.}} = 0{,}8$. Determineu:

a) La velocitat angular i el parell a l'eix del motor.
b) La potència elèctrica necessària.
c) Les resistències passives del reductor reduïdes a la rotació de l'eix motor.

P 9-7 Un compressor alternatiu ha de proporcionar diàriament 10 m^3 d'aire comprimit a una pressió absoluta de 8 bar. Determineu:

a) El consum elèctric diari, en les hipòtesis següents:
– Compressió politròpica ($p\,v^{1,1}$ = constant) de l'aire a partir de les condicions atmosfèriques (preneu $p_{\text{atmosfèrica}} = 1$ bar).
– Rendiment electromecànic del motor elèctric d'accionament $\eta_{\text{mot.}} = 0{,}9$.
– Rendiment mecànic del compressor $\eta_{\text{comp.}} = 0{,}8$.
b) Si es fa servir un motor d'1 kW i 1500 min^{-1}, quin volant caldrà per garantir un grau d'irregularitat d'un 1%?

P 9-8 Una punxonadora ha de realitzar 5 operacions per segon i cada operació de punxonament requereix 80 J. Determineu el moment d'inèrcia del volant per tal de garantir un grau d'irregularitat inferior al 2%. Quan la màquina funciona en règim estacionari amb aquest volant es desconnecta el motor; quantes operacions farà i quan tardarà a aturar-se?

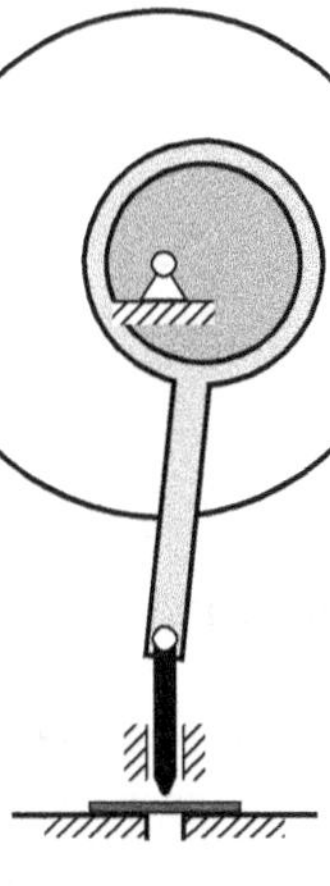

P 9-9 Un motor elèctric acciona, a través d'un reductor de relació de transmissió $\tau = 0{,}16$, una màquina que gira a $n_{\text{màq.}} = 120\ \text{min}^{-1}$ i a cada volta realitza una operació de treball que requereix una energia $E_{\text{op.}} = 2$ kJ concentrada en una petita fracció del cicle.

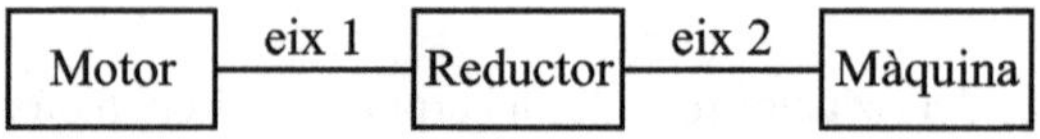

$\eta_{\text{mot.}} = 0{,}8$	$\eta_{\text{red.}} = 0{,}7$	$\Gamma_{\text{rp}} = 50$ N m	$E_{\text{op.}} = 2$ kJ
$I_{\text{mot.}} = 1\ \text{kg m}^2$	$I_{\text{red.}} = 3\ \text{kg m}^2$	$I_{\text{màq.}} = 50\ \text{kg m}^2$	
	$\tau = 0{,}16$	$n_{\text{màq.}} = 120\ \text{min}^{-1}$	

Els elements de la cadena motor-reductor-màquina tenen les característiques següents:

Motor	Rendiment electromecànic	$\eta_{\text{mot.}} = 0{,}8$
	Inèrcia reduïda a l'eix 1	$I_{\text{mot.}} = 1\ \text{kg m}^2$
Reductor	Rendiment	$\eta_{\text{red.}} = 0{,}7$
	Inèrcia reduïda a l'eix 1	$I_{\text{red.}} = 3\ \text{kg m}^2$
Màquina	Inèrcia reduïda a l'eix 2	$I_{\text{màq.}} = 50\ \text{kg m}^2$
	Resistències passives reduïdes a l'eix 2 (Independents de la velocitat i de la càrrega)	$\Gamma_{\text{rp}} = 50$ N m

Determineu:

a) La potència elèctrica mitjana que el motor consumeix.

b) La potència mitjana dissipada en el reductor i les seves resistències passives reduïdes a l'eix 1 per a la velocitat nominal.

c) La inèrcia total reduïda a l'eix 1 i una estimació del grau d'irregularitat.

d) El moment d'inèrcia d'un volant a l'eix 2 que redueixi el grau d'irregularitat a 0,03. Raoneu els avantatges i els inconvenients de col·locar-lo en un eix o l'altre.

La màquina no realitza treball en els transitoris de posada en marxa i aturada i finalment s'ha equipat amb un volant a l'eix 1, de moment axial d'inèrcia $I_{\text{v}} = 5\ \text{kg m}^2$.

e) Quina és l'acceleració de l'eix motor si en un cert instant aquest exerceix un parell $\Gamma_{\text{m}} = 60$ N m i les resistències passives del reductor continuen essent les calculades a l'apartat *b* ?

P 9-10 Un motor elèctric de corrent continu alimentat a tensió constant subministra un parell linealment decreixent amb la velocitat de gir $\Gamma = \Gamma_0(1 - \omega/\omega_{\text{màx.}})$ i el seu rendiment electromecànic creix linealment amb la velocitat de gir, $\eta = \omega/\omega_{\text{màx.}}$

$\Gamma_0 = 0{,}1$ N m; $I = 10^{-3}\ \text{kg m}^2$; $\omega_{\text{màx.}} = 600\ \pi$ rad/s

a) Determineu la potència mecànica subministrada i la potència elèctrica consumida funció de la velocitat de gir.

Es vol fer servir un motor d'aquestes característiques per embalar un volant de moment d'inèrcia I. Si les resistències passives es consideren negligibles:

b) Determineu la velocitat angular i l'energia elèctrica consumida en funció del temps.

P 9-11 En l'elevador de la figura per tal de tenir maniobres suaus s'imposa a les arrencades i parades una acceleració $a = 6\, v_{\text{màx.}}\, (\lambda - \lambda^2) / t_0$ per a $0 < \lambda \leq 1$, amb $v_{\text{màx.}} = 2$ m/s, $t_0 = 3$ s i $\lambda = t / t_0$. Es consideren negligibles la inèrcia del cable i la de les politges, com també les resistències passives. El desplaçament vertical d'una maniobra és de 10 m. Determineu:

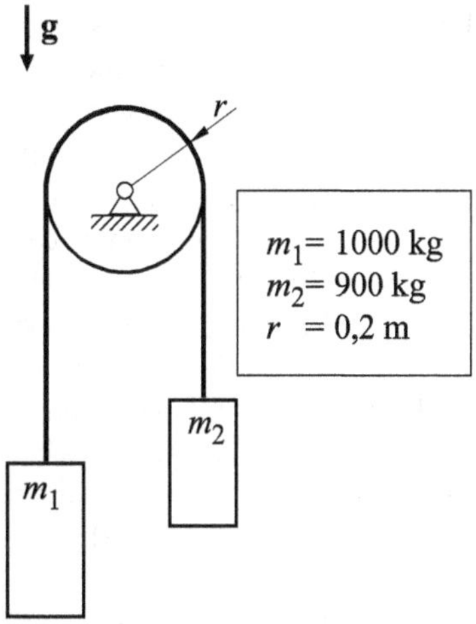

a) Les corbes d'acceleració, velocitat i desplaçament.
b) El parell motor i la potència necessaris.
c) L'energia consumida en una maniobra.

P 9-12 Un elevador fa diàriament 500 maniobres enlairant una càrrega de 1800 kg –tara = 1000 kg, càrrega útil = 800 kg– a una alçada de 10 m i baixant en buit. El contrapès és de 1400 kg. L'arrencada i la frenada es fan amb acceleració constant d'1 m/s^2 durant 2 s. Si es consideren negligibles les resistències passives, com també les inèrcies no citades, quina és l'energia consumida diàriament?

P 9-13 L'ascensor de la figura, accionat mitjançant el cilindre hidràulic que desplaça l'eix de la politja de radi r = 0,2 m té un recorregut vertical h = 8 m i les seves inèrcies són:

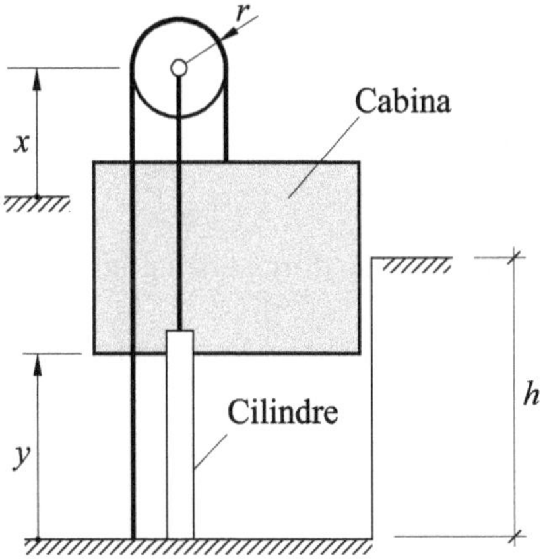

Massa de la cabina amb càrrega	m_c= 1000 kg
Massa de la politja i de la tija	m_p= 300 kg
Moment d'inèrcia de la politja	I_p= 2 kg m^2
Cable d'inèrcia negligible	

L'arrencada i la frenada es fan amb una acceleració constant a = 0,5 m/s^2 durant 2 s. El rendiment del cilindre és η_{ch}= 1 - 0,2 v^2, essent v la velocitat de la tija respecte al cilindre, i el rendiment global del grup hidràulic que genera la pressió d'alimentació del cilindre és η_{gh}= 0,7. Si les resistències passives en els parells cinemàtics són negligibles i el cable no llisca respecte de la politja determineu:

a) El temps total d'una maniobra de pujada.
b) La inèrcia de tot l'ascensor, reduïda al moviment de la tija del cilindre hidràulic.
c) La força del cilindre en el tram d'acceleració d'una maniobra de pujada.
d) L'energia consumida en el tram de velocitat constant d'una maniobra de pujada.

P 9-14 Un vehicle té les característiques següents: Massa total, m = 1200 kg; Radi de les rodes, r_r = 0,3 m; Moment d'inèrcia axial de les rodes, I = 1 kg m^2 (per roda). Per a la marxa escollida: Relació de transmissió, $\omega_{rodes}/\omega = 0{,}2$; Moment d'inèrcia reduït a la rotació del motor de les seves parts mòbils i de la transmissió, I_t = 0,5 kg m^2.

La potència del motor per a una posició de l'accelerador funció de la velocitat angular ω del motor quan aquesta és compresa entre 100 rad/s i 500 rad/s es pot aproximar per $P = 80\,(u + 0{,}5\,u^2 - 0{,}5\,u^3)$ kW amb $u = \omega/\omega_0$ i ω_0 = 500 rad/s.

En avançar per un terreny horitzontal les resistències passives són: $F = 500 + c\,v^2$ N amb c = 4 N/(m/s)^2 i v velocitat en m/s. Determineu:

a) La corba de parell motor funció de la seva velocitat angular.
b) La velocitat màxima en les condicions esmentades.
c) El temps que tarda a passar de 9 m/s a 24 m/s.
d) L'energia dissipada en el procés de l'apartat anterior.

P 9-15 En un compressor, quan la freqüència de gir del cigonyal és de 50 Hz, la pressió a l'interior del cilindre (mesurada experimentalment) és

$p(\varphi) = (4 + 6\cos(\varphi + 3{,}75) + \cos(2\varphi + 1{,}5))\,10^5$ Pa

a) Si les resistències passives són negligibles, determineu la potència mitjana del motor.
b) Si el motor subministra una potència constant –al llarg d'un cicle–, determineu-ne la velocitat angular al llarg d'un cicle.

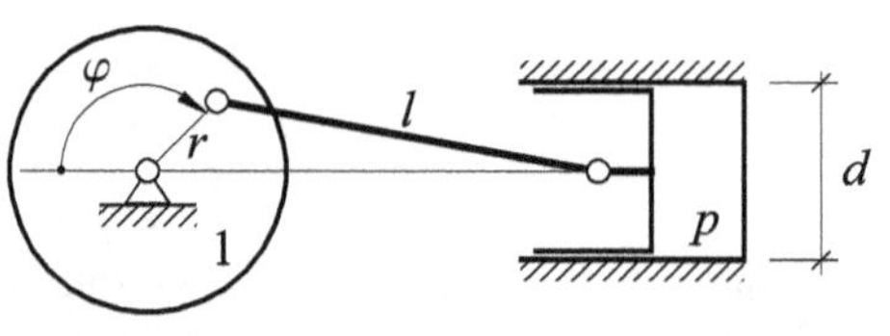

r = 25 mm
d = 50 mm
l = 100 mm
I_1 = 0,1 kgm^2

P 9-16 En un motor monocilíndric de 4 temps, la pressió a l'interior del cilindre es pot aproximar, quan gira a 50 Hz, per l'expressió:

$p(\varphi) = 10^7\,(1{,}05\,e^{-\varphi} - e^{-2\varphi})+e^{\varphi} \quad 0 \le \varphi \le 4\pi$

Determineu, negligint les resistències passives:

a) La potència mitjana i el parell mitjà del motor.
b) El parell a l'eix del motor per causa de la pressió dels gasos.
c) La inèrcia d'un volant que, col·locat a l'eix del motor, garanteixi un grau d'irregularitat inferior a un 1%.
d) L'equació del moviment si sobre l'eix actua un parell resistent igual al parell mitjà del motor i s'ha col·locat un volant de moment d'inèrcia I.

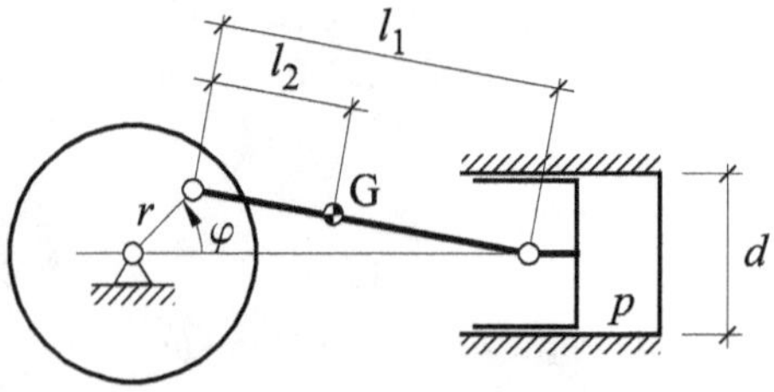

r = 25 mm
d = 60 mm
l_1 = 100 mm
l_2 = 40 mm
m_p = 0,2 kg (pistó)
m_b = 0,15 kg (biela)
I_G = 0,2 10^{-3} kgm^2 (biela)

P 9-17 En un motor de corrent continu amb excitació independent, el parell Γ_m a l'eix i la seva velocitat angular ω estan relacionats en primera aproximació per l'expressió:

$$\Gamma_m = \frac{cV}{R} - \frac{c^2\omega}{R}, \text{ on}$$

c (N m/A) és funció del camp magnètic i d'altres característiques constructives,
V és la tensió d'alimentació,
R és la resistència del circuit de l'induït i
la intensitat d'alimentació –considerant només la de l'induït– és $I = (V\text{-}c\omega)/R$.

Per accionar un petit trepant es fa servir un motor que té les característiques següents: $c = 0{,}02$ N m/A, $V = 12$ V, $R = 2\ \Omega$. La inèrcia reduïda de la màquina a la rotació del motor és $I_r = 0{,}2\ 10^{-3}$ kg m^2 i les seves resistències passives reduïdes també a la rotació d'aquest eix s'avaluen en $M_R = 20 + 0{,}05\ \omega$ Nmm.

Si s'engega el trepant en buit, determineu:

a) La velocitat de règim estacionari sense càrrega, ω_0.
b) El temps que tarda a arribar a 0,8 $\omega_{màx.}$
c) L'energia consumida i l'energia dissipada –en el circuit elèctric i en les resistències passives mecàniques– fins arribar a 0,8 $\omega_{màx.}$
d) Si el trepant gira amb velocitat angular constant, determineu, en funció d'aquesta, la potència elèctrica consumida, la potència mecànica aprofitada i el rendiment.

P 9-18 El parell motor d'un motor de corrent continu es pot aproximar per l'expressió:

$\Gamma_m = c(V\text{-}c\omega)/R$, on

V (tensió d'alimentació) = 1200 V
R (resistència de l'induït) = 2 Ω
c (factor proporcional al camp magnètic d'excitació) = 4 V/(rad/s)
ω (velocitat angular de l'eix)
$(V\text{-}c\omega)/R$ (intensitat d'alimentació de l'induït)

Determineu:
a) La corba de parell motor, Γ_m, i la potència subministrada, $P_{mec.}$, en funció de ω.
b) La velocitat angular màxima, $\omega_{màx.}$, a què pot arribar el motor. La potència màxima, $P_{màx.}$, que pot subministrar el motor i la velocitat angular a la qual es produeix.
c) El rendiment $\eta = P_{mec.}/P_{consumida}$ en funció de ω.

Si la càrrega del motor és equivalent a una inèrcia reduïda al seu eix $I_{red.} = 100$ kg m^2 i les resistències passives són negligibles, determineu:

d) El temps necessari per passar del repòs a 0,8 $\omega_{màx.}$
e) L'energia consumida i l'energia dissipada en el procés d'arrencada anterior.

P 9-19 Un dels tambors de la cinta transportadora de la figura és accionat per un motor de corrent altern a través d'un reductor de relació de transmissió $\tau = 0{,}01$.

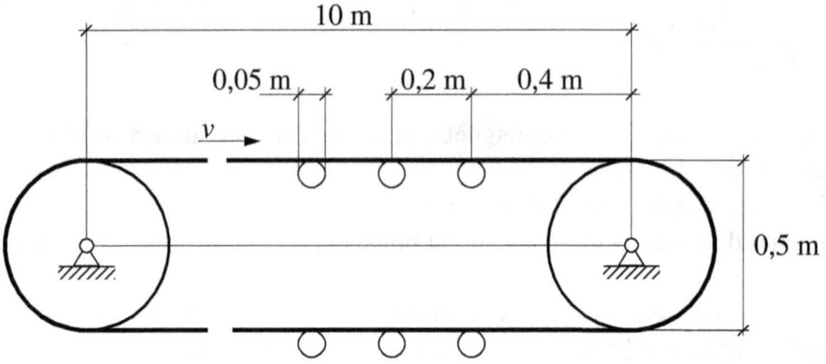

Les característiques inercials dels diferents elements són:

Banda: ρ_b= 5 km/m (densitat lineal)

Corrons: I_c= 0,5 10^{-3} kg m^2 (moment d'inèrcia respecte a l'eix de gir)

Tambors: I_t= 0,5 kg m^2 (moment d'inèrcia respecte a l'eix de gir)

Reductor + motor: I_r= 0,6 kg m^2 (inèrcia reduïda a la rotació de l'eix del motor)

El parell motor Γ_m funció de la velocitat angular de gir ω ve donat per l'expressió:

$$\Gamma_m = \frac{\Gamma_1 \, s \, \mathrm{sgn}(\omega_0)}{s^2 + s_c^2 + k_1|s|}, \quad \text{on} \quad s = \frac{\omega_0 - \omega}{\omega_0} \quad \text{(lliscament)}$$

amb $\omega_0 = 50\,\pi$ rad/s; s_c= 0,2; k_1= 0,4 i Γ_1= 10 Nm

Les resistències passives del conjunt, reduïdes a la rotació de l'eix del motor, s'avaluen segons l'expressió $\Gamma_R = \Gamma_2(1 + k_2\,|\omega|\,)$, amb Γ_2 = 2 N m i $k_2 = 10^{-2}$s

Si no hi ha lliscament en cap contacte, determineu:

a) La velocitat màxima $v_{màx.}$ a què pot arribar la cinta transportadora.
b) El temps que tarda a passar del repòs a 0,9 $v_{màx.}$
c) L'energia mecànica dissipada en passar del repòs a 0,9 $v_{màx.}$
d) El rendiment mecànic quan el motor gira a 0,8 ω_0.
e) El temps en la maniobra d'aturada des de $v_{màx.}$ fins al repòs si es realitza:
   1. desconnectant el motor.
   2. invertint la polaritat del motor (ω_0 -> $-\omega_0$)

Resultats dels problemes

Capítol 2

P 2-1 *b*) 1 grau de llibertat.

c) $x^2 + y^2 = l^2$; $x\dot{x} + y\dot{y} = 0$

P 2-2 *b*) $\begin{cases} r\sin\varphi_1 - l\sin\varphi_2 = 0 \\ r\cos\varphi_1 + l\cos\varphi_2 - x = 0 \end{cases}$

d) Per a φ_1 no hi ha punts morts.

$\varphi_2 = \pm 30^\circ$

$x = 1\,\text{m}$ i $x = 3\,\text{m}$

P 2-3 *a*) 2 graus de llibertat.

b) Equació d'enllaç geomètrica: $y_1 + y_3 - 2y_2 = 0$

P 2-4 *a*) 3 graus de llibertat.

b) $\begin{cases} l_1\cos\varphi_1 + l_2\cos\varphi_2 + s - x_0 = 0 \\ l_1\sin\varphi_1 - l_2\sin\varphi_2 - y_0 = 0 \end{cases}$

P 2-5 *a*) 4 graus de llibertat.

P 2-6 Amb una biela, $\{\varphi_1 = n\pi, \varphi_2 = m\pi \ \forall\ n, m \in \mathrm{Z}\}$ són bifurcacions.

Amb dues bieles, hi ha redundància.

P 2-7

P 2-8 *a*) 2 graus de llibertat.

b) $x = 48 + (\rho_1 - \rho_2)/2$ en mil·límetres

$\dfrac{h}{2} = \sqrt{99 - 15(\rho_1 + \rho_2) - \left(\dfrac{\rho_1 + \rho_2}{2}\right)^2} - 6$ en mil·límetres

P 2-9 *b*) $\varphi_2 = 2\,\varphi_1$

P 2-10 *a*) $4-3(\cos\varphi_1+\cos\varphi_2)+2\cos(\varphi_1+\varphi_2)=0$

b) $\begin{cases}\varphi_1 = 38{,}94^\circ \\ \varphi_2 = 70{,}53^\circ\end{cases}$, $\begin{cases}\varphi_1 = -38{,}94^\circ \\ \varphi_2 = -70{,}53^\circ\end{cases}$ són punts morts per a φ_2. Els punts morts per a φ_1 corresponen als angles canviats.

c) $\varphi_1=\varphi_2=0$ és una bifurcació.

P 2-11

P 2-12 *a*) 3 graus de llibertat.

P 2-13 *a*) 2 graus de llibertat.

b) $x=900-3\rho_2$; $y=4\rho_1$ en mil·límetres

P 2-14 *a*) 5 graus de llibertat.

b) 2 graus de llibertat.

Capítol 3

P 3-1

$$\boldsymbol{\phi_q} = \begin{bmatrix} 0 & 1 & \tfrac{1}{2}\cos\varphi_1 \\ 1 & 0 & \sin\varphi_1 - \dfrac{3}{2}\dfrac{2\cos\varphi_1 - \sin\varphi_1\cos\varphi_1}{(12+4\sin\varphi_1-\sin^2\varphi_1)^{1/2}} \end{bmatrix}$$

P 3-2 *a*)

$$\boldsymbol{\phi_q} = \begin{bmatrix} 2(x-\rho_1) & 2y & -2(x-\rho_1) & 0 \\ 2x & 2(y-\rho_2) & 0 & -2(y-\rho_2) \end{bmatrix}$$

c) Segment de (5, 4,5) a (3,376, 3,688) en metres

P 3-3 *a*) $\dot{y} = -\dfrac{d\,r\sin\varphi}{y}\dot{\varphi}$

Per a $l=4$, $y=\sqrt{7}$ i $y=\sqrt{15}$ són punts morts per a y.

b) Per a $l=3$, $\begin{cases} y=2\sqrt{2} \text{ i } y=-2\sqrt{2} & \text{són punts morts per a } y. \\ y=0, \alpha=n\pi & \text{són bifurcacions.} \end{cases}$

Per a $l=2$, $\begin{cases} y=\sqrt{3} \text{ i } y=-\sqrt{3} & \text{són punts morts per a } y. \\ \varphi=75{,}5^\circ \text{ i } \varphi=-75{,}5^\circ & \text{són punts morts per a } \varphi. \end{cases}$

P 3-4 *a*)

$$\begin{bmatrix} -r\cos\varphi_1 & l\cos\varphi_2 - x\sin\varphi_2 & \cos\varphi_2 \\ r\sin\varphi_1 & -l\sin\varphi_2 - x\cos\varphi_2 & -\sin\varphi_2 \end{bmatrix}$$

c) $\begin{cases} x = 54{,}54\,\text{mm} \;;\; \dot{x} = \dot{\varphi}_1 r \\ x = 23{,}98\,\text{mm} \;;\; \dot{x} = -\dot{\varphi}_1 r \end{cases}$

d) $\begin{cases} \varphi_2 = 62{,}73^\circ \;;\; \dot{\varphi}_2 = -\dot{\varphi}_1/3 \\ \varphi_2 = 32{,}23^\circ \;;\; \dot{\varphi}_2 = \dot{\varphi}_1/5 \end{cases}$

P 3-5 *a)* $\dot{\varphi}_2 = 0$; $\dot{s} = -l_1\dot{\varphi}_1$

b) $\boldsymbol{\phi_q} = \begin{bmatrix} l_1\cos\varphi_1 & l_3\cos\varphi_2 & 0 \\ -l_1\sin\varphi_1 & -l_3\sin\varphi_2 & -1 \end{bmatrix}$

c) Punt mort per a φ_2 $\varphi_2 = 0$, $\dot{s} = -\dot{\varphi}_1\, l_1$

Punt mort per a s s=0,283 mm, $\dot{\varphi}_2 = -\dfrac{l_1}{l_3}\dot{\varphi}_1$

P 3-6

P 3-7 *b)* $v_{\text{llisc.}} = \dfrac{\text{d}}{\text{d}t}\left|\overline{\mathbf{EP}}\right| = 40\omega \text{ mm/s}$

$a_{\text{llisc.}} = \dfrac{\text{d}^2}{\text{d}t^2}\left|\overline{\mathbf{EP}}\right| = -40\omega^2 \text{ mm/s}^2$

P 3-8 ω_{s2} = –0,25 rad/s; ω_{s3} = 0,25 rad/s; ω_{s4} = 0,25 rad/s; ω_{s5} = 0,25 rad/s
α_{s2} = –0,0625 rad/s^2; α_{s3} = –0,125 rad/s^2; α_{s4} = –0,25 rad/s^2; α_{s5} = 0,1875 rad/s^2

P 3-9 ω_{s2} = 2 rad/s; ω_{s3} = –0,5 rad/s; ω_{s4} = 0, 5 rad/s; $v_{\text{llisc.}}$(F) = –10 mm/s;
α_{s2} = 3 rad/s^2; α_{s3} = –0, 5 rad/s^2; α_{s4} = 0,833 rad/s^2; $a_{\text{llisc.}}$(F) = 39,17 mm/s^2;

P 3-10 $$\begin{Bmatrix} \omega_{s2} \\ \omega_{s3} \\ \omega_{s4} \\ \omega_{s5} \\ v_{\text{llisc.}}(\text{D}) \\ v_{\text{llisc.}}(\text{G}) \end{Bmatrix} = \begin{Bmatrix} -0{,}1515 \text{ rad/s} \\ 0{,}1818 \text{ rad/s} \\ -0{,}1818 \text{ rad/s} \\ -0{,}2727 \text{ rad/s} \\ 2{,}7272 \text{ mm/s} \\ 4{,}0909 \text{ mm/s} \end{Bmatrix} ; \quad \begin{Bmatrix} \alpha_{s2} \\ \alpha_{s3} \\ \alpha_{s4} \\ \alpha_{s5} \\ a_{\text{llisc.}}(\text{D}) \\ a_{\text{llisc.}}(\text{G}) \end{Bmatrix} = \begin{Bmatrix} -0{,}2438 \text{ rad/s}^2 \\ -0{,}0546 \text{ rad/s}^2 \\ 0{,}0215 \text{ rad/s}^2 \\ 0{,}2616 \text{ rad/s}^2 \\ 0{,}1729 \text{ mm/s}^2 \\ 5{,}908 \text{ mm/s}^2 \end{Bmatrix}$$

P 3-11 *a)* $$\begin{bmatrix} -l_1\sin\varphi_1 & -d_1\sin\varphi_2 & l_3\sin\varphi_3 & 0 & \cos\varphi_2 \\ l_1\cos\varphi_1 & d_1\cos\varphi_2 & -l_3\cos\varphi_3 & 0 & \sin\varphi_2 \\ -l_1\sin\varphi_1 & -l_2\sin\varphi_2 & 0 & b\cos\varphi_4 & 0 \end{bmatrix}$$

b) $\rho = 2(b\cos\varphi_4 - e\sin\varphi_4)$
$h = y_0 + l_1\sin\varphi_1 + l_2\sin\varphi_2$

d) $$\begin{Bmatrix} \dot{\varphi}_2 \\ \dot{\varphi}_4 \\ \dot{d}_1 \end{Bmatrix} = \begin{Bmatrix} 0{,}18 \text{ rad/s} \\ 0{,}34 \text{ rad/s} \\ -9{,}192 \text{ mm/s} \end{Bmatrix} ; \quad \begin{Bmatrix} \ddot{\varphi}_2 \\ \ddot{\varphi}_4 \\ \ddot{d}_1 \end{Bmatrix} = \begin{Bmatrix} -0{,}3673 \text{ rad/s}^2 \\ 0{,}2587 \text{ rad/s}^2 \\ 5{,}724 \text{ mm/s}^2 \end{Bmatrix}$$

P 3-12 $s=l$ recta; $s\neq 0$ el·lipse; $s=0$ circumferència

P 3-13 *a)* $\dot{\varphi}_2 = \dfrac{r(s\cos\varphi_1 - r)\cos^2\varphi_2}{s^2 + r^2 - 2sr\cos\varphi_1}\dot{\varphi}_1 = \dfrac{r\cos(\varphi_1+\varphi_2)}{(s^2+r^2-2sr\cos\varphi_1)^{1/2}}\dot{\varphi}_1$

b) $v_{\text{llisc.}} = \sin(\varphi_1+\varphi_2)r\dot{\varphi}_1$

Capítol 4

P 4-1 *a*) $d(\varphi) = 10\,(-2u^3 + 3u^2)$ mm amb $u=\varphi/60$

b) $d(\varphi) = 10\,(6u^5 - 15u^4 + 10u^3)$ mm

c) $d(\varphi) = 5\,(1-\cos(\pi\, u))$ mm. Continuïtat C^1

P 4-2 $C^1 \rightarrow d(\varphi) = \frac{a}{3}(8u^3 - 12u^2 + u + 3)$, amb $u = \left(\varphi - \frac{3\pi}{2}\right)\Big/\frac{\pi}{2}$

$C^2 \rightarrow d(\varphi) = \frac{a}{3}(-24u^5 + 60u^4 - 40u^3 + u + 3)$

P 4-3 $C^1 \rightarrow d(\varphi) = \frac{a}{8}(-2u^2 + 2u + 7)$, amb $u = \left(\varphi - \frac{7\pi}{8}\right)\Big/\frac{\pi}{4}$ (tram superior)

$C^1 \rightarrow d(\varphi) = \frac{a}{8}(2u^2 - 2u + 1)$, amb $u = \left(\varphi - \frac{15\pi}{8}\right)\Big/\frac{\pi}{4}$ (tram inferior)

$C^2 \rightarrow d(\varphi) = \frac{a}{8}(2u^4 - 4u^3 + 2u + 7)$

$C^2 \rightarrow d(\varphi) = \frac{a}{8}(-2u^4 + 4u^3 - 2u + 1)$

P 4-4 Per a $0 \le \varphi \le \frac{3\pi}{2}$, $d(\varphi) = a(-2u^3 + 3u^2)$, amb $u = \varphi\Big/\frac{3\pi}{2}$

Per a $\frac{3\pi}{2} \le \varphi \le 2\pi$, $d(\varphi) = a(2u^3 - 3u^2 + 1)$, amb $u = \left(\varphi - \frac{3\pi}{2}\right)\Big/\frac{\pi}{2}$

P 4-5 $r_0 = 30$ mm ; $\{\overline{\mathbf{OC}}\}_{xy} = \begin{Bmatrix} a\sin^2\varphi + a_0\sin\varphi \\ a\sin\varphi\cos\varphi + a_0\cos\varphi \end{Bmatrix}_{xy}$

P 4-6 $r_0 = 25$ mm

$\{\overline{\mathbf{OJ}}\}_{xy} = \begin{Bmatrix} a + a_0\sin\varphi \\ a_0\cos\varphi \end{Bmatrix}_{xy}$

Excèntrica de centre sobre l'eix x, radi a_0 i excentricitat a

P 4-7 $\{\overline{\mathbf{OJ}}\}_{xy} = \begin{bmatrix} \cos\varphi & \sin\varphi \\ -\sin\varphi & \cos\varphi \end{bmatrix} \begin{Bmatrix} d' \\ d \end{Bmatrix}$; $r_c = d + d''$ amb $\begin{cases} d'' = \frac{100}{\pi}(2u - 6u^2 + 4u^3) \\ d'' = \frac{50}{\pi^2}(2 - 12u + 12u^2) \end{cases}$

P 4-8 $\{\overline{\mathbf{OC}}\}_{xy} = \begin{Bmatrix} \sin\varphi \\ \cos\varphi \end{Bmatrix} d(\varphi)$, $r_c = \frac{(d^2 + d'^2)^{3/2}}{2d'^2 - d'd + d^2}$

$r_c = r_{cp} - r$, amb $\begin{cases} d' = 10\sin 2\varphi \\ d'' = 20\cos 2\varphi \end{cases}$

P 4-9 *a)* $\dot{s}_2 = 3\dot{s}_1/4;\ \ddot{s}_2 = 3\ddot{s}_1/4 - 25\dot{s}_1^2/64d$ *b)* $v_{llisc.} = 5\dot{s}_1/4$

c) $s_1^2 + s_2^2 - 10d\,s_1 = 0$

P 4-10 *a)* $\dot{\varphi} = \dot{s}/4d;\ \ddot{\varphi} = \ddot{s}/4d - \dot{s}^2/256d^2$ *b)* $v_{llisc.} = 3\dot{s}/8$

c) $(31{,}25 + (s/d)^2)/8{,}062 + (s/d)\cos\varphi - 4\sin\varphi = 0$

P 4-11 *b)* ω^{s4}=13,33 rad/s; ω^{s5}=20 rad/s

P 4-12 $v(u) = b_2 B_2^3(u) + b_3 B_3^3(u) = 45u^2 - 30u^3$ m/s amb $u = t/15$; $a_{màx.} = 1{,}5\,\text{m/s}^2$

P 4-13 $a_{màx.} = -37{,}5\,\text{m/s}^2$

P 4-14 *a)* $v(u) = 0{,}8(B_2^3(u) + B_3^3(u))$ m/s amb $u = t/\Delta t$

$a(u) = 3\cdot 0{,}8 \cdot B_1^2(u)\dot{u}$ m/s^2

$d(u) = \frac{1}{\dot{u}}\frac{1}{4}(0{,}8\cdot B_3^4(u) + 1{,}6\cdot B_4^4(u))$ m

b) $\Delta t = 2$ s

Capítol 5

P 5-1 *a)* $\tau = 60$ *b)* $\tau = -1/180$ *c)* $\tau = 25$

P 5-2

a)	$z_1 = 63$	$z_2 = 21$	$z_3 = 72$	$z_4 = 12$
	$z_1 = 54$	$z_2 = 14$	$z_3 = 56$	$z_4 = 12$
	$z_1 = 72$	$z_2 = 13$	$z_3 = 65$	$z_4 = 20$
	$z_1 = 65$	$z_2 = 20$	$z_3 = 72$	$z_4 = 13$
b)	$z_1 = 70$	$z_2 = 14$	$z_3 = 69$	$z_4 = 15$
	$z_1 = 69$	$z_2 = 19$	$z_3 = 76$	$z_4 = 12$

P 5-3

a)	$z_1 = 19$	$z_2 = 20$	$z_3 = 28$	$z_4 = 20$
b)	$z_1 = 37$	$z_2 = 20$	$z_3 = 53$	$z_4 = 50$
c)	$z_1 = 78$	$z_2 = 25$		
d)	$z_1 = 163$	$z_2 = 100$		
	$z_1 = 26$	$z_2 = 16$	error = 0,3 %	

P 5-4

$z_1 = 35$	$z_2 = 86$	error = 1,75%
$z_1 = 45$	$z_2 = 76$	error = −1,3%
$z_1 = 57$	$z_2 = 64$	error = −1%
$z_1 = 70$	$z_2 = 51$	error = 1,7%
$z_1 = 81$	$z_2 = 40$	error = 0%

P 5-5

	$\omega_b = 0$	$\omega_1 = 0$	$\omega_2 = 0$
a)	$\omega_1/\omega_2 = -2$	$\omega_2/\omega_b = 1{,}5$	$\omega_1/\omega_b = 3$
b)	$\omega_1/\omega_2 = 1{,}8$	$\omega_2/\omega_b = 4/9$	$\omega_1/\omega_b = -0{,}8$
c)	$\omega_1/\omega_2 = -1{,}5$	$\omega_2/\omega_b = 5/3$	$\omega_1/\omega_b = 2{,}5$
d)	$\omega_1/\omega_2 = 0{,}7619$	$\omega_2/\omega_b = -0{,}3125$	$\omega_1/\omega_b = 0{,}2381$

P 5-6 *a)* $\omega_1 - \omega_b = -2(\omega_{34} - \omega_b);\ (\omega_{34} - \omega_b) = \frac{21}{16}(\omega_7 - \omega_b)$

b) $\omega_1 - \omega_b = \frac{9}{4}(\omega_5 - \omega_b);\ (\omega_1 - \omega_b) = -\frac{27}{8}(\omega_6 - \omega_b)$

P 5-7 *a)* $z_b = 48;\ z_c = 16$ *b)* $z_b = 36;\ z_c = 15$ *c)* $z_b = 48;\ z_c = 24$

P 5-8 $2\,\omega_b = \omega_1 + \omega_2$; $\omega_3 = 2\,\omega_2 - \omega_1$; $\omega_4 = 2\,\omega_1 - \omega_2$

P 5-9 $\omega_3 - 1{,}5\,\omega_4 + 0{,}5\,\omega_1 = 0$ Si $\omega_3 = 0$, $\omega_6 / \omega_1 = -2/15$

$\omega_6 - 1{,}4\,\omega_3 + 0{,}4\,\omega_4 = 0$ Si $\omega_4 = 0$, $\omega_6 / \omega_1 = -0{,}7$

Capítol 6

P 6-1

	T_1	T_2	T_3	T_4	T_5	T_6	$V_{F\,dreta}$	$V_{F\,esq.}$	H_F
a)	37,79	37,79	120,2	120,2	120,2	120,2	50	50	37,5
b)	151,2	0	0	53,4	53,4	0	0	0	0
c)	–75,58	–75,58	186,9	186,9	186,9	186,9	0	0	75

Tots els valors són en kN i les tensions de les barres definides positives a compressió.

P 6-2

H_A	V_A	V_B	H_C	V_C	H_D	V_D	H_E	V_E
137,1	440,2	120,7	25,74	–200	25,74	–700	111,3	640,2

Tots els valors en N.

P 6-3 *a)* F_m=140 l_m N (l_m: llargada de la molla en m; F_m: força de la molla en N)

c) $m = 1{,}430$ kg *d)* $k = 140$ N/m

P 6-4 *a)* $\Gamma_m = I_2 \dfrac{r\cos(\varphi_1+\varphi_2)}{e\cos\varphi_2 - r\cos(\varphi_1+\varphi_2)}\ddot{\varphi}_2$; $F = I_2 \dfrac{1}{e\cos\varphi_2 - r\cos(\varphi_1+\varphi_2)}\ddot{\varphi}_2$

b) $\varphi = 0^\circ$ i $\varphi = 180^\circ$ –> $\Gamma_m = 0$; $F = 0$ $\varphi = \pm\,48{,}59^\circ$ –> $\Gamma_m = 0$; $F = 846$ N

P 6-5 *b)* F_{A1} (Direcció de la barra)= –2907 N; F_{A1} (Perpendicular a la barra) = 1300 N

b) F_{A2} (Direcció de la barra)= 3658 N; F_{A2} (Perpendicular a la barra) = 0

c) Γ_m=600 sin φ Nm

P 6-6 *a)* $d(\varphi) = 320\,u^3(1-u)^3$ mm amb $u = (\varphi-240^\circ)/120^\circ$

b) $N = 500 + 0{,}04559\,(1{,}92\,u - 11{,}52\,u^2 + 19{,}2\,u^3 - 9{,}6\,u^4)\,\dot{\varphi}^2$ N

c) $\dot{\varphi}_{màx} = 302{,}3$ rad/s ; $n = 2887$ min^{-1}

P 6-7 $F=\left(\frac{7}{5}\cos\varphi+\frac{6}{50}\sin\varphi\right)\frac{(0{,}4225-0{,}3\cos(\varphi+\beta_0))^{1/2}}{\sin(\varphi+\beta_0)}$ kN ; $\beta_0=\arctan 0{,}75$

$T_0 = 1200$ N ; $k = 1{,}6$ N/mm

P 6-8 *a)* 85°

b) $F_A=\frac{mgl}{2}\frac{\cos 2\varphi}{l\cos\varphi-s\cos 2\varphi}$

$F_D=\frac{mgl}{2}\frac{\sin\varphi}{l\cos\varphi-s\cos 2\varphi}$

$F_C=-mg+F_A\cos\varphi+F_D\sin 2\varphi$, essent φ l'angle que forma l'escala amb la direcció horitzontal, definit positiu en sentit antihorari.

P 6-9

$$\begin{bmatrix}-\cos\varphi_2 & \sin\varphi_1 & \sin\varphi_3\\ \sin\varphi_2 & \cos\varphi_1 & \cos\varphi_3\\ -1 & 0 & \sin(\varphi_2-\varphi_3)\end{bmatrix}\begin{Bmatrix}F_A\\ F_B\\ F_C\end{Bmatrix}=\begin{Bmatrix}0\\ mg\\ 0\end{Bmatrix}$$

essent φ_1, φ_2 i φ_3 els angles que formen les barres EB, CA i DC amb la vertical, respectivament, definits positius en sentit horari.

$F_B=\frac{5}{3}mg$; $F_C=0$ quan la taula és recolzada a la paret.

P 6-10 $F=\frac{40}{3}\frac{\sin^2\varphi}{\cos\varphi}\ddot{\varphi}$

Capítol 7

P 7-1 *a)* $F=mg\frac{1-\mu^2\pm 2\mu\tan\varphi}{\tan\varphi-\mu}$

el signe + correspon a un lliscament cap a l'esquerra
el signe – a un lliscament cap a la dreta

b) $F = 1{,}7\ mg$ cap a l'esquerra. $F = 0{,}7\ mg$ cap a la dreta.

c) Si $\mu < b/h$, els blocs no bolquen.

P 7-2 *a)* $F = 19{,}51$ N *b)* $F_{contacte} = 15{,}69$ N

P 7-3 *a)* $s = 0{,}5$ m *b)* $s = 1{,}2$ m

P 7-4 *a)* $a = 83{,}48$ mm/s^2 *b)* $a = 77{,}78$ mm/s^2

P 7-5 *a)* $\mu_{mín} = 0{,}18$ *b)* $T = 1409$ N

P 7-6 *a)* $\mu_{mín.} = 0{,}238$ *b)* $T = 287{,}4$ N

P 7-7 $e = 27$ mm

P 7-8 $\mu_{\text{mín.}} = 0{,}11$

P 7-9 $\mu_{\text{mín.}} = 2\dfrac{\sqrt{20^2 - (h/2)^2}}{100 - h}$

P 7-10 $\mu_{\text{mín.}} = 0{,}2$ independentment de h.

P 7-11 $\varphi = 6{,}42^{\circ}$

P 7-12 $\mu_{\text{mín.}} = 0{,}27$

P 7-13 $a = 19{,}29$ mm

P 7-14 *a*) $\mu_{\text{A}} = 0{,}23$; $\mu_{\text{B}} = 0{,}26$
b) $F_{\text{A}} = 15{,}36$ kN ; $F_{\text{B}} = 15{,}46$ kN ; $F_{\text{C}} = 15{,}36$ kN

P 7-15 $\Gamma_{\text{màx.}} = 13{,}7$ g Nm ; $a_{\text{màx.}} = 0{,}304$ g m/s^2

P 7-16 *a*) $a = 0{,}085$ g m/s^2
b) $\mu_{\text{mín.}} = 0{,}132$

P 7-17 *a*) $F = 125$ N
b) corró A bloquejat $F = 210{,}8$ N
corró B bloquejat $F = 168{,}6$ N

Capítol 8

P 8-1 *a*) $F = m_1(\text{g}\sin\varphi + \ddot{\rho} - \dot{\varphi}^2\rho)$

$\Gamma = (m_1\rho^2 + m_2e^2 + I_{\text{G}_1} + I_{\text{G}_2})\ddot{\varphi} + 2m_1\rho\dot{\varphi}\dot{\rho} + (m_1\rho - m_2e)\text{g}\cos\varphi$

b) Al parell prismàtic $T = m_1(\text{g}\cos\varphi + 2\dot{\varphi}\dot{\rho} + \ddot{\varphi}\rho)$

$M = m_1(\text{g}\cos\varphi + 2\dot{\varphi}\dot{\rho} + \ddot{\varphi}\rho)\rho + I_{\text{G}_1}\ddot{\varphi}$

A l'articulació $F_1 = F + m_2(\text{g}\sin\varphi + \dot{\varphi}^2 e)$

$F_2 = T + m_2(\text{g}\cos\varphi - \ddot{\varphi}\,e)$

P 8-2 *a*) Sentit horari $\Gamma = 2{,}791$ Nm
Sentit antihorari $\Gamma = 3{,}243$ Nm
b) $F_{\text{mín.}} = 401{,}7$ N (gir antihorari)

P 8-3 *a*) $\Gamma_{\text{m}} = 0{,}4143$ N m
b) $\Gamma_{\text{m}} = 0{,}4571$ N m

P 8-4 *a)* $0 \le \varphi \le 90^\circ$ $F = 20\sin\varphi + 10\cos\varphi$ $\Gamma = 0{,}6 - 12\cos\varphi + 6\sin\varphi$

$-90^\circ \le \varphi \le 0$ $F = -20\sin\varphi + 10\cos\varphi$ $\Gamma = -0{,}6 + 12\cos\varphi + 6\sin\varphi$

b) $\cos\varphi \ge 0{,}05$

$0 \le \varphi \le 90^\circ$ $F = -20\sin\varphi + 10\cos\varphi$ $\Gamma = -0{,}6 + 12\cos\varphi + 6\sin\varphi$

$-90^\circ \le \varphi \le 0$ $F = -20\sin\varphi - 10\cos\varphi$ $\Gamma = -0{,}6 + 12\cos\varphi - 6\sin\varphi$

P 8-5 $\Gamma = 0{,}5\,(1 + \sin 4\varphi)\cos 4\varphi$ N m ; $\Gamma_{màx.} = 0{,}650$ N m per a $\varphi = 7{,}5^\circ$

P 8-6 $F = 48\sin\varphi - 40\tan\varphi$; $F_{màx.} = 1{,}705$ N per a $\varphi = 15^\circ$

P 8-7 *a)* $900 = s_1^2 + s_2^2 + \sqrt{3}\, s_1 s_2$ s_1 i s_2 en mil·límetres.

Marge de variació: de $\begin{cases} s_1 = 60\,\text{mm} \\ s_2 = -30\sqrt{3}\,\text{mm} \end{cases}$ fins $\begin{cases} s_1 = -30\sqrt{3}\,\text{mm} \\ s_2 = 60\,\text{mm} \end{cases}$

b) $F_2 = \dfrac{s_2 + s_1\sqrt{3}/2}{s_1 + s_2\sqrt{3}/2} F_1$

P 8-8 *a)* $225 = s_1^2 + s_2^2 - \sqrt{3}\, s_1 s_2$ s_1 i s_2 en mil·límetres.

b) $F_2 = -\dfrac{s_2 - s_1\sqrt{3}/2}{s_1 - s_2\sqrt{3}/2} F_1$

P 8-9 *a)* $\Gamma = 6{,}366/\tan\varphi$ N m

b) $\mu_{mín.} = 0{,}08$

c) $\Gamma_{pujar} = 12{,}81/\tan\varphi$ N m

$\Gamma_{baixar} = 0$

P 8-10 $l_2\,(l_4 + l_5) = l_3\, l_5$

Capítol 9

P 9-1 *a)* $P_{mot.} = 2{,}5$ kW ; $\Gamma_{mot.} = 31{,}83$ N m

b) $\Gamma_{màq.} = 191{,}0$ N m

P 9-2 $P_{màq.} = 0{,}8$ kW ; $\Gamma_{màq.} = 25{,}46$ N m

P 9-3 *a)* $\alpha = 3\ \text{s}^{-2}$ *b)* $P_{màq.} = 628{,}3$ W

P 9-4 *a)* $\Gamma_{rodes} = 375$ N m *b)* $F = 1250$ N

P 9-5

	1a	2a	3a	4a
a)	0,557 kg m^2	1,475 kg m^2	3,929 kg m^2	7,215 kg m^2
b)	4,39 m/s^2	2,66 m/s^2	1,56 m/s^2	1,10 m/s^2

P 9-6 *a)* $n_{mot.} = 1500\ min^{-1}$; $\Gamma_{mot.} = 125/3$ N m *b)* $P_{elèc.} = 7{,}27$ kW *c)* $\Gamma_{rp} = 25/3$ N m

P 9-7 *a)* $W_{elèctr.} = 5{,}316$ kW h *b)* $I_v = 0{,}162$ kg m^2 (valor molt conservador)

P 9-8 *a)* $I_v = 4{,}053$ kg m^2 ; 25 operacions ; $t_{total} = 8{,}64$ s

P 9-9 *a)* $P_{elèctr.} = 8{,}265$ kW
b) $P_{reductor} = 1{,}984$ kW ; $\Gamma_{rp} = 25{,}3$ N m
c) $I_{total} = 5{,}28$ kg m^2 ; $\delta = 6{,}14$ %
d) $I_{vol.\ eix\ 1} = 5{,}53$ kg m^2 ; $I_{vol.\ eix\ 2} = 216$ kg m^2
e) $\alpha = 2{,}601$ rad/s^2

P 9-10 *a)* $P_{mec.} = 0{,}1\ \omega\ (1 - \omega / 600\ \pi)$ W ; $P_{elèc.} = 60\ \pi\ (1 - \omega / 600\ \pi)$ W , amb ω en rad/s
b) $\omega = \left(1 - e^{-t/6\pi}\right) 600\pi$ rad/s ; $W_{elèc.} = 0{,}36\pi^2 \left(1 - e^{-t/6\pi}\right)$ kJ , amb t en segons

P 9-11 *c)* $E_{cons.} = 11{,}234$ kJ
$E_{cons.} = 10$ kJ, amb motors regeneratius capaços de recuperar la potència negativa.

P 9-12 $E_{cons.} = = 11{,}1$ kW h

P 9-13 *a)* $t_{total} = 10$ s *b)* $m_{red.} = 4350$ kg *c)* $F = 24{,}09$ kN *d)* $E = 103{,}8$ kJ

P 9-14 *b)* $v_{màx.} = 24{,}35$ m/s *c)* $t = 26{,}5$ s *d)* $E_{diss.} = 1{,}204$ MJ

P 9-15 *a)* $P = 2{,}742$ kW *b)* grau d'irregularitat $\delta = 0{,}51$ %

P 9-16 *a)* $P = 5{,}845$ kW ; $\Gamma = 18{,}6$ N m
c) $I = 0{,}237$ kg m^2 és suficient
d) Resolent l'equació del moviment, grau d'irregularitat $\delta \approx 0{,}89$ %

P 9-17 *a)* $\omega_0 = 400$ rad/s
b) $t = 1{,}29$ s
c) $E_{cons.} = 61{,}62$ J ; $E_{elèc.\ diss.} = 43{,}07$ J ; $E_{mec.\ diss.} = 8{,}31$ J
d) $P_{cons.} = 72 - 0{,}12\ \omega$ W ; $P_{mec.} = (100 - 0{,}25\ \omega)\ \omega\ 10^{-3}$ W

P 9-18 *b)* $\omega_{màx.} = 300$ rad/s; $P_{màx.} = 180$ kW a $\omega = 150$ rad/s
c) $\eta = \omega / 300$
d) $t = 20{,}1$ s
e) $E_{cons.} = 7{,}2$ MJ; $E_{diss.} = 4{,}32$ MJ

P 9-19 *a)* $v_{màx.} = 0{,}38$ m/s *b)* $t = 13{,}2$ s *c)* $E_{mec.\ diss.} = 3{,}101$ kJ *d)* $\eta = 0{,}64$
e) 1. $t = 27{,}9$ s
2. $t = 10{,}4$ s

Bibliografia

AGULLÓ, J. *Mecànica de la partícula i del sòlid rígid.* Barcelona, Publicacions OK Punt, 1997.

AGULLÓ, J. *Introducció a la mecànica analítica, percussiva i vibratòria.* Barcelona, Publicacions OK Punt, 1997.

BEER, FERDINAND P.; JOHNSTON, E. RUSSELL. *Mecánica vectorial para ingenieros. Estática.* Madrid. McGraw-Hill, 1992.

FARIN, GERALD E. *Curves and surfaces for computer-aided design.* Boston. Academic Press, 1997.

GARCÍA DE JALÓN, J.; BAYO, E. *Kinematic and dynamic simulation of multibody systems.* New York. Springer-Verlag, 1994

HAUG, EDWARD J. *Computer-aided kinematics and dynamics of mechanical systems.* Boston. Allyn and Bacon, 1989.

HENRIOT, GEORGES. *Traité théorique et pratique des engranages.* Paris. Dunod, 1968

MABIE, HAMILTON H. *Mechanisms and dynamics of machinery.* New York. John Wiley & Sons, 1986

MOLINER, P. R. *Engranajes.* Barcelona. ETSEIB CPDA, 1990.

NIETO, J. *Síntesis de mecanismos.* Madrid. Editorial AC, 1978.

NORTON, ROBERT L. *Diseño de maquinaria.* México. McGraw-Hill, 1995.

SHIGLEY, JOSEPH E. *Teoría de máquinas y mecanismos.* México. McGraw-Hill, 1988.

WILSON, CHARLES E. *Kinematics and dynamics of machinery.* New York. HarperCollins Colege Publishers, 1991

Índex alfabètic

A

B

C

D

T

V

W

www.ingramcontent.com/pod-product-compliance
Lightning Source LLC
Chambersburg PA
CBHW080527220326
41599CB00032B/6227
* 9 7 8 8 4 8 3 0 1 9 6 3 4 *